U0805973

普通高等教育“十一五”国家级规划教材
（高职高专）

建筑材料

（第3版）

主　编　崔长江
副主编　尹红莲　程　斌
　　　　张思梅　贺月英
主　审　金文良　陆克芬

黄河水利出版社
·郑州·

内 容 提 要

本书是普通高等教育"十一五"国家级规划教材，是按照国家对高职高专人才培养的规格要求及高职高专教学特点编写完成的。本书主要介绍水利、土木工程中常用建筑材料的组成、技术性能、质量检验及其应用等有关知识。全书共分为两篇：上篇为理论部分，分别讲述材料的基本性质、气硬性胶凝材料、水泥、混凝土、砂浆、砌筑块材、沥青及沥青防水材、木材、建筑钢材、合成高分子材料和隔热、吸声及装饰材料等；下篇为材料试验部分，主要讲述实验室管理、试验机操作及常用材料的技术性能检验方法等。为了便于学生巩固所学知识，提高分析与解决问题的能力，本书还附有《建筑材料习题集》（另册）。

本书是为适应国家高等职业技术教育的发展而编写的，突出了建筑材料的应用及试验检验方法，可作为高等职业技术学院和高等专科学校水利水电工程、水利工程、水利水电工程施工、水利工程监理、水电站建筑等专业的教材，并可用于建筑工程技术、给水排水、工程造价等土建类专业教学，也可供成人专科同类专业教学，还可供以上专业工程技术人员参考。

图书在版编目（CIP）数据

建筑材料/崔长江主编. —3 版. —郑州：黄河水利出版社，2009.7 （2014.4 重印）
普通高等教育"十一五"国家级规划教材
ISBN 978-7-80734-576-3

Ⅰ.建… Ⅱ.崔… Ⅲ.建筑材料-高等学校-教材 Ⅳ.TU5

中国版本图书馆 CIP 数据核字（2009）第 061236 号

组稿编辑：王路平 电话：0371-66022212 E-mail：hhslwlp@163.com

出 版 社：黄河水利出版社
地址：河南省郑州市顺河路黄委会综合楼 14 层 邮政编码：450003
发行单位：黄河水利出版社
发行部电话：0371-66026940、66020550、66028024、66022620（传真）
E-mail：hhslcbs@126.com
承印单位：黄河水利委员会印刷厂
开本：787 mm×1 092 mm 1/16
印张：21.25
字数：490 千字
版次：2003 年 7 月第 1 版 印数：50 001—55 000
2004 年 7 月第 2 版 印次：2014 年 4 月第 12 次印刷
2009 年 7 月第 3 版
2011 年 1 月修订

定价：33.00 元（全二册）

前　言

（第3版）

本书是普通高等教育“十一五”国家级规划教材，是根据《国务院关于大力发展职业教育的决定》、教育部《关于全面提高高等职业教育教学质量的若干意见》等文件精神，以及教育部对普通高等教育“十一五”国家级规划教材建设的具体要求组织编写的。

前两版《建筑材料》是一本全国统编教材，由中国水利教育协会水利水电高职教研会组织4所院校共同编写，教育部、财政部“示范院校建设”专项经费予以支持。该教材发行6年来，先后4次印刷，被全国多家高职高专院校采用，得到了较好的评价，2006年列入了教育部普通高等教育“十一五”国家级规划教材，2009年进行了第3版修订编写。

第3版《建筑材料》教材主要依据新修订的高职高专水利水电工程专业“建筑材料”课程大纲，本着适度够用的原则，对原版进行了适当删减。在修订过程中力求概念清晰、深入浅出，进一步降低了理论教学难度，加强了实践环节，注重能力培养。按最新标准、规范及试验规程更新理论、试验教学内容，强调新知识、新技术的应用，引入了最新规范和成果，力求突出实用，尽量多地介绍新材料，体现了高职高专特色，更加适应当前教学改革的新形势。修订后的《建筑材料》除满足水利水电工程、水利工程、水利水电工程施工、水利工程监理等水利类专业的教学外，也可供土建类专业教学及相关工程技术人员使用和参考。

本书修订再版编写人员及分工如下：黄河水利职业技术学院崔长江（绪论、第七、十、十二章），三峡电力职业学院贺月英（第一、十一章），山西水利职业技术学院李渐波（第二、十三章），山东水利职业学院尹红莲（第三章），杨凌职业技术学院程斌（第四、十八章），内蒙古机电职业技术学院冯红生（第五、十五、十九章），黄河水利职业技术学院张梦宇（第六、十七章），山西水利职业技术学院张茹（第八章），安徽水利水电职业技术学院张思梅（第九、十四、十六、二十章）。《建筑材料习题集》由相应章节的编写人员重新修订。全书由崔长江担任主编并负责统稿，由尹红莲、程斌、张思梅、贺月英担任副主编，由四川水利职业技术学院金文良、广西水利电力职业技术学院陆克芬担任主审。

由于编者水平和经验有限，新版编写仍难免存在疏漏、错误及不妥之处，衷心希望读者批评指正。

编　者

2009年2月

前 言

目　录

下篇　试验部分

绪 论

一、建筑材料的定义及其分类

建筑材料是指建筑工程中所使用的材料及其制品，是工程建设的物质基础。建筑材料的性能及种类、规格的合理使用，将影响工程的坚固、耐久、美观等工程质量。若选择、使用材料不当，轻则达不到预期效果，重则会导致工程质量降低甚至酿成工程事故。同时，建筑材料对工程技术的发展也起着至关重要的作用，新材料的出现往往促进工程技术的革新，而工程变革与社会发展的需要又常常促进新材料的诞生。

建筑材料品种繁多，按其基本成分的不同可分为金属材料、非金属材料和复合材料三大类。

（一）金属材料

金属材料包括黑色金属材料和有色金属材料。钢材是工程中应用最为广泛的黑色金属材料，多用于重要的承重结构，如钢结构、钢筋混凝土结构等。铝、铜、锌及其合金属于有色金属材料，是装饰工程、电气工程、止水工程中的重要材料。如各种类型的铝合金型材及制品现已大量用于门窗、吊顶、玻璃幕墙等工程中。

（二）非金属材料

非金属材料包括无机非金属材料和有机材料。

无机非金属材料是以无机化合物为主体的材料，主要包括天然材料（如砂、石）、烧土制品（如黏土砖、陶瓷）、玻璃、胶凝材料（如水泥、石灰、石膏、水玻璃）及以胶凝材料为基料的人造石材（如混凝土、硅酸盐制品）等。无机非金属材料资源丰富、性能优良、价格低廉，在建筑材料中占有重要地位。

有机材料主要包括植物材料（如木材、竹材、植物纤维及其制品）、沥青材料、高分子材料（如建筑塑料、合成橡胶、建筑涂料、胶粘剂）等。

（三）复合材料

复合材料是指由两种或两种以上不同性质的材料（复合相），经加工而组合成一体的材料。复合材料有利于发挥各复合相的性能优势，克服单一材料的弱点，是现代材料科学研究发展的趋势。根据复合相的几何形状，复合材料可分为颗粒型（如沥青混凝土、聚合物混凝土）、纤维型（如纤维混凝土、钢筋混凝土）、层合型（如塑钢复合型材、夹层玻璃、铝箔面油毡）等。

二、建筑材料的发展

利用建筑材料改造自然、促进人类物质文明的进步，是人类社会发展的一个重要标志。远在新石器时期之前，人类就已开始利用土、石、木、竹等天然材料从事营造活动。据考证，我国在4 500年前就已有木架建筑和木骨泥墙建筑。随着生产力的发展，人类能够对天然原料进行简单的加工,出现了人造建筑材料,使人类突破了仅使用天然材料的限制,并开始大量修建房屋、寺塔、陵墓和防御工程。我国早在公元前5世纪的西周初期已有烧制的瓦,公元前4世纪的战国时期有了烧制的砖,始建于春秋时期的长城就大量应用了砖、石灰等人造建材。2 000年前的古罗马已用石灰、火山灰、砂和砾石配制混凝土,建造著名的万神殿、斗兽场的巨大墙体。

17世纪工业革命后,随着资本主义国家工业化的发展,建筑、桥梁、铁路和水利工程大量兴建,对建筑材料的性能有了较高的要求。17世纪70年代在工程中开始使用生铁,19世纪初开始用熟铁建造桥梁和房屋,出现了钢结构的雏形。自19世纪中叶开始,冶炼并轧制出强度高、延性好、质地均匀的建筑钢材,随后又生产出高强钢丝和钢索,钢结构得到了迅速发展,使建筑物的跨度从砖石结构、木结构的几米、几十米发展到百米、几百米乃至现代建筑的上千米。

19世纪20年代,英国瓦匠约瑟夫·阿斯普丁发明了波特兰水泥,出现了现代意义上的水泥混凝土。19世纪40年代,出现了钢筋混凝土结构,利用混凝土受压、钢筋受拉,以充分发挥两种材料各自的优点,从而使钢筋混凝土结构广泛应用于工程建设的各个领域。为克服钢筋混凝土结构抗裂性能差、刚度低的缺点,20世纪30年代又发明了预应力混凝土结构,使土木工程跨入了飞速发展的新阶段。

随着社会的发展,人类对建筑工程的功能要求越来越高,从而对使用的建筑材料的性能要求也越来越高。轻质、高强、耐久、高效、方便施工等具有优良的综合性能的建筑材料,是今后发展的基本方向。同时,随着人们环境保护与可持续发展意识的增强,保护环境、节约能源与土地,合理开发和综合利用原料资源,尽量利用工业废料,也是建筑材料发展的一种趋势。

三、建筑材料在国民经济建设中的作用

建筑业是国民经济的支柱产业之一,而建筑材料是其重要的物质基础。因此,建筑材料的产量及质量直接影响着建筑业的进步和国民经济的发展。建筑材料的用量相当大,据统计,在工程总造价中,材料费所占比重可达50%~70%。建筑材料的品种、规格、性能及质量,对建筑结构的形式、使用年限、施工方法和工程造价有直接影响。建筑工程中许多技术问题的突破,往往依赖建筑材料问题的解决,新的建筑材料的出现,往往会促进结构设计及施工技术的革新和发展。因此,加强建筑材料的研究,提高建筑材料生产和应用的技术水平,对于我们合理利用各种有限的自然资源,改善建筑物的使用功能,提高建筑工程施工的工业化和机械化水平,加快工程建设速度,降低工程造价,从而促进我国社会主义经济的发展,具有十分重要的意义。

四、建筑材料检验与技术标准

建筑材料质量的优劣对工程质量有着最直接的影响,对所用建筑材料进行合格性检验,是保证工程质量的最基本环节。国家标准规定:无出厂合格证明或没有按规定复试的原材料,不得用于工程建设;在施工现场配制的材料,均应在实验室确定配合比,并在现场抽样检验。各项建筑材料的检验结果,是工程施工及工程质量验收必需的技术依据。因

此，在工程的整个施工过程中，始终贯穿着材料的试验、检验工作，它是一项经常化的、责任性很强的工作，也是控制工程施工质量的重要手段之一。

建筑材料的验收及检验，均应以产品的现行技术标准及有关的规范、规程为依据。建筑材料的产品标准分为国家标准、行业标准和企业标准，各级标准分别由相应的标准化管理部门批准并颁布，国家标准化管理委员会是我国国家标准化管理的最高主管机构。建筑材料常用标准的种类及代号如表 0-1 所示。

表 0-1　建筑材料常用标准的种类及代号

标准种类	说明	代号
国家标准（简称“国标”）	是对全国经济、技术发展有重要意义而必须在全国范围内统一的标准。主要包括：基本原料、材料标准，有关广大人民生活的、量大面广的、跨部门生产的重要工农业产品标准，有关人民安全、健康和环境保护的标准，有关互换配合、通用技术语言等的基础标准，通用的零件、部件、器件、构件和工具、量具标准，通用的试验和检验标准，被采用的国际标准	(1) GB 是“国标”两字的汉语拼音字头，属国家强制性标准 (2) GB/T 是国家推荐性标准
行业标准（简称“部标”）	行业标准主要是指全国性的各专业范围内统一的标准。由主管部门组织制定、审批和发布，并报送国家标准化管理机关备案。行业标准也分为强制性标准和推荐性标准两类	(1) JC 是建材行业标准 (2) JG 是建工行业标准 (3) DL 是电力行业标准 (4) YB 是冶金行业标准 (5) JT 是交通行业标准 (6) SH 是石油化工行业标准 (7) SL 是水利行业标准
企业标准（简称“企标”）	凡没有制定国家标准、行业标准的产品，都要制定企业标准。为了不断提高产品质量，企业可制定比国家标准、行业标准更先进的产品质量标准	QB 是企业标准的代号

标准的表示方法由标准名称、部门代号、标准编号和颁布年份等组成。例如：《通用硅酸盐水泥》（GB 175—2007），《建筑用卵石、碎石》（GB/T 14685—2001）。

各国均制定有自己的国家标准，常见的有“ANS”、“JIS”、“BS”、“DIN”，它们分别代表美国、日本、英国和德国的国家标准。“ASTM”是美国试验与材料协会标准，“ISO”是国际标准。

五、本课程的目的及任务

建筑材料既是土木工程类专业的一门重要的专业基础课，又是一门实践性很强的应用型学科。学习本课程的目的是使学生掌握常用建筑材料的基本性能和特点，能够根据工程实际条件合理选择和使用各种建筑材料；掌握建筑材料的验收、保管、贮存等方面的基本知识与方法，并具有进行建筑材料试验检验及其质量评定的基本技能；为熟悉建筑材料的性能,还应了解材料的原料、生产、组成、工作机理等方面的一般知识。本课程为建筑结构、施工技术及工程预算等专业课程的学习提供必要的专业基础知识。

六、本课程的特点与学习方法

(1)建筑材料的种类繁多,性能各异,涉及的基础知识广泛,各章原则上按一种或一类材料进行编排,相互之间的联系较弱。在学习过程中应善于分析和对比各种建筑材料的组成、主要性质与应用特点,理解具有这些性质的原因,找出材料的组成、结构与材料性能之间的内在联系。

(2)建筑材料是一门实践性很强的课程,其中许多规律性的结论都是大量实践经验的总结,许多公式也是建立在大量试验基础上的经验公式,对建筑材料质量合格性判定,也是通过各种试验进行的。因此,在学习时应注意加强试验技能的培养,并通过试验和观察,加深对教材理论部分内容的理解,以达到学习本课程的目的。

(3)建筑材料的性能及技术参数受外界因素的影响较大。相同的成分、构造、配比的材料,在不同的环境条件下其性能不同。学习时除理解材料内部因素对材料产生影响的原因和程度,并分析其间的交互作用外,还应注意在进行建筑材料试验时,试件的养护环境、养护时间、试验方法不同,试验结果的差别是相当大的,同种建筑材料只有在同等试验条件下得出的数据才具有可比性。因此,建筑材料试验应严格按照有关的规范、规程及技术标准要求的试验条件、试验方法进行,养成一种严谨、科学、认真的试验态度。

(4)随着科学技术的不断进步以及和国际标准接轨的需要,政府将不断修改与制定建筑材料产品新标准,并通过制定方针政策,不断推广应用一些新型材料和新技术。学习时应联系实际,充分利用参观和实习的机会,了解工程中所用新材料、新技术的推广应用情况;经常浏览有关的报刊、杂志、网络等,掌握国家的有关政策,了解建筑材料新品种开发应用、产品标准制定颁发等发展动向。

上篇　理论部分

第一章　建筑材料的基本性质

【内容提要】

本章介绍材料的组成、结构、构造，材料的物理性质、力学性质、化学性质和材料的耐久性。其中，材料的物理性质和力学性质为本章的重点。主要内容包括：材料的密度、表观密度、堆积密度、孔隙率和空隙率、吸水率和含水率的概念及有关计算，耐水性、抗渗性、抗冻性的概念及指标，材料导热系数与热容量的概念，材料强度与强度等级、弹性与塑性、脆性与韧性及材料强度与硬度，材料耐久性及影响因素。

建议学习时从材料的体积构成去理解材料的各种密度和表达式的区别。从材料的孔隙（空隙）率和孔隙构造特征去理解材料的性质。通过对材料性质指标的计算，加深对概念的理解。对材料的各种基本性质必须牢固掌握，熟练应用，以便为后面各章的学习打好基础。

建筑材料在使用条件下要承受一定荷载，并受到周围不同环境介质（空气、水及其所溶物质，温度和湿度变化等）的作用。因此，建筑材料应具有相应的力学性质，还应具备抵抗周围环境介质的物理、化学和生物作用及经久耐用的性质。

合理选用建筑材料，应熟悉工程条件及对拟用材料提出的各项技术要求，还应掌握材料的各种技术性质以及影响这些性质的因素，使所选材料在建筑物中发挥应有的作用。

本章主要讲述建筑材料所具有的共性，即材料的基本性质。各种材料的特性将在后面的章节中讲述。

第一节　材料的组成、结构及构造

材料的组成、结构及构造是决定材料性质的内部因素。

一、材料的组成

材料的组成是指材料所含物质的种类及含量，是区别物质种类的主要依据，分为化学组成、矿物组成和相组成。

(一)化学组成

材料的化学组成是指构成材料的化学元素及化合物的种类及数量。金属材料的化学组成通常以其化学元素含量的百分数表示,无机非金属材料常以各种氧化物的含量表示,有机材料则以各种化合物的含量表示。材料的化学成分,直接影响材料的化学性质,也是影响材料物理性质及力学性质的重要因素。

(二)矿物组成

矿物是具有一定的物理力学性质、化学成分和结构特征的单质或化合物。材料的矿物组成是指构成材料的矿物的种类和数量,它直接影响无机非金属材料的性质。

(三)相组成

材料中具有相同物理、化学性质的均匀部分称为相。一般可分为气相、液相和固相。

材料的组成不同,其物理、化学性质也不相同。如普通钢材在大气中容易生锈,而不锈钢(炼钢时加入适量的铬或镍)则不易生锈。可见,选用材料时,通过改变材料的组成可以获得满足工程所需性质的新材料。

二、材料的结构及构造

材料的结构及构造是指材料的微观组织状态和宏观组织状态。组成相同而结构与构造不同的材料,其技术性质也不相同。

(一)材料的结构

材料的结构是指材料的微观组织状态。按其成因及存在形式可分为晶体结构、非晶体结构及胶体结构。

1. 晶体结构

由质点(离子、原子或分子)在空间按规则的几何形状周期性排列而成的固体物质称为晶体。晶体有以下特点:

(1)特定的几何外形。

(2)各向异性。

(3)固定的熔点和化学稳定性。

(4)结晶接触点和晶面是晶体破坏或变形的薄弱环节。

2. 非晶体结构(玻璃体结构)

非晶体结构是熔融物质经急速冷却,质点来不及按一定规则排列便凝固的固体物质,属于无定形结构。非晶体结构内部贮存了大量内能,具有化学不稳定性,在一定条件下易与其他物质起化学反应。

3. 胶体结构

粒径为 $10^{-7} \sim 10^{-9}$ m 的固体微粒(分散相),均匀分散在连续相介质中所形成的分散体系称为胶体。当介质为液体时,称此种胶体为溶胶体;当分散相颗粒极细,具有很大的表面能,颗粒能自发相互吸附并形成连续的空间网状结构时,称此种胶体为凝胶体。

溶胶结构具有较好的流动性,液体性质对结构的强度及变形性质影响较大;凝胶结构基本上不具有流动性,呈半固体或固体状态,强度较高,变形较小。

凝胶结构由范德华力结合,在剪切力(搅拌、振动等)作用下,网状结构易被打开,使凝胶结构重新具有流动性;静置一段时间后,溶胶又慢慢恢复成凝胶。凝胶—溶胶—凝胶的可逆互变性称为胶体的触变性。

(二)材料的构造

材料的构造是指材料结构间单元的相互组合搭配情况,亦即材料的宏观组织状态。按构造不同,材料可分为聚集状、多孔状、纤维状、片状和层状等。

一般而言,聚集状和多孔状的材料具有各向同性,纤维状和层状构造的材料具有各向异性。构造致密的材料,强度高;疏松多孔的材料密度低,强度也低。

由于材料结构间的组合搭配,材料内部存在孔隙。孔隙对材料的性质影响很大。开口孔隙对材料的抗渗性、抗冻性及抗侵蚀性有不利影响,闭口孔隙对材料的抗渗性、抗冻性及抗侵蚀性的影响则较小。

第二节 材料的物理性质

一、基本物理性质

(一)材料的体积构成及含水状态

1. 材料的体积构成

块状材料在自然状态下的体积是由固体物质体积及其内部孔隙体积组成的。材料内部的孔隙按孔隙特征又分为闭口孔隙和开口孔隙。闭口孔隙不进水,开口孔隙与材料周围的介质相通,材料在浸水时易吸水饱和。块状材料体积构成示意如图 1-1 所示。

散粒材料是指具有一定粒径材料的堆积体,如工程中常用的砂、石子等。其体积构成包括固体物质体积、颗粒内部孔隙体积及固体颗粒之间的空隙体积,如图 1-2 所示。

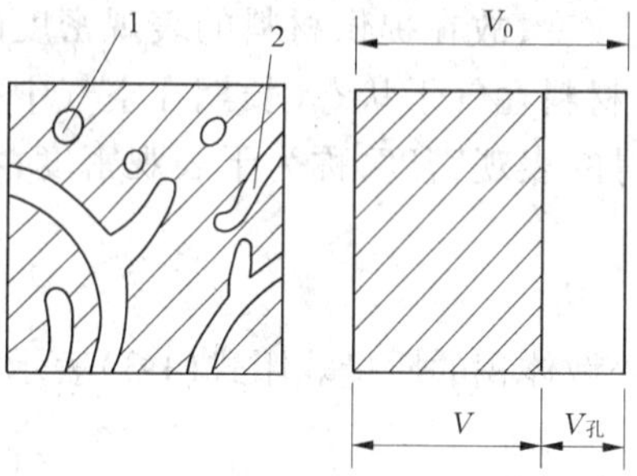

1—闭口孔隙;2—开口孔隙

图 1-1 块状材料体积构成示意

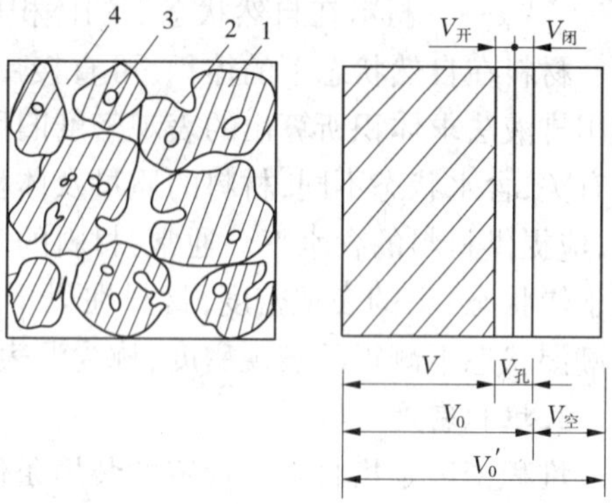

1—颗粒中固体物质;2—颗粒的开口孔隙;
3—颗粒的闭口孔隙;4—颗粒间的空隙

图 1-2 散粒材料体积构成示意

2. 材料的含水状态

材料在大气中或水中会吸附一定的水分,根据材料吸附水分的情况,将材料的含水状态分为干燥状态、气干状态、饱和面干状态及湿润状态 4 种,如图 1-3 所示。材料的含水状态会对材料的多种性质产生一定影响。

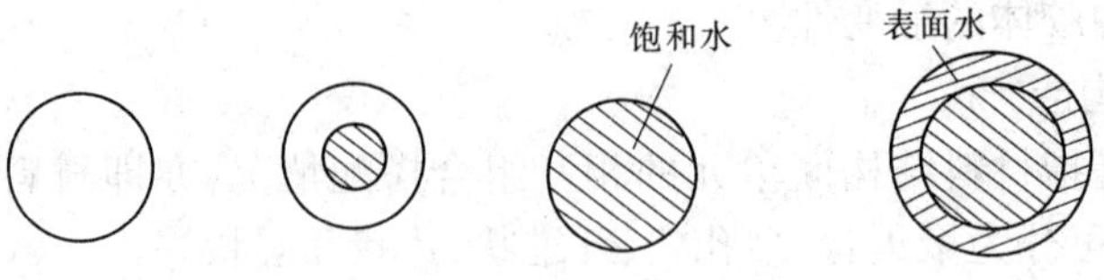

图1-3　材料的含水状态

(二)密度、表观密度与堆积密度

1. 密度

密度是指材料在绝对密实状态下单位体积的质量。用式(1-1)表示为:

$$\rho = \frac{m}{V} \tag{1-1}$$

式中　ρ——材料的密度,g/cm^3;

m——材料在干燥状态下的质量,g;

V——材料在绝对密实状态下的体积(图1-1、图1-2中阴影部分),cm^3。

材料在绝对密实状态下的体积,可将材料磨制成规定细度的粉末,用排液法求得。

2. 表观密度

表观密度是指材料在自然状态下单位体积的质量。用式(1-2)表示为:

$$\rho_0 = \frac{m}{V_0} \tag{1-2}$$

式中　ρ_0——材料的表观密度,g/cm^3 或 kg/m^3;

m——材料的质量,g或kg;

V_0——材料在自然状态下的体积(见图1-1),cm^3 或 m^3。

材料在自然状态下的体积,可直接用排液法求得(按材料的外形计算或蜡封材料表面用排液法求体积所算出的表观密度旧称体积密度)。材料的表观密度与材料的含水状态有关,含水状态不同,材料的质量及体积均会发生改变,故在提供材料的表观密度的同时,应提供材料的含水率。通常:材料的表观密度是材料在气干状态(长期在空气中存放的干燥状态)下的表观密度;材料在烘干状态下测得的表观密度,称为干表观密度;材料在潮湿状态下测得的表观密度,称为湿表观密度。

3. 堆积密度

堆积密度是指材料在规定的装填条件下,单位松散体积的质量。用式(1-3)表示为:

$$\rho_0' = \frac{m}{V_0'} \tag{1-3}$$

式中　ρ'_0——散粒材料的堆积密度,kg/m^3;

V'_0——散粒材料的松散体积(见图1-2),m^3。

散粒材料的松散体积包括固体颗粒体积、颗粒内部孔隙体积和颗粒之间的空隙体积。松散体积用容量筒测定。堆积密度与材料的装填条件及含水状态有关,根据散粒材料堆放的紧密程度不同,堆积密度又可分为疏松堆积密度、振实堆积密度及紧密堆积密度三种。

(三)材料的孔隙率与空隙率

1. 孔隙率

孔隙率是指块状材料中孔隙体积与材料在自然状态下总体积的百分比。用式(1-4)或式(1-5)表示为:

$$P = \frac{V_{孔}}{V_0} \times 100\% \tag{1-4}$$

$$P = \frac{V_0 - V}{V_0} = 1 - \frac{V}{V_0} = (1 - \frac{\rho_0}{\rho}) \times 100\% \tag{1-5}$$

式中 P——材料的孔隙率(%);

$V_{孔}$——材料中孔隙的体积,cm^3;

V_0——材料在自然状态下的体积,cm^3;

ρ_0——材料的干表观密度,g/cm^3。

材料开口孔隙率的计算公式为:

$$P_K = \frac{m_2 - m_1}{V_0} \times \frac{1}{\rho_H} \times 100\% \tag{1-6}$$

式中 P_K——材料的开口孔隙率(%);

m_1、m_2——材料在干燥状态和饱和面干状态下的质量,g;

ρ_H——水的密度,g/cm^3。

材料的闭口孔隙率可根据材料的孔隙率、开口孔隙率求得,见式(1-7):

$$P_B = P - P_K \tag{1-7}$$

式中 P_B——材料的闭口孔隙率(%)。

常用材料的密度、表观密度及孔隙率见表1-1。

表1-1 常用材料的密度、表观密度及孔隙率

材料	密度(g/cm^3)	表观密度(g/cm^3)	孔隙率(%)
花岗岩	2.60~2.90	2.50~2.80	0.5~1.0
普通黏土砖	2.50~2.80	1.50~1.80	20~40
普通混凝土		2.30~2.50	5~20
沥青混凝土		2.30~2.40	2~4
松木	1.55~1.60	0.38~0.70	55~75
砂	2.60~2.70	1.40~1.60	40~45
建筑钢材	7.85	7.85	0

2. 空隙率

散粒材料在松散状态下,颗粒之间的空隙体积与松散体积的百分比称为空隙率。用式(1-8)表示为:

$$P' = \frac{V_0' - V_0}{V_0'} = 1 - \frac{V_0}{V_0'} = (1 - \frac{\rho_0'}{\rho_0}) \times 100\% \tag{1-8}$$

式中　P'——散粒材料的空隙率(%)。

式(1-8)中 ρ_0'、ρ_0 均为干燥状态下所求。

二、材料与水有关的性质

(一)亲水性与憎水性

材料在空气中与水接触,根据其能否被水润湿,将材料分为亲水性材料和憎水性材料,如图 1-4 所示。

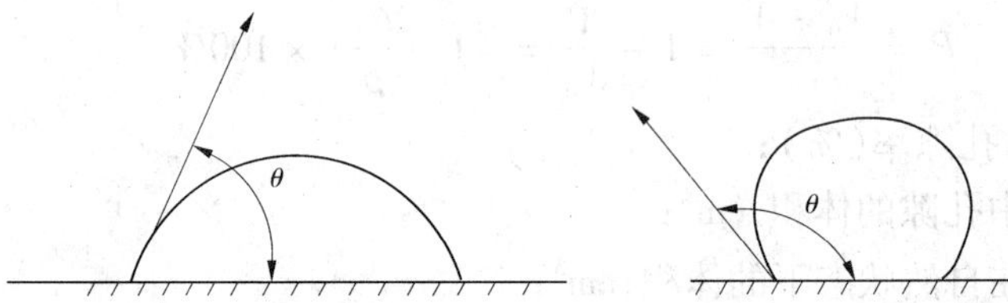

(a) 亲水性材料　(b) 憎水性材料

图 1-4　材料润湿示意

在材料、空气、水三相交界处,沿水滴表面作切线,切线与材料表面(水滴一侧)所得夹角 θ,称为润湿角。θ 越小,浸润性越强,当 θ 为零时,表示材料完全被水润湿。一般认为,当 $\theta \leqslant 90°$时,水分子之间的内聚力小于水分子与材料分子之间的吸引力,此种材料称为亲水性材料。当 $\theta > 90°$时,水分子之间的内聚力大于水分子与材料分子之间的吸引力,材料表面不易被水润湿,称此种材料为憎水性材料。

混凝土、砖石、木材等大多数材料属于亲水性材料,沥青、石蜡等少数材料属于憎水性材料。憎水性材料能阻止水分渗入其毛细管中,可用做防水材料。

(二)吸水性及吸湿性

材料与水接触或在潮湿的空气中具有吸收水分的性能。多数材料由于具有亲水性及开口孔隙,其内部常含有水分。

材料在水中吸收水分的性能,称为吸水性。材料吸水达到饱和状态时,其内部所含水分的多少,用吸水率表示。材料的吸水率可用质量吸水率或体积吸水率表示。质量吸水率是指材料吸水饱和时,所吸收水分的质量与材料干燥质量的百分比,用式(1-9)计算:

$$W_{质} = \frac{m_2 - m_1}{m_1} \times 100\% \tag{1-9}$$

式中　$W_{质}$——材料的质量吸水率(%);

m_1、m_2——材料在干燥状态和饱和面干状态下的质量,g。

对于多孔材料常用体积吸水率表示。体积吸水率是指材料吸水饱和时,所吸收水分的体积与干燥材料自然体积的百分比,用式(1-10)表示为:

$$W_{体} = \frac{m_2 - m_1}{V_0} \times \frac{1}{\rho_H} \times 100\% \tag{1-10}$$

式中　$W_{体}$——材料的体积吸水率(%);

ρ_H——水的密度,g/cm^3;

V_0——材料自然状态下的体积,cm^3。

质量吸水率与体积吸水率存在如下关系：

$$W_{体} = W_{质} \times \frac{\rho_0}{\rho_H} \quad (1\text{-}11)$$

式中 ρ_0——材料的干表观密度，g/cm^3。

材料吸水率的大小取决于材料的亲水属性及材料的构造。材料开口孔隙率越大，吸水性越强，特别是材料具有很多微小开口孔隙时，吸水率非常大。

材料在空气中吸收水分的性能，称为吸湿性。其内部所含水分的多少，用含水率表示：

$$W_{含} = \frac{m_3 - m_1}{m_1} \times 100\% \quad (1\text{-}12)$$

式中 $W_{含}$——材料的含水率（%）；

m_1、m_3——材料在干燥状态和气干状态下的质量，g。

材料的含水率除与材料的亲水属性、组织构造有关外，还受周围空气的温度和湿度影响，空气的温度越低、相对湿度越大，材料的含水率越大。

干燥的材料在潮湿的空气中能吸收空气中的水分，逐渐变湿；湿润的材料在干燥的空气中又会失去水分，逐渐变干，最终材料中的水分与周围空气的湿度达到平衡，此时的含水率称为平衡含水率。建筑材料在正常使用状态下，均处于平衡含水状态。

材料吸水后会对工程产生不良影响。如受潮后的材料表观密度、导热性增大，强度、抗冻性降低。

（三）耐水性

材料在水作用下不破坏、强度也不显著降低的性质，称为耐水性。一般情况下，材料在潮湿时均较干燥时强度低，主要是浸入的水分削弱了材料微粒间的结合力，同时材料内部往往含有一些易被水软化或溶解的物质（如黏土、石膏等）。材料的耐水性以软化系数表示：

$$K_{软} = \frac{f_w}{f} \quad (1\text{-}13)$$

式中 $K_{软}$——材料的软化系数；

f_w、f——材料在水饱和状态下及干燥状态下的强度，MPa。

软化系数的大小反映材料浸水后强度降低的程度。在选择受水作用的结构材料时，$K_{软}$ 值是一项重要指标。受水浸泡或长期受潮的重要结构材料，其软化系数不宜小于 0.85～0.9；受潮较轻或次要结构材料，其软化系数不宜小于 0.7～0.85。

（四）抗渗性

材料抵抗压力水渗透的性质，称为抗渗性。抗渗性常用渗透系数和抗渗等级表示。

1.渗透系数

根据达西定律，在一定时间 t 内，透过材料的水量 Q 与试件的过水断面面积 A 及作用于试件的水头差 H 成正比，与试件的厚度 d 成反比，比例系数 K 称为渗透系数。表达式为：

$$Q = K \frac{H}{d} A t \quad (1\text{-}14)$$

或

$$K = \frac{Qd}{AtH} \quad (1\text{-}15)$$

式中　K——材料的渗透系数,cm/s;

Q——透水量,cm^3;

d——试件厚度,cm;

A——透水面积,cm^2;

t——透水时间,s;

H——静水压力水头,cm。

渗透系数反映材料内部组织构造的疏密程度。K 值越小,表明材料的抗渗能力越强。

2. 抗渗等级

规定的试件,在标准试验方法下试件不透水时所能承受的最大水压力,称为材料的抗渗等级。用式(1-16)表示:

$$P_i = H - 0.1 \tag{1-16}$$

式中　P_i——材料的抗渗等级,MPa,如 P_2、P_4 等表示材料能承受 0.2 MPa、0.4 MPa 的压力;

H——试件开始渗水时的水压力,MPa。

抗渗等级常用于表示砂浆和混凝土的抗渗能力,P_i 值越大,材料的抗渗能力越强。孔隙率小且具有闭口孔隙的材料往往抗渗能力较强。

(五)抗冻性

材料在水饱和状态下,经受多次冻融循环作用而不被破坏,其强度也不显著降低的性质,称为抗冻性。抗冻性试验通常是将规定的标准试件浸水饱和后,在 -15 ℃条件下冻结一定时间,然后在室温的水中融化,进行反复冻融,试件强度降低及质量损失值不超过规定值,材料表面无明显损伤,所对应的最大循环次数,定为该材料的抗冻等级。材料的抗冻性用抗冻等级"F_i"表示,"i"表示冻融循环次数,如"F_{25}"、"F_{50}"等,抗冻等级越高,材料的抗冻能力越强。

冻结的破坏作用主要是材料孔隙中的水结冰膨胀所致。当材料孔隙中充满水时,水结冰约产生 9% 的体积膨胀,使材料孔壁产生拉应力,当拉应力超过材料的抗拉强度时,孔壁形成局部开裂。随着冻融次数的增加,开裂加剧,材料表面逐渐剥落,强度也随之降低。

材料的抗冻能力取决于材料的吸水饱和程度和抗拉强度。闭口孔隙不易进水,粗大的开口孔隙不易被水分充满,都会使材料抗冻能力提高;材料的抗拉强度高,变形能力强,也会提高材料的抗冻能力。

水工建筑物经常处于干湿交替作用的环境中,选用材料时应按材料所处的工作环境和使用部位合理确定抗冻标号。

三、材料与热有关的性质

(一)导热性

材料传导热量的性质称为导热性。材料的导热能力用导热系数 λ 表示,计算公式如下:

$$\lambda = \frac{Q\delta}{At(T_2 - T_1)} \tag{1-17}$$

式中 λ ——材料的导热系数，W/(m·K)；

Q ——传导的热量，J；

A ——热传导面积，m^2；

δ ——材料厚度，m；

t ——导热时间，s；

T_1、T_2 ——材料两侧的温度，K。

材料的导热能力与材料的孔隙率、孔隙特征及材料的含水状态有关。密闭空气的导热系数很小(0.025 W/(m·K))，故材料闭口孔隙率大时，导热系数小。开口连通孔隙具有空气对流作用，材料的导热系数较大。由于水的导热系数较大(0.58 W/(m·K))，故材料受潮时，导热系数增大。

材料的导热系数越小，隔热保温效果越好。有隔热保温要求的建筑物宜选用导热系数小的材料做围护结构。工程中通常将 $\lambda < 0.23$ W/(m·K)的材料称为绝热材料。

几种常用材料的导热系数见表1-2。

(二)热容量及比热容

材料受热时吸收热量，使温度升高；冷却时放出热量，使温度降低。材料温度升高(或降低)1 K时，所吸收(或放出)的热量，称为材料的热容量。1 kg材料的热容量，称为材料的比热容(简称比热)。用式(1-18)或式(1-19)表示：

$$Q = cm(T_2 - T_1) \tag{1-18}$$

或

$$c = \frac{Q}{m(T_2 - T_1)} \tag{1-19}$$

式中 Q ——材料吸收或放出的热量，J；

c ——材料的比热容，J/(kg·K)；

m ——材料的质量，kg；

$T_2 - T_1$ ——材料受热或冷却前后的温差，K。

材料的热容量值对保持材料温度的稳定性有很大作用。热容量值高的材料，对室温的调节作用大。冬季或夏季施工对材料进行加热或冷却处理时，均需考虑材料的热容量。几种常用材料的比热容值见表1-2。

表1-2 常用材料的导热系数及比热容

材料	导热系数(W/(m·K))	比热容(J/(kg·K))	材料	导热系数(W/(m·K))	比热容(J/(kg·K))
铜	370	0.38	绝热纤维板	0.05	1.46
钢	55	0.46	玻璃棉板	0.04	0.88
花岗岩	2.9	0.80	泡沫塑料	0.03	1.30
普通混凝土	1.8	0.88	冰	2.20	2.05
普通黏土砖	0.55	0.84	水	0.58	4.19
松木(顺纹)	0.15	1.63	密闭空气	0.025	1.00

第三节　材料的力学性质

材料在外力（荷载）作用下的变形性质和抵抗破坏的性质，称为材料的力学性质。

一、材料的变形性质

（一）弹性变形与塑性变形

材料在外力作用下会发生形状、体积的改变，即变形。当外力除去后，能完全恢复原有形状的性质，称为材料的弹性，这种变形称为弹性变形。

弹性变形的大小与外力成正比，比例系数 E 称为弹性模量。在弹性变形范围内，用式（1-20）表示：

$$\varepsilon = \frac{\sigma}{E} \tag{1-20}$$

式中　ε ——材料的应变；

σ ——材料的应力，MPa；

E ——材料的弹性模量，MPa。

弹性模量是材料刚度的度量，E 值越大，材料越不容易变形。

材料在外力作用下产生变形，但不破坏，除去外力后材料仍保持变形后的形状、尺寸的性质，称为材料的塑性，这种变形称为塑性变形。

有些材料在受力不大时，表现为弹性变形，当外力超过一定限度后，材料产生塑性变形（如低碳钢）；有些材料受力后，弹性变形和塑性变形同时产生，除去外力后，弹性变形可以恢复，而塑性变形则不能恢复（如混凝土）。

通常在规定的试验条件下，根据规定的试验方法对材料加荷，按材料在破坏前有无显著变形，将材料分为塑性材料和脆性材料两类。混凝土、砖瓦、生铁及石料等建筑材料，在受力破坏之前均无显著变形，称为脆性材料；反之，则称为塑性材料。

（二）徐变与应力松弛

在恒定外力的长期作用下，固体材料的变形随时间的延续而逐渐增大的现象，称为徐变；若总变形不变，其中塑性变形随时间的延续增大，弹性变形逐渐减小，因而引起材料中弹性应力随时间延长而逐渐降低的现象，称为应力松弛。

引起材料徐变和应力松弛的原因，主要是在材料中存在某些非晶体物质，在外力作用下产生黏性流动。晶体物质在剪应力作用下产生晶格错动或滑移也是一种重要原因。

徐变和应力松弛除与材料本身的性质有关外，还与材料所受外力的大小有关。当应力未超过某一极限时，徐变会随时间延长逐渐减小，最后徐变变形停止发展；当应力超过某一极限值时，徐变变形会随时间延长而逐渐加大，直至材料破坏。徐变和应力松弛还与材料所处的环境温度和湿度有关，温度越高、湿度越大，材料的徐变和应力松弛越大。

二、材料的静力强度

（一）静力强度

材料抵抗静荷载作用而不破坏的能力，称为静力强度。静力强度以材料试件按规定的试验方法，在静荷载作用下达到破坏时的极限应力值表示。

根据外力作用方式不同，静力强度可分为抗拉强度、抗压强度、抗弯（折）强度及抗剪强度。各种静力强度的计算公式见表1-3。

表1-3 静力强度计算公式

强度类别	简图	计算式	备注
抗压强度 f_c	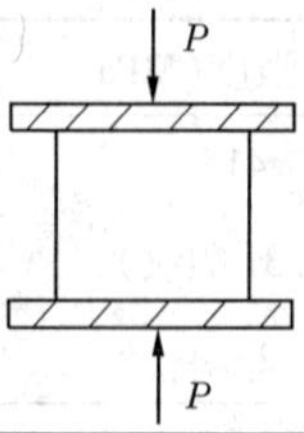	$f_c=\frac{P}{A}$	P——破坏荷载，N A——受力面积，mm^2 l——跨度，mm b——断面宽度，mm h——断面高度，mm f——静力强度，MPa
抗拉强度 f_t	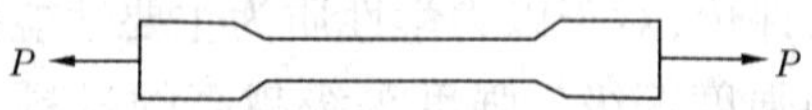	$f_t=\frac{P}{A}$	
抗剪强度 f_v	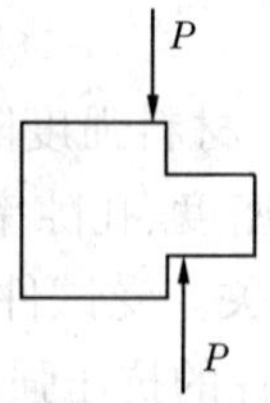	$f_v=\frac{P}{A}$	
抗弯强度 f_{tm}	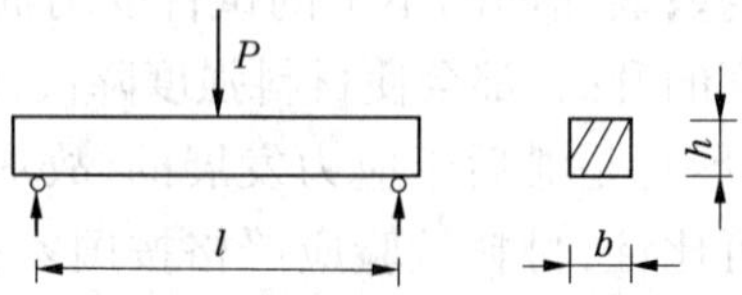	$f_{tm}=\frac{3Pl}{2bh^2}$	

不同种类的材料具有不同的强度特点，一般脆性材料具有较高的抗压强度，而抗拉、抗弯强度均较低。塑性材料的抗压及抗拉强度大致相同。纤维状材料具有顺纹强度较高的特点。应根据材料在工程中的受力特性合理选用。

几种常用材料的静力强度见表1-4。

表1-4 常用材料的静力强度 （单位：MPa）

材料	静力强度			材料	静力强度		
	抗压	抗拉	抗弯		抗压	抗拉	抗弯
花岗岩	100～150	5～8	10～14	松木（顺纹）	30～50	80～120	60～100
普通黏土砖	7.5～30		1.8～4	建筑钢材	240～1 500	240～1 500	
普通混凝土	7.5～60	1～4	1.5～8				

(二)比强度及强度等级

比强度是指材料单位质量的强度,常用来衡量材料轻质高强的性质。表1-5给出了建筑钢材、木材和混凝土的比强度。

比强度高的材料具有轻质高强的特性,可用做高层、大跨度工程的结构材料。轻质高强是材料的发展方向。

表1-5 建筑钢材、木材和混凝土的比强度

材料	表观密度(kg/m^3)	抗压强度(MPa)	比强度
低碳钢	7 860	415	0.053
松木	500	34.3(顺纹)	0.069
普通混凝土	2 400	29.4	0.012

为了方便设计及对工程材料进行质量评价,对于以力学性质为主要性能指标的材料,通常按材料的极限强度划分为若干不同的强度等级。强度等级越高的材料,所能承受的荷载越大。一般脆性材料按抗压强度划分强度等级,塑性材料按抗拉强度划分强度等级。

(三)影响材料强度的因素

材料的组成及构造是决定材料强度的内在因素。材料强度除受内在因素的影响外,还受外在因素的影响:外在因素主要包括材料的表观密度、孔隙率、含水率、环境温度等。

试件强度还与试件形状、大小和试验条件密切相关。受试件与承压板表面摩擦的影响:棱柱体形状等长试件的抗压强度较立方体等短试件的抗压强度低;大试件由于材料内部缺陷出现机会的增多,强度比小试件低一些;表面凹凸不平的试件受力面受力不均匀,强度也会降低;试件含水率的增大,环境湿度的升高,都会使材料强度降低;由于材料的破坏是其变形达到极限变形的破坏,而应变发展总是滞后于应力发展的,故加荷速度越快,所测强度值也越高。为了使试验结果具有可比性,材料试验应严格按国家有关试验规程的规定进行。

三、材料的其他力学性质

(一)冲击韧性

材料抵抗冲击或振动荷载作用而不破坏的能力,称为冲击韧性。以标准试件破坏时消耗于试件单位面积上的功(J/cm^2)表示。根据荷载作用的方式不同,其分为冲击抗压、冲击抗拉、冲击抗弯等。冲击试验是用带缺口的试件做冲击抗弯试验。材料的韧性越大,抵抗冲击力破坏的能力就越强。桥梁、路面、吊车梁及某些设备基础等有冲击抗震要求的结构,应考虑材料的冲击韧性。

建筑钢材、木材的冲击韧性较好,而脆性材料的冲击韧性均较差。

(二)硬度

材料表面抵抗其他较硬物体压入或刻划的性能称为硬度。不同材料其硬度的测定方法不同,矿物质材料硬度按刻划法(莫氏硬度)分为10级,钢材的硬度常用钢球压入法(布氏硬度)测定。硬度大的材料具有耐磨性较强、强度较高的特点,但不易机械加工。

（三）磨损及磨耗

材料表面在外界物质的摩擦作用下，其质量和体积减小的现象称为磨损。磨损用磨损率表示：

$$K = \frac{m_1 - m_2}{A} \tag{1-21}$$

式中 K——试件的磨损率，g/cm^2；

m_1、m_2——试件磨损前、后的质量，g；

A——试件受磨表面积，cm^2。

材料在摩擦和冲击的同时作用下，其质量和体积减小的现象，称为磨耗。磨耗以试验前、后的试件质量损失百分数表示。

磨损及磨耗统称为材料的耐磨性。材料的硬度大、韧性好、构造均匀致密时，其耐磨性较强。多泥沙河流上水闸的消能结构的材料，要求使用耐磨性较强的材料。

第四节　材料的化学性质

某些材料在使用环境条件下与周围介质或与其他材料配合时会发生化学反应，根据化学反应能力的强弱，可将材料分为活性材料和非活性材料两类。活性材料容易和其他物质发生化学反应并生成新物质，改变材料原有的技术性质；非活性材料在周围环境介质中或与其他材料配合时不易发生化学反应，能较好地保持其原有的化学成分和技术性质的稳定性。

材料在使用过程中，往往受到周围环境侵蚀性介质（酸、碱、盐溶液或气体）的作用，长期作用的结果会使材料受到化学侵蚀。材料抵抗化学介质侵蚀作用不破坏，其性质也不发生显著改变的性质，称为化学稳定性。影响材料化学稳定性的主要因素是材料的组成成分和材料构造的密实程度。选用材料时，要考虑材料的使用环境，从材料的组成成分、结构和构造方面着手，提高材料的抗侵蚀能力。

有些活性材料在激发剂的作用下发生化学反应，生成的新物质能满足工程所要求的性质，这是材料改性方面的一条重要途径，也是充分利用一些工业废料的有效方法。例如，粒化高炉矿渣。

第五节　材料的耐久性

耐久性是指材料在长期使用过程中保持其工作性能到极限状态的性质。材料的工作性能是指材料在使用过程中所必须具备的物理、化学及力学性质。极限状态要依据材料的破坏程度、建筑物的安全度及经济指标等几方面因素综合确定。

改变材料工作性能的因素，除外力的作用外，还与材料所处的工作环境有关。环境因素的破坏作用主要是物理作用、化学作用及生物作用。这些因素或单独或交互发生，具有复杂多变的关系。材料的耐久性与环境破坏因素的关系见表1-6。

材料的耐久性是一项综合性质。对材料耐久性的判断，需要在使用条件下进行长期的观察和测定。通常对材料耐久性的判断，是根据工程对所用材料的使用要求，在实验室进行有关的快速试验，如干湿循环、冻融循环、加湿与紫外线干燥循环、碳化、盐溶液浸渍与干燥循环、化学介质浸渍等。

表 1-6 材料耐久性与环境破坏因素的关系

名称	破坏作用	环境因素	评定指标
抗渗性	物理	压力水	渗透系数、抗渗等级
抗冻性	物理	水、冻融	抗冻等级
冲磨气蚀	物理	流水、泥沙	磨损率
碳化	化学	CO_2、H_2O	碳化深度
化学侵蚀	化学	酸、碱、盐及其溶液	*
老化	化学	阳光、空气、水	*
锈蚀	物理、化学	H_2O、O_2、Cl^-、电流	锈蚀率
碱—集料反应	物理、化学	K_2O、活性集料	*
腐朽	生物	H_2O、O_2、菌	*
虫蛀	生物	昆虫	*
耐热	物理	湿热、冷热交替	*
耐火	物理	高温、火焰	*

注：* 表示可参考其强度变化率、裂缝开裂情况、变形情况进行评定。

由于矿物质材料的抗冻性可以综合反映材料抵抗温度变化、干湿变化等风化作用的能力，因此抗冻性可作为矿物质材料抵抗周围环境物理作用的耐久性综合指标。在水利工程中，处于温暖地区的结构材料，为抵抗风化作用，对材料也提出一定的抗冻性要求。

本章小结

本章是全书的重点内容之一，所介绍的各种性质都是建筑材料经常要考虑到的。

材料的组成、结构和构造是影响材料性质的内因，孔隙（空隙）率和孔隙特征是影响材料性质的重要因素。外部环境是影响材料性质的外因，试验条件和试验方法对材料的性质指标有一定影响。

通过学习应达到以下要求：

掌握：材料的密度、表观密度、堆积密度，材料的孔隙率和空隙率，材料的吸水性和吸湿性、抗渗性、耐水性、抗冻性，材料的强度与强度等级、弹性与塑性、脆性与韧性，材料基本性质的有关计算。

（1）密度、表观密度、堆积密度。三个概念的区别主要在体积上：绝对密实状态下的体积是指构成材料的固体颗粒的体积，不包括孔隙体积；在自然状态下的体积是固体颗粒的体积与孔隙体积之和；在规定的装填条件下的体积包括固体颗粒体积、颗粒内部孔隙体积和颗粒之间的空隙体积。

（2）孔隙率和空隙率。前者是指材料内部的开口孔隙和闭口孔隙，后者是指材料外部的空隙。

（3）吸水性和吸湿性。吸水性用吸水率表示，吸湿性用含水率表示。含水率受环境影响是变化的，而吸水率是一个定值，二者不能混淆。

(4)耐水性、抗渗性、抗冻性。材料在水作用下不破坏、强度也不显著降低的性质，称为耐水性，用软化系数表示；材料抵抗压力水渗透的性质，称为抗渗性，常用渗透系数和抗渗等级表示；材料在水饱和状态下，经受多次冻融循环作用而不被破坏，其强度也不显著降低的性质，称为抗冻性，用抗冻等级表示。注意区别三者与水作用的状态。

(5)强度与强度等级。材料的强度除与材料的组成、结构等内在因素有关外，还与试验条件密切相关，如试件尺寸、形状、含水率、温度、试验时的加荷速度等。以强度为主要性质指标的材料，通常按材料的极限强度划分为若干不同的等级。强度等级越高的材料，所能承受的荷载越大。一般脆性材料按抗压强度划分强度等级，塑性材料按抗拉强度划分强度等级。

(6)强度与硬度。材料抵抗外力(荷载)破坏的能力称为强度。材料抵抗较硬物体压入或刻划的性能称为硬度。材料的硬度越大，其强度越高，耐磨性越好，越不易加工。注意二者的区别和联系。

理解：材料的组成、结构及构造，影响材料强度和耐久性的因素。

了解：材料的导热性与热容量，材料的徐变与应力松弛，材料磨损与磨耗，材料的化学性质。

第二章　无机胶凝材料

【内容提要】

本章主要讲述石灰、建筑石膏和水玻璃三种气硬性无机胶凝材料的性质和用途，以及它们在贮运和使用过程中应注意的问题，介绍了三种材料的水化、凝结硬化规律及其生产原料和过程；同时又重点讲解了水硬性无机胶凝材料——水泥（主要是通用硅酸盐水泥）的定义、类型、生产、成分、凝结硬化、技术要求、水泥石的侵蚀与防止，以及水泥在验收与贮运过程中应注意的问题，并附带介绍了几种特性水泥的特点及应用。

胶凝材料是一种经自身的物理、化学作用，能由浆体（液态或半固态）变成坚硬的固体物质，并能将散粒材料或块状材料黏结成一个整体的物质。胶凝材料按化学成分可分为无机胶凝材料和有机胶凝材料两大类。无机胶凝材料按凝结硬化的条件不同又可分为气硬性胶凝材料和水硬性胶凝材料。气硬性胶凝材料只能在空气中凝结硬化，并保持和提高自身强度；水硬性胶凝材料不仅能在空气中凝结硬化，还能在水中凝结硬化，保持和提高自身强度。工程中常用的石灰、石膏、水玻璃属于气硬性无机胶凝材料，各种水泥均属于水硬性无机胶凝材料。沥青、树脂属于有机胶凝材料。

第一节　石　灰

石灰具有原料来源广、生产工艺简单、成本低廉和使用方便等特点，是工程中最早和较常用的无机胶凝材料之一。

一、石灰的原料及生产

生产石灰的原料是石灰岩、白垩或白云质石灰岩等天然岩石，其化学成分主要是碳酸钙。原料经高温煅烧后得到的白色块状产品，称为石灰（亦称生石灰），其主要化学成分为氧化钙。反应式为：

$$CaCO_3 \xrightarrow{900\sim1\ 200\ ℃} CaO + CO_2\uparrow$$

由于窑内煅烧温度不均匀，产品中常含有少量的欠火石灰和过火石灰。欠火石灰含有未完全分解的碳酸钙内核，降低了石灰的产量；过火石灰表面有一层深褐色熔融物质，阻碍石灰的正常熟化；正火石灰质轻（表观密度为 800 ~ 1 000 kg/m^3）、色匀（白色或灰白色），工程性质优良。

石灰原料中常含有少量碳酸镁，煅烧时生成氧化镁。根据石灰中氧化镁的含量，将石灰分为钙质石灰（氧化镁含量≤5%）和镁质石灰（氧化镁含量 >5%）。镁质石灰具有熟化稍慢、凝结硬化后强度较高的特点。

二、石灰的熟化与凝结硬化

(一)石灰的熟化

石灰的熟化又称消解,是指生石灰加水生成氢氧化钙的过程。氢氧化钙俗称熟石灰或消石灰。石灰熟化的化学反应如下:

$$CaO + H_2O = Ca(OH)_2$$

石灰熟化时放出大量的热,体积膨胀 1.0 ~2.5 倍。通过熟化时加水量的控制,可将熟石灰制成熟石灰粉(加水量为生石灰质量的70%)和熟石灰膏(加水量为生石灰质量的2.5 ~3 倍),供不同施工场合使用。

石灰膏多存放在工地现场的贮灰坑中,产品含水量约为50%,表观密度为1 300 ~1 400 kg/m^3。由于过火石灰熟化缓慢,为防止过火石灰在建筑物中吸收空气中水分继续熟化,造成建筑物局部膨胀开裂,石灰膏应在贮灰坑中隔绝空气存放2周以上,使生石灰充分熟化后再用于工程,这种过程称为“陈伏”。

(二)石灰的凝结硬化

胶凝材料的凝结硬化是一个连续的物理、化学变化过程,经过凝结硬化这个过程,具有可塑性的胶凝材料能逐渐变成坚硬的固体物质。为了便于研究,通常将具有可塑性的浆体逐渐失去塑性的过程,称为凝结;随着物理、化学作用的延续,浆体产生强度,并逐渐提高,最终变成坚硬的固体物质的过程,称为硬化。

石灰的凝结硬化是干燥结晶和碳化两个交错进行的过程。

1. 干燥结晶

石灰浆体中的水分被砌体部分吸收及蒸发后,石灰胶粒更加紧密,同时氢氧化钙从饱和溶液中逐渐结晶析出,使石灰浆体凝结硬化,产生强度并逐步提高。

2. 碳化

浆体中的氢氧化钙与空气中的二氧化碳发生化学反应,生成碳酸钙,反应式如下:

$$Ca(OH)_2 + CO_2 + nH_2O = CaCO_3 + (n+1)H_2O$$

碳酸钙与氢氧化钙两种晶体在浆体中交叉共生,构成紧密的结晶网,使石灰浆体逐渐变成坚硬的固体物质。由于干燥结晶和碳化过程十分缓慢,且氢氧化钙易溶于水,故石灰不能用于潮湿环境及水下的建筑物中。

三、石灰的技术性质

(一)石灰的技术指标

根据我国建材行业标准《建筑生石灰》(JC/T 479—1992)、《建筑生石灰粉》(JC/T 480—1992)和《建筑消石灰粉》(JC/T 481—1992)的规定,各类石灰产品都划分为“优等品”、“一等品”和“合格品”3 个质量等级。详见表 2-1、表 2-2 和表 2-3。

每批产品出厂时,应向用户提供产品质量证明书。证明书中应注明生产厂家、产品名称、质量等级、试验结果、批量编号、出厂日期及标准编号等。若用户对产品质量产生异议,可以按规定方法取样,送质量监督部门复验。复验有一项指标达不到标准规定时,应降级使用,达不到合格品要求时,判定该产品为不合格品。

表 2-1　建筑生石灰技术指标

项目	钙质生石灰			镁质生石灰		
	优等品	一等品	合格品	优等品	一等品	合格品
CaO + MgO 含量(%),不小于	90	85	80	85	80	75
未消化残渣含量(5 mm 圆孔筛筛余,%),不大于	5	10	15	5	10	15
CO_2 含量(%),不大于	5	7	9	6	8	10
产浆量(L/kg),不小于	2.8	2.3	2.0	2.8	2.3	2.0

表 2-2　建筑生石灰粉技术指标

项目		钙质生石灰粉			镁质生石灰粉		
		优等品	一等品	合格品	优等品	一等品	合格品
CaO + MgO 含量(%),不小于		85	80	75	80	75	70
CO_2 含量(%),不大于		7	9	11	8	10	12
细度	0.9 mm 筛的筛余(%),不大于	0.2	0.5	1.5	0.2	0.5	1.2
	0.125 mm 筛的筛余(%),不大于	7.0	12.0	18.0	7.0	12.0	18.0

表 2-3　建筑消石灰粉技术指标

项目		钙质消石灰粉			镁质消石灰粉		
		优等品	一等品	合格品	优等品	一等品	合格品
CaO + MgO 含量(%),不小于		70	65	60	65	60	55
游离水(%)		0.4 ~ 2	0.4 ~ 2	0.4 ~ 2	0.4 ~ 2	0.4 ~ 2	0.4 ~ 2
体积安定性		合格	合格		合格	合格	
细度	0.9 mm 筛的筛余(%),不大于	0	0	0.5	0	0	0.5
	0.125 mm 筛的筛余(%),不大于	3	10	15	3	10	15

(二)石灰的特性

石灰与其他材料相比,具有如下特性。

1. 拌和物可塑性好

石灰浆体的氢氧化钙颗粒极细(粒径约 1 μm),比表面很大,表面能吸附一层较厚的水膜。用石灰拌制的拌和物均匀,保持水分的能力强,拌和物可塑性好。

2. 硬化过程中体积收缩大

石灰浆体需水量大,硬化时要脱去大量游离水使体积产生显著收缩。为抑制体积收缩,避免建筑物开裂,常在石灰中掺入砂、纸筋、麻刀等。

3. 硬化慢、强度低

石灰的凝结硬化过程十分缓慢,特别是表层碳酸钙薄层的形成,阻碍了浆体内部的水分蒸发及碳化向其内部的深入。硬化后的石灰强度较低,1:3的石灰砂浆 28 d 抗压强度只有 0.2 ~0.5 MPa,受潮后强度更低。

4. 耐水性差

由于氢氧化钙易溶于水,所以石灰不能用于水工建筑物或潮湿环境中的建筑物。

四、石灰的应用与贮运

(一)石灰的应用

建筑石灰主要有三个应用途径。

1. 现场配制石灰土与石灰砂浆

石灰和黏土按比例配合形成灰土,再加入砂,可配成三合土。灰土或三合土经分层夯实,具有一定的强度(抗压强度一般为 4 ~5 MPa)和耐水性,多用于建筑物的基础或路面垫层。石灰砂浆或水泥石灰砂浆是建筑工程中常用的砌筑、抹面材料。

2. 制作硅酸盐及碳化制品

以生石灰粉和硅质材料(如砂、粉煤灰、火山灰等)为基料,加少量石膏、外加剂,加水拌和成型,经湿热处理而得的制品,统称为硅酸盐制品,如蒸养粉煤灰砖及砌块等。石灰碳化制品是将石灰粉和纤维料(或集料)按规定比例混合,在水湿条件下混拌成型,经干燥后再进行人工碳化而成的,如碳化砖、瓦、管材及石灰碳化板等。

3. 配制无熟料水泥

石灰是生产无熟料水泥的重要原料,如石灰矿渣水泥、石灰粉煤灰水泥和石灰火山灰水泥等。无熟料水泥具有生产成本低、工艺简单的特点。

(二)石灰的贮运

生石灰在运输时应注意防雨,且不得与易燃、易爆及液体物品混运。石灰应存放在封闭严密、干燥的仓库中。石灰存放太久,会吸收空气中的水分自行熟化,与空气中的二氧化碳作用生成碳酸钙,失去胶结性。

第二节　建筑石膏

石膏是一种传统的胶凝材料。我国石膏资源丰富。建筑石膏生产工艺简单,其制品质轻、防火性能好、装饰性强,具有广阔的发展前景。

一、建筑石膏的原料及生产

生产建筑石膏的主要原料是天然二水石膏($CaSO_4 \cdot 2H_2O$)矿石(或称生石膏),也可以是一些富含硫酸钙的化学工业副产品,如磷石膏、氟石膏等。建筑石膏是由生石膏在非密闭状态下低温焙烧,再经磨细制成的半水石膏粉。反应式如下:

$$CaSO_4 \cdot 2H_2O \xrightarrow{107 \sim 170\ ℃} CaSO_4 \cdot 0.5H_2O + 1.5H_2O$$

建筑石膏晶粒较细,调制浆体时需水量较大。产品中杂质含量少,颜色洁白者可作为模型石膏。建筑石膏的密度为 2.5 ~2.8 g/cm^3,表观密度为 1 000 ~1 200 kg/m^3。

二、建筑石膏的凝结硬化

建筑石膏加水生成二水石膏，其反应式如下：

$$CaSO_4 \cdot 0.5\ H_2O + 1.5\ H_2O = CaSO_4 \cdot 2H_2O$$

二水石膏在水中的溶解度远小于半水石膏，故二水石膏首先从石膏饱和溶液中以胶粒形式沉淀析出，并不断转化为晶体。浆体中水分由于水化作用及蒸发而逐渐减少，浆体慢慢变稠，呈现凝结；随着二水石膏晶体的不断生成，相互交织形成空间晶体网，浆体逐渐硬化。

三、建筑石膏的技术性质

（一）建筑石膏的技术指标

根据国家标准《建筑石膏》（GB 9776—1988）的规定，建筑石膏按强度、细度及凝结时间等技术指标划分为“优等品”、“一等品”和“合格品”三个质量等级，各项技术指标见表2-4。

表2-4　建筑石膏技术指标

项目	等级		
	优等品	一等品	合格品
抗折强度（MPa），不小于	2.5	2.1	1.8
抗压强度（MPa），不小于	4.9	3.9	2.9
细度，0.2 mm方孔筛筛余（%），不大于	5	10	15
凝结时间	初凝应不少于6 min，终凝应不超过30 min		

生产厂家应向用户提供每一批建筑石膏的试验报告，用户在收到货后10 d内有权对产品进行复验。复验有一项以上的指标不合格，可判定该产品为不合格品；若只有一项指标不合格，可用两份密封备用样品对不合格项目重验，须两个样品该项目全部合格，才能判定该产品合格。

（二）建筑石膏的特性

1. 凝结硬化快

建筑石膏浆体凝结极快，初凝一般只需几分钟，终凝也不超过半小时。在施工过程中，如需降低凝结速度，可适量加入缓凝剂，如加入0.1%～0.2%的动物胶或1%的亚硫酸酒精废液。

2. 硬化初期有微膨胀性

建筑石膏在硬化初期能产生约1%的体积膨胀，充模性能好，石膏制品不易开裂。

3. 孔隙率高

建筑石膏水化反应理论需水量约为18.6%，为获得良好可塑性的石膏浆体，通常加水量达石膏质量的60%～80%。石膏硬化后多余的水分蒸发掉，使石膏制品的孔隙率高达40%～60%。因此，石膏制品具有表观密度小、隔热保温及吸声性能好的特点。同时，由于孔隙率大又使得石膏制品的强度降低，耐水性、抗渗性及抗冻性变差。

4. 防火性能好

硬化后的石膏制品遇到火灾时，在高温下，二水石膏中的结晶水蒸发，蒸发水分能在火与石膏制品之间形成蒸汽幕，降低了石膏表面的温度，从而可阻止火势蔓延。

四、建筑石膏的应用及贮存

建筑石膏洁白细腻、装饰性强，常用于室内抹灰、粉刷；又由于建筑石膏质轻、多孔及具有良好的防火性能，常将建筑石膏制成各种建筑装饰制品及石膏板材，用做建筑物的室内隔断及吊顶等装饰材料。建筑石膏还是生产水泥、制作硅酸盐制品的重要原材料。

建筑石膏及其制品在运输和贮存时，要注意防雨防潮。建筑石膏的贮存期为 3 个月，过期或受潮后，强度会有一定程度的降低。

第三节 水玻璃

建筑上用的水玻璃是硅酸钠的水溶液，为无色或淡黄、灰白色的黏稠液体。

一、水玻璃的生产及水玻璃模数

水玻璃的生产方法是将石英砂和碳酸钠磨细拌匀，在 1 300 ~ 1 400 ℃的玻璃熔炉内加热熔化，冷却后成为固体水玻璃，然后在高压蒸汽锅内加热溶解成液体水玻璃。反应式如下：

$$Na_2CO_3 + nSiO_2 \xrightarrow{1\,300 \sim 1\,400\ ℃} Na_2O \cdot nSiO_2 + CO_2 \uparrow$$

硅酸钠中氧化硅与氧化钠的分子数比“n”，称为水玻璃模数。n 越大，水玻璃的黏度越大，越难溶于水，但容易凝结硬化。建筑上常用的水玻璃模数为 2.6 ~ 2.8，密度为 1.36 ~ 1.50 g/cm^3。

二、水玻璃的凝结硬化

水玻璃与空气中的二氧化碳反应，析出无定形二氧化硅凝胶，凝胶逐渐脱水成为氧化硅而硬化。反应式如下：

$$Na_2O \cdot nSiO_2 + CO_2 + mH_2O = Na_2CO_3 + nSiO_2 \cdot mH_2O$$

上述反应十分缓慢，为加速其硬化，常在水玻璃中加入促硬剂“氟硅酸钠”，以加速二氧化硅凝胶的析出。反应式如下：

$$2(Na_2O \cdot nSiO_2) + mH_2O + Na_2SiF_6 = (2n+1)\ SiO_2 \cdot mH_2O + 6NaF$$

氟硅酸钠的掺量为水玻璃质量的 12% ~15%。

三、水玻璃的特性及应用

水玻璃具有良好的黏结性和很强的耐酸性及耐热性，硬化后具有较高的强度。在工程中常用做以下几种材料：

(1)灌浆材料。用水玻璃及氯化钙的水溶液交替灌入土壤,可加固地基。反应式如下:

$$Na_2O \cdot nSiO_2 + CaCl_2 + mH_2O = nSiO_2 \cdot (m-1)\ H_2O + Ca(OH)_2 + 2NaCl$$

硅胶起胶结和填充土壤的作用,使地基的承载力及不透水性提高。

(2)涂料。用水玻璃溶液对砖石材料、混凝土及硅酸盐制品表面进行涂刷或浸渍,可提高上述材料的密实度、强度和抗风化能力。

(3)耐酸材料。水玻璃能抵抗大多数无机酸(氢氟酸、过热磷酸除外)的作用,可配制耐酸胶泥、耐酸砂浆及耐酸混凝土。

(4)耐热材料。水玻璃具有良好的耐热性,可配制耐热砂浆和耐热混凝土,耐热温度可高达 1 200 ℃。

(5)防水剂。取蓝矾、明矾、红矾和紫矾各 1 份,溶于 60 份水中,冷却至 50 ℃时投入 400 份水玻璃溶液中,搅拌均匀,可制成四矾防水剂。四矾防水剂与水泥浆调和,可堵塞建筑物的漏洞、缝隙。

(6)隔热保温材料。以水玻璃为胶凝材料,膨胀珍珠岩或膨胀蛭石为集料,加入一定量的赤泥或氟硅酸钠,经配料、搅拌、成型、干燥、焙烧而制成的制品,是良好的保温隔热材料。

第四节　通用硅酸盐水泥

水泥是当今用量最多的水硬性胶凝材料。在土木工程中,常用于拌制水泥砂浆、水泥混凝土,也常用做灌浆材料加固地基。

水泥的种类繁多,按所含水硬性物质的不同,可分为硅酸盐系水泥、铝酸盐系水泥及硫铝酸盐系水泥等,其中以硅酸盐系水泥应用最广;按水泥的用途及性能,可分为通用水泥、专用水泥与特性水泥三类。通用水泥是指大量用于一般土木工程的水泥,包括硅酸盐水泥、普通硅酸盐水泥、矿渣硅酸盐水泥、火山灰质硅酸盐水泥、粉煤灰硅酸盐水泥和复合硅酸盐水泥等六大水泥。专用水泥是指有专门用途的水泥,如砌筑水泥、道路水泥、大坝水泥等。特性水泥则是指某种性能比较突出的水泥,如快硬水泥、白水泥、抗硫酸盐水泥等。

在水泥的商品名称中,应注明所含的水硬性物质、混合材料种类、用途和主要特性。

一、通用硅酸盐水泥的定义、分类、生产及矿物成分

国家标准《通用硅酸盐水泥》(GB 175—2007)规定,以硅酸盐水泥熟料、适量石膏及规定的混合材料制成的水硬性胶凝材料,称为通用硅酸盐水泥。

通用硅酸盐水泥按混合材料的品种和掺量分为硅酸盐水泥、普通硅酸盐水泥(简称普通水泥)、矿渣硅酸盐水泥(简称矿渣水泥)、火山灰质硅酸盐水泥(简称火山灰水泥)、粉煤灰硅酸盐水泥(简称粉煤灰水泥)和复合硅酸盐水泥(简称复合水泥)。各品种的代号和组分应符合表 2-5 的规定。

表 2-5　通用硅酸盐水泥的代号和组分

品种	代号	组分(%)				
		熟料 + 石膏	混合材料			
			粒化高炉矿渣	火山灰质混合材料	粉煤灰	石灰石
硅酸盐水泥	P·Ⅰ	100	—	—	—	—
	P·Ⅱ	≥95	≤5	—	—	—
		≥95	—	—	—	≤5
普通硅酸盐水泥	P·O	≥80 且 <95	>5 且≤20			—
矿渣硅酸盐水泥	P·S·A	≥50 且 <80	>20 且≤50	—	—	—
	P·S·B	≥30 且 <50	>50 且≤70	—	—	—
火山灰质硅酸盐水泥	P·P	≥60 且 <80	—	>20 且≤40	—	—
粉煤灰硅酸盐水泥	P·F	≥60 且 <80	—	—	>20 且≤40	—
复合硅酸盐水泥	P·C	≥50 且 <80	>20 且≤50			

从表 2-5 中可以看出，除Ⅰ型硅酸盐水泥外其他通用硅酸盐水泥均掺入了数量不等的混合材料。Ⅰ型硅酸盐水泥也称为纯熟料水泥。

通用硅酸盐水泥熟料的原料主要是石灰质原料（石灰石、白垩等）和黏土质原料（黏土、页岩等），以及辅助原料（铁矿石、砂岩等）。

通用硅酸盐水泥的生产过程可概括为“两磨一烧”。其生产过程简图见图 2-1。

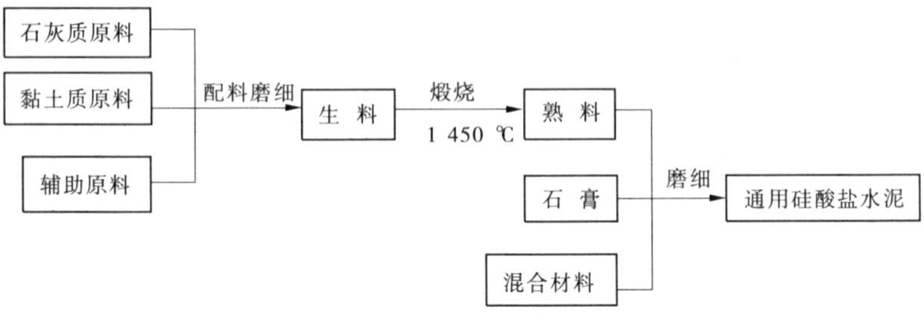

图 2-1　通用硅酸盐水泥的生产过程

通用硅酸盐水泥熟料的主要矿物成分有 4 种，其名称、分子式及含量见表 2-6。

为了得到合理的熟料矿物，生产中要严格控制生料的化学成分及烧成条件。硅酸盐水泥中不含或含很少的混合材料，所以其性质由硅酸盐水泥熟料决定。

表 2-6　通用硅酸盐水泥熟料的主要矿物成分

矿物名称	分子式	缩写形式	含量(%)	
硅酸三钙	$3CaO \cdot SiO_2$	C_3S	37～60	75～82
硅酸二钙	$2CaO \cdot SiO_2$	C_2S	15～37	
铝酸三钙	$3CaO \cdot Al_2O_3$	C_3A	7～15	18～25
铁铝酸四钙	$4CaO \cdot Al_2O_3 \cdot Fe_2O_3$	C_4AF	10～18	

二、通用硅酸盐水泥熟料的凝结硬化

通用硅酸盐水泥熟料的凝结硬化是一个复杂的物理、化学变化过程。

(一)通用硅酸盐水泥熟料的水化特性及水化生成物

水泥熟料与水发生的化学反应,简称为水泥的水化反应。通用硅酸盐水泥熟料矿物的水化反应如下:

$$2(3CaO \cdot SiO_2) + 6H_2O = 3CaO \cdot 2SiO_2 \cdot 3H_2O + 3Ca(OH)_2$$

$$2(2CaO \cdot SiO_2) + 4H_2O = 3CaO \cdot 2SiO_2 \cdot 3H_2O + Ca(OH)_2$$

$$3CaO \cdot Al_2O_3 + 6H_2O = 3CaO \cdot Al_2O_3 \cdot 6H_2O$$

$$4CaO \cdot Al_2O_3 \cdot Fe_2O_3 + 7H_2O = 3CaO \cdot Al_2O_3 \cdot 6H_2O + CaO \cdot Fe_2O_3 \cdot H_2O$$

从上述反应式可知,通用硅酸盐水泥熟料的水化产物分别是水化硅酸钙(凝胶体)、氢氧化钙(晶体)、水化铝酸钙(晶体)和水化铁酸钙(凝胶体)。通常认为,水化硅酸钙凝胶体对水泥石的强度和其他性质起着决定性的作用。四种熟料矿物水化反应时所表现出的水化特性见表 2-7。

表 2-7　四种熟料矿物的水化特性

名称	硅酸三钙	硅酸二钙	铝酸三钙	铁铝酸四钙
水化速度	快	慢	最快	快
放热量	大	小	最大	中
强度	高,发展快	高,但发展慢	低	低

通用硅酸盐水泥熟料是几种矿物熟料的混合物,熟料的比例不同,其水化特性也会发生改变。掌握水泥熟料矿物的水化特性,对分析判断水泥的工程性质、合理选用水泥以及改良水泥品质,研发水泥新品种,具有重要意义。

由于铝酸三钙的水化反应极快,使水泥产生瞬时凝结,为了方便施工,在生产通用硅酸盐水泥时需掺加适量的石膏,达到调节凝结时间的目的。石膏和铝酸三钙的水化产物水化铝酸钙发生反应,生成水化硫铝酸钙针状晶体(钙矾石),反应式如下:

$$3CaO \cdot Al_2O_3 \cdot 6H_2O + 3(CaSO_4 \cdot 2H_2O) + 19H_2O = 3CaO \cdot Al_2O_3 \cdot 3CaSO_4 \cdot 31H_2O$$

水化硫铝酸钙难溶于水,生成时附着在水泥颗粒表面,能减缓水泥的水化反应速度。

(二)水泥熟料的凝结硬化过程及水泥石结构

通用硅酸盐水泥熟料的凝结硬化过程主要是随着水化反应的进行,水化产物不断增多,水泥浆体结构逐渐致密,大致可分为三个阶段。

1. 溶解期

水泥加水拌和后,水化反应首先从水泥颗粒表面开始,水化生成物迅速溶解于周围水体。新的水泥颗粒表面与水接触,继续水化反应,水化产物继续生成并不断溶解,如此继续,水泥颗粒周围的水体很快达到饱和状态,形成溶胶结构。见图 2-2(a)、(b)。

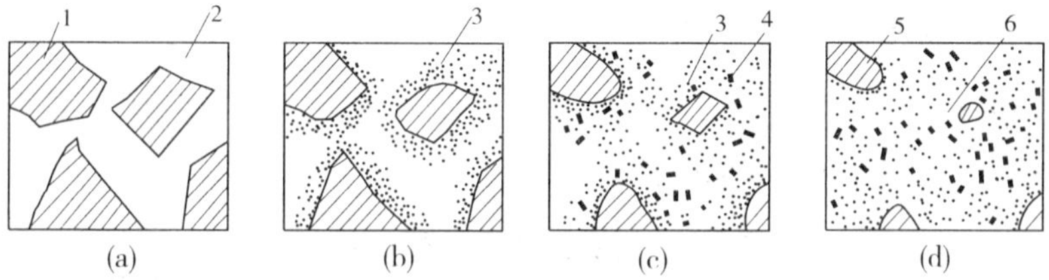

(a)分散在水中未水化的水泥颗粒;(b)在水泥颗粒表面形成水化物膜层;
(c)膜层长大并出现网状构造(凝胶);(d)水化物逐步发展,填充毛细孔(硬化)
1—水泥颗粒;2—水分;3—凝胶;4—晶体;5—水泥颗粒的未水化内核;6—毛细孔

图 2-2　水泥凝结硬化过程示意

2. 凝结期

溶液饱和后,继续水化的产物逐渐增多并发展成为网状凝胶体(水化硅酸钙、水化铁酸钙胶体中分布有大量的氢氧化钙、水化铝酸钙及水化硫铝酸钙晶体)。随着凝胶体逐渐增多,水泥浆体产生絮凝并开始失去塑性,见图 2-2(c)。

3. 硬化期

凝胶体的形成与发展,使水泥的水化反应越来越困难。随着水化反应继续缓慢的进行,水化产物不断生成并填充在浆体的毛细孔中,随着毛细孔的减少,浆体逐渐硬化,见图 2-2(d)。

硬化后的水泥石结构由凝胶体、未完全水化的水泥颗粒和毛细孔组成。

(三)影响水泥熟料凝结硬化的主要因素

影响水泥熟料凝结硬化的因素,除水泥熟料矿物成分及其含量外,还与下列因素有关。

1. 细度

细度指水泥颗粒的粗细程度。细度越大,水泥颗粒越细,比表面积越大,水化反应越容易进行,水泥的凝结硬化越快。

2. 用水量

水泥水化反应理论用水量约占水泥质量的 23%。加水太少,水化反应不能充分进行;加水太多,难以形成网状构造的凝胶体,延缓甚至不能使水泥浆硬化。

3. 温度和湿度

水泥的水化反应随温度升高,反应加快。负温条件下,水化反应停止,甚至水泥石结构有冻坏的可能。水泥水化反应必须在潮湿的环境中才能进行，潮湿的环境能保证水泥浆体中的水分不蒸发，水化反应得以维持。

4. 养护时间(龄期)

保持合适的环境温度和湿度，使水泥水化反应不断进行的措施，称为养护。水泥凝结硬化过程的实质是水泥水化反应不断进行的过程。水化反应时间越长，水泥石的强度越高。水泥石强度增长在早期较快，后期逐渐减缓，28 d 以后显著变慢。据试验资料显示，水泥的水化反应在适当的温度与湿度的环境中可延续数年。

三、通用硅酸盐水泥的主要技术要求

(一)化学指标

通用硅酸盐水泥的化学指标应符合表 2-8 的规定。

表 2-8　通用硅酸盐水泥的化学指标　　(%)

<table>
<tr><th>品种</th><th>代号</th><th>不溶物
(质量分数)</th><th>烧失量
(质量分数)</th><th>三氧化硫
(质量分数)</th><th>氧化镁
(质量分数)</th><th>氯离子
(质量分数)</th></tr>
<tr><td rowspan="2">硅酸盐水泥</td><td>P·Ⅰ</td><td>≤0.75</td><td>≤3.0</td><td rowspan="3">≤3.5</td><td rowspan="3">≤5.0</td><td rowspan="8">≤0.06</td></tr>
<tr><td>P·Ⅱ</td><td>≤1.50</td><td>≤3.5</td></tr>
<tr><td>普通硅酸盐水泥</td><td>P·O</td><td>—</td><td>≤5.0</td></tr>
<tr><td rowspan="2">矿渣硅酸盐水泥</td><td>P·S·A</td><td>—</td><td>—</td><td rowspan="2">≤4.0</td><td>≤6.0</td></tr>
<tr><td>P·S·B</td><td>—</td><td>—</td><td>—</td></tr>
<tr><td>火山灰质硅酸盐水泥</td><td>P·P</td><td>—</td><td>—</td><td rowspan="3">≤3.5</td><td rowspan="3">≤6.0</td></tr>
<tr><td>粉煤灰硅酸盐水泥</td><td>P·F</td><td>—</td><td>—</td></tr>
<tr><td>复合硅酸盐水泥</td><td>P·C</td><td>—</td><td>—</td></tr>
</table>

(二)物理指标

1. 凝结时间

水泥的凝结时间分初凝和终凝。初凝是指自水泥加水拌和时起，至水泥浆开始失去可塑性所经历的时间；终凝是指自水泥加水拌和时起，至水泥浆完全失去可塑性所经历的时间。为保证水泥拌和物有足够的时间进行搅拌、运输和成型，初凝时间不得太短；成型后的水泥石应尽快凝结硬化，以利于后续工作的进行，故终凝时间不得太长。《通用硅酸盐水泥》(GB 175—2007)规定：硅酸盐水泥初凝不小于 45 min，终凝不小于 390 min；其他五种通用硅酸盐水泥初凝不小于 45 min，终凝不大于 600 min。

国家标准规定，水泥的凝结时间以标准稠度的水泥净浆，在规定的温度和湿度条件下，用凝结时间测定仪测定。

2. 水泥的细度

水泥的细度是指水泥颗粒的平均粗细程度，可用筛分析法和透气式比表面仪测定。《通用硅酸盐水泥》(GB 175—2007)规定：硅酸盐水泥和普通硅酸盐水泥以比表面积表示，不小于 300 m^2/kg；其他四种通用硅酸盐水泥以筛余表示，其 80 μm 方孔筛筛余不大于 10% 或 45 μm 方孔筛筛余不大于 30%。

水泥的细度反映了水泥的水化活性，细度越大，水化活性越高，水泥的凝结硬化越快。但细度太大，会增加水泥生产成本，而且不易贮存。

3. 安定性

用沸煮法检验必须合格。安定性是指水泥在凝结硬化过程中，体积变化的均匀性。水泥中含有过量的氧化镁、三氧化硫及游离氧化钙，会导致水泥的安定性不良，造成水泥石结构局部膨胀甚至开裂，破坏了水泥石结构的整体性，严重的会造成工程质量事故。

4. 强度

水泥的强度是指水泥胶结砂的强度。由于水泥强度随凝结硬化逐渐增长，所以国家标准规定了不同龄期的强度值，用以限定不同强度等级水泥的强度增长速度。水泥强度等级按规定龄期的抗压强度和抗折强度来划分，各强度等级水泥的各龄期强度不得低于表 2-9 中数值。

表 2-9　通用硅酸盐水泥的强度指标　　(单位：MPa)

品种	强度等级	抗压强度，≥		抗折强度，≥	
		3 d	28 d	3 d	28 d
硅酸盐水泥	42.5	17.0	42.5	3.5	6.5
	42.5R	22.0		4.0	
	52.5	23.0	52.5	4.0	7.0
	52.5R	27.0		5.0	
	62.5	28.0	62.5	5.0	8.0
	62.5R	32.0		5.5	
普通硅酸盐水泥	42.5	17.0	42.5	3.5	6.5
	42.5R	22.0		4.0	
	52.5	23.0	52.5	4.0	7.0
	52.5R	27.0		5.0	
矿渣硅酸盐水泥 火山灰质硅酸盐水泥 粉煤灰硅酸盐水泥 复合硅酸盐水泥	32.5	10.0	32.5	2.5	5.5
	32.5R	15.0		3.5	
	42.5	15.0	42.5	3.5	6.5
	42.5R	19.0		4.0	
	52.5	21.0	52.5	4.0	7.0
	52.5R	23.0		4.5	

注：强度等级中带“R”者为早强型水泥。

按国家标准对水泥的上述各项技术指标进行检验。通用硅酸盐水泥的化学指标、凝结时间、安定性和强度的检验结果均满足上述国家标准规定，该产品为合格品，否则为不合格品。

为满足工程设计需要，常对水泥的密度和水化热进行检测。硅酸盐水泥的密度值一般为 3.0～3.2 g/cm^3，贮存过久，密度会有所降低。水泥在松散状态时的堆积密度为 1 000～1 300 kg/m^3，紧密状态时可达 1 400～1 700 kg/m^3。

水泥在水化反应过程中放出的热量，称为水化热。水化热大部分在 7 d 之内放出，以后逐渐减少。水化热对大体积混凝土（如大坝、桥墩、大型基础）不利，对于非大体积混凝土的冬季施工，水化热有利于混凝土的凝结硬化。

四、水泥石的侵蚀与防止

通常情况下，通用硅酸盐水泥硬化后具有较强的耐久性。但在某些含侵蚀性物质（酸、强碱、盐类）的介质中，由于水泥石结构存在开口孔隙，有害介质浸入水泥石内部，水泥石中的水化产物与介质中的侵蚀性物质发生物理、化学作用，反应生成物若易溶解于水，或松软无胶结力，或产生有害的体积膨胀，都会使水泥石结构产生侵蚀性破坏。

（一）侵蚀的类型

1. 溶出性侵蚀（软水侵蚀）

水泥石长期处于软水中，氢氧化钙易被水溶解，使水泥石中的石灰浓度逐渐降低，当浓度低于其他水化产物赖以稳定存在的极限浓度时，其他水化产物（如水化硅酸钙、水化铝酸钙等）也将被溶解。在流动及有压水的作用下，溶解物不断被水流带走，水泥石结构遭到破坏。

2. 酸性侵蚀

1）碳酸侵蚀

某些工业污水及地下水中常含有较多的二氧化碳。二氧化碳与水泥石中的氢氧化钙反应生成碳酸钙，碳酸钙与二氧化碳反应生成碳酸氢钙，反应式如下：

$$Ca(OH)_2 + CO_2 + H_2O = CaCO_3 + 2H_2O$$

$$CaCO_3 + CO_2 + H_2O \rightleftharpoons Ca(HCO_3)_2$$

由于碳酸氢钙易溶于水，若被流动的水带走，化学平衡遭到破坏，反应不断向右边进行，则水泥石中的石灰浓度不断降低，水泥石结构逐渐破坏。

2）一般酸性侵蚀

某些工业废水或地下水中常含有游离的酸类物质，当水泥石长期与这些酸类物质接触时，产生的化学反应如下：

$$2HCl + Ca(OH)_2 = CaCl_2 + 2H_2O$$

$$H_2SO_4 + Ca(OH)_2 = CaSO_4 \cdot 2H_2O$$

生成的氯化钙易溶解于水，被水带走后，降低了水泥石的石灰浓度；二水石膏在水泥石孔隙中结晶膨胀，使水泥石结构开裂。

3. 盐类侵蚀

1）硫酸盐侵蚀

在海水、盐沼水、地下水及某些工业废水中常含有硫酸钠、硫酸钙、硫酸镁等硫酸盐，硫酸盐与水泥石中的氢氧化钙发生反应，均能生成石膏。石膏与水泥石中的水化铝酸钙反应，生成水化硫铝酸钙。石膏和水化硫铝酸钙在水泥石孔隙中产生结晶膨胀，使水泥石结构破坏。

2）镁盐侵蚀

在海水及某些地下水中常含有大量的镁盐，水泥石长期处于这种环境中，发生如下反应：

$$MgSO_4 + Ca(OH)_2 + 2H_2O = CaSO_4 \cdot 2H_2O + Mg(OH)_2$$

$$MgCl_2 + Ca(OH)_2 = CaCl_2 + Mg(OH)_2$$

生成的氯化钙易溶解于水，氢氧化镁松软无胶结力，石膏产生有害性膨胀，均能造成水泥石结构的破坏。

（二）侵蚀的防止

根据水泥石侵蚀的原因及侵蚀的类型，工程中可采取下列防止侵蚀的措施：

（1）根据环境介质的侵蚀特性，合理选择水泥品种。如掺混合材料的硅酸盐水泥具有较强的抗溶出性侵蚀能力，抗硫酸盐硅酸盐水泥抵抗硫酸盐侵蚀的能力较强。

（2）提高水泥石的密实度。通过合理的材料配比设计，提高施工质量，均可以获得均匀密实的水泥石结构，避免或减缓水泥石的侵蚀。

（3）设置保护层。必要时可在建筑物表面设置保护层，隔绝侵蚀性介质，保护原有建筑结构，使之不遭受侵蚀。如设置沥青防水层、不透水的水泥喷浆层及塑料薄膜防水层等，均能起到保护作用。

五、通用硅酸盐水泥的特性及其应用

通用硅酸盐水泥的熟料相同，除Ⅰ型硅酸盐水泥外，其余均在生产过程中掺入了数量不等的混合材料。

（一）混合材料

为了改善硅酸盐水泥的某些性能或调节水泥强度等级，生产水泥时，在水泥熟料中掺入人工或天然矿物材料而得到其他通用硅酸盐水泥，这种矿物材料称为混合材料。混合材料分活性混合材料和非活性混合材料两种。

1. 活性混合材料

活性混合材料具有微弱水硬性或潜在水硬性，在激发剂的作用下，能生成水硬性物质的矿物。混合材料的这种性质，称为火山灰性或潜在水硬性。常用的激发剂有碱性激发剂（石灰）与硫酸盐激发剂（石膏）两类。

活性混合材料常经过骤冷处理，结构呈非晶体（玻璃体）状态，内部贮存有大量的化学潜能。活性混合材料的化学成分以活性氧化硅及活性氧化铝为主，在氢氧化钙饱和溶液中，发生化学反应，生成具有水硬性的水化硅酸钙及水化铝酸钙，反应式如下：

$$xCa(OH)_2 + SiO_2 + m_1H_2O \rightarrow xCaO \cdot SiO_2 \cdot n_1H_2O$$

$$yCa(OH)_2 + Al_2O_3 + m_2H_2O \rightarrow yCaO \cdot Al_2O_3 \cdot n_2H_2O$$

水化铝酸钙在石膏的作用下，生成水化硫铝酸钙。水化硅酸钙、水化铝酸钙及水化硫铝酸钙均为水泥的水化生成物。

工程上常用的活性混合材料有以下三类：

(1)粒化高炉矿渣。粒化高炉矿渣是冶炼生铁时高炉中的熔融矿渣,经骤冷处理而成的粒状矿物。粒化高炉矿渣质地疏松、呈玻璃体结构,主要化学成分为二氧化硅及三氧化二铝。

(2)火山灰质混合材料。凡具有火山灰性的天然或人工的矿物质材料,统称为火山灰质混合材料。火山灰质材料中含有较多的活性氧化硅及活性氧化铝,能与石灰在常温下反应,生成水化硅酸钙及水化铝酸钙。

火山灰质混合材料品种较多,天然的主要有火山灰、凝灰岩、浮石、沸石岩、硅藻土等,人工的主要有煤矸石、烧页岩、烧黏土、硅质渣、硅粉等。

(3)粉煤灰。粉煤灰是火山灰质混合材料的一种。粉煤灰是从火力发电厂的煤粉炉烟道气体中收集的粉末,主要化学成分为氧化硅及氧化铝,含少量氧化钙,具有火山灰性质。

活性混合材料以含二氧化硅及三氧化二铝多且颗粒细者质量较好。掺加到水泥中的活性混合材料,其质量应符合国家标准《用于水泥中的粒化高炉矿渣》(GB/T 203—2008)、《用于水泥中的火山灰质混合材料》(GB/T 2847—2005)及《用于水泥和混凝土中的粉煤灰》(GB/T 1596—2005)的规定。

2. 非活性混合材料

凡不具有活性或活性甚低的人工或天然矿物质材料,统称为非活性混合材料。非活性混合材料经磨细后,掺加到水泥中,可以调节水泥强度,节约水泥熟料,还可以降低水泥的水化热。

常用的非活性混合材料主要有磨细的石灰岩、砂岩以及活性指标低于国家标准规定的活性混合材料。非活性混合材料应具有足够的细度,不含或较少含有对水泥有害的杂质。

(二)六种通用硅酸盐水泥的特性及其应用

硅酸盐水泥的成分基本上同硅酸盐水泥熟料,其性质主要由熟料的性质决定。硅酸盐水泥具有快硬早强、水化热高、抗冻性较好、耐热性和耐侵蚀性较差的特点。

普通硅酸盐水泥的混合材料用量较硅酸盐水泥略有增加,其性能与硅酸盐水泥基本相同,但早期强度略有降低,抗冻及耐冲磨性能稍差。

由于矿渣水泥、火山灰水泥、粉煤灰水泥及复合水泥在生产时掺加了较多的混合材料,使得这四种水泥中水泥熟料大为减少,又由于活性混合材料能与水泥中的水化产物发生二次反应,故这四种水泥与硅酸盐水泥相比较具有以下共同特性:

(1)凝结硬化慢,早期强度低。由于水泥熟料的减少,四种水泥中硅酸三钙及铝酸三钙的含量相应减少,使得四种水泥凝结硬化较慢,早期强度较低。

(2)水化热低。由于熟料矿物的减少,使发热量大的硅酸三钙、铝酸三钙含量相对减少,水泥水化放热速度减缓,水化热低,故四种水泥适用于大体积混凝土工程的混凝土配制。

(3)抗侵蚀能力稍强。由于熟料水化产物氢氧化钙与活性混合材料发生二次反应,易受侵蚀的氢氧化钙含量大为减少,故四种水泥抗溶出性侵蚀能力及抗硫酸盐侵蚀能力稍强。

(4)抗冻、耐磨性较差。水泥熟料矿物的减少,硅酸三钙、铝酸三钙这些决定水泥强度及水化热高的矿物相应减少,四种水泥早期强度较低,故抗冻及耐磨性能较差。

(5)抗碳化能力差。熟料中的水化产物氢氧化钙参与二次反应后，水泥石中石灰浓度(碱度)降低，水泥石表层的碳化发展速度加快，碳化深度加大，容易造成钢筋混凝土中的钢筋锈蚀。

由于四种水泥中所掺混合材料的数量及品种有所不同，矿渣水泥、火山灰水泥及粉煤灰水泥又具有各自的特性：

矿渣难于磨细，且矿渣玻璃体亲水性差，故矿渣水泥的泌水性较大，干缩性较大；由于矿渣的耐火性强，矿渣水泥具有较高的耐热性(温度不大于 200 ℃)。

火山灰水泥颗粒较细，泌水性较小，在潮湿环境下养护时，水泥石结构致密，抗渗性强；但在干燥环境下，硬化时会产生较大的干缩。

粉煤灰颗粒细且呈球形(玻璃微珠)，吸水性较小，故粉煤灰水泥的干缩性较小，抗裂能力强。

普通硅酸盐水泥、矿渣水泥、火山灰水泥、粉煤灰水泥及复合水泥的不合格品的判定标准同硅酸盐水泥。

上述特性决定了六种通用硅酸盐水泥的用途，其适用范围见表 2-10。

表 2-10　通用硅酸盐水泥的选用

混凝土工程特点及所处环境			优先选用	可以选用	不宜选用
普通混凝土	1	一般气候环境	普通水泥	矿渣水泥、火山灰水泥、粉煤灰水泥、复合水泥	
	2	干燥环境	普通水泥	矿渣水泥	火山灰水泥、粉煤灰水泥
	3	高湿度环境或长期处于水中	矿渣水泥、火山灰水泥、粉煤灰水泥、复合水泥	普通水泥	
	4	大体积混凝土	矿渣水泥、火山灰水泥、粉煤灰水泥、复合水泥		硅酸盐水泥、普通水泥
有特殊要求的混凝土	1	要求快硬高强(>C40)的混凝土	硅酸盐水泥	普通水泥	矿渣水泥、火山灰水泥、粉煤灰水泥、复合水泥
	2	严寒地区露天混凝土，寒冷地区处于水位升降范围内的混凝土	普通水泥	矿渣水泥(强度等级 32.5)	火山灰水泥、粉煤灰水泥
	3	严寒地区处于水位升降范围内的混凝土	普通水泥(强度等级 42.5)		矿渣水泥、火山灰水泥、粉煤灰水泥、复合水泥
	4	有抗渗要求的混凝土	普通水泥、火山灰水泥		矿渣水泥
	5	有抗磨要求的混凝土	硅酸盐水泥、普通水泥	矿渣水泥(强度等级 32.5)	火山灰水泥、粉煤灰水泥
	6	受侵蚀性介质作用的混凝土	矿渣水泥、火山灰水泥、粉煤灰水泥、复合水泥		硅酸盐水泥、普通水泥

第五节 特性水泥

一、快硬硅酸盐水泥

凡以硅酸盐水泥熟料和适量石膏磨细制成的，以 3 d 抗压强度表示标号的水硬性胶凝材料，称为快硬硅酸盐水泥（简称快硬水泥）。

快硬硅酸盐水泥的生产方法与硅酸盐水泥基本相同，在生产过程中，通过控制生产工艺条件，减少原料中有害杂质，提高熟料中凝结硬化快的硅酸三钙及铝酸三钙含量，使制品的性质符合国家标准要求。快硬水泥中硅酸三钙含量为 50% ~60%，铝酸三钙含量为 8% ~14%，硅酸三钙和铝酸三钙总量应不少于 60% ~65%。按照国家标准《快硬硅酸盐水泥》（GB 199—1990）规定，快硬硅酸盐水泥的技术要求如下：

（1）氧化镁。熟料中氧化镁含量不得超过 5.0%，如水泥压蒸安定性试验合格，允许放宽到 6.0%。

（2）三氧化硫。快硬水泥中三氧化硫的含量不得超过 4.0%。

（3）细度。快硬水泥的细度以 80 μm 方孔筛筛余不得超过 10%。

（4）凝结时间。快硬水泥的初凝不得早于 45 min，终凝不得迟于 10 h。

（5）安定性。用沸煮法检验必须合格。

（6）强度。快硬水泥按 3 d 强度划分为 32.5、37.5、42.5 三个等级，各强度等级各龄期强度不得低于表 2-11 中的数值。

表 2-11 快硬硅酸盐水泥各龄期强度要求 （单位：MPa）

强度等级	抗压强度			抗折强度		
	1 d	3 d	28 d	1 d	3 d	28 d
32.5	15.0	32.5	52.5	3.5	5.0	7.2
37.5	17.0	37.5	57.5	4.0	6.0	7.6
42.5	19.0	42.5	62.5	4.5	6.4	8.0

注：28 d 强度为供需双方参考指标。

快硬硅酸盐水泥具有早期强度高、水化放热量大的特点，主要用来配制早强、高强混凝土。适用于紧急抢修、低温施工及抗冲击、抗震性工程，也常用于配制高强度混凝土及预应力混凝土预制构件。

二、白色硅酸盐水泥

以适当成分的生料，烧至部分熔融，所得以硅酸钙为主要成分、氧化铁含量少的白色硅酸盐水泥熟料，加入适量石膏，磨细制成的水硬性胶凝材料，称为白色硅酸盐水泥（简称白水泥）。白色硅酸盐水泥的技术性质与硅酸盐水泥基本相同，按照国家标准《白色硅酸盐水泥》（GB 2015—1991）的规定，白色硅酸盐水泥分 32.5、42.5、52.5、62.5 四个强度等级，按白度分为特级、一级、二级、三级 4 个等级。白水泥主要用于配制白色或彩色砂浆、混凝土和涂料。

三、抗硫酸盐硅酸盐水泥

抗硫酸盐硅酸盐水泥(简称抗硫酸盐水泥)可分为中、高两种硫酸盐水泥,其生产方法基本上同硅酸盐水泥,主要是控制水泥熟料中的矿物成分含量,使其各项技术指标达到国家标准的要求。《抗硫酸盐硅酸盐水泥》(GB 748—2005)规定:硅酸三钙的含量对中抗硫酸盐水泥不得大于55%,对高抗硫酸盐水泥不得大于50%铝酸三钙的含量对中抗硫酸盐水泥不得大于5%,对高抗硫酸盐水泥不得大于3%。抗硫酸盐水泥具有抗硫酸盐侵蚀能力强及水化热低的特点,适用于受硫酸盐侵蚀、受冻融和干湿作用的海港工程及水利工程。抗硫酸盐水泥分32.5、42.5两种强度等级,各龄期强度不得低于表2-12中的数值。

表2-12 抗硫酸盐水泥各龄期强度值 (单位:MPa)

强度等级	抗压强度		抗折强度	
	3 d	28 d	3 d	28 d
32.5	10.0	32.5	2.5	6.0
42.5	15.0	42.5	3.0	6.5

四、中热硅酸盐水泥、低热硅酸盐水泥及低热矿渣硅酸盐水泥

国家标准《中热硅酸盐水泥、低热硅酸盐水泥、低热矿渣硅酸盐水泥》(GB 200—2003)规定:以适当成分的硅酸盐水泥熟料,加入适量石膏磨细制成的具有中等水化热的水硬性胶凝材料,称为中热硅酸盐水泥(简称中热水泥)。以适当成分的硅酸盐水泥熟料,加入适量石膏,磨细制成的具有低水化热的水硬性胶凝材料,称为低热硅酸盐水泥(简称低热水泥)。以适当成分的硅酸盐水泥熟料,加入矿渣、适量石膏磨细制成的具有低水化热的水硬性胶凝材料,称为低热矿渣硅酸盐水泥(简称低热矿渣水泥)。中热水泥、低热水泥及低热矿渣水泥是专门为要求水化热低的大坝和大体积混凝土工程研制的,在生产过程中,控制水泥熟料中发热量大的矿物成分。其中,中热水泥熟料中的铝酸三钙含量不得超过6%,硅酸三钙含量不得超过55%;低热水泥中铝酸三钙含量不超过6%,硅酸三钙含量不超过40%;低热矿渣水泥中的铝酸三钙含量不得超过8%。三种水泥的比表面积应不低于250 m^2/kg;初凝时间不得早于60 min,终凝时间不得迟于12 h。安定性用沸煮法检验必须合格。水泥的标号及各龄期强度不得小于表2-13中数值,各龄期水化热不得大于表2-14中的数值。

表2-13 中热水泥、低热水泥及低热矿渣水泥各龄期强度指标 (单位:MPa)

水泥品种	水泥标号	抗压强度			抗折强度		
		3 d	7 d	28 d	3 d	7 d	28 d
中热水泥	42.5	12.0	22.0	42.5	3.0	4.5	6.5
低热水泥	42.5	—	13.0	42.5	—	3.5	6.5
低热矿渣水泥	32.5	—	13.7	32.5	—	3.2	5.4

表 2-14　中热水泥、低热水泥及低热矿渣水泥各龄期水化热上限值（单位：kJ/kg）

水泥强度等级	中热水泥		低热水泥		低热矿渣水泥	
	3 d	7 d	3 d	7 d	3 d	7 d
32.5					197	230
42.5	251	293	230	260		

中热水泥及低热水泥主要用于大坝溢流面和水位变动区等部位，要求低水化热和较高耐磨性及抗冻性的工程；低热矿渣水泥主要用于大坝或大体积混凝土建筑物内部及水下等要求低水化热的工程。

五、铝酸盐水泥

按照国家标准《铝酸盐水泥》（GB 201—2000）规定：凡以铝酸钙为主的铝酸盐水泥熟料磨细制成的水硬性胶凝材料，称为铝酸盐水泥（旧称高铝水泥），代号 CA。根据需要也可在磨制 Al_2O_3 含量大于68%的水泥时掺加适量的 $\alpha-Al_2O_3$ 粉。

铝酸盐水泥按 Al_2O_3 含量百分数分为以下四类：

CA－50：$50\% \leq Al_2O_3$ 含量 $<60\%$；

CA－60：$60\% \leq Al_2O_3$ 含量 $<68\%$；

CA－70：$68\% \leq Al_2O_3$ 含量 $<77\%$；

CA－80：$77\% \leq Al_2O_3$ 含量。

铝酸盐水泥的主要矿物成分是铝酸一钙（$CaO \cdot Al_2O_3$）。铝酸一钙与水作用，具有极强的水硬性及温度敏感性，在不同环境温度下，其水化反应为：

当 $T<20$ ℃时：

$$CaO \cdot Al_2O_3 + 10H_2O = CaO \cdot Al_2O_3 \cdot 10H_2O$$

当 20 ℃ $\leq T \leq$ 30 ℃时：

$$2(CaO \cdot Al_2O_3) + 11H_2O = 2CaO \cdot Al_2O_3 \cdot 8H_2O + Al_2O_3 \cdot 3H_2O$$

当 $T>30$ ℃时：

$$3(CaO \cdot Al_2O_3) + 12H_2O = 3CaO \cdot Al_2O_3 \cdot 6H_2O + 2(Al_2O_3 \cdot 3H_2O)$$

水化铝酸一钙和水化铝酸二钙为强度较高的片状或针状晶体，在凝结硬化过程中能互相形成坚固的结晶连生体。三氧化二铝凝胶难溶于水，填充于连生体的空隙之间，形成致密的结构。在 30 ℃以上的水化环境中或随着时间的延长，水化铝酸一钙和水化铝酸二钙会逐渐转化为强度较低的水化铝酸三钙。

（一）铝酸盐水泥的技术要求

按照国家标准《铝酸盐水泥》（GB 201—2000）的规定，铝酸盐水泥的主要技术要求为：

（1）化学成分。铝酸盐水泥的化学成分按水泥质量百分比计应符合表 2-15 的要求。

表 2-15 铝酸盐水泥的化学成分 (%)

类型	Al_2O_3	SiO_2	Fe_2O_3	R_2O ($Na_2O+0.658K_2O$)	S (全硫)	Cl
CA－50	≥50 且 <60	≤8.0	≤2.5	≤0.4	≤0.1	≤0.1
CA－60	≥60 且 <68	≤5.0	≤2.0			
CA－70	≥68 且 <77	≤1.0	≤0.7			
CA－80	≥77	≤0.5	≤0.5			

注:当用户需要时,生产厂应提供 S、Cl 的测定结果和测定方法。

(2)细度。比表面积不小于 300 m^2/kg 或 0.045 mm 筛余不大于 20%,由供需双方商定,在无约定的情况下发生争议时,以比表面积为准。

(3)凝结时间(胶砂)。CA－50、CA－70、CA－80 初凝时间不得早于 30 min,终凝时间不得迟于 6 h;CA－60 初凝时间不得早于 60 min,终凝时间不得迟于 18 h。

(4)强度。各类水泥各龄期强度不得低于表 2-16 中数值。

表 2-16 铝酸盐水泥各龄期强度指标 (单位:MPa)

水泥类型	抗压强度				抗折强度			
	6 h	1 d	3 d	28 d	6 h	1 d	3 d	28 d
CA－50	20*	40	50		3.0*	5.5	6.5	
CA－60		20	45	85		2.5	5.0	10.0
CA－70		30	40			5.0	6.0	
CA－80		25	30			4.0	5.0	

注:* 表示当用户需要时,生产厂应提供结果。

当 R_2O 指标达不到要求时为废品,其余要求中任一项指标达不到要求时,视为不合格品。

(二)主要用途及注意事项

1. 主要用途

铝酸盐水泥凝结硬化快,早期强度高,水化放热量大,适用于抢建抢修和冬季施工等特殊需要工程,但不能用于大体积混凝土工程。由于铝酸盐水泥水化产物不含氢氧化钙,而且硬化后结构致密,因此它具有较强的抗硫酸盐侵蚀能力,适用于受硫酸盐侵蚀及海水侵蚀的工程。铝酸盐水泥具有较高的耐热性,可用来配制耐火混凝土等。铝酸盐水泥还是配制不定形耐久材料,配制膨胀水泥、自应力水泥化学建材的添加料。

2. 铝酸盐水泥用于土建工程时的注意事项

在施工过程中,为防止凝结时间失控(闪凝),铝酸盐水泥一般不得与硅酸盐水泥、石灰等能析出氢氧化钙的胶凝材料混合,使用前拌和设备等必须冲洗干净。铝酸盐水泥对碱液侵蚀无抵抗能力,故不得用于接触碱性溶液的工程。铝酸盐水泥混凝土后期强度下降较大，应按最低稳定强度设计。CA－50 铝酸盐水泥混凝土最低稳定强度值根据试体脱模后放入(50±2)℃水中养护，取龄期为 7 d 和 14 d 强度值之低者来确定。若用蒸汽养护加速混凝土硬化，养护温度不得高于 50 ℃。用于钢筋混凝土时，钢筋保护层的厚度不得小于 60 mm。未经试验不得加入其他物质。

六、膨胀水泥

一般水泥在硬化过程中均会产生一定的收缩，收缩造成的裂缝破坏了结构的整体性，使混凝土的抗渗、抗冻、抗侵蚀等性能显著降低。膨胀水泥是由胶凝物质和膨胀剂混合制成的，这种水泥在硬化过程中能生成大量膨胀性物质，形成比较密实的水泥石结构。

膨胀水泥按所含主要水硬性物质，可分为：

(1)硅酸盐膨胀水泥。以硅酸盐水泥熟料、膨胀剂和石膏，按一定比例混磨而成。

(2)铝酸盐膨胀水泥。以铝酸盐水泥熟料、二水石膏和少量助磨剂，按一定比例粉磨而成。

(3)硫铝酸盐膨胀水泥。以无水硫铝酸钙和硅酸二钙为主要矿物成分的熟料，加适量石膏磨细制成。

按膨胀值的大小，可分为：

(1)膨胀水泥。线膨胀率一般为 1% 以下，可用于补偿水泥的收缩。

(2)自应力水泥。线膨胀率一般为 1%～3%，除补偿水泥收缩外，尚有一定的线膨胀值，在膨胀过程受到限制(如受到钢筋的限制)时，水泥石本身会受到压应力，称自应力。自应力值大于 2 MPa 的膨胀水泥，称为自应力水泥。

膨胀水泥和自应力水泥的膨胀作用，均是由于在水泥硬化初期，铝酸盐与石膏遇水化合，生成高硫型水化硫铝酸钙(钙矾石)，钙矾石结晶长大使水泥石结构膨胀。

膨胀水泥适用于补偿收缩混凝土结构工程，防渗层及防渗混凝土，构件的结合部、结构的加固与修补，固结机器底座及地脚螺丝等。

自应力水泥主要用于制造自应力混凝土压力管及其配件。

第六节　水泥的验收与贮运

水泥可以袋装或散装，袋装水泥每袋净含量 50 kg，且不得少于标志质量的 99%；随机抽取 20 袋总质量不得少于 1 000 kg。水泥袋上应标明产品名称、代号、净含量、强度等级、生产许可证编号、生产者名称和地址、出厂编号、执行标准号以及包装的年、月、日。散装水泥交货时也应提交与袋装水泥标志相同内容的卡片。

水泥出厂前，生产厂家应按国家标准规定的取样规则和检验方法对水泥进行检验，并向用户提供试验报告。试验报告的内容应包括国家标准规定的各项技术要求及其试验结果。

交货时水泥的质量验收可抽取实物试样以其检验结果为依据，也可以水泥厂同编号水泥的检验报告为依据。采用前者验收方法，当买方检验认为产品质量不符合国家标准要求，而卖方又有异议时，双方应将卖方保存的另一份试样送省级或省级以上国家认可的水泥质量监督检验机构进行仲裁检验；采用后者验收方法时，异议期为3个月。

水泥在运输与贮存时，不得受潮和混入杂物，不同品种和强度等级的水泥应分别贮运，不得混杂。水泥存放过久，强度会有所降低，因此国家标准规定：水泥出厂超过3个月（快硬水泥超过1个月）时，应对水泥进行复验，并按其实测强度结果使用。

本章小结

本章所讨论的三种气硬性胶凝材料，除水玻璃外，石灰和石膏都不能在水中或长期潮湿的环境中使用。这是因为它们的水化产物在水的长期作用下会溶解、溃散而破坏，故其耐水性差、抗冻性差。要掌握它们的特性，在使用时应注意环境条件的影响，宜用在室内及与水不长期接触的工程部位；而且在贮运过程中应注意防潮，贮存时间也不宜过长。水硬性胶凝材料——水泥是本课程的重点之一，它是水泥混凝土主要的也是最重要的组成材料。本章内容侧重于通用硅酸盐水泥，对其生产过程作了简介，而对其熟料矿物组成、水泥水化硬化过程、水泥石的结构等则作了较详细的阐述。另外，为了满足不同工程需要，还简要介绍了几种特性水泥，应注意它们与通用硅酸盐水泥的共性及其特性，了解其特殊的用途。

掌握：

（1）气硬性胶凝材料与水硬性胶凝材料的凝结硬化条件及适用范围有何不同；

（2）石灰、建筑石膏和水玻璃这三种常用气硬性胶凝材料的性质和用途以及贮运和使用中应注意的问题；

（3）通用硅酸盐水泥的定义、分类、生产和熟料中的矿物成分以及主要技术要求、水泥石侵蚀的类型与防止措施。

理解：

（1）石灰、建筑石膏和水玻璃三种材料的水化和凝结硬化规律以及三种材料各自的特性；

（2）通用硅酸盐水泥的凝结硬化过程和四种熟料矿物的水化特性以及在验收与贮运过程中应注意的问题。

了解：

（1）胶凝材料的概念和分类；

（2）石灰、建筑石膏和水玻璃三种材料的生产原料和生产过程；

（3）六种特性水泥的特点及应用。

第三章　水泥混凝土

【内容提要】

本章主要介绍混凝土的概念、种类及工程特性，水泥混凝土各组成材料的技术要求及各材料在混凝土中的作用，水泥混凝土主要技术性质的概念、测定方法及影响因素，水泥混凝土配合比设计的原理、方法和步骤以及混凝土质量的影响因素及控制方法。简单介绍了其他混凝土的特点及应用。

第一节　概　述

混凝土是一种重要的建筑材料，广泛地应用于工业与民用建筑、水利、交通、港口等工程中。

一、混凝土的定义及分类

（一）定义

混凝土是以胶凝材料、水和集料（亦称骨料）按适当比例配合拌制成拌和物，再经硬化后得到的人工石材。以水泥为胶凝材料、砂石为集料的混凝土称为水泥混凝土，在建筑工程中最为常用。

（二）分类

根据不同的分类标准，混凝土有以下分类方法。

1. 按胶凝材料分

（1）无机胶凝材料混凝土：如水泥混凝土、石膏混凝土、水玻璃混凝土等。

（2）有机胶凝材料混凝土：如沥青混凝土、聚合物混凝土等。

2. 按表观密度分

（1）重混凝土：干表观密度大于2 800 kg/m^3，是用特别密实和特别重的集料（如重晶石、铁矿石、钢屑等）配制而成的，用于防射线或耐磨结构物中。

（2）普通混凝土：干表观密度为2 000～2 800 kg/m^3，是以天然的砂、石作集料配制而成的。这类混凝土在建筑工程中最常用，用于房屋及桥梁的承重结构、道路路面、水工建筑物的堤坝等。

（3）轻混凝土：干表观密度小于2 000 kg/m^3，是用较轻的和多孔的集料（如浮石、煤渣等）制成的。常用做绝热、隔声或承重材料。

3. 按使用功能分

按使用功能分为防水混凝土、耐热混凝土、耐酸混凝土、耐碱混凝土、水工混凝土、海洋混凝土等。

4. 按强度分

按强度分为早强混凝土、超早强混凝土、高强混凝土、超高强混凝土、高性能(HPC)混凝土。

5. 按坍落度分

按坍落度分为低塑性混凝土、塑性混凝土、流动性混凝土、大流动性混凝土、流态混凝土。

6. 按维勃稠度分

按维勃稠度可分为超干硬性混凝土、特干硬性混凝土、干硬性混凝土、半干硬性混凝土。

7. 按施工工艺分

按施工工艺分为普通浇筑混凝土、离心成型混凝土、喷射混凝土、泵送混凝土等。

8. 按配筋情况分

按配筋情况分为素混凝土、钢筋混凝土、纤维混凝土等。

本章主要讲述水泥混凝土(简称混凝土)。

二、混凝土的特性

(1)混凝土拌和物具有可塑性,可以按工程结构要求浇筑成不同形状和尺寸的整体结构和预制构件。

(2)与钢筋等有牢固的黏结力,能在混凝土中配筋或埋设钢件制作钢筋混凝土构件或整体结构,强度高,耐久性好。

(3)其组成材料中砂、石等当地材料占80%以上,造价低。

(4)改变各材料品种和用量,可以得到不同物理力学性能的混凝土,以满足不同工程的要求,应用范围广泛。

(5)混凝土抗拉强度很低,受拉时抵抗变形能力小,容易开裂。

(6)自重大。

(7)生产工艺复杂,质量难以控制,管理困难。

三、水泥混凝土的组成材料及各材料的作用

水泥混凝土是由水泥、砂、石、水四种材料组成的,有时为改善其性能,常加入适量的外加剂和外掺料。在混凝土中,水泥与水形成水泥浆,水泥浆包裹在集料表面并填充其空隙。在硬化前,水泥浆与外加剂起润滑作用,赋予拌和物一定的和易性,便于施工。水泥浆硬化后,则将集料胶结成一个坚实的整体。砂、石称为集料,起骨架作用,砂子填充石子的空隙,砂、石构成的坚硬骨架可抑制由于水泥浆硬化和水泥石干燥而产生的收缩。混凝土的结构如图3-1所示。

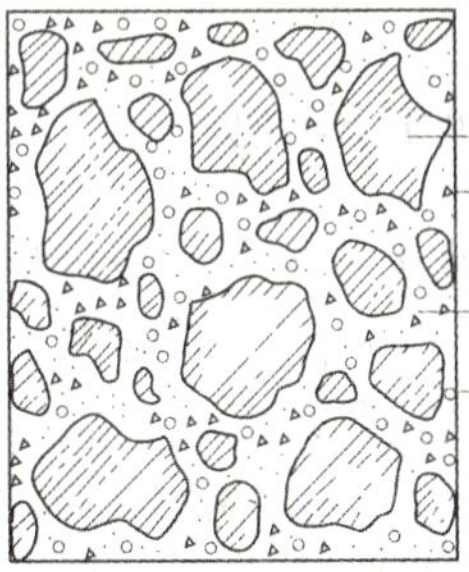

图3-1 混凝土结构

四、工程中对混凝土基本要求

工程中混凝土要满足以下要求：

(1)混凝土拌和物应具有一定的和易性，便于施工时浇筑振捣密实，并能保证混凝土的均匀性。

(2)混凝土经养护至规定龄期，应达到设计所要求的强度。

(3)硬化后的混凝土应具有相应于所处环境的耐久性。

(4)在保证混凝土质量的前提下，各项材料的组成应经济合理，尽量节约水泥，降低造价。

(5)大体积混凝土，为防止出现温度裂缝，应满足低热性要求。

第二节　混凝土的组成材料

混凝土是由水泥、砂、石、水、外加剂和外掺料组成的。混凝土的技术性质在很大程度上是由原材料的性质及其相对含量决定的，同时也与施工工艺(拌和、浇筑、养护等)有关。因此，必须了解其原材料的性质、作用及其质量要求，合理选择材料，以保证混凝土的质量。

一、水泥

(一)水泥品种选择

配制混凝土一般可选用硅酸盐水泥、普通硅酸盐水泥、矿渣硅酸盐水泥、火山灰质硅酸盐水泥和粉煤灰硅酸盐水泥。必要时也可以选用快硬硅酸盐水泥或其他水泥。

选用何种水泥，应根据混凝土工程的特点和所处的环境条件，参照有关规范规定选用。

(二)水泥强度等级选择

水泥强度等级的选择应与混凝土的设计强度等级相适应。经验证明，一般情况下，水泥强度等级(以 MPa 为单位)为混凝土强度等级的 1.5 ~ 2.0 倍；若用高强度等级水泥配制低强度等级混凝土，水泥用量会偏少，影响和易性及密实度，应掺入一定数量的混合材料；若用低强度等级水泥配制高强度等级混凝土，水泥用量会过多，不经济，而且影响混凝土其他技术性质。

二、细集料(砂)

粒径为 0.15 ~ 4.75 mm 的集料为细集料(砂)。砂按产源有天然砂和人工砂。天然砂是岩石风化后所形成的大小不等、由不同矿物散粒组成的混合物，一般有海砂、山砂及河砂。山砂的颗粒多具有棱角，表面粗糙，与水泥黏结较好。河砂的颗粒多呈圆形，表面光滑，与水泥的黏结较差。因而在水泥用量相同的情况下，山砂拌制的混凝土流动性较差，但强度较高，而河砂则与之相反。人工砂是由人工采集的块石加工而成的，棱角多，较洁净，但造价高。工程中常选用河砂配制混凝土。

《建筑用砂》(GB/T 14684—2001)按技术要求将砂分为三类。Ⅰ类宜用于强度等级大于 C60 的混凝土，Ⅱ类宜用于强度等级为 C30 ~ C60 及有抗冻、抗渗或其他要求的混凝土，Ⅲ类宜用于强度等级小于 C30 的混凝土和建筑砂浆。

配制混凝土时所采用的细集料的质量要求有以下几方面。

（一）砂中含泥量、石粉含量和泥块含量

天然砂中含泥量、人工砂中石粉含量均是指砂中粒径小于 0.075 mm 颗粒的含量；泥块含量是指砂中粒径大于 1.18 mm，经水洗手捏后变成粒径小于 0.60 mm 颗粒的含量。

天然砂中含泥量影响混凝土的强度，天然砂中的泥与人工砂中石粉的成分不同，后者能完善混凝土中细集料的级配，提高混凝土的密实性，但含量也要进行控制。而泥、泥块对混凝土的抗压 、抗渗、抗冻等均有不同程度的影响，尤其是包裹型的泥更为严重。泥遇水成浆，胶结在砂石表面，不易分离，影响水泥与砂石的黏结力。砂中含泥量、石粉含量、泥块含量应符合表 3-1 的规定。

表 3-1　砂中含泥量、石粉含量、泥块含量及砂中有害杂质含量（GB/T 14684—2001）

项目			指标		
			Ⅰ类	Ⅱ类	Ⅲ类
天然砂含泥量、泥块含量	含泥量（按质量计，%），<		1.0	3.0	5.0
	泥块含量（按质量计，%），<		0	1.0	2.0
人工砂石粉含量、泥块含量	亚甲蓝试验 *MB* 值 < 1.40 或合格	石粉含量（按质量计，%），<	3.0	5.0	7.0
		泥块含量（按质量计，%），<	0	1.0	2.0
	亚甲蓝试验 *MB* 值≥ 1.40 或不合格	石粉含量（按质量计，%），<	1.0	3.0	5.0
		泥块含量（按质量计，%），<	0	1.0	2.0
有害杂质含量	云母（按质量计，%），<		1.0	2.0	2.0
	硫化物与硫酸盐（按 SO_3 质量计，%），<		0.5	0.5	0.5
	有机物（比色法）		合格	合格	合格
	轻物质（按质量计，%），<		1.0	1.0	1.0
	氯化物（以氯离子质量计，%），<		0.01	0.02	0.06

注：亚甲蓝试验是专门用于检测粒径小于 75 μm 的物质是属于纯石粉还是泥土的试验方法。

（二）有害物质

砂中有害物质包括云母、硫化物与硫酸盐、氯盐和有机物等。云母为表面光滑的小薄片，与水泥浆黏结差，会影响混凝土的强度及耐久性。有机物、硫化物及硫酸盐杂质对水泥有侵蚀作用，而氯盐对混凝土中的钢筋有侵蚀作用。

砂中不宜混有草根、树叶、树枝、塑料、煤块、煤渣等杂物，且砂中云母、硫化物与硫酸盐、氯化物和有机物等有害杂质含量不应超过表 3-1 的规定值。

（三）砂的坚固性

砂的坚固性是指砂在气候、环境变化或其他物理因素作用下抵抗破裂的能力。天然砂的坚固性用硫酸钠溶液检验，砂试样在饱和硫酸钠溶液中经 5 次循环浸渍后，其质量损失应符合表 3-2 的规定，人工砂以压碎指标值测定，应符合表 3-2 的规定。

表 3-2　砂的坚固性指标(GB/T 14684—2001)

项目	指标		
	Ⅰ类	Ⅱ类	Ⅲ类
质量损失(%)(天然砂) <	8	8	10
单级最大压碎指标(%)(人工砂) <	20	25	30

(四)颗粒级配与粗细程度

混凝土中砂粒之间的空隙是由水泥浆所填充的,空隙率越小,混凝土骨架越密实,所需水泥浆越少,越节约水泥且有助于混凝土强度和耐久性的提高。从图 3-2 可以看出:如果是同样粗细的砂,空隙最大(见图 3-2(a));多粒级的砂搭配,空隙率较小(见图 3-2(c))。

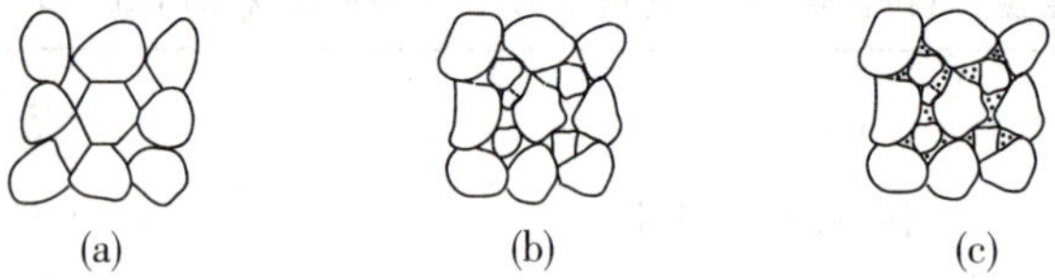

(a)单一粒径;(b)配有部分次大粒径;(c)在图(b)的剩余空隙中再填入小颗粒

图 3-2　细集料颗粒级配

《建筑用砂》(GB/T 14684—2001)将砂分为粗砂、中砂、细砂。在相同质量条件下,细砂的总表面积较大,而粗砂的总表面积较小。在混凝土中,砂子的表面需要由水泥浆包裹,砂子的总表面积愈大,需要包裹砂粒表面的水泥浆就愈多。因此,一般说用粗砂拌制混凝土比用细砂所需的水泥浆少。

所以,在拌制混凝土时,应同时考虑砂的颗粒级配和粗细程度。应选择颗粒级配好、粗细程度均匀的砂,即砂中含有较多的粗颗粒,并以适当的中颗粒及少量细颗粒填充其空隙,使空隙率及总表面积均较小,这样的砂,不仅水泥浆用量较少,而且还可提高混凝土的密实性与强度。可见控制砂的颗粒级配和粗细程度有很大的技术经济意义,因而它是评定砂质量的重要指标。

砂的颗粒级配和粗细程度,用筛分析的方法进行测定。用级配区表示砂的颗粒级配,用细度模数(M_X)表示砂的粗细。筛分析的方法,是用一套孔径(净尺寸)为 4.75 mm、2.36 mm、1.18 mm、0.60 mm、0.30 mm 及 0.15 mm 的标准筛,将 500 g 质量的干砂试样由粗到细依次过筛,然后称量余留在各个筛上的砂的质量,并计算出各筛上的分计筛余百分率 a_1、a_2、a_3、a_4、a_5、a_6(各筛上的筛余量占砂样总量的百分率)及累计筛余百分率 A_1、A_2、A_3、A_4、A_5 和 A_6(各个筛和比该筛粗的所有分计筛余百分率的和)。累计筛余与分计筛余的关系见表 3-3。

根据式(3-1)计算砂的细度模数 M_X:

$$M_X = \frac{(A_2 + A_3 + A_4 + A_5 + A_6) - 5A_1}{100 - A_1} \tag{3-1}$$

表 3-3　累计筛余与分计筛余的关系

筛孔尺寸(mm)	分计筛余(%)	累计筛余(%)
4.75	a_1	$A_1=a_1$
2.36	a_2	$A_2=a_1+a_2$
1.18	a_3	$A_3=a_1+a_2+a_3$
0.60	a_4	$A_4=a_1+a_2+a_3+a_4$
0.30	a_5	$A_5=a_1+a_2+a_3+a_4+a_5$
0.15	a_6	$A_6=a_1+a_2+a_3+a_4+a_5+a_6$

细度模数(M_X)愈大,表示砂愈粗。我国现行标准《建筑用砂》(GB/T 14684—2001)规定:M_X 在 3.7~3.1 为粗砂,M_X 在 3.0~2.3 为中砂,M_X 在 2.2~1.6 为细砂。混凝土用砂以中砂为好。

细度模数与颗粒级配是两个不同的概念,细度模数是衡量砂的粗细程度的指标,而颗粒级配则是衡量砂的各粒级的组合情况的指标。砂的细度模数即使相同,其级配往往差别很大。

根据 0.60 mm 筛孔的累计筛余量,分成三个级配区(见表 3-4),混凝土用砂的颗粒级配,应处于表 3-4 中的任何一个级配区以内。但砂的实际筛余率,除 4.75 mm 和 0.60 mm 筛号外,其余都允许稍有超出,但其超出总量(几个粒级累计筛余百分率超出的和,或只是某一粒级的超出百分率)不应大于 5%。

表 3-4　砂级配区的规定(GB/T 14684—2001)

筛孔尺寸(mm)	级配区		
	1 区	2 区	3 区
	累计筛余(按质量计,%)		
9.50(圆孔)	0	0	0
4.75(圆孔)	10~0	10~0	10~0
2.36(圆孔)	35~5	25~0	15~0
1.18(方孔)	65~35	50~10	25~0
0.60(方孔)	85~71	70~41	40~16
0.30(方孔)	95~80	92~70	85~55
0.15(方孔)	100~90	100~90	100~90

以累计筛余百分率为纵坐标,以筛孔尺寸为横坐标,按表 3-4 的规定绘出砂 1、2、3 级配区的筛分曲线,见图 3-3。

配制混凝土时,应优先选用 2 区砂;采用 1 区砂时,在混凝土配合比设计中应提高砂率并保持足够的水泥用量,以满足和易性;采用 3 区砂时,应适当降低砂率,以保证混凝土强度。

(五)砂的物理性质

1. 表观密度、堆积密度和空隙率

建筑用砂应满足表观密度大于 2 500 kg/m³,松散堆积密度大于 1 350 kg/m³,空隙率

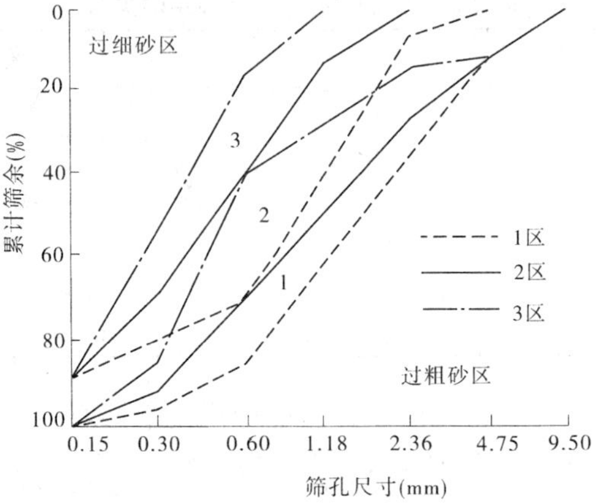

图 3-3　砂的 1、2、3 级配区曲线

小于 47%。

2. 砂的含水状态

砂的含水状态分为干燥、气干、饱和面干及湿润状态。水工混凝土多以饱和面干状态作为基准状态设计配合比。工业与民用建筑中则习惯用干燥状态的砂(含水率小于 0.5%)及石子(含水率小于 0.2%)来设计配合比。

三、粗集料(石子)

混凝土中的粗集料是指粒径为 4.75 ~ 150 mm 的矿质材料,常用的有碎石和卵石。卵石又称砾石,它是由天然岩石经自然条件长期作用而形成的,按其产源可分为河卵石、海卵石及山卵石等几种,其中以河卵石应用较多。卵石中有机杂质含量较多,但与碎石比较,卵石表面光滑,棱角少,空隙率及表面积小,拌制的混凝土水泥浆用量少,和易性较好,但与水泥石胶结力差。在相同条件下,卵石混凝土的强度较碎石混凝土低。碎石大多由天然岩石经破碎、筛分而成,表面粗糙,棱角多,较洁净,与水泥浆黏结比较牢固。碎石是工程中用量最多的粗集料。

《建筑用卵石、碎石》(GB/T 14685—2001)按技术要求将卵石、碎石分为三类。Ⅰ类宜用于强度等级大于 C60 的混凝土,Ⅱ类宜用于强度等级为 C30 ~ C60 及有抗冻、抗渗或其他要求的混凝土,Ⅲ类宜用于强度等级小于 C30 的混凝土和建筑砂浆。

为了保证混凝土质量,所采用粗集料要符合规范要求。

(一)最大粒径及颗粒级配

1. 最大粒径(D_M)

粗集料中公称粒级的上限称为该粒级的最大粒径。当粗集料粒径增大时,其表面积随之减少。因此,保证一定厚度润滑层所需的水泥浆的数量也相应减少。试验研究证明,最佳的最大粒径取决于混凝土的水泥用量。当最大粒径在 80 ~ 150 mm 以下变动时,最大粒径增大,水泥用量明显减少;但当最大粒径大于 150 mm 时,对节约水泥并不明显。因此,在大体积混凝土中,条件许可时,应尽量采用较大粒径的粗集料。在水利、水港等大型工程中常采用 120 mm 或 150 mm,在房屋建筑工程中,由于构件尺寸小,一般最大粒径只用到 40 mm 或 60 mm。集料最大粒径还受结构型式和配筋疏密限制。根据《混凝土结构工程施工及验收规范》(GB 50204—2002)的规定,混凝土粗集料的最大粒径不得超过结构截面最小尺寸的 1/4,同时不得大于钢筋间最小净间距的 3/4。对于混凝土实心板,集料的最大粒径不宜超过板厚的 1/3,但最大粒径不得超过 40 mm。

2. 颗粒级配

石子级配好坏对节约水泥和保证混凝土具有良好的和易性有很大关系。特别是拌制高强度混凝土时,石子级配更为重要。

粗集料级配按供应情况可分为连续粒级和单粒级两种。连续级配(粒级)是将石子按其尺寸大小分级,分级尺寸是连续的,即从某一最大粒级以下依次有其他粒级。一般天然河卵石属于连续级配。连续级配集料与天然集料情况比较接近,配制的混凝土一般工作性良好,不易发生离析,是最常用的集料。单粒级集料可以避免连续级配中的较大粒级集料在堆放及装卸过程中的离析现象,可以通过不同组合,配制成各种不同要求的级配集料,以保证混凝土的质量,便于大型混凝土搅拌厂使用。

水工混凝土所用粗集料粒径大,为避免堆放、运输石子产生分离,常常在石子使用前,按颗粒大小分为若干单粒级,分别堆放。筛分时分为 4 级,即 4.75 ~ 20 mm(小石)、20 ~ 40 mm(中石)、40 ~ 80 mm(大石)、80 ~ 120 mm(或 150 mm)(特大石)。根据建筑物结构情况及施工条件,可以采用一级、二级、三级或四级的石子配合使用。若石子最大粒径为 20 mm,采用一级配,即只用小石一级;最大粒径为 40 mm,采用二级配,即用小石与中石两级;最大粒径为 80 mm,采用三级配,即用小石、中石、大石三级;最大粒径为 120 mm(或 150 mm),采用四级配,即用小石、中石、大石、特大石四级。各级石子的配合比例,需通过试验来确定最佳的比例,其原理为空隙率达到最小或堆积密度达到最大且满足混凝土拌和物和易性的要求。粗集料级配选择参考值如表 3-5 所示。

表 3-5　粗集料级配选择参考值

最大粒径(mm)	粒级(mm)					总计(%)
	4.75 ~ 20	20 ~ 40	40 ~ 60	40 ~ 80	80 ~ 120(150)	
	石子比例(按质量计,%)					
40	45 ~ 60	40 ~ 55				100
60	35 ~ 50		50 ~ 65			100
80	25 ~ 35	25 ~ 35		35 ~ 50		100
120(150)	15 ~ 25	15 ~ 25		25 ~ 35	30 ~ 45	100

另外还有一种间断级配,即有意剔除中间尺寸的颗粒,使大颗粒与小颗粒间有较大的“空当”,按理论计算,当分级增大时集料空隙率的降低速率较连续级配大,可较好地发挥集料的骨架作用而减少水泥用量,可用于低流动性或干硬性混凝土。但间断级配集料配制的混凝土拌和物往往易于离析、和易性较差,工程中较少采用。

在实际工程中,必须将试验选定的最优级配与料场中天然级配结合起来考虑,要进行调整与平衡计算,以减少弃料。

施工现场的分级石子中往往存在超、逊径现象。超(逊)径是指在某一级石子中混有大于(小于)这一级粒径的石子。《水工混凝土施工规范》(DL/T 5144—2001)规定:以原孔筛检验,超径量小于 5%,逊径量小于 10%;以超逊径筛检验,超径为零,逊径量小于 2%。若不符合要求,要进行二次筛分或调整集料级配。

国家标准《建筑用碎石、卵石》(GB/T 14685—2001)规定,碎石或卵石的颗粒级配范围应符合表 3-6 的规定 。

表 3-6　碎石或卵石的颗粒级配范围(GB/T 14685—2001)

级配情况	公称粒级(mm)	累计筛余(按质量计,%) 筛孔尺寸(圆孔筛,mm)											
		2.36	4.75	9.50	16.0	19.0	26.5	31.5	37.5	53.0	63.0	75.0	90.0
连续粒级	5 ~ 10	95 ~ 100	80 ~ 100	0 ~ 15	0	—	—	—	—	—	—	—	—
	5 ~ 16	95 ~ 100	85 ~ 100	30 ~ 60	0 ~ 10	0	—	—	—	—	—	—	—
	5 ~ 20	95 ~ 100	90 ~ 100	40 ~ 80	—	0 ~ 10	0	—	—	—	—	—	—
	5 ~ 25	95 ~ 100	90 ~ 100	—	30 ~ 70	—	0 ~ 5	0	—	—	—	—	—
	5 ~ 31.5	95 ~ 100	90 ~ 100	70 ~ 90	—	15 ~ 45	—	0 ~ 5	0	—	—	—	—
	5 ~ 40	—	95 ~ 100	75 ~ 90	—	30 ~ 65	—	—	0 ~ 5	0	—	—	—
单粒级	10 ~ 20	—	95 ~ 100	—	—	0 ~ 15	0	—	—	—	—	—	—
	16 ~ 31.5	—	95 ~ 100	85 ~ 100	85 ~ 100	—	—	0 ~ 10	0	—	—	—	—
	20 ~ 40	—	—	95 ~ 100	—	80 ~ 100	—	—	0 ~ 10	0	—	—	—
	31.5 ~ 63	—		—	95 ~ 100	—	—	75 ~ 100	45 ~ 75	—	0 ~ 10	0	—
	40 ~ 80	—		—	—	95 ~ 100	—	—	70 ~ 100	—	30 ~ 60	0 ~ 10	0

注:公称粒级的上限为该粒级的最大粒径。

(二)强度及坚固性

为保证混凝土的强度要求,粗集料都必须质地致密、具有足够的强度。碎石或卵石的强度,用岩石立方体强度和压碎指标两种方法表示,具体要求见表 3-7。在选择采石场或对粗集料强度有严格要求或对质量有争议时,宜用岩石立方体强度作检验。对经常性的生产质量控制则用压碎指标值检验较为简便。

岩石立方体强度是将岩石制成 50 mm × 50 mm × 50 mm 的立方体(或直径与高均为 50 mm 的圆柱体)试件,在水饱和状态下,测其抗压强度(MPa)。

压碎指标是将一定质量气干状态下 9.5 ~ 19.0 mm 的石子装入一定规格的圆筒内,在压力机上按 1 kN/s 的速度均匀施加荷载到 200 kN 并稳定 5 s,卸荷后称取试样质量(m_0),再用孔径为 2.36 mm 的筛筛除被压碎的细粒,称取试样的筛余量(m_1)。压碎指标表达式为:

$$Q' = \frac{m_0 - m_1}{m_0} \times 100\% \tag{3-2}$$

式中　m_0——试样的质量,g;

m_1——压碎试验后筛余的试样质量,g。

压碎指标表示石子抵抗压碎的能力,混凝土用碎石或卵石的压碎指标值愈小,表示石子抵抗破碎的能力愈强。

粗集料的坚固性是反映碎石或卵石在气候、环境变化或其他物理因素作用下抵抗碎裂的能力。石子的坚固性采用硫酸钠溶液浸渍法进行检验。按《建筑用碎石、卵石》(GB/T 14685—2001)的技术要求,石子样品在硫酸钠饱和溶液中经5次循环浸渍后,其质量损失应符合表3-7的规定。

(三)针片状颗粒含量

凡岩石长度大于该颗粒所属的平均粒径的2.4倍者为针状颗粒,厚度小于平均粒径0.4倍者为片状颗粒。平均粒径指该粒级上、下限粒径的平均值。针片状颗粒对混凝土的和易性及强度影响很大,其含量的限制指标见表3-7。

表3-7 碎石和卵石技术要求(GB/T 14685—2001)

项目	技术要求		
	Ⅰ类	Ⅱ类	Ⅲ类
碎石压碎指标(%)	10	20	30
卵石压碎指标(%)	12	16	16
针片状颗粒含量(按质量计,%)	5	15	25
含泥量(按质量计,%)	0.5	1.0	1.5
泥块含量(按质量计,%)	0	0.5	0.7
硫化物和硫酸盐含量(折算为SO_3)(按质量计,%)	0.5	1.0	1.0
有机质含量(比色法)	合格	合格	合格
坚固性(质量损失)(%)	5	8	12
岩石抗压强度(MPa)	在饱和水状态下,火成岩应不小于80;变质岩应不小于60;水成岩应不小于30		

(四)有害杂质含量

为保证混凝土的强度及耐久性,对石子中的硫化物及硫酸盐含量、有机质含量等,必须认真检验,不得大于表3-7所列指标。重要工程所用石子,应进行碱活性检验。

(五)含泥量和泥块含量

含泥量是指石子中粒径小于0.75 mm的颗粒含量;泥块含量是指石子中原粒径大于4.75 mm,经水洗手捏后变成小于2.36 mm的颗粒含量。含泥量和泥块含量不得大于表3-7的规定。

(六)表观密度、堆积密度、空隙率

表观密度应大于2 500 kg/m³,松散堆积密度应大于1 350 kg/m³,空隙率应小于47%。

（七）碱—集料反应

碱—集料反应是指水泥、外加剂等混凝土构成物及环境中的碱与集料中碱活性矿物在潮湿环境下缓慢发生化学反应并导致混凝土开裂破坏的膨胀反应。经碱—集料反应试验后，由卵石、碎石配制的试件应无裂缝、酥裂、胶体外溢等现象，且在规定试验龄期的膨胀率小于 0.10%。

四、混凝土拌和及养护用水

拌制和养护混凝土用水应符合《混凝土拌和用水标准》（JGJ 63—1989）和《水工混凝土施工规范》（DL/T 5144—2001）的规定，不得含有影响水泥正常凝结与硬化的有害杂质，凡是符合国家标准的生活饮用水，都能用来拌制和养护混凝土。海水中含有硫酸盐、镁盐和氯化物，对水泥石有侵蚀作用，对钢筋也会造成锈蚀，所以不得用于拌制钢筋混凝土和预应力混凝土。

地表水、地下水以及经适当处理的或处置的工业废水，若水质符合《混凝土拌和用水标准》（JGJ 63—1989），且待检水与蒸馏水凝结时间对比试验，水泥初凝时间差、终凝时间差均不大于 30 min，并符合国家标准凝结时间的规定；强度对比试验抗压强度不低于标准试件抗压强度的 90% 时也可用于拌制混凝土。混凝土拌和用水质量要求如表 3-8 所示。

表 3-8　混凝土拌和用水质量要求

项目	素混凝土	钢筋混凝土	预应力混凝土
pH 值，不小于	4	4	4
不溶物（mg/L），不大于	5 000	2 000	2 000
可溶物（mg/L），不大于	10 000	5 000	2 000
氯化物（以 Cl^- 计，mg/L），不大于	3 500	1 200	500*
硫酸盐（以 SO_4^{2-} 计，mg/L），不大于	2 700	2 700	600
硫化物（以 S^{2-} 计，mg/L），不大于	—	—	100

注：使用钢丝或热处理钢筋的预应力混凝土中氯化物含量不得超过 350 mg/L。

五、混凝土外加剂

在混凝土中掺适量外加剂可提高混凝土强度、改善混凝土各种性能，而且对减少用水量、节约水泥有着十分显著的效果。

混凝土外加剂是在拌制混凝土、水泥净浆过程中掺入，用以改善混凝土性能的化学物质。其掺量不大于水泥质量的 5%（特殊情况除外）。

混凝土外加剂按其主要功能可分为以下四类：

（1）改善混凝土拌和物流变性能的外加剂，如减水剂、引气剂和泵送剂等。

（2）调节混凝土凝结时间、硬化性能的外加剂，如缓凝剂、早强剂和速凝剂。

（3）改善混凝土耐久性的外加剂，如引气剂、防水剂和阻锈剂等。

（4）改善混凝土其他性能的外加剂，如加气剂、膨胀剂、防冻剂、着色剂等。

（一）减水剂

减水剂是在混凝土坍落度基本相同的条件下，能减少拌和用水量，或在拌和用水量不变的条件下，改善混凝土的和易性，或同时具有以上两种效果，又不显著改变含气量的外加剂。

1. 减水剂的种类

1）按减水效果分类

按照不同减水效果，减水剂可分为以下五种：

（1）普通减水剂：在保持混凝土稠度不变的条件下，具有一般减水增强作用的外加剂。

（2）高效减水剂：在保持混凝土稠度不变的条件下，具有大幅度减水增强作用的外加剂。其减水率在12%以上。

（3）早强减水剂：兼有早强和减水作用的外加剂。

（4）缓凝减水剂：兼有缓凝和减水作用的外加剂。

（5）引气减水剂：兼有引气和减水作用的外加剂。

2）按化学成分分类

（1）木质素磺酸盐系（木质素系）减水剂。木质素系减水剂的主要品种有木质素磺酸钙、木质素磺酸钠、木质素磺酸镁。

木质素磺酸钙又名M型减水剂，简称M剂。它是由提取酒精后的木浆废液，经蒸发、磺化浓缩、喷雾干燥所制得的一种棕黄色粉状物，主要成分为木质素磺酸钙，其质量分数为60%以上，还原性物质质量分数低于12%，pH值为5~5.5。M剂为阴离子表面活性剂。

M剂适宜掺量为水泥质量的0.2%~0.3%。在保持配合比不变的条件下，掺用M剂后坍落度可提高10 cm左右；在保持混凝土强度和坍落度不变的条件下，掺用M剂后可减水10%，节约水泥10%；保持混凝土坍落度和水泥用量不变的条件下，掺用M剂后可减水10%，提高强度10%~20%。M剂对混凝土有缓凝作用，一般缓凝1~3 h，低温下缓凝性更强，掺量过多，缓凝严重。

（2）萘磺酸盐甲醛缩合物（萘系）。萘系减水剂是以煤焦油中分馏出的萘及萘的同系物为原料，大部分使用工业下脚料，提炼出具有多萘核结构β-萘磺酸甲醛高缩物钠盐。这类减水剂大多为非引气型，属于阴离子表面活性剂。常用的牌号有UNF、FDN、MF等，其特点是缩合度高，分子链长，对水泥扩散力强，起泡力低，减水率高，能有效改善混凝土的物理力学性能，特别对提高混凝土的强度及提高流动性等有显著效果。其减水率为15%~25%，早强效果好，28 d强度增长20%，可节约水泥10%~25%，最适宜掺量为水泥质量的0.2%~0.5%。适用于配制C50~C100的高强或超高强混凝土、大流动性泵送混凝土及冬季施工的混凝土。

萘系减水剂一般在搅拌过程中先加水搅拌2~3 min，然后加入减水剂，大坍落度混凝土不宜用翻斗车长距离运输，宜采用后掺法。

（3）水溶性树脂系（树脂系）减水剂。水溶性树脂系减水剂被誉为减水剂之王，我国产品有SM，其主要成分为磺化三聚氰胺甲醛缩合物，简称密胺树脂，属阴离子表面活性剂。

SM 属早强、非引气型高效减水剂,减水率高达 20% ~27% ,最高可达 30% 。各龄期强度均有显著提高,1 d 强度提高 1 倍以上,7 d 即可达基准混凝土 28 d 的强度,28 d 则增强 30% ~60% 。若保持要求强度不变,可节约水泥 25% 左右。另外,混凝土的弹性模量、抗渗、抗冻等性能以及与钢筋的黏结力等,也均有改善和提高。

SM 减水剂可用于配制 80 ~100 MPa 高强混凝土,也可用于配制耐火、耐高温(1 000 ~1 200 ℃)的混凝土。目前,仅用于有特殊要求的混凝土工程。

(4)复合减水剂。目前,国内外都在普遍研究使用复合外加剂,将某些品种的减水剂和其他外加剂复合使用,可取得满足不同施工要求及降低成本的效果。如以消泡剂 GXP - 103和 MF 复合,可弥补单掺 MF 时因引气而导致混凝土后期强度降低的缺点;将三乙醇胺与 UNF - 2 复合可作为早强减水剂使用,明显提高混凝土的早期强度;将硫酸钠与糖钙复合,可制成早强剂(NC),能在冬季负温下使用,取得良好的效果。

2. 减水剂作用机理

减水剂是阴离子表面活性剂,本身不与水泥发生化学反应,而是通过表面活性剂的吸附—分散作用、润滑作用和润湿作用,改善新拌混凝土的和易性、水泥石的内部结构及混凝土的性能。

由于阴离子表面活性剂的作用,使水泥颗粒更好地被水湿润,均匀分散,释放出被水泥颗粒包裹的游离水,在水泥颗粒周围形成一层溶剂化水膜及引入少量气泡等综合原因,使混凝土拌和物的流动性提高。在和易性相近时,由于水灰比降低及混凝土内部结构改善,硬化混凝土的性能提高。

3. 减水剂的技术经济效果

混凝土中加入减水剂后,一般可获得以下效果:

(1)在用水量不变时,可提高混凝土拌和物的流动性,坍落度可增大 10 ~20 cm。

(2)保持混凝土的和易性不变,可减水 10% ~15% ,混凝土强度可提高 15% ~20% ,尤其是早期强度提高更为显著。

(3)保持混凝土强度不变时,可节约水泥用量 10% ~15% 。

(4)水泥水化放热速度减慢,热峰出现推迟。

(5)混凝土泌水、离析现象得到很大改善;混凝土透水性可降低 40% ~80% ,提高抗渗、抗冻、耐化学腐蚀等能力。

(6)可配制特种混凝土,比采用特种水泥更为经济、简便和灵活。

4. 减水剂的掺加方法

减水剂掺入混凝土拌和物中的方法不同,其效果也不同。

1)先掺法

先掺法是将粗集料、细集料、粉状减水剂与水泥混合,然后加水搅拌。其优点是:使用方便,省去了减水剂溶解、贮存、冬季施工的防冻等工序和设施;缺点是:塑化效果较差,特别是粉状减水剂受潮易结块或者有较大颗粒不易分散拌匀,直接影响使用效果。

2)同掺法

同掺法是将减水剂溶解成一定浓度的溶液,搅拌时同粗集料、细集料、水泥和水一起加入搅拌。其优点是：与先掺法相比，容易搅拌均匀；与滞水法相比，搅拌时间短，搅拌机生产效率高；另外由于稀释为溶液，对计量和自动化控制比较方便；缺点是：增加了减水剂的溶解、贮存、冬季防冻保温等措施。减水剂中不溶物或溶解度较小的物质易沉淀，造成溶液浓度的差异，因此在使用中应注意充分溶解与搅拌，防止沉淀，随拌随用。

3）滞水法

滞水法是在搅拌过程中减水剂滞后于加水 1 ~ 3 min（当以溶液加入时称为溶液滞水法，以干粉加入时称为干粉滞水法）。其优点是：能提高高效减水剂在某些水泥中的使用效果，可提高流动性、减水率、强度和节约更多的水泥，减少减水剂的掺量，提高减水剂对水泥的适应性；缺点是：搅拌时间延长、搅拌机生产效率降低。

4）后掺法

后掺法是减水剂不在搅拌时加入，而在运输途中或在施工现场分几次或一次加入，再经继续或两次、多次搅拌，成为混凝土拌和物。其优点是：可减少、抑制混凝土在长距离运输过程中的分层离析和坍落度损失；可提高混凝土拌和物的流动性、减水率、强度和降低减水剂掺量、节约水泥等，并可提高减水剂对水泥的适应性；缺点是：需要设置运输车辆及增加搅拌次数，延续搅拌时间。

（二）早强剂及早强减水剂

早强剂是能提高混凝土早期强度并对后期强度无显著影响的外加剂，与减水剂复合兼有减水作用的为早强减水剂。

早强剂按其化学成分，可分为无机物和有机物两大类。无机早强剂又分为氯化物系和硫酸盐系。氯化物系中常用的有氯化钠、氯化钙等；硫酸盐系中常用的有硫酸钠、硫代硫酸钠等。有机早强剂常用的有三乙醇胺、三异丙醇胺、甲酸钙、乙酸钠等。除上述两类早强剂外，工程中常采用复合早强剂。早强剂既具有促进水泥水化和早强作用，又有减水剂减水作用。在早强剂应用中应特别注意混凝土的耐久性能。

早强剂及早强减水剂可用于蒸养混凝土及常温、低温条件下有早强要求的混凝土，但强电解质早强剂（如氯盐、硫酸钠）在某些情况下不得使用。

常用早强剂的一般掺量：氯化钠为 1% ~ 2%，硫酸钠为 0.5% ~ 2%，三乙醇胺为 0.02% ~ 0.05%。

（三）缓凝剂及缓凝减水剂

能延缓混凝土凝结时间，并对混凝土后期强度发展无不利影响的外加剂为缓凝剂，兼有缓凝和减水作用的外加剂为缓凝减水剂。

我国使用最多的缓凝剂是糖钙、木钙，它具有缓凝及减水作用。其次是羟基羟酸及其盐类，有柠檬酸、酒石酸钾钠等。无机盐类为锌盐、硼酸盐。此外，还有胺盐及其衍生物、纤维素醚等。

缓凝剂适用于要求延缓时间的施工中：如在气温高、运距长的情况下，可防止混凝土拌和物发生过早坍落度损失；又如分层浇筑的混凝土，为防止出现冷缝，也常加入缓凝剂。另外，在大体积混凝土中为了延长放热时间，也可掺入缓凝剂。

（四）速凝剂

能使混凝土迅速凝结硬化的外加剂称为速凝剂。速凝剂的主要种类有无机盐类和有机物类。我国常用的速凝剂是无机盐类，产品型号有红星1型、711型、782型等。

速凝剂主要用于矿山井巷、铁路隧道、引水涵洞、地下工程以及喷锚支护时的喷射混凝土或喷射砂浆工程中。在实际工程中，为了提高质量、节约材料、改善劳动条件，往往把速凝剂与减水剂复合使用。

（五）引气剂及引气减水剂

在搅拌混凝土过程中引入大量均匀分布、稳定而封闭的微小气泡的外加剂称为引气剂。

封闭气泡直径在50～250 μm（0.05～0.25 mm）范围内，微小独立气泡起着滚珠轴承作用，减少拌和物流动时的滑动阻力，增加新拌混凝土的流动性。引气剂增加混凝土拌和物的黏聚力，使混凝土泌水率显著减小。大量的微细气泡对混凝土的冻融破坏起缓冲作用，能显著提高硬化混凝土的抗冻融耐久性。但混凝土中含气量的增加会降低混凝土强度。

引气剂的掺量是根据混凝土含气量要求而定的，一般引气剂混凝土的含气量为3.5%～7%，有冻融要求的混凝土的含气量为5%～7%。

引气剂适用于抗冻、防渗、抗硫酸盐、泌水严重的混凝土、贫混凝土、轻集料混凝土以及对饰面有要求的混凝土等。

（六）防冻剂

防冻剂是能使混凝土在负温下硬化，并在规定时间内达到足够防冻强度的外加剂。我国常用的防冻剂是由多组分复合而成的，其主要组分有防冻组分、减水组分、早强组分等。

防冻组分是复合防冻剂中的重要组分，按其成分可分为三类：

（1）氯盐类：常用的有氯化钙、氯化钠。由于氯化钙参与水泥的水化反应，不能有效地降低混凝土中液相的冰点，故常与氯化钠复合使用，通常采用配比为氯化钙∶氯化钠＝2∶1。

（2）氯盐阻锈类：氯盐与阻锈剂复合而成。阻锈剂有亚硝酸钠、铬酸盐、磷酸盐、聚磷酸盐等，其中亚硝酸钠阻锈效果最好，故被广泛应用。

（3）无氯盐类：有硝酸盐、亚硝酸盐、碳酸盐、尿素、乙酸盐等。

上述各类防冻组分适用温度下限及范围一般为：氯化钠单独使用时为－5 ℃，硝酸盐（硝酸钠、硝酸钙盐）、尿素型为－10 ℃，亚硝酸盐（亚硝酸钠盐）为－15 ℃，碳酸盐为－15～－25 ℃。

复合防冻剂中的减水组分、引气组分、早强组分则分别采用前面所述的各类减水剂、引气剂、早强剂。

（七）膨胀剂

膨胀剂是能使混凝土产生一定体积膨胀的外加剂。掺入膨胀剂后对混凝土力学性质不会带来大的影响，可提高混凝土的抗渗性和抗裂性。膨胀剂的种类有硫铝酸钙类、氧化钙类、氧化镁类、金属类等。

掺硫铝酸钙类膨胀剂的膨胀混凝土（砂浆），不得用于长期处于环境温度为80 ℃以上的工程中。掺硫铝酸钙类或氧化钙类膨胀剂的混凝土，不宜使用氯盐类外加剂。掺铁屑膨胀剂的填充用膨胀砂浆，不得用于杂散电流的工程和与铝镁材料接触的部位。

(八)外加剂的质量控制

《混凝土外加剂应用技术规范》(GB 50119—2003)中，规定了普通减水剂等14种外加剂的技术要求、试验方法、检验规则等。按规定的取样及试验方法检验，应全部符合该标准要求。

外加剂品种与掺量，应根据工程材料及施工条件通过试验才能确定。

外加剂产品，均应由生产厂家随货提供以下技术文件或说明书：产品名称及型号、出厂日期、主要特性及成分、适用范围及适宜掺量、性能检测合格证、贮存条件及有效期、使用方法及注意事项。

外加剂运到工地(或混凝土搅拌站)应立即取代表性样品进行检验，进货与工程试配一致，方可入库、使用。若发现不一致，应停止使用。应按不同供货单位、不同品种、不同牌号分别存放，标示应清楚。粉状外加剂应防止受潮结块，如有结块，经性能检验合格后应粉碎至全部通过0.63 mm筛后方可使用。液体外加剂应放置阴凉干燥处，防止日晒、受冻、污染、进水或蒸发，如有沉淀现象，经性能检验合格后方可使用。

六、混凝土掺合料

为了节约水泥，改善混凝土性能，在普通混凝土中可掺入一些矿物粉末，称为掺合料。常用的有粉煤灰、烧黏土、硅粉及各种天然火山灰质混合材料等。下面重点介绍粉煤灰及硅粉在混凝土中的应用。

(一)粉煤灰

粉煤灰的化学成分主要有SiO_2、Al_2O_3、Fe_2O_3等，其中SiO_2及Al_2O_3两者含量之和常在60%以上，是决定粉煤灰活性的主要成分。当粉煤灰掺入混凝土时，粉煤灰具有火山灰活性作用，它吸收氢氧化钙后生成硅酸钙凝胶，成为胶凝材料的一部分，微珠球状颗粒，具有增大混凝土拌和物流动性、减少泌水、改善混凝土和易性的作用。粉煤灰水化反应很慢，它在混凝土中长期以固体颗粒形态存在，具有填充集料空隙的作用，可提高混凝土密实性。粉煤灰可代替部分水泥，成本低廉，可获得显著的经济效益。

非成品原状粉煤灰的品质指标如下：烧失量不得超过12%，干灰含水量不得超过1%，三氧化硫(水泥和粉煤灰总量中的)不得超过3.5%，0.08 mm方孔筛筛余量不得超过12%。

混凝土中掺入粉煤灰的效果与粉煤灰的掺入方式有关。常用的方式有等量取代水泥法、粉煤灰代砂法、超量取代水泥法。

当混凝土中掺入粉煤灰等量取代水泥时，称为等量取代水泥法。由于粉煤灰活性较低，混凝土早期及28 d龄期强度降低，但随着龄期的延长，掺粉煤灰的混凝土强度可逐步赶上不掺粉煤灰的混凝土。因混凝土内水泥用量减少，减少了混凝土发热量，还可以改善和易性，提高抗渗性，故此法常用于大体积混凝土。

当掺入粉煤灰时仍保持混凝土中水泥用量不变，则混凝土拌和物的黏聚性及保水性将显著优于不掺粉煤灰的混凝土，此时，可减少砂的用量，称为粉煤灰代砂法。由于粉煤灰的火山灰活性，混凝土强度将提高，和易性及抗渗性将显著改善。

为了保持混凝土28 d强度及和易性不变,常采用超量取代法,即粉煤灰的掺入量大于所取代的水泥量,多出的粉煤灰取代同体积砂。

混凝土中掺入粉煤灰时,常与减水剂、引气剂或阻锈剂同时掺用,称为双掺技术。减水剂可以克服某些粉煤灰增大混凝土需水量的缺点;引气剂可以解决粉煤灰混凝土抗冻性能较低的问题;阻锈剂可以改善粉煤灰混凝土抗碳化性能,防止钢筋锈蚀。

(二)硅粉(硅灰)

硅粉亦称硅灰,是从冶炼硅铁和其他硅金属工厂的废烟气中回收的副产品。硅粉呈灰白色,颗粒极细,是水泥粒径的1/50~1/100,比表面积为20~25 m^2/g。主要成分为SiO_2,活性很高,是一种新型改善混凝土性能的掺合料。

试验研究表明,硅粉掺入混凝土中,可获得如下效果:

(1)改善混凝土拌和物和易性。由于硅粉颗粒极细、比表面积大、需水量为普通硅酸盐水泥的130%~150%,故混凝土流动性随硅粉掺量增加而减小。为了保持混凝土流动性,必须掺用高效减水剂。硅粉的掺入,显著地改善了混凝土的黏聚性及保水性,提高了混凝土抗离析性和抗泌水性。故适宜配制高流态混凝土、泵送混凝土及水下灌注混凝土。

(2)配制高强混凝土。当硅粉与高效减水剂配合使用时,硅粉与$Ca(OH)_2$反应生成水化硅酸钙凝胶体,填充水泥颗粒间的空隙,改善界面结构及黏结力,可显著提高混凝土强度。掺入适量高效减水剂的条件下,可配制出28 d强度达100 MPa的超高强混凝土。

(3)改善混凝土的孔隙结构,提高耐久性。混凝土中掺入硅粉后,大孔减小,超微细孔隙增加,改善了水泥石的孔隙结构,使掺硅粉混凝土的耐久性显著提高。硅粉掺量为10%~20%时,抗渗性可提高100倍以上,抗冻性也明显提高。

(4)硅粉混凝土的抗冲磨性随硅粉掺量的增加而提高,与其他抗冲磨材料相比,其具有价廉、施工方便等优点,适用于水工建筑物的抗冲刷部位及高速公路路面。

(5)硅粉混凝土抗侵蚀性较好,适用于要求抗溶出性侵蚀及抗硫酸盐侵蚀的工程。硅粉还具有抑制碱—集料反应以及防止钢筋锈蚀的作用。

硅粉掺入混凝土的方法,有内掺法(取代等质量水泥)、外掺法(水泥用量不变)及硅粉和粉煤灰共掺法等多种。无论采用哪种掺法,都必须同时掺入适量高效减水剂,以使硅粉在水泥浆体内充分地分散。

第三节　混凝土的主要技术性质

混凝土在未凝结硬化以前,称为混凝土拌和物。它必须具有良好的和易性,便于施工,以保证能获得良好的浇筑质量;混凝土拌和物凝结硬化以后,应具有足够的强度,以保证建筑物能安全地承受设计荷载;并应具有与所处环境相适应的耐久性。

一、混凝土拌和物的和易性

(一)和易性的概念

和易性是指混凝土拌和物易于施工操作(拌和、运输、浇筑、捣实)并能获得质量均匀、成型密实的性能。和易性是一项综合的技术性质,包括流动性、黏聚性和保水性等三方面的含义。

1. 流动性

流动性是指混凝土拌和物在本身自重或施工机械振捣的作用下，能产生流动，并均匀密实地填满模板的性能。其大小直接影响施工时振捣的难易和成型的质量。

2. 黏聚性

黏聚性是指混凝土拌和物在施工过程中其组成材料之间有一定的黏聚力，不致产生分层和离析的现象。它反映了混凝土拌和物保持整体均匀性的能力。

3. 保水性

保水性是指混凝土拌和物在施工过程中，保持水分不易析出、不致产生严重泌水现象的能力。发生泌水现象的混凝土拌和物，由于水分分泌出来会形成容易透水的孔隙，而影响混凝土的密实性，降低质量。

混凝土拌和物的流动性、黏聚性和保水性之间是互相联系、互相矛盾的。和易性就是这三方面性质在某种具体条件下矛盾统一的概念。

（二）和易性的测定及指标选择

1. 和易性的测定

目前，尚没有能够全面反映混凝土拌和物和易性的测定方法。在工地和实验室，通常是测定拌和物的流动性，并辅以直观经验评定黏聚性和保水性。对塑性和流动性混凝土拌和物，用坍落度测定；对干硬性混凝土拌和物，用维勃稠度测定。

1）坍落度

这是使用历史最久、最为普遍的测定混凝土拌和物流动性的方法。在测量坍落度的同时，通过目测可检查拌和物的黏聚性和保水情况，评定其可塑性与稳定性，以便较全面地评定塑性混凝土拌和物的和易性。

坍落度测定方法是将被测的混凝土拌和物按规定方法装入高为 300 mm 的标准圆锥体筒（称坍落筒）内，分层插实，装满刮平，垂直向上提起坍落筒，拌和物因自重而下落，量出筒高与坍落后拌和物试体最高点间的高差（以 mm 为单位且精确至 5 mm），即为该拌和物的坍落度，以 T 表示。如图 3-4 所示。

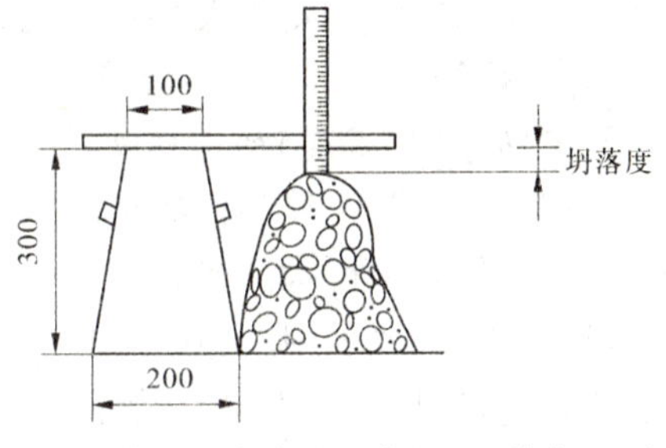

图 3-4　坍落度测定方法示意图　（单位：mm）

用捣棒在坍落的混凝土锥体侧面轻轻敲打以检查黏聚性。如果锥体逐渐下沉，则表示黏聚性良好；如果锥体倒坍、部分崩裂或出现离析现象，则表示黏聚性不好。

观察混凝土拌和物中稀浆析出的程度来评定保水性。坍落筒提起后如有较多的稀浆从底部析出，锥体部分的混凝土也因失浆而集料外露，则表明该混凝土拌和物的保水性不好。如果无稀浆或仅有少量浆体自底部析出，则表示此混凝土拌和物保水性良好。

国家标准《普通混凝土拌和物性能试验方法标准》（GB/T 50080—2002）规定：当混凝土拌和物坍落度大于 220 mm 时，应用钢尺测量混凝土扩展后最终的最大直径和最小直径，当这两个直径之差小于 50 mm 时，用其算术平均值作为坍落度扩展值；否则，此次试验无效。

坍落度愈大，混凝土拌和物流动性愈大。根据坍落度的大小，可将混凝土拌和物分为：低塑性混凝土（10 ~ 40 mm），塑性混凝土（50 ~ 90 mm），流动性混凝土（100 ~ 150 mm），大流动性混凝土（160 ~ 190 mm），流态混凝土（200 ~ 220 mm）等五种级别。

2）维勃稠度（V. B 稠度值）

对于干硬或较干稠的混凝土拌和物（坍落度小于 10 mm 时），坍落度试验测不出拌和物稠度变化情况，宜用维勃稠度测定仪测定其和易性。

维勃稠度测定仪（简称维勃计）是瑞士 V·勃纳（Bahrner）提出的测定混凝土混合料的一种方法，国际标准化协会予以推荐，我国定为测定混凝土拌和物干硬性的试验方法。

用图 3-5 所示装置，将坍落筒置于容器之内，并固定在规定的振动台上。先在坍落筒内填满混凝土，抽出坍落筒。然后，将附有滑杆的透明圆板放在混凝土顶部，开动马达振动至圆板的全部面积与混凝土接触时为止。测定所经过的时间秒数（s）作为拌和物的稠度值，称为维勃稠度值。维勃稠度值越大，混凝土拌和物越干稠。这种测定方法适用于集料不大于 40 mm、维勃稠度为 5 ~ 30 s 的拌和物稠度的测定。

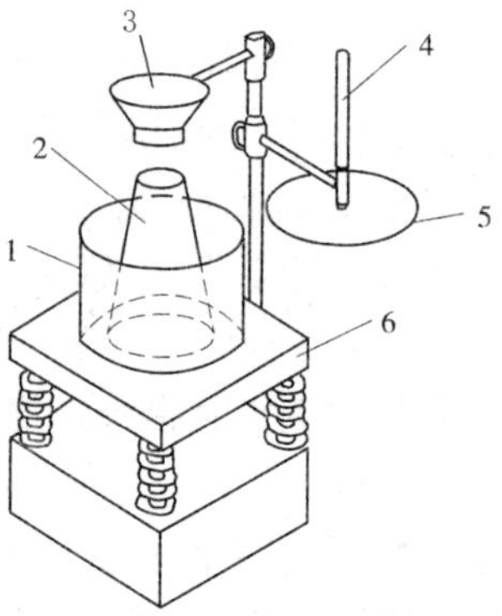

1—圆柱形容器；2—坍落度筒；3—漏斗；
4—测杆；5—透明圆盘；6—振动台

图 3-5 维勃稠度测定示意图

混凝土按维勃稠度值大小可分为四级：超干硬性（$V \geq 31$ s），特干硬性（$V = 30 \sim 21$ s），干硬性（$V = 20 \sim 11$ s），半干硬性（$V = 10 \sim 5$ s）。

2. 流动性（坍落度）的选择

正确选择混凝土拌和物的坍落度，对于保证混凝土质量及节约水泥有着重要意义。坍落度的选择要根据构件截面的大小、钢筋疏密和捣实方法来确定。当构件截面尺寸较小，或钢筋较密，或采用人工插捣时，坍落度可选择大些；反之，当构件截面尺寸较大，或钢筋较疏，或采用振动器振捣时，坍落度可选择小些。

《水工混凝土施工规范》（DL/T 5144—2001）规定，混凝土在浇筑地点坍落度的选择如表 3-9 所示。

表 3-9 混凝土在浇筑地点的坍落度（使用振捣器）（DL/T 5144—2001）

混凝土类别	坍落度（mm）
素混凝土或少筋混凝土	10 ~ 40
配筋率不超过 1% 的钢筋混凝土	30 ~ 60
配筋率超过 1% 的钢筋混凝土	50 ~ 90

注：有温控要求或高、低温季节浇筑混凝土时，其坍落度可根据实际情况酌量增减。

《混凝土结构工程施工及验收规范》(GB 50204—1992)中,混凝土浇筑时的坍落度如表3-10所示。

表3-10 混凝土浇筑时的坍落度(GB 50204—1992)

项次	结构种类	坍落度(mm)
1	基础或地面等的垫层 无配筋的大体积结构(挡土墙、基础等)或配筋稀疏的结构	10~30
2	板、梁和大型及中型截面的柱子等	30~50
3	配筋密列的结构(薄壁、斗仓、筒仓、细柱等)	50~70
4	配筋特密的结构	70~90
5	高层建筑、大流动性、流态、泵送混凝土	80~200

注:表中是指采用机械振捣的坍落度,采用人工振捣时可适当增大。当需要配制大坍落度的混凝土拌和物时,则要掺用外加剂(减水剂)。

(三)影响和易性的主要因素

1. 水泥浆的数量

混凝土拌和物中水泥浆的多少直接影响混凝土拌和物流动性的大小。在水灰比不变的条件下,单位体积拌和物中,水泥浆愈多,拌和物的流动性愈大。但若水泥浆过多,将会出现流浆现象,使拌和物的黏聚性变差,同时对混凝土的强度与耐久性也会产生一定影响,且水泥用量也多。水泥浆过少,则不能填满集料空隙或不能很好包裹集料表面,就会产生离析和崩坍现象,使黏聚性变差。因此,混凝土拌和物中水泥浆的含量应以满足流动性要求为准,不宜过大或过小。

2. 水灰比

在水泥用量不变的情况下,水灰比愈小,水泥浆愈稠,混凝土拌和物的流动性便愈小。当水灰比过小时,水泥浆干稠,混凝土拌和物的流动性过低,会使施工困难,不能保证混凝土的密实性。增加水灰比会使流动性加大,若水灰比过大,又会造成混凝土拌和物的黏聚性和保水性不良,产生流浆、离析现象,并严重影响混凝土的强度。所以,水灰比不能过大或过小。水灰比应根据混凝土强度和耐久性要求通过混凝土配合比设计确定。

无论是水泥浆的多少,还是水泥浆的稀稠,对混凝土拌和物流动性起决定作用的是用水量的多少。

3. 砂率

砂率是指混凝土拌和物内,砂的质量占砂、石总质量的百分数。单位体积混凝土中,在水泥浆量一定的条件下,砂率过小,则砂浆数量不足以填满石子的空隙体积,而且不能形成足够的砂浆层以包裹石子表面,这样,不仅拌和物的流动性小,而且黏聚性及保水性均较差,产生离析、流浆现象。若砂率过大,集料的总表面积及空隙率增大,包裹砂子表面的水泥浆层相对减薄,甚至水泥浆不足以包裹所有砂粒,使砂浆干涩,拌和物的流动性随之减小。砂率对坍落度的影响如图3-6所示。因此,砂率不能过小也不能过大,应选取最优砂率,即在水泥浆用量和水灰比一定的条件下,拌和物的黏聚性、保水性符合要求,同时流动性最大的砂率。在工程中,为了节约水泥,常以在水灰比和坍落度一定的条件下,水泥用量最小的砂率作为最优砂率。

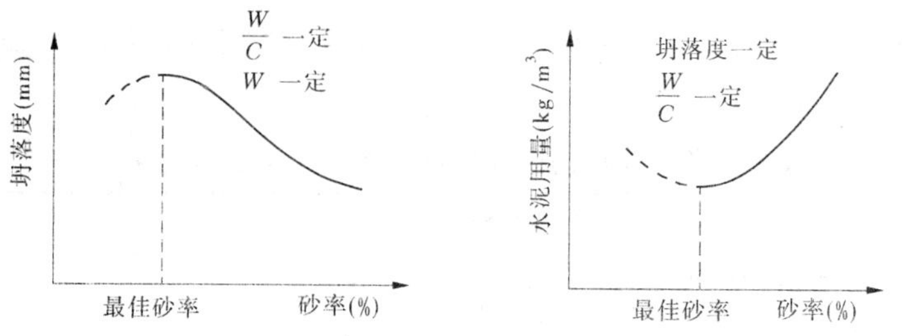

(a)砂率与坍落度的关系曲线　　　　(b)砂率与水泥用量的关系曲线

图 3-6　砂率与坍落度及水泥用量的关系曲线

4. 原材料品种及性质

水泥的品种、颗粒细度，集料的颗粒形状、表面特征、级配及外加剂等对混凝土拌和物和易性都有影响。采用矿渣水泥和火山灰水泥拌制的混凝土流动性比普通硅酸盐水泥拌制的混凝土流动性小，且保水性差；水泥颗粒越细，混凝土拌和物流动性越小，但黏聚性及保水性较好。卵石拌制的混凝土拌和物比碎石拌制的流动性好；河砂拌制的混凝土拌和物流动性好；级配好的集料，混凝土拌和物的流动性也好。加入减水剂和引气剂可明显提高混凝土拌和物的流动性，引气剂能有效地改善拌和物的保水性和黏聚性。

5. 施工方面

混凝土拌制后，随时间的延长和水分的减少而逐渐变得干稠，流动性减小。施工中环境的温度、湿度变化，搅拌时间及运输距离的长短，称料设备、搅拌设备及振捣设备的性能等都会对混凝土和易性产生影响。因此，施工中为保证一定的和易性，必须注意环境温度的变化，采取相应的措施。

二、混凝土的强度

混凝土的强度包括抗压强度、抗拉强度、抗弯强度和抗剪强度等，其中抗压强度最大，故混凝土主要用来承受压力。

(一)混凝土的抗压强度

1. 混凝土的立方体抗压强度与强度等级

按照国家标准《普通混凝土力学性能试验方法标准》(GB/T 50081—2002)，制作边长为 150 mm 的立方体试件，在标准养护条件(温度(20 ±2) ℃、相对湿度 95% 以上)下，养护至 28 d 龄期，用标准试验方法测得的极限抗压强度，称为混凝土标准立方体抗压强度，以 f_{cu} 表示。

在立方体极限抗压强度总体分布中，具有 95% 保证率的立方体试件抗压强度，称为混凝土立方体抗压强度标准值(以 MPa 即 N/mm^2 计)，以 $f_{cu,k}$ 表示。抗压强度标准值是按数据统计处理办法达到规定保证率的某一数值，它不同于立方体试件抗压强度。

混凝土强度等级是按混凝土立方体抗压强度标准值(MPa)来划分的，采用符号 C 表示，可分为 C7.5、C10、C15、C20、C25、C30、C35、C40、C45、C50、C55、C60 等 12 个等级。例如，强度等级为 C25 的混凝土，是指 25 MPa $\leqslant f_{cu,k} <$ 30 MPa 的混凝土。

在水利水电工程中，混凝土抗压强度标准值常采用长龄期和非95%保证率。《水工混凝土配合比设计规程》(DL/T 5330—2005)规定水工混凝土的强度等级采用符号C加设计龄期下角标再加立方体抗压强度标准值表示，如$C_{90}15$。若设计龄期为28 d，则省略下角标，如C15。此时，混凝土设计龄期立方体抗压强度标准值是指按照标准方法制作养护的边长为150 mm的立方体试件，在设计龄期用标准试验方法测得的具有设计保证率的抗压强度，以N/mm^2或MPa计。

测定混凝土立方体试件抗压强度，也可以按粗集料最大粒径的尺寸而选用不同的试件尺寸。但在计算其抗压强度时，应乘以换算系数，以得到相当于标准试件的试验结果。选用边长为100 mm的立方体试件，换算系数为0.95；边长为200 mm的立方体试件，换算系数为1.05。

采用标准试验方法在标准条件下测定混凝土的强度是为了使不同地区不同时间的混凝土具有可比性。在实际的混凝土工程中，为了说明某一工程中混凝土实际达到的强度，常把试块放在与该工程相同的环境下养护，按需要的龄期进行测试，作为现场混凝土质量控制的依据。

2. 混凝土棱柱体抗压强度

按棱柱体抗压强度的标准试验方法，制成边长为150 mm×150 mm×300 mm的标准试件，在标准条件下养护28 d，测其抗压强度，即为棱柱体抗压强度(f_{ck})。

通过试验分析，$f_{ck} \approx 0.67 f_{cu,k}$。

3. 影响混凝土抗压强度的因素

影响混凝土抗压强度的因素很多，包括原材料的质量(主要是水泥强度等级和集料品种)、材料之间的比例关系(水灰比、灰集比、集料级配)、施工方法(拌和、运输、浇筑、养护)以及试验条件(龄期、试件形状与尺寸、试验方法、温度及湿度)等。

1)水泥强度等级和水灰比

水泥强度等级和水灰比是影响混凝土强度最重要的因素。水泥是混凝土中的活性组分，其强度的大小直接影响着混凝土强度的高低。在配合比相同的条件下，所用的水泥强度等级越高，配制的混凝土强度也越高。当用同一种水泥(品种及强度等级相同)时，混凝土的强度主要取决于水灰比。因为水泥水化时所需的结合水，一般只占水泥质量的23%左右，但在实际拌制混凝土时，为了获得必要的流动性，常需要加入较多的水(占水泥质量的40%～70%)。当混凝土硬化后，多余的水分就残留在混凝土中形成水泡，蒸发后形成气孔，使混凝土密实度降低，强度下降。因此，在水泥强度等级相同的情况下，水灰比愈小，水泥石与集料黏结力愈大，混凝土的强度也就愈高。但是，如果水灰比过小，拌和物过于干硬，在一定的捣实成型条件下，无法保证浇筑质量，混凝土中将出现较多的蜂窝、孔洞，强度也将下降。试验证明，混凝土强度随水灰比的增大而降低，呈曲线关系，而混凝土强度和灰水比的关系，则呈直线关系(见图3-7)。

应用数理统计方法，水泥的强度、水灰比、混凝土强度之间的线性关系可用经验公式(3-3)表示：

$$f_{cu} = \alpha_a \cdot f_{ce}(C/W - \alpha_b) \tag{3-3}$$

式中　f_{cu}——混凝土立方体抗压强度(28 d)，MPa；

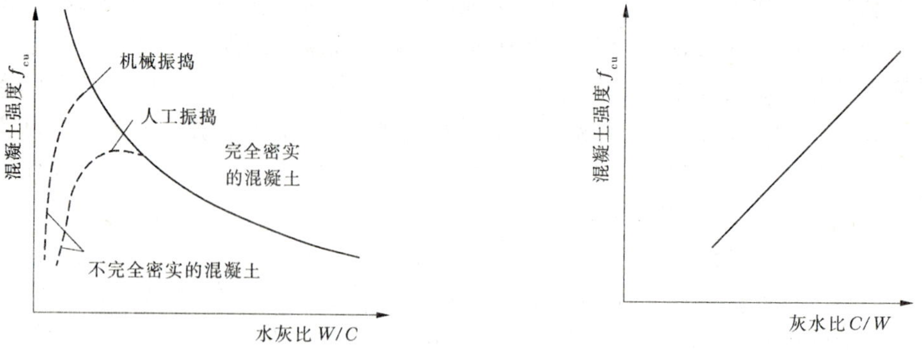

(a)混凝土强度与水灰比的关系　　(b)混凝土强度与灰水比的关系

图 3-7　混凝土强度与水灰比及灰水比的关系

f_{ce}——水泥 28 d 抗压强度实测值，MPa；

α_a、α_b——回归系数，与集料品种、水泥品种等因素有关；

C/W——灰水比。

一般水泥厂为了保证水泥的出厂强度等级，其实际抗压强度往往比其强度等级要高些。当无法取得水泥 28 d 抗压强度实测值时，可用式(3-4)计算：

$$f_{ce} = r_c \cdot f_{ce,g} \tag{3-4}$$

式中　$f_{ce,g}$——水泥强度等级值，MPa；

r_c——水泥强度等级值的富裕系数，可按实际统计资料确定，若无实际资料，则取 $r_c = 1.13$。

f_{ce}值也可根据 3 d 抗压强度或快测强度推定 28 d 抗压强度关系式推定得出。

上面的经验公式，一般适用于流动性混凝土和低流动性混凝土，不适用于干硬性混凝土。对于流动性混凝土而言，只有在原材料相同、工艺措施相同的条件下，α_a、α_b 才可视为常数。因此，必须结合工地的具体条件，如施工方法及材料的质量等，进行不同水灰比的混凝土强度试验，求出符合当地实际情况的 α_a、α_b 来，这样既能保证混凝土的质量，又能取得较高的经济效果。若无试验条件，可按《普通混凝土配合比设计技术规程》(JGJ 55—2000)提供的经验数值：采用碎石时，$\alpha_a = 0.46$，$\alpha_b = 0.07$；采用卵石时，$\alpha_a = 0.48$，$\alpha_b = 0.33$。

强度公式可解决两个问题：一是混凝土配合比设计时，估算应采用的 W/C 值；二是混凝土质量控制过程中，估算混凝土 28 d 可以达到的抗压强度。

2)集料的种类与级配

集料中有害杂质过多且品质低劣时，将降低混凝土的强度。集料表面粗糙，则与水泥石黏结力较大，混凝土强度高。集料级配良好、砂率适当，能组成密实的骨架，混凝土强度也较高。

3)混凝土外加剂与掺合料

在混凝土中掺入早强剂可提高混凝土早期强度，掺入减水剂可提高混凝土强度，掺入一些掺合料可配制高强度混凝土。详细内容见混凝土外加剂及混凝土掺合料部分。

4）养护温度和湿度

混凝土浇筑成型后，所处的环境温度和湿度，对混凝土的强度影响很大。混凝土的硬化，在于水泥的水化作用，周围温度升高，水泥水化速度加快，混凝土强度发展也就加快；反之，温度降低时，水泥水化速度降低，混凝土强度发展将相应迟缓。当温度降至冰点以下时，混凝土的强度停止发展，并且由于孔隙内水分结冰而引起的膨胀（水结冰体积可膨胀约9%）使混凝土的内部结构遭受破坏，但气温如果再升高，冰又开始融化。如此反复冻融，混凝土强度损失将非常严重。混凝土早期强度低，更容易冻坏。所以，应当特别防止混凝土早期受冻。湿度适当时，水泥水化能顺利进行，混凝土强度得到充分发展。如果湿度不够，会影响水泥水化作用的正常进行，甚至停止水化。这不仅严重降低混凝土的强度，而且水化作用未能完成，使混凝土结构疏松，渗水性增大，或形成干缩裂缝，从而影响其耐久性。

因此，混凝土成型后一定时间内必须保持周围环境有一定的温度和湿度，使水泥充分水化，以保证获得较好质量的混凝土。

5）硬化龄期

混凝土在正常养护条件下，其强度将随着龄期的增长而增长。最初7～14 d内，强度增长较快，28 d达到设计强度。以后增长缓慢，但若保持足够的温度和湿度，强度的增长将延续几十年。普通硅酸盐水泥制成的混凝土，在标准条件下，混凝土强度的发展大致与其龄期的对数成正比关系（龄期不小于3 d），可用式（3-5）表示为：

$$f_n = f_{28}\frac{\lg n}{\lg 28} \tag{3-5}$$

式中 f_n——n（$n \geqslant 3$）天龄期混凝土的抗压强度，MPa；

f_{28}——28 d龄期混凝土的抗压强度，MPa；

$\lg n$、$\lg 28$——n和28的常用对数。

根据式（3-5）可由已知龄期的混凝土强度，估算未知龄期的强度。但因为混凝土强度的影响因素很多，强度发展不可能一致，故式（3-5）只能作为参考。

6）施工工艺

混凝土的施工工艺包括配料、拌和、运输、浇筑、养护等工序，每一道工序对其质量都有影响。若配料不准确，误差过大；搅拌不均匀；拌和物运输过程中产生离析；振捣不密实；养护不充分等均会降低混凝土强度。因此，在施工过程中，一定要严格遵守施工规范，确保混凝土的强度。

（二）混凝土的抗拉强度

混凝土在直接受拉时，很小的变形就会开裂，它在断裂前没有残余变形，是一种脆性破坏。混凝土的抗拉强度一般为抗压强度的1/10～1/20。我国采用立方体（国际上多用圆柱体）的劈裂抗拉试验来测定混凝土的抗拉强度，称为劈裂抗拉强度$f_{st}^{劈}$，可近似地用式（3-6）表示（精确至0.01 MPa）：

$$f_{st}^{劈} = \frac{2P}{\pi A} = 0.637\frac{P}{A} \tag{3-6}$$

抗拉强度对于开裂现象有重要意义，在结构设计中抗拉强度是确定混凝土抗裂度的重要指标。对于某些工程(如混凝土路面、水槽、拱坝),在对混凝土提出抗压强度要求的同时,还应提出抗拉强度要求。

三、混凝土的耐久性

硬化后的混凝土除具有设计要求的强度外,还应具有与所处环境相适应的耐久性,如抗渗性、抗冻性、抗侵蚀性、抗磨性及抗气蚀性等。

(一)混凝土的抗渗性

抗渗性是指混凝土抵抗水、油等液体在压力作用下渗透的性能。它直接影响混凝土的抗冻性和抗侵蚀性。混凝土的抗渗性主要与其密实度及内部孔隙的大小和构造有关。

混凝土的抗渗性用抗渗等级(P)表示,即以28 d龄期的标准试件,按标准试验方法进行试验时所能承受的最大水压力(MPa)来确定。混凝土的抗渗等级可划分为P2、P4、P6、P8、P10、P12等6个等级,相应表示混凝土抗渗试验时一组6个试件中4个试件未出现渗水时的最大水压力分别为0.2 MPa、0.4 MPa、0.6 MPa、0.8 MPa、1.0 MPa、1.2 MPa。

提高混凝土抗渗性能的措施有:提高混凝土的密实度,改善孔隙结构,减少渗水通道;减小水灰比;掺加引气剂;选用适当品种等级的水泥;注意振捣密实、养护充分等。

水工混凝土的抗渗等级,应根据结构所承受的水压力大小和结构类型及运用条件按《水工混凝土结构设计规范》(DL/T 5057—1996)选用,见表3-11。

表3-11 混凝土抗渗等级最小允许值(DL/T 5057—1996)

结构类型及运用条件		抗渗等级
大体积混凝土结构的下游面外部或建筑物内部		P2
大体积混凝土结构的挡水面外部	$H<30$ m	P4
	$H=30\sim70$ m	P6
	$H=70\sim150$ m	P8
	$H>150$ m	P10
混凝土及钢筋混凝土结构构件(其背面能自由渗水者)	$i<10$	P4
	$i=10\sim30$	P6
	$i=30\sim50$	P8
	$i>50$	P10

注:1. 表中H为水头,i为最大水力梯度。水力梯度是指水头与该处结构厚度的比值。
2. 当建筑物的表层设有专门可靠的防水层时,表中规定的抗渗等级可适当降低。
3. 承受侵蚀作用的建筑物,其抗渗等级不得低于P4。
4. 埋置在地基中的混凝土及钢筋混凝土结构构件(如基础防渗墙等),可根据防渗要求参照表中第三项的规定选择其抗渗等级。
5. 对背水面能自由渗水的混凝土及钢筋混凝土结构构件,当水头小于10 m时,其抗渗等级可根据表中第三项降低一级。
6. 对于严寒、寒冷地区且水力梯度较大的结构,其抗渗等级应按表中的规定提高1个等级。

(二)混凝土的抗冻性

抗冻性是指混凝土在饱和水状态下能经受多次冻融循环而不破坏,同时强度也不严重降低的性能。混凝土受冻后,混凝土中水分受冻结冰,体积膨胀,当膨胀力超过其抗拉强度时,混凝土将产生微细裂缝,反复冻融使裂缝不断扩展,混凝土强度降低甚至破坏,影响建筑物的安全。

混凝土的抗冻性以抗冻等级(F)表示。抗冻等级按28 d龄期的试件用快冻试验方法测定,分为F50、F100、F150、F200、F300、F400等6个等级,相应表示混凝土抗冻性试验能经受50、100、150、200、300、400次的冻融循环。

影响混凝土抗冻性能的因素主要有水泥品种、强度等级、水灰比、集料的品质等。提高混凝土抗冻性的最主要的措施是:提高混凝土密实度;减小水灰比;掺加外加剂;严格控制施工质量,注意捣实,加强养护等。

混凝土抗冻等级应根据工程所处环境及工作条件,按《水工混凝土结构设计规范》(DL/T 5057—1996)选择,见表3-12。

表3-12　混凝土抗冻等级(DL/T 5057—1996)

气候分区	严寒		寒冷		温和
年冻融循环次数(次)	≥100	<100	≥100	<100	—
受冻后果严重且难于检修的部位: (1)水电站尾水部位、蓄能电站进出口的冬季水位变化区,闸门槽二期混凝土,轨道基础 (2)冬季通航或受电站尾水位影响的不通航船闸的水位变化区 (3)流速大于25 m/s、过冰、多沙或多推移质的溢洪道,或其他输水部位的过水面及二期混凝土 (4)冬季有水的露天钢筋混凝土压力水管、渡槽、薄壁闸门井	F300	F300	F300	F200	F100
受冻后果严重但有检修条件的部位: (1)大体积混凝土结构上游面冬季水位变化区 (2)水电站或船闸的尾水渠及引航道的挡墙、护坡 (3)流速小于25 m/s的溢洪道、输水洞、引水系统的过水面 (4)易积雪、结霜或饱和的路面、平台栏杆、挑檐及竖井薄壁等构件	F300	F200	F200	F150	F50
受冻较重部位: (1)大体积混凝土结构外露的阴面部位 (2)冬季有水或易长期积雪结冰的渠系建筑物	F200	F200	F150	F150	F50
受冻较轻部位: (1)大体积混凝土结构外露的阳面部位 (2)冬季无水干燥的渠系建筑物 (3)水下薄壁构件 (4)流速大于25 m/s的水下过水面	F200	F150	F100	F100	F50
水下、土中及大体积内部的混凝土	F50	F50	—	—	—

注:1.气候分区划分标准,严寒:最冷月平均气温低于 -10 ℃;寒冷:最冷月平均气温高于 -10 ℃,但低于 -3 ℃;温和:最冷月平均气温高于 -3 ℃。
2.冬季水位变化区是指运行期可能遇到的冬季最低水位以下0.5~1 m至冬季最高水位以上1 m(阳面)、2 m(阴面)、4 m(水电站尾水区)的部位。
3.阳面指冬季大多为晴天,平均每天有4 h阳光照射,不受山体或建筑物遮挡的表面,否则均按阴面考虑。
4.最冷月平均气温低于 -25 ℃地区的混凝土抗冻等级应根据具体情况研究确定。
5.在无抗冻要求的地区,混凝土抗冻等级也不宜低于F50。

（三）混凝土的抗侵蚀性

混凝土在外界侵蚀性介质（软水，含酸、盐水等）作用下，结构受到破坏、强度降低的现象称为混凝土的腐蚀。混凝土的腐蚀原因主要是外界侵蚀性介质对水泥石中的某些组分（氢氧化钙、水化铝酸钙等）产生破坏作用。详见本书无机胶凝材料一章中有关内容。

（四）混凝土的抗磨性及抗气蚀性

磨损冲击与气蚀破坏是水工建筑物常见的病害之一。当高速水流中挟带砂、石等磨损介质时，这种现象更为严重。因此，水利工程要有较高的抗磨性及抗气蚀性。

提高混凝土抗磨性及抗气蚀性的主要途径是：选用坚硬耐磨的集料，选 C_3S 含量较多的高强度硅酸盐水泥，掺入适量的硅粉和高效减水剂以及适量的钢纤维；采用强度等级 C50 以上的混凝土；集料最大粒径不大于 20 mm；改善建筑物的体型；控制和处理建筑物表面的不平整度等。

（五）混凝土的碳化

混凝土的碳化作用是空气中二氧化碳与水泥石中的氢氧化钙作用，生成碳酸钙和水。碳化过程是二氧化碳由表及里向混凝土内部逐渐扩散的过程。在硬化混凝土的孔隙中，充满了饱和氢氧化钙溶液，使钢筋表面产生一层难溶的三氧化二铁和四氧化三铁薄膜，它能防止钢筋锈蚀。碳化引起水泥石化学组成结构发生变化，使混凝土碱度降低，减弱了对钢筋的保护作用，导致钢筋锈蚀；碳化还将显著增加混凝土的收缩，降低混凝土抗拉、抗弯强度。但碳化可使混凝土的抗压强度增大。其原因是碳化放出的水分有助于水泥的水化作用，而且碳酸钙减少了水泥石内部的孔隙。

提高混凝土抗碳化能力的措施有：减小水灰比，掺入减水剂或引气剂，保证混凝土保护层的厚度及质量，充分湿养护等。

（六）混凝土的碱—集料反应

混凝土的碱—集料反应是指水泥中的碱（Na_2O 和 K_2O）与集料中的活性 SiO_2 发生反应，使混凝土发生不均匀膨胀，造成裂缝、强度下降等不良现象，从而威胁建筑物安全，这种现象称为碱—集料反应。常见的有碱—氧化硅反应、碱—硅酸盐反应、碱—碳酸盐反应三种类型。

防止碱—集料反应的措施有：采用低碱水泥（Na_2O 小于 0.6%）并限制混凝土总碱量不超过 2.0 ~ 3.0 kg/m^3；掺入活性混合料；掺用引气剂和不用含活性 SiO_2 的集料等；保证混凝土密实性和重视建筑物排水，避免混凝土表面积水和接缝存水。

（七）提高混凝土耐久性的措施

（1）合理选择水泥品种。

（2）严格控制混凝土的水灰比及保证足够的水泥用量。有关规范根据工程条件，规定了“水灰比最大允许值”或“最小水泥用量”，见表 3-13、表 3-14（或表 3-15）。

（3）长期处于潮湿和严寒环境中的混凝土，应掺用引气剂。

（4）严格控制原材料的质量，使之符合规范要求。

（5）掺用加气剂或减水剂。

（6）严格控制施工质量。在混凝土施工中，应搅拌均匀、振捣密实及加强养护等，以保证混凝土的施工质量。

表 3-13　水工混凝土最小水泥用量(DL/T 5057—1996)

环境条件	最小水泥用量(kg/m^3)		
	素混凝土	钢筋混凝土	预应力混凝土
室内正常环境(一类)	200	220	280
露天环境,长期处于地下或水下的环境(二类)	230	260	300
水位变动区,或有侵蚀性地下水的地下环境(三类)	270	300	340
海水浪溅区及盐雾作用区,潮湿并有严重侵蚀性介质作用的环境(四类)	300	360	380

注:当掺加有效外加剂及高效掺合料时,最小水泥用量可适当减小。

表 3-14　水工混凝土的分区及最大允许水灰比(DL/T 5144—2001)

部位	严寒地区	寒冷地区	温和地区
上、下游水位以上(坝体外部)	0.50	0.55	0.60
上、下游水位变化区(坝体外部)	0.45	0.50	0.55
上、下游最低水位以下	0.50	0.55	0.60
基础	0.50	0.55	0.60
内部	0.60	0.65	0.65
受水流冲刷部位	0.45	0.50	0.50

注:有环境水侵蚀情况下,水位变化区外部及水下混凝土最大水灰比应减小 0.05。

表 3-15　混凝土的最大水灰比及最小水泥用量(JGJ 55—2000)

环境条件		结构物类别	最大水灰比值			最小水泥用量(kg/m^3)		
			素混凝土	钢筋混凝土	预应力混凝土	素混凝土	钢筋混凝土	预应力混凝土
干燥环境		正常的居住或办公用房屋内部件	不作规定	0.65	0.60	200	260	300
潮湿环境	无冻害	(1)高湿度的室内部件 (2)室外部件 (3)在非侵蚀性土和(或)水中的部件	0.70	0.60	0.60	225	280	300
潮湿环境	有冻害	(1)经受冻害的室外部件 (2)在非侵蚀性土和(或)水中且经受冻害的部件 (3)高湿度且经受冻害的室内部件	0.55	0.55	0.55	250	280	300
有冻害和除冰剂的潮湿环境		经受冻害和除冰剂作用的室内和室外部件	0.50	0.50	0.50	300	300	300

注:1. 当活性掺合料取代部分水泥时,表中的最大水灰比及最小水泥量即为代替前的水灰比和水泥用量。

2. 配制 C15 级及其以下等级的混凝土,可不受本表限制。

第四节　混凝土的配合比设计

混凝土配合比是指混凝土中各组成材料(水泥、水、砂、石)用量之间的比例关系。常用的表示方法有两种:第一种是以每立方米混凝土中各项材料的质量表示,如水泥 300 kg、水 180 kg、砂 720 kg、石子 1 200 kg;第二种是以水泥质量为 1 的各项材料相互间的质量比及水灰比来表示,将上例换算成质量比为水泥:砂:石 =1:2.4:4,水灰比 =0.60。

一、混凝土配合比设计的基本要求

设计混凝土配合比的任务,就是要根据原材料的技术性能及施工条件,合理选择原材料,并确定出能满足工程所要求的技术经济指标的各项组成材料的用量。混凝土配合比设计的基本要求是:

(1)满足混凝土结构设计所要求的强度等级。

(2)满足施工所要求的混凝土拌和物的和易性。

(3)满足混凝土的耐久性(如抗冻等级、抗渗等级和抗侵蚀性等)。

(4)在满足各项技术性质的前提下,使各组成材料经济合理,尽量做到节约水泥和降低混凝土成本。

二、混凝土配合比的三个参数

(一) 水灰比(W/C)

水灰比是单位体积混凝土中水与水泥质量的比值,是影响混凝土强度和耐久性的主要因素。其确定原则是在满足强度和耐久性的前提下,尽量选择较大值,以节约水泥。

(二)砂率(β_s)

砂率是指砂子质量占砂石总质量的百分率。砂率是影响混凝土和易性的重要指标。砂率的确定原则是在保证混凝土拌和物黏聚性和保水性要求的前提下,尽量取小值。

(三)单位用水量

单位用水量是指 1 m^3 混凝土的用水量。单位用水量的多少反映了单位混凝土中水泥浆与集料之间的比例关系。在混凝土拌和物中,水泥浆的多少显著影响混凝土的和易性,同时也影响强度和耐久性。其确定原则是在达到流动性要求的前提下取较小值。

水灰比、砂率、单位用水量是混凝土配合比的三个重要参数,在配合比设计中正确地确定这三个参数,就能使混凝土满足上述设计要求。

三、混凝土配合比设计的方法步骤

(一)配合比设计的基本资料

(1)明确设计所要求的技术指标,如强度、和易性、耐久性等。

(2)合理选择原材料,并预先检验,明确所用原材料的品质及技术性能指标:如水泥品种及强度等级、密度等,砂的细度模数及级配,石子种类、最大粒径及级配,是否掺用外加剂及掺合料等。

(二)初步配合比的计算

1. 确定混凝土试配强度($f_{cu,o}$)

在正常施工条件下,由于人、材、机、工艺、环境等的影响,混凝土的质量总是会产生波动,经验证明,这种波动符合正态分布。为使混凝土的强度保证率能满足规定的要求,在设计混凝土配合比时,必须使混凝土的试配强度$f_{cu,o}$高于设计强度等级$f_{cu,k}$,可按式(3-7)估计:

$$f_{cu,o} \geqslant f_{cu,k} - t\sigma \tag{3-7}$$

式中 $f_{cu,o}$——混凝土的试配强度,MPa;

$f_{cu,k}$——设计龄期要求的混凝土强度等级,MPa;

σ——施工单位的混凝土强度标准差的历史统计水平,MPa,若无统计资料,可参考表3-16取值。

t——与混凝土要求的保证率所对应的概率度,见表3-17。

当设计龄期为28 d时,抗压强度保证率P为95%,此时$t=-1.645$,式(3-7)变为:

$$f_{cu,o} \geqslant f_{cu,k} + 1.645\sigma \tag{3-8}$$

表3-16 混凝土强度标准差σ值(DL/T 5330—2005) (单位:MPa)

设计龄期混凝土抗压强度标准值	<15	20~25	30~35	40~45	>50
混凝土抗压强度标准差σ	3.5	4.0	4.5	5.0	5.5

注:施工中应根据现场施工时段强度的统计结果调整σ值。

表3-17 不同t值的保证率P

t	0.00	-0.50	-0.80	-0.84	-1.00	-1.04	-1.20	-1.28	-1.40	-1.50	-1.60
P(%)	50.0	69.2	78.8	80.0	84.1	85.1	88.5	90.0	91.9	93.3	94.5
t	-1.645	-1.70	-1.75	-1.81	-1.88	-1.96	-2.00	-2.05	-2.33	-2.50	-3.00
P(%)	95.0	95.5	96.0	96.5	97.0	97.5	97.7	98.0	99.0	99.4	99.87

2. 确定水灰比(W/C)

1)满足强度要求的水灰比

根据已测定的水泥实际强度f_{ce}(或选用的水泥强度等级$f_{ce,g}$)、粗集料种类及所要求的混凝土配制强度$f_{cu,o}$,按混凝土强度经验公式(3-3)计算水灰比,则有:

$$f_{cu,o} = \alpha_a f_{ce}\left(\frac{C}{W} - \alpha_b\right)$$

变为

$$\frac{W}{C} = \frac{\alpha_a f_{ce}}{f_{cu,o} + \alpha_a \alpha_b f_{ce}} \tag{3-9}$$

式中符号含义见式(3-3)。

2)满足耐久性要求的水灰比

根据表3-18、表3-19分别查出满足抗渗性、抗冻性要求的水灰比值,与表3-14(或表3-15)对照,取三者中的小值作为满足耐久性要求的水灰比。

表 3-18　抗渗等级允许的最大水灰比

28 d 抗渗等级	水灰比
P2	<0.75
P4	0.60~0.65
P6	0.55~0.60
P8	0.50~0.55

表 3-19　抗冻等级允许的最大水灰比

28 d 抗冻等级	普通混凝土	引气混凝土
F50	0.60	0.65
F100	0.55	0.60
F150	—	0.55
F200	—	0.50

同时满足强度、耐久性要求的水灰比，取以上两种方法求得的水灰比中的小值。

3. 确定单位用水量(m_{w0})

1）干硬性和塑性混凝土用水量的确定

（1）W/C =0.4~0.7 时，根据施工要求的坍落度值和已知的粗集料种类及最大粒径，可由表 3-20（或表 3-21）中的规定值选取单位用水量。

（2）W/C 小于 0.4 的混凝土及采用特殊成型工艺的混凝土，用水量通过试验确定。

表 3-20　水工常态混凝土单位用水量参考值（DL/T 5330—2005）　　（单位：kg）

混凝土坍落度(mm)	卵石最大粒径(mm)				碎石最大粒径(mm)			
	20	40	80	150	20	40	80	150
10~30	160	140	120	105	175	155	135	120
30~50	165	145	125	110	180	160	140	125
50~70	170	150	130	115	185	165	145	130
70~90	175	155	135	120	190	170	150	135

注：1. 本表适用于细度模数为 2.6~2.8 的天然中砂，当使用细砂或粗砂时，用水量需增加或减少 3~5 kg/m^3。

2. 采用人工砂时，用水量需增加 5~10 kg/m^3。

3. 掺入火山灰质掺合料时，用水量需增加 10~20 kg/m^3；采用Ⅰ级粉煤灰时，用水量可减少 5~10 kg/m^3。

4. 采用外加剂时，用水量应根据外加剂的减水率作适当调整，外加剂的减水率应通过试验确定。

5. 本表适用于集料含水状态为饱和面干状态。

2）流动性、大流动性混凝土用水量的确定

流动性、大流动性混凝土的用水量按下列步骤计算：

（1）以表 3-20（或表 3-21）中坍落度 90 mm 的用水量为基础，按坍落度每增大 20 mm 用水量增加 5 kg，计算出未掺外加剂的混凝土用水量。

（2）掺外加剂时混凝土用水量按式(3-10)计算：

表 3-21　混凝土单位用水量选用表（JGJ 55—2000）　　（单位：kg/m^3）

项目	指标	卵石最大粒径（mm）				碎石最大粒径（mm）			
		10	20	31.5	40	16	20	31.5	40
坍落度（mm）	10～30	190	170	160	150	200	185	175	165
	35～50	200	180	170	160	210	195	185	175
	55～70	210	190	180	170	220	205	195	185
	75～90	215	195	185	175	230	215	205	195
维勃稠度（s）	16～20	175	160		145	180	170		155
	11～15	180	165		150	185	175		160
	5～10	185	170		155	190	180		165

注：1. 本表用水量系采用中砂时的平均取值，采用细砂时，1 m^3 混凝土用水量可增加 5～10 kg，采用粗砂时，则可减少5～10 kg。

2. 掺用各种外加剂或掺和料时，用水量应相应调整。

3. 本表不适用于水灰比小于 0.4 或大于 0.8 的混凝土以及采用特殊成型工艺的混凝土。

$$m_{wa}=m_{w0}(1-\beta) \tag{3-10}$$

式中　m_{wa}——掺外加剂混凝土的单位用水量，kg；

m_{w0}——未掺外加剂混凝土的单位用水量，kg；

β——外加剂的减水率（%），经试验确定。

4. 计算混凝土的单位水泥用量（m_{c0}）

根据已选定的单位用水量（m_{w0}）和已确定的水灰比（W/C）值，可由式（3-11）求出水泥用量：

$$m_{c0}=\frac{m_{w0}}{W/C} \tag{3-11}$$

根据结构使用环境条件和耐久性要求，查表 3-13 或表 3-15 中规定的 1 m^3 混凝土最小的水泥用量，最后取两值中大者作为 1 m^3 混凝土的水泥用量。

5. 确定砂率（β_s）

1）计算法

测得混凝土所用砂、石的表观密度和堆积密度，求出石子的空隙率，按以下原理计算砂率：砂子填充石子空隙并略有剩余。用式（3-12）表示为：

$$\beta_s=\frac{m_{s0}}{m_{s0}+m_{g0}}\times 100\%=\frac{k\rho'_{0s}P}{k\rho'_{0s}+\rho'_{0g}}\times 100\% \tag{3-12}$$

式中　β_s——砂率（%）；

m_{s0}、m_{g0}——砂、石用量，kg；

ρ'_{0s}、ρ'_{0g}——砂、石的堆积密度，kg/m^3；

P——石子的空隙率；

k——拨开系数（又称富裕系数），$k=1.1\sim1.4$，用碎石及粗砂时取大值。

2）试验法

在用水量和水灰比不变的条件下，拌制 5 组以上不同砂率的试样，每组相差 2% ~ 3%，测出各组的坍落度或维勃稠度。在坐标上绘出砂率与坍落度（或维勃稠度）关系图，从曲线上找出极大值所对应的砂率即为所求的最佳砂率（见图 3-6(a)）。

3）查实践资料法

根据本单位对所用材料的使用经验选用砂率。如无使用经验，按集料种类规格及混凝土的水灰比值按表 3-22（或表 3-23）选取。

表 3-22 水工常态混凝土砂率参考值（DL/T 5330—2005） （%）

集料最大粒径（mm）	水灰比			
	0.40	0.50	0.60	0.70
20	36 ~ 38	38 ~ 40	40 ~ 42	42 ~ 44
40	30 ~ 32	32 ~ 34	34 ~ 36	36 ~ 38
80	24 ~ 26	26 ~ 28	28 ~ 30	30 ~ 32
150	20 ~ 22	22 ~ 24	24 ~ 26	26 ~ 28

注：1. 本表适用于卵石、细度模数为 2.6 ~ 2.8 的天然中砂拌制的混凝土。

2. 砂的细度模数每增减 0.1，砂率相应增减 0.5% ~ 1.0%。

3. 使用碎石时，砂率需增加 3% ~ 5%。

4. 使用人工砂时，砂率需增加 2% ~ 3%。

5. 掺用引气剂时，砂率可减小 2% ~ 3%；掺用粉煤灰时，砂率可减小 1% ~ 2%。

表 3-23 混凝土砂率选用表（JGJ 55—2000） （%）

水灰比（W/C）	卵石最大粒径（mm）				碎石最大粒径（mm）			
	10	20	31.5	40	16	20	31.5	40
0.40	26 ~ 32	25 ~ 31	24 ~ 30	24 ~ 30	30 ~ 35	29 ~ 34	28 ~ 33	27 ~ 32
0.50	30 ~ 35	29 ~ 34	28 ~ 33	28 ~ 33	33 ~ 38	32 ~ 37	31 ~ 36	30 ~ 35
0.60	33 ~ 38	32 ~ 37	31 ~ 36	31 ~ 36	36 ~ 41	35 ~ 40	34 ~ 39	33 ~ 38
0.70	36 ~ 41	35 ~ 40	35 ~ 39	34 ~ 39	39 ~ 44	38 ~ 43	37 ~ 42	36 ~ 41

注：1. 本表数值是中砂的选用砂率，对于细砂或粗砂，可相应地减小或增大砂率。

2. 本表适用于坍落度 10 ~ 60 mm 的混凝土。对坍落度大于 60 mm 的混凝土，应在本表的基础上，按坍落度每增大 20 mm，砂率增大 1% 的幅度予以调整。

3. 只用一个单粒级粗集料配制混凝土时，砂率应适当增大。

4. 对薄壁构件砂率取偏大值。

6. 计算 1 m^3 混凝土的砂、石用量（m_{s0}、m_{g0}）

砂、石用量可用质量法或体积法求得，实际工程中常以质量法为准。

1）质量法

根据经验，如果原材料情况较稳定，所配制的混凝土拌和物的表观密度将接近一个固定值，可先假设（即估计）混凝土拌和物的表观密度为 ρ_{cp}（kg/m^3）按式（3-13）计算 m_{s0}、m_{g0}：

$$\left.\begin{aligned} m_{c0}+m_{s0}+m_{g0}+m_{w0} &= \rho_{cp}\times 1\ m^3 \\ \frac{m_{s0}}{m_{s0}+m_{g0}}\times 100\% &= \beta_s \end{aligned}\right\} \tag{3-13}$$

式中 ρ_{cp}——混凝土拌和物的假定表观密度,kg/m³,可根据集料的表观密度、粒径及混凝土强度等级参考表3-24选取;

m_{c0}——1 m³ 混凝土的水泥的质量,kg;

m_{s0}——1 m³ 混凝土的砂的质量,kg;

m_{g0}——1 m³ 混凝土的石子的质量,kg;

m_{w0}——1 m³ 混凝土的水的质量,kg;

β_s——砂率(%)。

表 3-24 混凝土拌和物湿表观密度参考值 （单位:kg/m³）

混凝土种类	石子最大粒径(mm)				
	20	40	80	120	150
普通混凝土	2 380	2 400	2 430	2 450	2 460
引气混凝土	2 280(5.5%)	2 320(4.5%)	2 350(3.5%)	2 380(3.0%)	2 390(3.0%)

注:1. 适用于集料表观密度为2 600 ~ 2 650 kg/m³ 的混凝土。

2. 集料表观密度每增减100 kg/m³,混凝土拌和物质量相应增减60 kg/m³;混凝土含气量每增减1%,拌和物质量相应增减1%。

3. 表中括弧内的数字为引气混凝土的含气量。

2)体积法

假定混凝土拌和物的体积等于各组成材料绝对体积及拌和物中所含空气的体积之和,用式(3-14)计算1 m³ 混凝土拌和物的各材料用量:

$$\left.\begin{aligned} \frac{m_{s0}}{m_{s0}+m_{g0}}\times 100\% &= \beta_s \\ \frac{m_{c0}}{\rho_c}+\frac{m_{w0}}{\rho_w}+\frac{m_{g0}}{\rho'_g}+\frac{m_{s0}}{\rho'_s}+0.01\alpha &= 1 \end{aligned}\right\} \tag{3-14}$$

式中 ρ_c、ρ_w——水泥、水的密度,kg/m³;

ρ'_s、ρ'_g——砂、石的表观密度,kg/m³;

α——混凝土含气量百分数,在不使用引气型外加剂时,可选取 $\alpha=1$。

解以上联式,即可求出 m_{s0}、m_{g0}。

至此,可得到初步配合比,但以上各项计算多是利用经验公式或经验资料获得的,由此配成的混凝土有可能不符合实际要求,所以须对初步配合比进行试配、调整。

(三)试配、调整,确定基准配合比

采用工程中实际采用的原材料及搅拌方法,按初步配合比计算出配制15 ~ 40 L混凝土所需的材料用量,拌制成混凝土拌和物。首先通过试验测定坍落度,同时观察黏聚性和保水性。若不符合要求,应进行调整。调整的原则如下:若流动性太大,可在砂率不变的条件下，适当增加砂、石用量；若流动性太小，应在保持水灰比不变的条件下，增加适量的水和水泥；黏聚性和保水性不良时，实质上是混凝土拌和物中砂浆不足或砂浆过多，可适当增大砂率或适当降低砂率，调整到和易性满足要求时为止。其调整量可参考表3-25。当试拌调整工作完成后，应测出混凝土拌和物的表观密度(ρ_{ct})，并重新计算出每立方米混凝土的各项材料用量，即为供混凝土强度试验用的基准配合比。

表3-25　条件变动时材料用量调整参考值

条件变化情况	大致的调整值		条件变化情况	大致的调整值	
	加水量	砂率		加水量	砂率
坍落度增减10 mm	±2% ~ ±4%	—	砂率增减1%	±2 kg/m³	—
含气量增减1%	±3%	±0.5%			

设调整和易性后试验的材料用量为水 m_{wb}、水泥 m_{cb}、砂 m_{sb}、石子 m_{gb}，则基准配合比为：

$$\left.\begin{aligned} m_{wJ} &= \frac{\rho_{ct} \times 1\ m^3}{m_{wb} + m_{cb} + m_{sb} + m_{gb}} m_{wb} \\ m_{gJ} &= \frac{\rho_{ct} \times 1\ m^3}{m_{wb} + m_{cb} + m_{sb} + m_{gb}} m_{gb} \\ m_{cJ} &= \frac{\rho_{ct} \times 1\ m^3}{m_{wb} + m_{cb} + m_{sb} + m_{gb}} m_{cb} \\ m_{sJ} &= \frac{\rho_{ct} \times 1\ m^3}{m_{wb} + m_{cb} + m_{sb} + m_{gb}} m_{sb} \end{aligned}\right\} \tag{3-15}$$

式中　m_{wJ}、m_{cJ}、m_{sJ}、m_{gJ}——基准配合比混凝土每立方米的用水量、水泥用量、细集料用量和粗集料用量，kg；

ρ_{ct}——混凝土拌和物表观密度实测值，kg/m³。

经过和易性调整试验得出的混凝土基准配合比，满足了和易性的要求，但其水灰比不一定选用恰当，混凝土的强度和耐久性不一定符合要求，故应对混凝土的强度和耐久性进行复核。

(四)强度及耐久性复核，确定实验室配合比

采用三个不同的配合比，其中一个是基准配合比，另两个配合比的水灰比则分别比基准配合比增加及减少0.05，其用水量与基准配合比相同，砂率值可分别增加或减少1%。每种配合比制作一组(三块)试件，每一组都应检验相应配合比拌和物的和易性及测定表观密度，其结果代表这一配合比的混凝土拌和物的性能，将试件标准养护28 d时，进行强度、抗渗、抗冻指标测定，并作混凝土强度与灰水比的直线关系图，求出既符合强度要求，又符合耐久性要求的灰水比。最后按以下原则确定1 m³混凝土拌和物的各材料用量，即为实验室配合比。

1. 用水量(m_w)

取基准配合比中用水量，并根据制作强度试件时测得的坍落度或维勃稠度值，进行调整确定。

2. 水泥用量(m_c)

以用水量乘以通过试验确定的与配制强度相对应的水灰比值。

3. 砂、石用量(m_s、m_g)

取基准配合比中的砂、石用量,并按定出的水灰比作适当调整。

4. 混凝土表观密度的校正

由强度复核之后的配合比,还应根据实测的混凝土拌和物的表观密度(ρ_{ct})作校正,以确定 1 m^3 混凝土的各材料用量。其步骤如下:

(1)计算出混凝土拌和物的计算表观密度($\rho_{c,c}$):

$$\rho_{c,c} \times 1\ m^3 = m_c + m_w + m_s + m_g \tag{3-16}$$

(2)计算出校正系数(δ):

$$\delta = \frac{\rho_{ct}}{\rho_{c,c}} \tag{3-17}$$

(3)当混凝土表观密度实测值与计算值之差的绝对值不超过计算值的 2% 时,上面确定出的配合比即为确定的设计配合比;当二者之差超过 2% 时,应按式(3-18)计算出实验室配合比(每 1 m^3 混凝土各材料用量):

$$\left.\begin{aligned} m_{c,sh} &= m_c\delta \\ m_{w,sh} &= m_w\delta \\ m_{s,sh} &= m_s\delta \\ m_{g,sh} &= m_g\delta \end{aligned}\right\} \tag{3-18}$$

(五)混凝土施工配合比的确定

混凝土的实验室配合比所用砂、石是以饱和面干状态(工民建为干燥状态)为标准计量的,且不含有超、逊径。但施工时,实际工地上存放的砂、石都含有一定的水分,并常存在一定数量的超、逊径。所以,在施工现场,应根据集料的实际情况进行调整,将实验室配合比换算为施工配合比。

1. 集料含水率的调整

依据现场实测砂、石表面含水率(砂、石以饱和面干状态为基准)或含水率(砂、石以干燥状态为基准),在配料时,从加水量中扣除集料表面含水量或含水量,并相应增加砂、石用量。假定工地测出砂的表面含水率为 $a\%$,石子的表面含水率为 $b\%$,设施工配合比 1 m^3 混凝土各材料用量为 m'_c、m'_s、m'_g、m'_w,则:

$$\left.\begin{aligned} m'_c &= m_{c,sh} \\ m'_s &= m_{s,sh}(1 + a\%) \\ m'_g &= m_{g,sh}(1 + b\%) \\ m'_w &= m_{w,sh} - m_{s,sh} \cdot a\% - m_{g,sh} \cdot b\% \end{aligned}\right\} \tag{3-19}$$

2. 集料超、逊径调整

根据施工现场实测某级集料超、逊径颗粒含量,将该级集料中超径含量计入上一级集料,逊径含量计入下一级集料中,则该级集料调整量为:

$$调整量=(该级超径量+该级逊径量)-(下级超径量+上级逊径量) \quad (3\text{-}20)$$

四、混凝土配合比设计实例

【例3-1】 某混凝土坝，所在地区最冷月份月平均气温为 -7 ℃，河水无侵蚀性，该坝上游面水位变化区的外部混凝土，一年内的总冻融次数为45次，最大作用水头50 m，设计要求混凝土强度等级为C25，无强度历史统计资料，坍落度为30~50 mm，混凝土采用机械振捣。原材料性能如下所述。水泥：强度等级为42.5级的普通硅酸盐水泥，密度 $\rho_c = 3.1\ g/cm^3$；砂：当地河砂，细度模数 $M_X = 2.7$，表观密度 $\rho_s = 2\ 610\ kg/m^3$，其他性能均符合水工混凝土的要求；石子：采用当地的石灰岩石轧制的碎石，最大粒径为80 mm，其中，小石∶中石∶大石 =30∶30∶40，级配后的碎石表观密度 $\rho_g = 2\ 670\ kg/m^3$。实测集料超、逊径及表面含水率如表3-26所示。本工程的施工单位是一大型国有企业，该企业混凝土强度标准差的历史统计资料为3.9 MPa，试根据给定资料进行实验室配合比及施工配合比设计。

表3-26　集料表面含水率及超、逊径

集料种类	砂子	石子		
		小石	中石	大石
实测超径含量(%)	2.0	5	4	
实测逊径含量(%)		10	2	5
实测集料表面含水率(%)	3.0	1.1	0.3	0.2

解

A. 初步配合比设计。

(1)确定配制强度 $f_{cu,o}$。

由于混凝土施工的不均匀性及混凝土所处的条件等因素，确定强度保证率为95%。其配制强度按式(3-8)计算。

$$f_{cu,o} = f_{cu,k} + 1.645\sigma$$

已知 $\sigma = 3.9$ MPa，则：

$$f_{cu,o} = 25 + 1.645 \times 3.9 = 31.4\ (MPa)$$

(2)确定水灰比(W/C)。

①强度要求的水灰比 。

由式(3-9)得：

$$\frac{W}{C} = \frac{\alpha_a f_{ce}}{f_{cu,o} + \alpha_a \alpha_b f_{ce}}$$

将 $f_{ce} = \gamma_c f_{ce,g} = 1.13 \times 42.5 = 48.0$ (MPa)，$\alpha_a = 0.46$ 及 $\alpha_b = 0.07$ 代入上式，则得：

$$\frac{W}{C} = \frac{\alpha_a f_{ce}}{f_{cu,o} + \alpha_a \alpha_b f_{ce}} = \frac{0.46 \times 48.0}{31.4 + 0.46 \times 0.07 \times 48.0} = 0.67$$

②按耐久性要求的水灰比。

由题意,查表 3-11 和表 3-12 得混凝土抗渗等级为 P6,抗冻等级为 F150。由 P6 查表 3-18得满足抗渗性要求水灰比为0. 55 ~0. 60;由 F150 查表 3-19 得满足抗冻要求的水灰比为0. 55;查表 3-14,在寒冷地区,上游水位变化区允许的最大水灰比为0. 50。所以,满足耐久性要求的水灰比为0. 50。

同时满足强度及耐久性要求的水灰比为0. 50。

(3)确定单位用水量 m_{w0}。

查表 3-20,按坍落度 30 ~50 mm、碎石的最大粒径 80 mm,得单位用水量为 140 kg,即 $m_{w0}=140$ kg。

(4)计算水泥用量 m_{c0}。

$$m_{c0}=\frac{m_{w0}}{W/C}=\frac{140}{0.50}=280(\text{kg})$$

计算结果满足表 3-13 中水位变动区的素混凝土最小水泥用量 270 kg/m^3 的规定。

(5)选择砂率 β_s。

根据粗集料的最大粒径 80 mm 及水灰比 0. 50,查表 3-22 得砂率为 26% ~28% ,取中间值 27% ;但因粗集料是碎石,砂率应增加 3% ~5% ,取 4% ,则最后初选的砂率为27% + 4% =31% 。

(6)砂、石用量 m_{s0}、m_{g0}。

①质量法。

假定 1 m^3 混凝土拌和物的表观密度 $\rho_{cp}=2\,430$ kg/m^3,则由式(3-13)得:

$$m_{s0}+m_{g0}=\rho_{cp}\times 1\text{ m}^3-(m_{c0}+m_{g0})=2\,430-(280+140)=2\,010(\text{kg})$$

$$m_{s0}=(m_{s0}+m_{g0})\times\beta_s=2\,010\times 31\%=623(\text{kg})$$

$$m_{g0}=(m_{s0}+m_{g0})-m_{s0}=2\,010-623=1\,387(\text{kg})$$

②体积法。

由式(3-14) 得:

$$\left.\begin{aligned}&\frac{280}{3\,100}+\frac{m_{s0}}{2\,610}+\frac{m_{g0}}{2\,670}+\frac{140}{1\,000}+0.01\times 1=1\\&\frac{m_{s0}}{m_{s0}+m_{g0}}=0.31\end{aligned}\right\}$$

解得: $m_{s0}=624(\text{kg})$ $m_{g0}=1\,389(\text{kg})$

若采用质量法计算结果,则混凝土的初步配合比为:

水 140 kg,水泥 280 kg, 砂 623 kg,石子 1 387 kg(其中,小石 416 kg,中石 416 kg,大石 555 kg)。

B. 试拌调整,确定基准配合比。

按计算出的初步配合比,称 30 L 混凝土所用材料进行混凝土试拌,其试拌用料量为:水 $140\times 30\div 1\,000=4.20$(kg),水泥 8. 4 kg,砂 18. 69 kg,石子 41. 61 kg(其中,小石 12. 48 kg,中石 12. 48 kg,大石 16. 65 kg)。

假设通过第一次试拌测得混凝土拌和物的坍落度为 20 mm,黏聚性和保水性较好,则其坍落度较原要求的平均值小 20 mm,应在保持水灰比不变的条件下增加用水量。根据经验参考表3-25，每增减10 mm 坍落度时，加水量增减2% ~4%，取平均值3%计算，故增加用水量4.20×3%×2=0.252(kg)，水泥用量增加0.504 kg。因此，第二次试拌的材料用量为：水4.452 kg，水泥8.904 kg，砂和石用量仍各为18.69 kg及41.61 kg 。经试拌后测得坍落度为40 mm，满足要求，并测得拌和物的表观密度为2 444 kg/m³。则由式(3-15)得基准配合比为：

$$m_{cJ} = \frac{\rho_{ct} \times 1\ m^3}{m_{wb} + m_{cb} + m_{sb} + m_{gb}} \times m_{cb} = \frac{2\ 444}{4.452 + 8.904 + 18.69 + 41.61} \times 8.904$$

$$= \frac{2\ 444}{73.656} \times 8.904 = 33.18 \times 8.904 = 295(kg)$$

$$m_{wJ} = \frac{\rho_{ct} \times 1m^3}{m_{wb} + m_{cb} + m_{sb} + m_{gb}} \times m_{wb} = 33.18 \times 4.452 = 148(kg)$$

$$m_{sJ} = \frac{\rho_{ct} \times 1m^3}{m_{wb} + m_{cb} + m_{sb} + m_{gb}} \times m_{sb} = 33.18 \times 18.69 = 620(kg)$$

$$m_{gJ} = \frac{\rho_{ct} \times 1m^3}{m_{wb} + m_{cb} + m_{sb} + m_{gb}} \times m_{gb} = 33.18 \times 41.61 = 1\ 381(kg)$$

C. 检查强度及耐久性，确定实验室配合比。

以基准水灰比0.50，另取0.45 和0.55 共三个水灰比的配合比，分别制成混凝土试件，进行强度、抗渗性、抗冻性试验。假设三组试件的抗渗性及抗冻性均符合要求，测得各试件的28 d 的强度如表3-27 所示。

表3-27　例3-1 强度试验结果

试样	W/C	C/W	f_{cu}(MPa)
Ⅰ	0.45	2.22	38.4
Ⅱ	0.50	2.00	32.2
Ⅲ	0.55	1.82	27.2

根据表3-27 数据，因强度与灰水比成线性关系(见图3-7(b))，通过计算可求出与配制强度$f_{cu,o}$=31.4 MPa 相对应的灰水比为1.96 (水灰比为0.51)，则符合强度要求的配合比为：用水量$m_w = m_{wJ}$=148 kg，水泥用量m_c=148×1.96 =290(kg)，按混凝土拌和物表观密度2 444 kg/m³ 重新计算砂石用量，得砂用量m_s=622 kg，石用量m_g=1 384 kg。最后，实测出混凝土拌和物表观密度ρ_{ct}=2 420 kg，其计算表观密度$\rho_{c,c} = m_w + m_c + m_s + m_g$=148+290+622+1 384=2 444(kg/m³)。

因此，配合比校正系数$\delta = \frac{2\ 420}{2\ 444} = 0.99$，与实验室配合比相差不超过2%，故可不再进行调整。1 m³ 混凝土各材料用量为：水泥290 kg，水148 kg，砂子622 kg，石子1 384 kg(小石、中石、大石分别为415 kg、415 kg、554 kg)。

D. 计算混凝土施工配合比。

根据实验室配合比及式(3-19)、式(3-20)对施工现场集料进行的施工配合比调整值如表 3-28 所示。

表 3-28　集料及含水量调整值

类别		砂子	石子			用水量
			小石	中石	大石	
集料超、逊径	实验室配合比(kg)	622	415	415	554	
	超径量 (kg)	12	21	17		
	逊径量 (kg)		42	8	28	148
	调整值 (kg)	12 − 42 = − 30	21 + 42 − 12 − 8 = 43	17 + 8 − 21 − 28 = − 24	28 − 17 = 11	
	施工配合比(kg)	592	458	391	565	
集料表面含水量	表面含水率 (%)	3.0	1.1	0.3	0.2	
	调整值 (kg)	17.8	5.0	1.2	1.1	−25.1
	施工配合比(kg)	610	463	392	566	123

调整后的施工配合比为：水为 123 kg，水泥为 290 kg，砂子为 610 kg，小石为 463 kg，中石为 392 kg，大石为 566 kg。

【例 3-2】　某室内现浇钢筋混凝土梁，混凝土设计强度等级 C25，施工要求坍落度为 35 ~ 50 mm（混凝土由机械搅拌，机械振捣），该施工单位无历史资料。采用原材料情况如下。水泥：强度等级 42.5 的普通硅酸盐水泥，实测强度 45 MPa，密度 $\rho_c = 3.00\ g/cm^3$；砂：$M_X = 2.7$ 的中砂，为Ⅱ区砂，表观密度 $\rho'_s = 2\ 650\ kg/m^3$，堆积密度 $\rho'_{0s} = 1\ 450\ kg/m^3$；碎石：最大粒径 $D_{max} = 40$ mm，表观密度 $\rho'_g = 2\ 700\ kg/m^3$，堆积密度 $\rho'_{0g} = 1\ 520\ kg/m^3$；水：自来水。试进行实验室配合比设计，若已知施工现场砂子含水率为 4%，石子含水率为 1%，求混凝土的施工配合比。

解

A. 确定混凝土的初步配合比。

(1) 确定配制强度($f_{cu,o}$)。查表 3-16 得 $\sigma = 5.0$ MPa，则：

$$f_{cu,o} = f_{cu,k} + 1.645\sigma = 25 + 1.645 \times 5.0 = 33.2(\text{MPa})$$

(2) 确定水灰比(W/C)。

按式(3-9)代入有关参数，则：

$$\frac{W}{C} = \frac{\alpha_a f_{ce}}{f_{cu,o} + \alpha_a \alpha_b f_{ce}} = \frac{0.46 \times 45.0}{33.2 + 0.46 \times 0.07 \times 45.0} = 0.60$$

由表 3-15 查得，在干燥环境中的 $W/C \leqslant 0.65$，所以可取水灰比为 0.60。

(3) 确定单位用水量(m_{w0})。

查表 3-21，按坍落度要求 35 ~ 50 mm，碎石最大粒径为 40 mm，则 1 m^3 混凝土的用水量可选用 $m_{w0} = 175$ kg。

(4)计算水泥用量(m_{c0})。

$$m_{c0}=\frac{m_{w0}}{W/C}=\frac{175}{0.60}=292(\text{kg})$$

由表3-15查得,最小水泥用量应大于260 kg/m^3。所以,取水泥用量$m_{c0}=292$ kg。

(5)确定砂率(β_s)。

由$W/C=0.60$,碎石最大粒径为40 mm,查表3-23,初选砂率$\beta_s=35\%$。

(6)计算砂石用量(m_{s0},m_{g0})并定出初步配合比。

①质量法。

假定1 m^{3}混凝土拌和物的质量$m_{cp}=2\ 400$ kg,则由式(3-13)得:

$$m_{s0}+m_{g0}=m_{cp}-(m_{c0}+m_{w0})=2\ 400-(292+175)=1\ 933(\text{kg})$$

$$m_{s0}=(m_{s0}+m_{g0})\times\beta_s=1\ 933\times35\%=677(\text{kg})$$

$$m_{g0}=m_{cp}-(m_{c0}+m_{w0})-m_{s0}=1\ 933-677=1\ 256(\text{kg})$$

②体积法。

$$\left.\begin{array}{l}\dfrac{292}{3\ 000}+\dfrac{m_{s0}}{2\ 650}+\dfrac{m_{g0}}{2\ 700}+\dfrac{175}{1\ 000}+0.01\times1=1\\[2ex]\dfrac{m_{s0}}{m_{s0}+m_{g0}}=0.35\end{array}\right\}$$

解得　$m_{s0}=674$ kg　$m_{g0}=1\ 251$ kg

若采用质量法计算结果,则混凝土的初步配合比为:水泥$m_{c0}=292$ kg,砂$m_{s0}=677$ kg,碎石$m_{g0}=1\ 256$ kg,水$m_{w0}=175$ kg,$W/C=0.6$;或为$m_{c0}:m_{s0}:m_{g0}=1:2.32:4.30$,$W/C=0.6$,$m_{c0}=292$ kg/m^3。

B. 进行和易性调整并确定基准配合比。

按计算配合比取样25 L,各材料用量:

水泥为$0.025\times292=7.3$(kg),水为$0.025\times175=4.38$(kg),砂为$0.025\times677=16.92$(kg),石子为$0.025\times1\ 256=31.4$(kg)。

和易性检验表明黏聚性和保水性较好,但坍落度为10 mm,低于规定值要求的35~50 mm,可见选用的砂率较为合适,但需调整坍落度。经试验,增加水泥浆量4%(保持水灰比不变,需增加水泥0.29 kg,水0.18 kg),测得坍落度为35 mm,符合施工要求;并测得拌和物的表观密度为2 380 kg/m^3。试拌后各种材料的实际用量是:水泥$m_{cb}=7.3+0.29=7.59$(kg),砂$m_{sb}=16.92$ kg,石子$m_{gb}=31.4$ kg,水$m_{wb}=4.38+0.18=4.56$ kg。

由式(3-15)得基准配合比:$m_{cJ}=\dfrac{\rho_{ct}\times1\text{ m}^3}{m_{wb}+m_{cb}+m_{sb}+m_{gb}}\times m_{cb}=\dfrac{2\ 380}{60.47}\times7.59=299$(kg),同理计算出$m_{wJ}=179$ kg,$m_{sJ}=666$ kg,$m_{gJ}=1\ 236$ kg。

C. 校核强度,确定实验室配合比。

用0.55、0.60和0.65三个水灰比,分别拌制三个试样(其中0.55和0.65作和易性调整后,满足要求),分别做成试块,实测28 d抗压强度结果如表3-29所示。

表 3-29　例 3-2 强度试验结果

试样	W/C	C/W	$f_{cu,k}$(MPa)
Ⅰ	0.55	1.82	37.1
Ⅱ	0.60	1.67	33.4
Ⅲ	0.65	1.54	30.2

根据配制强度要求 $f_{cu,o}=33.2$ MPa,故第Ⅱ组满足要求。因此,配合比可不再调整,基准配合比即为最终实验室配合比。

D. 计算混凝土施工配合比。

1 m^3 混凝土各材料用量为:

水泥:$m'_c = m_{cJ} = 299$ kg

砂子:$m'_s = m'_{sJ}(1+a\%) = 666\times(1+4\%) = 693$(kg)

石子:$m'_g = m_{gJ}'(1+b\%) = 1\ 236\times(1+1\%) = 1\ 248$(kg)

水:$m'_w = m_{wJ} - m_{sJ}\cdot a\% - m_{gJ}\cdot b\% = 179-666\times4\%-1\ 236\times1\% = 140$(kg)

第五节　混凝土的质量控制

质量合格的混凝土,应能满足设计要求的技术性质,具有较好的均匀性且达到规定的保证率。但由于受多种因素的影响,混凝土的质量是不均匀的、波动的。

一、混凝土的质量检查及波动分析

(一)混凝土的质量检查

混凝土的质量检查是对混凝土质量的均匀性进行有目的的抽样测试及评价,包括对原材料、混凝土拌和物和硬化后混凝土的质量检查。

混凝土拌和物的质量检查主要是对拌和物的和易性、水灰比和含气量的检查。硬化后混凝土的质量检查,是在施工现场按规范规定的方法抽取有代表性的试样,将试样养护到规定龄期进行强度和耐久性检测。

(二)混凝土质量波动原因

造成混凝土质量波动的原因有:原材料质量(如水泥的强度、集料的级配及含水率等)的波动,施工工艺(如配料、拌和、运输、浇筑及养护等)的不稳定性,施工条件和气温的变化,试验方法及操作所造成的试验误差,施工人员的素质等。在正常施工条件下,这些影响因素都是随机的,因此混凝土的质量也是随机变化的。混凝土质量控制的目的就是分析掌握质量波动规律,以控制正常波动因素,发现并排除异常波动因素,使混凝土质量波动控制在规定范围,以达到既保证混凝土质量又节约用料的目的。

二、混凝土的质量评定

(一)混凝土强度数理统计参数

1. 强度平均值 $\overline{f_{cu}}$

混凝土强度平均值 $\overline{f_{cu}}$ 可用式(3-21)计算:

$$\overline{f_{cu}} = \frac{1}{n}\sum_{i=1}^{n} f_{cu,i} \tag{3-21}$$

式中　n——试验组数($n \geqslant 25$)；

$f_{cu,i}$——第 i 组试件的强度，MPa。

2. *强度标准差(均方差)σ*

σ 是评定混凝土质量均匀性的一种指标，可用式(3-22)计算：

$$\sigma = \sqrt{\frac{\sum_{i=1}^{n}(f_{cu,i} - \overline{f_{cu}})^2}{n-1}} \text{ 或 } \sigma = \sqrt{\frac{\sum_{i=1}^{n} f_{cu,i}^2 - n\overline{f_{cu}}^2}{n-1}} \tag{3-22}$$

式中　$f_{cu,i}$——统计周期内第 i 组混凝土试件的强度，MPa。

3. *变异系数(离差系数)C_v*

$$C_v = \frac{\sigma}{\overline{f_{cu}}} \tag{3-23}$$

(二)混凝土强度的波动规律——正态分布

试验表明，混凝土强度的波动规律是符合正态分布的。即在施工条件相同的情况下，对同一种混凝土进行系统取样，测定其强度，以强度为横坐标，以某一强度出现的概率为纵坐标，可绘出强度概率正态分布曲线，如图 3-8 所示。正态分布的特点为：以强度平均值为对称轴，左右两边的曲线是对称的，距离对称轴愈远的值，出现的概率愈小，并逐渐趋近于零；曲线和横坐标之间的面积为概率的总和，等于 100%，对称轴两边，出现的概率相等；在对称轴两侧的曲线上各有一个拐点，拐点距强度平均值的距离即为标准差。

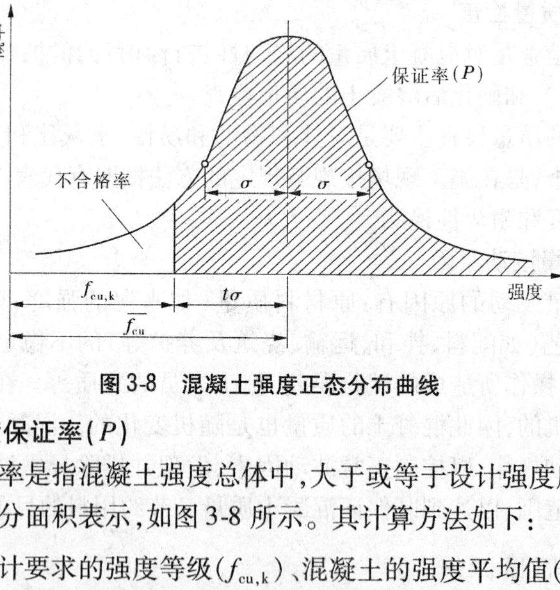

图 3-8　混凝土强度正态分布曲线

(三)混凝土强度保证率(P)

混凝土强度保证率是指混凝土强度总体中，大于或等于设计强度所占的概率，以正态分布曲线上的阴影部分面积表示，如图 3-8 所示。其计算方法如下：

先根据混凝土设计要求的强度等级($f_{cu,k}$)、混凝土的强度平均值($\overline{f_{cu}}$)、标准差(σ)或变异系数(C_v)，由式(3-24)或式(3-25)计算出概率度 t：

$$t = \frac{f_{cu,k} - \overline{f_{cu}}}{\sigma} \tag{3-24}$$

或
$$t = \frac{f_{cu,k} - \overline{f_{cu}}}{C_v \overline{f_{cu}}} \tag{3-25}$$

再根据 t 值,由表 3-17 查得保证率 $P(\%)$。

我国《混凝土强度检验评定标准》(GBJ 107—1987)及《混凝土结构设计规范》(GB 50010—2002)规定,同批试件的统计强度保证率不得小于95%。

(四)混凝土质量均匀性的评定

在混凝土强度平均值、强度标准差、离差系数三个数理统计量中,强度平均值是强度概率曲线最高点的横坐标,仅代表混凝土强度总体的平均值,并不说明其强度的波动情况。强度标准差是强度概率曲线上拐点离强度平均值的距离,它反映了强度的离散性。其值越大,正态分布曲线愈矮而宽,表示强度数据的离散程度愈大,混凝土的均匀性愈差,混凝土强度质量也愈不稳定,施工控制水平愈差;反之,σ 值愈小,分布曲线愈高而窄,表示强度测定值的分布集中,波动较小,混凝土的均匀性好,则施工控制水平愈高。我国《混凝土强度检验评定标准》(GBJ 107—1987)中,根据强度标准差的大小,将现场集中搅拌混凝土的质量管理水平划分为"优良"、"一般"及"差"三等,如表 3-30 所示。衡量水工混凝土生产质量水平以现场试件 28 d 龄期抗压强度标准差 σ 值表示,其评定标准见《水工混凝土施工规范》(DL/T 5144—2001)。如表 3-31 所示。

表 3-30 现场集中搅拌混凝土的生产质量水平(GBJ 107—1987)

生产质量水平	优良		一般		差	
混凝土强度等级	<C20	≥C20	<C20	≥C20	<C20	≥C20
混凝土强度标准差 σ(MPa)	≤3.5	≤4.0	≤4.5	≤5.5	>4.5	>5.5

表 3-31 混凝土抗压强度 σ 值的评定标准(DL/T 5144—2001)

混凝土强度等级	优秀	良好	一般	较差
≤C_{90}20	<3.0	3.0~3.5	3.5~4.5	>4.5
C_{90}20~C_{90}35	<3.5	3.5~4.0	4.0~5.0	>5.0
≥C_{90}35	<4.0	4.0~4.5	4.5~5.5	>5.5

注:C_{90}20 代表混凝土 90 d 龄期的抗压强度标准值为 20 MPa。

三、混凝土质量控制

(一)原材料质量检验

原材料是决定混凝土性能的主要因素,材料的变化将导致混凝土性能的波动。因此,施工现场必须对所用材料及时检验。检验的内容主要有水泥的强度等级、凝结时间、体积安定性等,集料的含泥量、含水率、颗粒级配,砂的细度模数,石子的超、逊径等。

(二)施工配合比换算

由于施工现场条件和实验室配合比条件的不一致性,所以混凝土实验室配合比不能直接用于施工,在施工现场要根据集料的含水率和超、逊径含量把实验室配合比换算为施工配合比。其换算方法见混凝土配合比设计部分。

(三)混凝土施工配制强度($f_{cu,o}$)

从混凝土强度的正态分布图中可以看出,若按结构设计强度配制混凝土,则实际施工中将有一半达不到设计强度,即混凝土强度保证率只有 50%。因此,在混凝土配合比设计时,配制强度必须高于设计强度等级。

令混凝土的配制强度等于平均强度,即$f_{cu,o}=\overline{f_{cu}}$,则由式(3-24)得:

$$f_{cu,o} = f_{cu,k} - t\sigma \tag{3-26}$$

根据强度保证率的要求及施工控制水平,确定出 t 值,用式(3-26)即可算出混凝土的配制强度。

(四)混凝土质量控制图

为了掌握分析混凝土质量波动情况,及时分析发现的问题,将水泥强度、混凝土坍落度、混凝土强度等检验结果绘成质量控制图。

质量控制图的横坐标为按时间测得的质量指标子样编号,纵坐标为质量指标的特征值,中间一条横坐标为中心控制线,上、下两条线为控制界线。图 3-9 为混凝土坍落度、混凝土强度等质量检查结果绘成图,称为质量控制图。一小批量混凝土强度控制图,图中横坐标表示浇筑时间或试件编号,纵坐标表示强度测定值,各点表示连续测得的强度,中心线表示平均强度,上、下控制线为 $\overline{f_{cu}} \pm 3\sigma$。

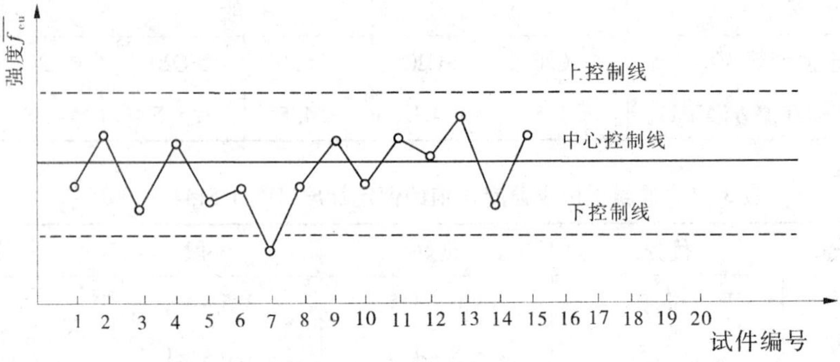

图 3-9　混凝土强度控制图

从质量控制图的变动趋势,可以判断施工是否正常。如果测得的各点在中心线附近的较多,即为施工正常。如果各点显著偏离中心线或分布在一侧,尤其是有些点超出上、下控制线,说明混凝土质量均匀性已下降,应立即查明原因,加以解决。

第六节　其他混凝土

一、有特殊要求的混凝土配合比设计

(一)抗渗混凝土

抗渗等级≥P6 级的混凝土称为抗渗混凝土。

抗渗混凝土所用的原材料应满足下列要求：粗集料宜采用连续级配，其最大粒径不宜大于40 mm，含泥量不得大于1.0%，泥块含量不得大于0.5%；细集料的含泥量不得大于3.0%，泥块含量不得大于1.0%；外加剂宜采用防水剂、膨胀剂、引气剂、减水剂或引气减水剂；宜掺用矿物掺合料。

抗渗混凝土配合比设计应符合以下规定：每立方米混凝土中水泥和矿物掺合料总量不宜小于320 kg，砂率宜为35%～45%，供试配用的最大水灰比应符合表3-32的规定。掺用引气剂的抗渗混凝土，其含气量宜控制在3%～5%。

表3-32 抗渗混凝土最大水灰比（JGJ 55—2000）

抗渗等级	最大水灰比	
	C20～C30	C30以上
P6	0.60	0.55
P8～P12	0.55	0.50
>P12	0.50	0.45

进行抗渗混凝土配合比设计时，应增加抗渗性能试验，试配要求的抗渗水压值应比设计值提高0.2 MPa。试配时应采用水灰比最大的配合比做抗渗试验，其试验结果应符合式(3-27)的要求：

$$P_t \geq \frac{P}{10} + 0.2 \tag{3-27}$$

式中 P_t——6个试件中4个未出现渗水时的最大水压值，MPa；

P——设计要求的抗渗等级，如P6级，则取$P=6$。

掺引气剂的混凝土还应进行含气量试验，试验结果应使含气量控制在3%～5%。

（二）抗冻混凝土

抗冻等级≥F50级的混凝土称为抗冻混凝土。

抗冻混凝土所用原材料应符合下列要求：水泥应优先选用强度等级不小于42.5的硅酸盐水泥或普通硅酸盐水泥，不宜使用火山灰质硅酸盐水泥；宜选用连续级配的粗集料，其含泥量不得大于1.0%，泥块含量不得大于0.5%；细集料含泥量不得大于3.0%，泥块含量不得大于1.0%；抗冻等级F100及以上的混凝土所用的粗细集料均应进行坚固性试验，试验结果应符合国家现行标准规定。抗冻混凝土宜采用减水剂，对抗冻等级F100及以上的混凝土应掺引气剂，掺用后混凝土的含气量应符合表3-33的规定。

表3-33 长期处于潮湿和严寒环境中混凝土的最小含气量（JGJ 55—2000）

粗集料最大粒径（mm）	最小含气量（%）
≥40	4.5
25	5.0
20	5.5

抗冻混凝土试配用的最大水灰比应符合表3-34的要求，进行抗冻混凝土配合比设计时应增加抗冻性能试验。

表3-34　抗冻混凝土的最大水灰比（JGJ 55—2000）

抗冻等级	无引气剂时	掺引气剂时
F50	0.55	0.60
F100	—	0.55
≥F150	—	0.50

（三）高强混凝土

C60及以上强度等级的混凝土称为高强混凝土。强度等级超过C100的混凝土称为超高强混凝土。

配制高强混凝土所用原材料应符合以下规定：应选用强度等级不低于42.5级且质量稳定的硅酸盐水泥或普通硅酸盐水泥。对强度等级为C60级的混凝土，其粗集料的最大粒径不应大于31.5 mm，对强度等级高于C60级的混凝土，其粗集料的最大粒径不应大于25 mm，针片状颗粒含量不宜大于5.0%，含泥量不应大于0.5%，泥块含量不宜大于0.2%，碎石立方体抗压强度不应小于要求配制的混凝土抗压强度标准值的1.5倍；细集料宜采用中砂，细度模数宜大于2.6，含泥量不应大于2.0%，泥块含量不应大于0.5%。掺用高效减水剂或缓凝高效减水剂及优质的矿物掺合料。

高强混凝土配合比设计时，可根据现有试验资料选取基准配合比中的水灰比；水泥用量不应大于550 kg/m^3，水泥和矿物掺合料的总量不应大于600 kg/m^3；砂率及采用的外加剂和掺合料的品种、掺量应通过试验确定；在试配与确定配合比时，其中一个为基准配合比，另外两个配合比的水灰比宜较基准配合比分别增加或减少0.02～0.03，并用不少于6次的重复试验验证，最后按强度试验结果中略高于配制强度的配合比作为混凝土配合比。

高强混凝土的特点是抗压强度高、变形小；在相同的受力条件下能减小构件体积，降低钢筋用量；致密坚硬、耐久性能好；脆性比普通混凝土高；抗拉、抗剪强度随抗压强度的提高有所增长，但拉压比和剪压比都随之降低。主要用于混凝土桩基、预应力轨枕、电杆、大跨度薄壳结构、桥梁、输水管等。

（四）泵送混凝土

泵送混凝土是指混凝土拌和物的坍落度不低于100 mm并在泵压作用下，经管道实行垂直及水平输送的混凝土。

泵送混凝土所采用的原材料应符合下列要求：选用硅酸盐水泥、普通硅酸盐水泥、矿渣水泥、粉煤灰水泥，不宜采用火山灰水泥。粗集料的最大粒径与输送管径之比：当泵送高度在50 m以下时，对碎石不宜大于1∶3，对卵石不宜大于1∶2.5；泵送高度在50～100 m时，对碎石不宜大于1∶4，对卵石不宜大于1∶3；泵送高度100 m以上时，对碎石不宜大于1∶5，对卵石不宜大于1∶4。粗集料应采用连续级配，且针片状颗粒含量不宜大于10%。宜采用中砂，其通过0.315 mm筛孔的颗粒含量不应小于15%。泵送混凝土应掺用泵送剂或减水剂,并宜掺用优质粉煤灰或其他活性矿物掺合料。

泵送混凝土的用水量与水泥及矿物掺合料的总量之比不宜大于0.60,水泥和矿物掺合料的总量不宜小于300 kg/m^3,砂率宜为35% ~45%,掺用引气型外加剂时,其混凝土含气量不宜大于4%。

泵送混凝土适用于需要采用泵送工艺混凝土的高层建筑和隧洞衬砌等工程,超缓凝泵送剂用于大体积混凝土,含防冻组分的泵送剂适用于冬季施工混凝土。

(五)大体积混凝土

混凝土结构物实体最小尺寸大于或等于1 m,或预计会因水泥水化热引起混凝土内外温差过大而导致裂缝的混凝土,称为大体积混凝土。

大体积混凝土所用原材料应符合下列要求:水泥应选用水化热低、凝结时间长的水泥,如低热矿渣硅酸盐水泥、中热硅酸盐水泥、矿渣硅酸盐水泥、火山灰质硅酸盐水泥、粉煤灰硅酸盐水泥;当采用硅酸盐水泥或普通硅酸盐水泥时,应采取相应措施延缓水化热的释放;粗集料宜采用连续级配,细集料宜采用中砂;宜掺用缓凝剂、减水剂和减少水泥水化热的掺合料。

大体积混凝土在保证强度及和易性的前提下,应提高掺合料及集料的含量,以降低每立方米混凝土的水泥用量,满足低热性要求。

二、其他混凝土

(一)粉煤灰混凝土

粉煤灰混凝土是在水泥混凝土中掺入一定量粉煤灰,部分、等量或超量代替水泥所配制的混凝土。水泥混凝土掺入适量粉煤灰后,不但节约水泥,而且大大改善混凝土的抗化学侵蚀能力和降低水化热,提高混凝土密实度、抗渗性及强度。但由于粉煤灰中的活性氧化硅和活性氧化铝与水泥水化所产生的氢氧化钙发生二次反应,消耗了一部分氢氧化钙,使混凝土的碱度降低,影响混凝土的抗碳化性能。

粉煤灰混凝土的应用范围与结构设计时的力学指标取值,与普通混凝土相同。

粉煤灰混凝土不但在技术性能和经济方面有显著的效益,而且粉煤灰的大量利用还可解决工业废渣对环境的污染。因此,它是一种有发展前途的建筑材料。

(二)轻混凝土

轻混凝土是指干密度小于1 950 kg/m^3 的混凝土,有轻集料混凝土、多孔混凝土和大孔混凝土。轻集料混凝土采用浮石、陶粒、煤渣、膨胀珍珠岩等轻集料制成。多孔混凝土是一种内部均匀分布细小气孔而无集料的混凝土,是以水泥、混合材、水及适量的发泡剂(铝粉等)或泡沫剂为原料配制而成的。大孔混凝土是以粒径相近的粗集料、水泥、水,有时加入外加剂配制而成的混凝土。

轻混凝土的特点是表观密度小、自重轻、强度高,具有保温、耐火、抗震、耐化学腐蚀等多种性能。主要用于非承重的墙体,保温、隔音材料。轻集料混凝土还可用于承重结构,以达到减轻自重的目的。

(三)聚合物混凝土

凡在混凝土组成材料中掺入聚合物的混凝土,统称为聚合物混凝土。

聚合物混凝土一般可分为聚合物水泥混凝土、聚合物胶结混凝土、聚合物浸渍混凝土三种。聚合物水泥混凝土是以水溶性聚合物(如天然或合成橡胶乳液、热塑性树脂乳液等)和水泥共同为胶凝材料,并掺入砂或其他集料而制成的。聚合物胶结混凝土又称树脂混凝土,是以合成树脂为胶结材料,以砂石为集料的一种聚合物混凝土。聚合物浸渍混凝土是以混凝土为基材(被浸渍的材料),而将有机单体渗入混凝土中,然后再用加热或放射线照射的方法使其聚合,使混凝土与聚合物形成一个整体。

聚合物混凝土强度高、抗渗、耐磨、耐腐蚀,多用于有这些特殊要求的混凝土工程。

(四)纤维混凝土

纤维混凝土是以普通混凝土为基材,将短而细的分散性纤维,均匀地撒在普通混凝土中制成的。掺入短纤维的目的是提高混凝土的抗拉、抗冲击等性能与降低混凝土的脆性。

常用的短纤维有两类:一类是高弹性模量纤维(如钢纤维、玻璃纤维、碳纤维),另一类是低弹性模量纤维(如尼龙纤维、聚乙烯纤维等)。低弹性模量纤维能提高冲击韧性,但对抗拉强度影响不大;高弹性模量纤维能显著提高抗拉强度。

目前,纤维混凝土已用于路面、桥面、飞机跑道、管道、屋面板、墙板等方面。

(五)耐酸混凝土

耐酸混凝土是由水玻璃作胶凝材料,硅氟酸钠作促凝剂,耐酸粉料和耐酸集料按一定比例配合而成的。它能抵抗各种酸和大部分腐蚀性气体的侵蚀。可用于输油管、贮酸槽、酸洗槽、耐酸地坪及耐酸器材。

(六)干硬性混凝土

混凝土拌和物的坍落度小于 10 mm 或维勃稠度大于 10 s 的混凝土称为干硬性混凝土。干硬性混凝土在强有力振实的施工条件下,密实度大、硬化快、强度高,养护时间短,具有较高的抗渗性及抗冻性。但抗拉强度较低,极限拉伸值较小,脆性较大。适用于配制快硬、高强混凝土,混凝土浇筑后即可脱模,施工速度快,在预制构件中广泛应用。

(七)碾压混凝土

碾压混凝土是一种超干硬性混凝土。水灰比可达 0.7 ~ 0.9,水泥用量少,混凝土放热量低,浇筑时一般不需人工降温,可分层连续浇筑,大大加快了施工进度。适用于大坝及公路等大体积及连续施工的大面积混凝土工程。

(八)喷射混凝土

喷射混凝土是以压缩空气为动力,经管道输送,通过喷射机喷嘴以很高的速度喷出的混凝土。喷射混凝土宜采用普通硅酸盐水泥,10 mm 以上的粗集料控制在 30% 以下,不宜采用细砂。其配合比(水泥:砂:石)一般可采用 1:2:2.5、1:2.5:2、1:2:2、1:2.5:1.5(质量比)。水泥用量为 300 ~ 450 kg/m^3,水灰比为 0.4 ~ 0.5。喷射混凝土可用于地下工程、矿井支护和隧道衬砌工程。

(九)补偿收缩混凝土

普通水泥混凝土在硬化过程中特别是在干燥过程中产生体积收缩,一般砂浆收缩率为 0.1% ~ 0.2%,混凝土收缩率为 0.04% ~ 0.06%。收缩使混凝土产生裂缝,降低强度及耐久性。补偿收缩混凝土由膨胀水泥(或低热微膨胀水泥)和砂、石料及水组成,或由普通硅酸盐水泥、砂、石、水及膨胀剂组成。其特性是体积不收缩,或有适当的膨胀量,可用于防水结构、抗裂结构或其他需要大面积浇筑且不能设收缩缝的结构。

本章小结

水泥混凝土的组成材料有水泥、砂子、石子、水、外加剂和掺合料。其中:水和水泥构成水泥浆,水泥浆包裹在集料表面并填充集料空隙,起润滑作用;砂子和石子构成集料,起骨架作用;加入外加剂和掺合料可以改善混凝土的性能。每种材料应满足混凝土的质量要求。

混凝土的技术性质包括和易性、强度和耐久性。和易性包括流动性、黏聚性和保水性三个方面。流动性的测定方法有坍落度法和维勃稠度法。影响和易性的因素有水泥浆的数量、水灰比、砂率、原材料的品种及性质等。强度包括抗压强度和抗拉强度。影响混凝土强度的主要因素有水泥强度等级、水灰比、原材料、养护条件、硬化龄期和施工工艺。耐久性包括抗冻性、抗渗性、抗冲磨性和抗侵蚀性等。应采取措施提高混凝土的强度和耐久性。

混凝土配合比设计主要是"水灰比"、"单位用水量"和"砂率"三个参数的确定。设计内容包括原材料选择、初步配合比设计、基准配合比设计、实验室配合比设计和施工配合比设计。设计原则是在满足混凝土技术性质的前提下,经济合理。

影响混凝土质量的因素有很多,在工程中应对其质量进行检测和控制。

本章还简要介绍了其他混凝土的特性及应用。

学习本章内容,应达到以下要求:

掌握:

(1)砂子、石子的主要技术性质、质量要求、试验方法;

(2)混凝土主要技术性质的概念、影响因素、提高措施;

(3)和易性和强度的试验方法;

(4)混凝土配合比设计的原理、方法、步骤。

理解:

(1)各组成材料在混凝土中的作用;

(2)各组成材料的质量对混凝土质量的影响,混凝土质量的影响因素及控制方法。

了解:

(1)混凝土的种类;

(2)外加剂及掺合料的类型与作用;

(3)其他几种混凝土的特性及工程应用。

第四章　砂　浆

【内容提要】

本章主要阐述砌筑砂浆的组成材料、技术性质和配合比设计的方法和步骤，简要介绍工程中常用其他砂浆的特性及应用。

砂浆是由胶凝材料、细集料、掺加料和水按适当的比例配制而成的，广泛用于堤坝、护坡、桥涵及房屋建筑等砖石结构物的砌筑；还可用于结构物表面的抹面等。

砂浆按其所用胶凝材料可分为水泥砂浆、石灰砂浆、混合砂浆等；按用途可分为砌筑砂浆、抹面砂浆、防水砂浆等。

第一节　砌筑砂浆

在砌体结构中，将砖、石材、砌块等黏结成砌体的砂浆称为砌筑砂浆。砌筑砂浆起着黏结砌块、传递荷载的作用。

一、砂浆的组成材料

（一）胶凝材料

砌筑砂浆常用的胶凝材料有水泥、石灰、石膏等，在选用时应根据使用环境、用途等合理选择。配制砂浆用的水泥强度等级应根据设计要求进行选择：配制水泥砂浆时，其强度等级不宜大于32.5级；配制水泥混合砂浆时，其强度等级不宜大于42.5级。一般取砂浆强度的4～5倍为宜。

（二）掺加料及外加剂

为了改善砂浆的和易性，节约水泥用量，在砂浆中常掺入适量的掺加料或外加剂。常用的掺加料有石灰膏、黏土膏、电石膏和粉煤灰等，常用的外加剂有皂化松香、微沫剂、纸浆废液等。

石灰、黏土均应制成稠度为(120±5)mm的膏状体，并通过3 mm×3 mm的网过滤后掺入砂浆中。生石灰熟化成石灰膏时，熟化时间不得少于7 d；磨细生石灰的熟化时间不得少于2 d；消石灰粉不得直接用于砌筑砂浆中。黏土应选颗粒细、黏性好、砂及有机物含量少的为宜。

砌筑砂浆中掺入的外加剂，应具有法定检测机构出具的该产品砌体强度型式检验报告，并经砂浆性能试验合格后，方可使用。

（三）砂

砌筑砂浆用砂一般宜采用中砂，毛石砌体宜选用粗砂。砂的含泥量不应超过5%；强度等级为M2.5的水泥混合砂浆，其含泥量不应超过10%。

（四）拌和用水

砂浆拌和用水应符合现行行业标准《混凝土拌合用水标准》（JGJ 63—1989）的规定。

二、砌筑砂浆技术性质

砂浆应满足下列技术性质：

（1）满足和易性要求。

（2）满足设计种类和强度等级要求。

（3）具有足够黏结力。

（一）和易性

砂浆的和易性是指砂浆拌和物在施工中既方便操作，又能保证工程质量的性质。和易性好的砂浆，在运输和施工过程中不易产生分层、泌水现象，能在粗糙的砌筑底面上铺成均匀的薄层，使灰缝饱满密实，并且能与底面很好地黏结成整体。砂浆的和易性包括流动性和保水性两个方面。

1. 流动性

砂浆流动性表示砂浆在自重或外力作用下易于流动的性能。流动性的大小通过砂浆稠度仪试验测定（见图 4-1），用稠度或沉入度（mm）表示，即标准圆锥体在砂浆内自由沉入 10 s 的深度。稠度值大，表明砂浆流动性大。

砂浆的流动性与水泥的品种和用量、集料粒径和级配以及用水量有关，主要取决于用水量。砌筑砂浆适宜稠度应根据砌体种类、施工条件及气候条件等按表 4-1 选择，天气炎热干燥时选大值，寒冷潮湿时选小值。

表 4-1　砌筑砂浆适宜稠度（JGJ 98—2000）

项 次	砖石砌体种类	砂浆稠度（mm）
1	烧结普通砖砌体	70～90
2	轻集料混凝土小型空心砌块	60～90
3	烧结多孔砖，空心砖砌体	60～80
4	烧结普通砖平拱式过梁 空斗墙，筒拱 普通混凝土小型空心砌块砌体 加气混凝土砌块砌体	50～70
5	石砌体	30～50

2. 保水性

砂浆的保水性是指砂浆保持水分的能力，用分层度表示。

保水性常用砂浆分层度测定仪测定（见图 4-2）。将拌好的砂浆置于容器中，测其沉入度 K_1，静止 30 min 后，去掉上面 20 cm 厚砂浆，将下面剩余 10 cm 砂浆倒出拌和均匀，测其沉入度 K_2，两次沉入度的差（K_1-K_2）称为分层度，以 mm 表示。《砌筑砂浆配合比设计规程》（JGJ 98—2000）规定，砌筑砂浆的分层度不应大于 30 mm。

砂浆的保水性与胶凝材料、掺加料的品种及用量、集料粒径和细颗粒含量有关。在砂浆中掺入石灰膏、引气剂或微沫剂可有效提高砂浆的保水性。

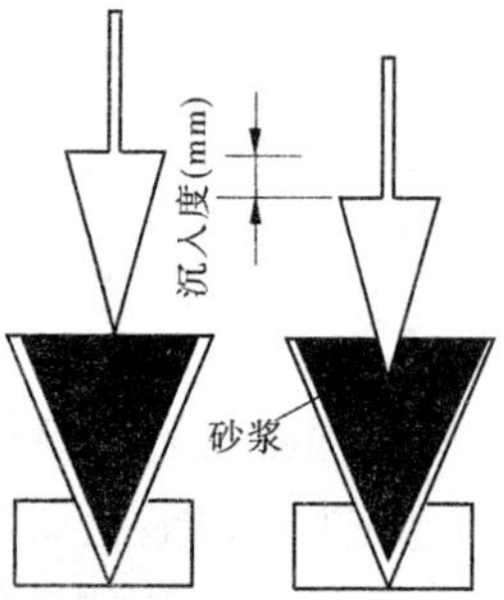

图 4-1　稠度测定示意图

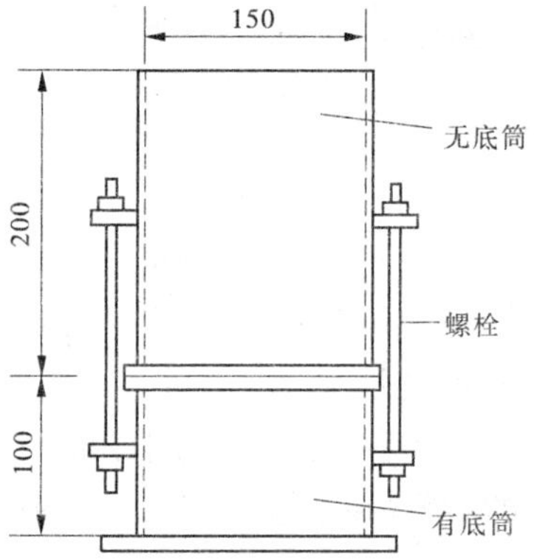

图 4-2　砂浆分层度测定仪　（单位：mm）

（二）硬化砂浆的技术性质

硬化后的砂浆应满足抗压强度及黏结强度的要求。

1. 强度等级

砂浆在砌体中主要起胶结砌块和传递荷载的作用，所以应具有一定的抗压强度。其抗压强度是确定强度等级的主要依据。

砌筑砂浆强度等级是用尺寸为70.7 mm×70.7 mm×70.7 mm立方体试件，在标准温度(20±3)℃及规定湿度条件下养护28 d的平均抗压极限强度(MPa)来确定的。

砌筑砂浆按28 d抗压强度分为M20、M15、M10、M7.5、M5、M2.5等六个强度等级。

2. 影响强度的主要因素

影响砂浆强度的因素基本与混凝土相同，但砌筑砂浆的实际强度与所砌筑材料的吸水性有关。当用于不吸水的材料（如致密的石材）时，砂浆强度主要取决于水泥的强度和水灰比，可用式(4-1)表示：

$$f_{28} = Af_{ce}\left(\frac{C}{W} - B\right) \tag{4-1}$$

式中　f_{28}——砂浆28 d抗压强度，MPa；

f_{ce}——水泥实测强度，MPa；

$\frac{C}{W}$——灰水比；

A、B——经验系数，当用普通硅酸盐水泥时，A取0.29，B取0.4。

当用于吸水的材料（如烧土砖）时，原材料及灰砂比相同时，砂浆拌和时加入水量虽稍有不同，但经材料吸水，保留在砂浆中的水分仍相差不大，砂浆的强度主要取决于水泥强度和水泥用量，而与用水量关系不大，所以可用式(4-2)表示：

$$f_{28} = \frac{\alpha f_{ce} Q_c}{1\,000} + \beta \tag{4-2}$$

式中　Q_c——1 m^3砂浆中水泥用量，kg；

α、β——砂浆的特征系数，其中 $\alpha = 3.03$，$\beta = -15.09$。

除上述因素外，砂的质量、混合材料的品种及用量也影响砂浆的强度。

3. 黏结强度

砂浆与所砌筑材料的黏结力称为黏结强度。一般情况下，砂浆的抗压强度越高，其黏结强度也越高。另外，砂浆的黏结强度与所砌筑材料的表面状态、清洁程度、湿润状态、施工水平及养护条件等也密切相关。

4. 抗冻性

具有冻融循环次数要求的砌筑砂浆，经冻融试验后，其质量损失率不得大于5%，抗压强度损失率不得大于25%。

三、砌筑砂浆配合比设计

（一）砂浆配合比设计的步骤

按照《砌筑砂浆配合比设计规程》（JGJ 98—2000）规定，砂浆配合比设计一般按下列步骤进行。

1. 计算砂浆试配强度 $f_{m,0}$（MPa）

砂浆试配强度 $f_{m,0}$ 按式（4-3）计算：

$$f_{m,0} = f_2 + 0.645\sigma \tag{4-3}$$

式中 $f_{m,0}$——砂浆的试配强度，MPa，精确至0.1 MPa；

f_2——砂浆设计强度（抗压强度平均值），MPa，精确至0.1 MPa；

σ——砂浆现场强度标准差，MPa，精确度0.01 MPa。

砌筑砂浆现场强度标准差应按式（4-4）确定：

$$\sigma = \sqrt{\frac{\sum_{i=1}^{n} f_{m,i}^2 - n\mu_{fm}^2}{n-1}} \tag{4-4}$$

式中 $f_{m,i}$——统计周期内同一品种砂浆第 i 组试件的强度，MPa；

μ_{fm}——统计周期内同一品种砂浆 n 组试件强度的平均值，MPa；

n——统计周期内同一品种砂浆试件的总组数，$n \geq 25$。

当不具有近期统计资料时，其砂浆现场强度标准差 σ 可按表4-2取用。

表4-2 砂浆强度标准差 σ 选用值 （单位：MPa）

施工水平	砂浆强度等级					
	M2.5	M5	M7.5	M10	M15	M20
优良	0.50	1.00	1.50	2.00	3.00	4.00
一般	0.62	1.25	1.88	2.50	3.75	5.00
较差	0.75	1.50	2.25	3.00	4.50	6.00

2. 计算1 m^3 砂浆中的水泥用量 Q_c

1 m^3 砂浆中的水泥用量 Q_c 可按式（4-5）计算：

$$Q_c = \frac{1\,000(f_{m,0} - \beta)}{\alpha f_{ce}} \tag{4-5}$$

式中 Q_c——1 m^3 砂浆的水泥用量,kg,精确至 1 kg;

$f_{m,0}$——砂浆的试配强度,MPa,精确至 0.1 MPa;

f_{ce}——水泥的实测强度,MPa,精确至 0.1 MPa;

α、β——砂浆的特征系数,其中 $\alpha = 3.03$,$\beta = -15.09$。

在无法取得水泥的实测强度值时,可按式(4-6)计算 f_{ce}:

$$f_{ce} = \gamma_c f_{ce,k} \tag{4-6}$$

式中 $f_{ce,k}$——水泥商品强度等级对应的强度值,MPa;

γ_c——水泥强度的富裕系数,按实际统计资料确定,无统计资料时 γ_c 取 1.0。

当计算出水泥浆中的水泥计算用量不足 200 kg/m^3 时,应按 200 kg/m^3 采用。

3. 按水泥用量 Q_c 计算掺加料用量 Q_D

水泥混合砂浆的掺加料用量应按式(4-7)计算:

$$Q_D = Q_A - Q_c \tag{4-7}$$

式中 Q_D——1 m^3 砂浆的掺加料用量,kg,精确至 1 kg;

Q_c——1 m^3 砂浆的水泥用量,kg,精确至 1 kg;

Q_A——1 m^3 砂浆中水泥和掺加料的总量,kg,一般应为 300 ~ 350 kg。

4. 确定砂用量 Q_s

砂浆中的水、胶凝材料和掺加料是用于填充砂子的空隙的。因此,1 m^3 砂子就构成 1 m^3 砂浆。由于砂子的体积随含水率的变化而变化,所以 1 m^3 砂浆中的砂子用量,应以干燥状态(含水率小于 0.5%)的堆积密度值作为计算值,单位以 kg 计。

5. 按砂浆稠度选用用水量 Q_w

每立方米砂浆中的用水量,可根据砂浆稠度等要求选用,一般为 270 ~ 330 kg。确定砂浆用水量时应注意:

(1)混合砂浆中的用水量,不包括石灰膏或黏土膏中的水;

(2)当采用细砂或粗砂时,用水量分别取上限或下限;

(3)稠度小于 70 mm 时,用水量可小于下限;

(4)施工现场气候炎热或干燥季节,可酌量增加水量。

水泥砂浆配合比可参考表 4-3 选用,作为砂浆的初选配合比。

表 4-3　1 m^3 水泥砂浆材料用量

强度等级	1 m^3 砂浆水泥用量(kg)	1 m^3 砂浆砂子用量(kg)	1 m^3 砂浆用水量(kg)
M2.5 ~ M5	200 ~ 230	1 m^3 砂子的堆积密度值	270 ~ 330
M7.5 ~ M10	220 ~ 280		
M15	280 ~ 340		
M20	340 ~ 400		

注:1. 表中水泥强度等级为 32.5,大于 32.5 级水泥用量宜取下限。

2. 采用细砂或粗砂时,用水量分别取上限或下限。

3. 稠度小于 70mm 时,用水量可小于下限。

4. 施工现场气候炎热或干燥季节,可酌量增加用水量。

6. 配合比试配、调整与确定

按计算或查表所得配合比进行试拌，测定其拌和物的沉入度和分层度，若不能满足要求，则应调整用水量或掺加料，直到符合要求。此配合比即为砂浆基准配合比。

强度检验至少应采用三个不同的配合比，其中一个按基准配合比，另外两个配合比的水泥用量按基准配合比分别增加及减少 10%，在保证稠度、分层度合格的条件下，可将用水量或掺加料用量作相应调整。各配合比砂浆按国家现行标准《建筑砂浆基本性能试验方法》的规定成型、养护，测定砂浆 28 d 强度。选定符合强度要求且水泥用量较少的砂浆配合比。

砂浆配合比确定后，当原材料有变更时，其配合比必须重新通过试验确定。

（二）砂浆配合比表示方法

砂浆配合比可用质量比或体积比表示。

（1）质量配合比：

$$\text{水泥}:\text{石灰膏}:\text{砂}:\text{水} = Q_c : Q_D : Q_s : Q_w = 1 : \frac{Q_D}{Q_c} : \frac{Q_s}{Q_c} : \frac{Q_w}{Q_c} \tag{4-8}$$

（2）体积配合比：

$$\text{水泥}:\text{石灰膏}:\text{砂}:\text{水} = \frac{Q_c}{\rho'_c} : \frac{Q_D}{\rho'_D} : 1 : \frac{Q_w}{\rho_w} = 1 : \frac{Q_D\rho'_c}{Q_c\rho'_D} : \frac{\rho'_c}{Q_c} : \frac{Q_w\rho'_c}{\rho_w Q_c} \tag{4-9}$$

式中　ρ'_c、ρ'_D、ρ_w——水泥、掺合料的堆积密度和水的密度，g/cm^3。

砌筑砂浆用质量配合比表示，不宜采用体积配合比。抹面砂浆常用体积配合比表示。

四、砌筑砂浆的应用

水泥砂浆和水泥混合砂浆宜用于砌筑潮湿环境以及强度要求较高的砌体，但对于湿土中的砖石基础一般采用水泥砂浆。石灰砂浆宜于砌筑干燥环境中的砌体。多层房屋的墙一般采用强度等级为 M5 或 M7.5 水泥混合砂浆，砖柱、砖拱、钢筋砖过梁等一般采用强度等级为 M5 ~ M10 水泥砂浆，砖基础一般采用强度等级为 M7.5 或 M5 水泥砂浆，低层房屋或平房可采用 M2.5 水泥混合砂浆或石灰砂浆，料石砌体多采用强度等级为 M7.5 或 M5 水泥砂浆或水泥混合砂浆，简易房屋可用石灰黏土砂浆。

第二节　其他砂浆

一、抹面砂浆

抹面砂浆以薄层砂浆涂抹于建筑物表面，既能提高建筑物防风、雨及潮气侵蚀的能力，又使建筑物表面平整、光滑、清洁和美观。抹面砂浆一般用于粗糙和多孔的底面，其水分易被底面吸收，因此要有很好的保水性。抹面砂浆对强度的要求不高，而主要是能与底面很好的黏结。从以上两个方面考虑，抹面砂浆的胶凝材料用量要比砌筑砂浆多一些。

为了保证抹灰质量及表面平整，避免裂缝、脱落，常分底层、中层、面层三层涂抹。

底层砂浆主要起与材料底层的黏结作用，一般多采用水泥砂浆，但对于砖墙，则多用混合砂浆。中层砂浆主要起找平作用，多用混合砂浆。面层砂浆主要起装饰作用，多采用细砂配制的混合砂浆、麻刀石灰浆或纸筋石灰浆。在容易碰撞或潮湿的地方应采用水泥砂浆。

抹面砂浆的流动性和集料的最大粒径可参考表4-4。

表4-4　抹面砂浆流动性及集料最大粒径

抹面层名称	稠度(mm)人工抹面	砂的最大粒径(mm)
底层	100~120	2.5
中层	70~90	2.5
面层	70~80	1.2

二、防水砂浆

用于防水层的砂浆，称为防水砂浆。防水砂浆适用于堤坝、隧洞、水池、沟渠等具有一定刚度的混凝土或砖石砌体工程。对于变形较大或可能发生不均匀沉陷的建筑物防水层不宜采用。

为了提高砂浆的防水性能，可掺入防水剂。常用的防水剂有氯化铁、金属皂类防水剂等。

近年来采用引气剂、减水剂、三乙醇胺等作为砂浆的防水剂，也取得了良好的防水效果。

防水砂浆的水泥用量较多，砂灰比一般为2.5~3.0，水灰比为0.50~0.55；水泥应选用42.5级以上的火山灰水泥、硅酸盐水泥或普通硅酸盐水泥；采用级配良好的中砂。防水砂浆要分多层涂抹，逐层压实，最后一层要压光；并且要注意养护，以提高防水效果。

三、饰面砂浆

饰面砂浆是用于砌体表面装饰，以增加建筑物美观为主的砂浆，它具有特殊的表面形式，或呈现各种色彩、线条和花样。常用的胶凝材料有石膏、石灰、白水泥、普通硅酸盐水泥或在水泥中掺加白色大理石粉。集料多用白色、浅色或彩色的天然砂、石(大理石、花岗岩等)、陶瓷碎粒或特制的塑料色粒。加入的颜料必须具有耐碱、耐光、不溶的性质。如氧化铁红、氧化铬绿等。

饰面砂浆常用的艺术处理有：水磨石、水刷石、斩假石、麻点、干粘石、贴花、拉毛、人造大理石等。

四、勾缝砂浆

在砌体表面进行勾缝，既能提高灰缝的耐久性，又能增加建筑物的美观。勾缝采用

M10 或 M10 以上的水泥砂浆，并用细砂配制。勾缝砂浆的流动性必须调配适当，砂浆过稀灰缝容易变形走样，过稠则灰缝表面粗糙。火山灰水泥的干缩性大，灰缝易开裂，故不宜用来配制勾缝砂浆。

五、接缝砂浆

在建筑物基础或老混凝土上浇筑混凝土时，为了避免混凝土中的石子与基础或老混凝土接触，影响结合面胶结强度，应先铺一层砂浆，此种砂浆称为接缝砂浆。接缝砂浆的水灰比应与混凝土的水灰比相同，或稍小一些。灰砂比应比混凝土的灰砂比稍高一些，以达到适宜的稠度为准。

六、钢丝网水泥砂浆

钢丝网水泥砂浆，简称钢丝网水泥。它是由几层重叠的钢丝网，经浇捣 30 ~ 50 MPa 的高强度水泥砂浆所构成的。一般厚度为 30 ~ 40 mm，由于在水泥砂浆中分散配制细而密的钢丝网，因而较钢筋混凝土有更好的弹性、抗拉强度和抗渗性，并能承受冲击荷载的作用。在水利工程中，钢丝网水泥砂浆主要用于制作压力管道、渡槽及闸门等薄壁结构物。

七、小石子砂浆

在水泥砂浆中掺入适量的小石子，称为小石子砂浆（亦称小石子混凝土）。这种砂浆主要用于毛石砌筑工程，既可节约水泥用量，又能提高砌体强度。

小石子砂浆所用石子粒径为 10 ~ 20 mm。石子的掺量为集料总量的 20% ~30%。粒径过大或用量过多，砂浆不易捣实。

八、微沫砂浆

微沫砂浆是一种在砂浆中掺入微沫剂（松香热聚物等）配制成的砂浆。微沫剂掺量一般占水泥质量的 0.005% ~0.01%。由于砂浆在搅拌过程中能产生大量封闭微小的气泡，从而提高了新拌砂浆的和易性，增强了砂浆的保水、抗冻、抗渗等性能。同时，也可大幅度地节约石灰膏用量。如将微沫剂与氯盐复合使用，还能提高砂浆低温施工的效果。

本章小结

砂浆实质上也是一种混凝土，在工程中用途广、用量大。由于砂浆的材料组成中比水泥混凝土只是减少了粗集料，故砂浆的主要性质、配合比设计（不吸水基底）与水泥混凝土相似。

掌握：砌筑砂浆的试验方法及砌筑砂浆配合比设计（吸水基底）的方法和步骤。

理解：砌筑砂浆的技术性质。

了解：砂浆的分类，其他砂浆的特性及应用。

第五章　砌筑块材与屋面瓦

【内容提要】

本章主要介绍岩石的种类、形成因素变化时对岩石组成、性能的影响，砖材及各种砌块的技术性能及其应用，简要介绍各种屋面用瓦以及新型墙体材料的品种和发展。

砌筑块材常指用于砌筑工程的天然石材、各种砖材及砌块等。

第一节　天然石材

凡由天然岩石开采的，经加工或未经过加工的石材，统称为天然石材。石材是我国历史上最悠久的建筑材料。因其来源广泛、质地坚固耐久，又具有良好的建筑特性等优点，被广泛应用于水利工程、建筑工程及其他工程中。

一、岩石种类

为正确认识和使用石材，对岩石进行分类。按地质形成条件的不同，岩石可分为岩浆岩（火成岩）、沉积岩（水成岩）和变质岩三类。

（一）岩浆岩

岩浆岩又叫火成岩，它是地壳深处熔融态岩浆，向压力低的地方运动，侵入地壳岩层，溢出地表或喷出冷却凝固而成的岩石的总称。其特点是具有结晶的构造，没有成层纹理。由于冷却的压力和温度等条件不同，又分深成岩、喷出岩和火山碎屑岩等。

1. 深成岩

深成岩是岩浆在地壳深处，在巨大压力作用下，缓慢且均匀地冷却而形成的岩石。其特点是矿物全部结晶且颗粒较粗，质地密实，呈块状构造。常见的有花岗岩、正长岩。

2. 喷出岩

喷出岩是岩浆喷出地表时，在压力急剧降低和迅速冷却的条件下形成的。其特点是岩浆不能全部结晶，或结晶成细小颗粒，因此常呈非结晶的玻璃质结构、细小结晶的隐晶质结构及个别较大晶体在上述结构中的斑状结构。常见的有玄武岩、辉绿岩、安山岩等。

3. 火山碎屑岩

火山碎屑岩是火山爆发时，喷到空中的岩浆经急剧冷却后形成的。其特点是为玻璃质结构，具有化学不稳定性。

（二）沉积岩

沉积岩是地表的岩石经过风化、破碎、溶解、冲刷、搬运等自然因素的作用，逐渐沉积而形成的岩石。它们的特点是有较多的孔隙、明显的层理及力学性能的方向性。常见的有石灰岩、砂岩、石膏等。

(三)变质岩

变质岩是岩浆岩、沉积岩又经过地壳变动,在压力、温度、化学变化等因素作用下发生质变而形成新的岩石。它们的特点是一般为片状构造,易于分层剥离。常见的变质岩有片麻岩、大理岩、石英岩等。

二、工程中常用的石材

(一)工程中常用的岩浆岩

1. 花岗岩

花岗岩主要由石英、长石和少量云母所组成,有时还含有少量的暗色矿物(角闪石、辉石)。其具有色泽鲜艳、密度大,硬度及抗压强度高(100~250 MPa),耐磨性及抗风化能力强,孔隙率及吸水率小(一般在0.5%左右),凿平及磨光性能好等特点。在建筑工程中常用做饰面、基础、基座、路面、闸坝、桥墩等,也是水工建筑物的理想石材。

2. 正长岩

正长岩是由正长石、斜长石、云母及暗色矿物组成的。其为深成中性岩,颜色深暗,结构构造,主要性能均与花岗岩相似,但正长岩抗风化能力较差。

3. 玄武岩

玄武岩为喷出岩,多呈隐晶质或斑状结构,是岩浆岩中最重要的岩石。主要矿物成分为斜长石和辉石。其特点是颜色深暗,密度大,抗压强度因构造不同而波动较大,一般为100~500 MPa,脆性及硬度大,不易加工。主要用于铺筑路面,铺砌堤岸边坡等,也是铸石原料和高强混凝土的良好集料。

4. 辉绿岩

辉绿岩为浅成基性岩,主要矿物成分与玄武岩相同,具有较高的耐酸性,可作为耐酸混凝土集料。其熔点在1 400~1 500 ℃,可用做铸石的原料,铸出的材料结构均匀、密实、抗酸蚀,常用做化工设备的耐酸衬里。

5. 浮石、火山凝灰岩

火山喷发时,部分熔岩喷至空中,因温度和压力急剧降低,形成不同粒径的粉碎疏松颗粒,其中粉状或疏松的沉积物称为火山灰,粒径大于5 mm的泡沫状多孔岩石称为浮石,经胶结并致密的火山灰称为火山凝灰岩。这些岩石为多孔结构,表观密度小,强度比较低,导热系数小,可用做砌墙材料和轻混凝土集料。

(二)工程中常用的沉积岩

1. 石灰岩

石灰岩俗称"灰岩"或"青石",主要矿物成分是方解石,常含有白云石、菱镁石、石英、黏土矿物等。其特点是构造细密、层理分明,密度为2.6~2.8 g/cm^3,抗压强度一般为80~160 MPa,并且具有较高的耐水性和抗冻性。由于石灰岩分布广、硬度小,易于开采加工,所以被广泛用于工程及一般水利工程中。块石可砌筑基础、墙体、桥洞桥墩、堤坝护坡等。碎石是常用的混凝土集料,同时也是生产石灰与水泥的重要原材料。

2. 砂岩

砂岩是由粒径0.05~2 mm的砂粒(多为耐风化的石英、长石、白云母等矿物及部分岩石碎屑)经天然胶结物质胶结变硬的碎屑沉积岩。其性能与胶结物的种类及胶结的密实程度有关。以氧化硅胶结的称硅质砂岩,呈浅灰色,质地坚硬耐久,加工困难,性能接近花岗岩;以碳酸钙胶结的称石灰质砂岩,近于白色,质地较软,容易加工,但易受化学腐蚀;以氧化铁胶结的称铁质砂岩,呈黄色或紫红色,质地较差,次于石灰质砂岩;黏土胶结的称黏土质砂岩,呈灰色,遇水易软化,不宜用于基础及水工建筑物中。

(三)工程中常用的变质岩

1. *大理岩*

大理岩由石灰岩、白云岩变质而成,俗称大理石,主要矿物成分为方解石、白云石。大理岩构造致密,抗压强度高(70~110 MPa),硬度不大,易于开采、加工与磨光。纯大理岩为白色,又称汉白玉。当含有杂质时呈灰、绿、黑、黄、红等色,形成各种美丽图案,磨光后是室内外的高级装饰材料;大理石下脚料可作为水磨石的彩色石渣。但大理石抗二氧化碳和酸腐蚀的性能较差,经常接触易风化,失去表面美丽光泽。

2. *石英岩*

石英岩是由硅质砂岩变质而成的。砂岩变质后形成坚硬致密的变晶结构,强度高(达400 MPa),硬度大,加工困难,耐久性强,可用于各类砌筑工程、重要建筑物的贴面、铺筑道路,并作为混凝土集料。

3. *片麻岩*

片麻岩是由花岗岩变质而成的。矿物成分与花岗岩类似,片麻状构造,各个方向物理力学性质不同。垂直于片理的抗压强度为150~200 MPa,沿片理易于开采和加工,但在冻融作用下易成层剥落。常用做碎石、堤坝护岸、渠道衬砌等。

三、石材的主要技术性质

(一)表观密度

石材按其表观密度大小分为重石与轻石两类。表观密度大于1 800 kg/m^3 者为重石,表观密度小于等于1 800 kg/m^3 者为轻石。重石可用于建筑的基础、贴面、地面、不采暖房屋外墙、桥梁及水工建筑物等,轻石主要用于采暖房屋外墙。

(二)强度等级

根据强度等级,石材可分为MU100、MU80、MU60、MU50、MU40、MU30、MU20、MU15和MU10。石材的强度等级,可用边长为70 mm的立方体试块的抗压强度表示。抗压强度取三个试件破坏强度的平均值。试块也可采用表5-1所列的其他尺寸的立方体,但应对其试验结果乘以相应的换算系数后方可作为石材的强度等级。

表5-1 石材强度等级的换算系数

立方体边长(mm)	200	150	100	70	50
换算系数	1.43	1.28	1.14	1	0.86

(三)抗冻性

石材抗冻性指标是用冻融循环次数表示的,在规定的冻融循环次数(15次、20次或50次)时,无贯穿裂缝,质量损失不超过5%,强度降低不大于25%时,则抗冻性合格。石材的抗冻性主要取决于矿物成分、结构及其构造，应根据使用条件，选择相应的抗冻指标。

（四）耐水性

石材的耐水性按软化系数分为高、中、低三等。高耐水性的石材，软化系数大于0.9，中耐水性的石材软化系数为0.7～0.9，低耐水性的石材软化系数为0.6～0.7。软化系数低于0.6的石材，一般不允许用于重要的工程。

四、工程中常用的砌筑石材

砌筑用石材分为毛石、料石两类。

（一）毛石

毛石（又称片石或块石）是由爆破直接获得的石块。按其平整程度又分为乱毛石与平毛石两类。

1. 乱毛石

乱毛石形状不规则，见图5-1，一般在一个方向的尺寸达300～400 mm，质量为20～30 kg，其中部厚度一般不小于150 mm。常用于砌筑基础、勒角、墙身、堤坝、挡土墙等，也可作毛石混凝土的集料。

2. 平毛石

平毛石是由乱毛石略经加工而成的，形状较乱毛石平整，其形状基本上有6个面，见图5-2，但表面粗糙，中部厚度不小于200 mm。常用于砌筑基础、墙角、勒角、桥墩、涵洞等。

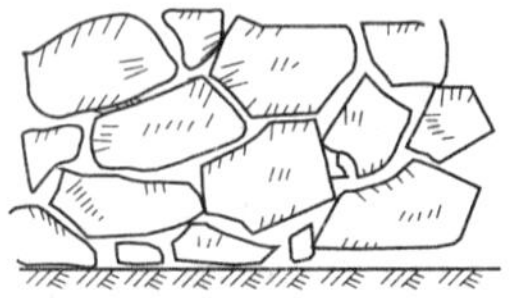

图5-1　乱毛石

图5-2　平毛石

（二）料石

料石（又称条石）是由人工或机械开采出的较规则的六面体石块，略经加工凿琢而成的。按其加工后的外形规则程度，分为毛料石、粗料石、半细料石和细料石四种。

1. 毛料石

毛料石外形大致方正，一般不加工或仅稍加修整，高度不应小于200 mm，叠砌面凹入深度不大于25 mm。

2. 粗料石

粗料石其截面的宽度、高度不小于200 mm，且不小于长度的1/4，叠砌面凹入深度不大于20 mm。

3. 半细料石

半细料石规格尺寸同粗料石，但叠砌面凹入深度不应大于15 mm。

4. 细料石

通过细加工，外形规则，规格尺寸同粗料石，叠砌面凹入深度不大于10 mm。

在工程中常用的石材除毛石和料石外，还常用饰面板材 、石子、石渣（石米、米石、米粒石)及石粉等石材品种。

第二节　砌墙砖

凡由黏土、工业废料或其他地方资源为主要原料,以不同工艺制造的,用于砌筑承重墙体和非承重墙体的人造小型块材统称砌墙砖。

一、烧结砖

(一)烧结普通砖

国家标准《烧结普通砖》(GB 5101—2003)规定:凡由黏土、页岩、煤矸石、粉煤灰等为主要原料,经成型、焙烧而成的实心或孔洞率不大于15%的砖,称为烧结普通砖。

1. 分类、质量等级及规格

(1)按使用的原料不同,烧结普通砖可分为烧结黏土砖(N)、烧结页岩砖(Y)、烧结煤矸石砖(M)、烧结粉煤灰砖(F)。

(2)按砖的抗压强度,砖可分为MU30、MU25、MU20、MU15、MU10等五个强度等级。强度和抗风化性能合格的砖,根据尺寸偏差、外观质量、泛霜和石灰爆裂分为优等品(A)、一等品(B)和合格品(C)三个质量等级。优等品可用于清水墙和墙体装饰,一等品和合格品可用于混水墙。

(3)烧结普通砖的外形为直角六面体,公称尺寸为240 mm×115 mm×53 mm。其中,240 mm×115 mm的面称为大面,240 mm×53 mm的面称为条面,115 mm×53 mm的面称为顶面。若加上10 mm的砌筑灰缝,则4块砖长、8块砖宽、16块砖厚分别为1 m,砌筑1 m^3砖体理论上需512块砖,一般再加上2.5%的损耗即为计算工程所需用的砖数。

2. 技术要求

1)尺寸偏差及外观质量

尺寸偏差除检查砖的尺寸外,还需从外观上检查砖的弯曲程度、缺棱掉角的程度、裂纹的长度等。尺寸偏差及外观质量应分别满足表5-2、表5-3的规定。

表5-2　烧结普通砖尺寸允许偏差(GB 5101—2003)　(单位:mm)

公称尺寸	优等品		一等品		合格品	
	样本平均偏差	样本极差≤	样本平均偏差	样本极差≤	样本平均偏差	样本极差≤
240	±2.0	6	±2.5	7	±3.0	8
115	±1.5	5	±2.0	6	±2.5	7
53	±1.5	4	±1.6	5	±2.0	6

2)强度等级

砖在砌体中主要起承压作用。根据抗压强度分为MU30、MU25、MU20、MU15、MU10等五个强度等级,见表5-4。

表 5-3 烧结普通砖外观质量(GB 5101—2003) (单位:mm)

项目	优等品	一等品	合格品
两条面高度差≤	2	3	4
弯曲≤	2	3	4
杂质凸出高度≤	2	3	4
缺棱掉角的三个破坏尺寸不得同时大于	5	20	30
裂纹长度≤ (1)大面上宽度方向及其延伸至条面的长度 (2)大面上长度方向及其延伸至顶面的长度或条面上水平裂纹长度	 30 50	 60 80	 80 100
完整面不得少于	一条面和一个顶面	一条面和一个顶面	—
颜色	基本一致	—	—

表 5-4 烧结普通砖的强度等级(GB 5101—2003) (单位:MPa)

强度等级	抗压强度平均值f≥	变异系数δ≤0.21	变异系数δ>0.21
		强度标准值f_k≥	单块最小抗压强度值f_{min}≥
MU30	30.0	22.0	25.0
MU25	25.0	18.0	22.0
MU20	20.0	14.0	16.0
MU15	15.0	10.0	12.0
MU10	10.0	6.5	7.5

测定砖的强度时,试样数量为 10 块,试验后按下列公式计算强度标准差 S、强度变异系数 δ 和抗压强度标准值f_k:

$$S=\sqrt{\frac{1}{9}\sum_{i=1}^{10}(f_i-\bar{f})^2} \tag{5-1}$$

$$\delta=\frac{S}{\bar{f}} \tag{5-2}$$

$$f_k=\bar{f}-1.8S \tag{5-3}$$

式中 f_i——单块砖抗压强度测定值,MPa;

f_k——抗压强度标准值,MPa;

$\bar{f}$——10 块砖抗压强度平均值,MPa;

δ——强度变异系数。

各强度等级砖的强度应符合表 5-4 的要求。

3)抗风化性能

通常将干湿变化、温度变化、冻融变化等气候因素对砖的作用称为“风化”作用,砖抵抗风化作用的能力,称为抗风化性能。按《烧结普通砖》(GB 5101—2003)的规定,东三省、内蒙古、新疆等严重风化地区的砖必须做冻融试验,其他非风化地区的砖的抗风化性能如果符合规定时,可不做冻融试验,否则必须做冻融试验;风化区用风化指数进行划分。

风化指数是指日气温从正温降至负温或从负温升至正温的每年平均天数，与每年从霜冻之日起至消失霜冻之日止这一期间降雨总量（以 mm 计）的平均值的乘积。风化指数≥12 700 的为严重风化区，风化指数＜12 700 的为非严重风化区。我国风化区划分见表 5-5。几种砖的抗风化性能见表 5-6。

表 5-5　风化区划分（GB 5101—2003）

严重风化区		非严重风化区	
1. 黑龙江省	11. 河北省	1. 山东省	11. 福建省
2. 吉林省	12. 北京市	2. 河南省	12. 台湾省
3. 辽宁省	13. 天津市	3. 安徽省	13. 广东省
4. 内蒙古自治区		4. 江苏省	14. 广西壮族自治区
5. 新疆维吾尔自治区		5. 湖北省	15. 海南省
6. 宁夏回族自治区		6. 江西省	16. 云南省
7. 甘肃省		7. 浙江省	17. 西藏自治区
8. 青海省		8. 四川省	18. 上海市
9 陕西省		9. 贵州省	19. 重庆市
10. 山西省		10. 湖南省	

严重风化区中的 1、2、3、4、5 地区的砖必须进行冻融试验，其他地区砖的抗风化性能符合表 5-6 的规定时，可不做冻融试验。冻融试验是将吸水饱和的 5 块砖，在 －15 ~ －20 ℃条件下冻结 3 h，再放入 10 ~ 20 ℃水中融化 2 h 以上，称为一个冻融循环。如此反复进行 15 次试验后，测得单块砖的质量损失不超过 2%；冻融试验后每块砖样不出现裂纹、分层、掉皮、缺棱、掉角等冻坏现象时，冻融试验合格。

表 5-6　抗风化性能（GB 5101—2003）

砖种类	严重风化区				非严重风化区			
	5 h 沸煮吸水率（%）≤		饱和系数≤		5 h 沸煮吸水率（%）≤		饱和系数≤	
	平均值	单块最大值	平均值	单块最大值	平均值	单块最大值	平均值	单块最大值
黏土砖	18	20	0.85	0.87	19	20	0.88	0.90
粉煤灰砖	21	23			23	25		
页岩砖	16	18	0.74	0.77	18	20	0.78	0.80
煤矸石砖	16	18			18	20		

注：1. 粉煤灰掺入量（体积比）小于 30% 时，抗风化性能指标按黏土砖规定。

2. 饱和系数为常温 24 h 吸水量与沸煮 5 h 吸水量之比。

强度和抗风化性能合格的砖，按尺寸偏差、外观质量、泛霜和石灰爆裂划分为优等品（A）、一等品（B）、合格品（C）。

4）*泛霜*

泛霜也称起霜，是砖在使用过程中的盐析现象。砖内过量的可溶盐受潮吸水而溶解，随水分蒸发而沉积于砖的表面，形成白色粉状附着物，影响建筑物美观。如果溶盐为硫酸盐,但水分蒸发呈晶体析出时,产生膨胀,使砖面剥落。标准规定:优等品无泛霜,一等品不允许出现中等泛霜,合格品不允许出现严重泛霜。

5)石灰爆裂

石灰爆裂是指砖坯中夹杂有石灰石,焙烧后转变成生石灰,砖吸水后,由于石灰逐渐熟化而膨胀产生的爆裂现象。这种现象影响砖的质量,并降低砌体强度。

按《烧结普通砖》(GB 5101—2003)标准规定:优等品不允许出现最大破坏尺寸大于2 mm 的爆裂区域;一等品不允许出现最大破坏尺寸大于10 mm 的爆裂区域,在2 ~ 10 mm 的爆裂区域,每组砖样不得多于15 处;合格品不允许出现最大破坏尺寸大于15 mm 的爆裂区域,在2 ~ 15 mm 的爆裂区域,每组砖样不得多于7 处。

6)体积密度与吸水率

烧结普通砖的体积密度一般为1 600 ~ 1 800 kg/m^3。吸水率反映了砖的孔隙率大小和孔隙构造特征,它与砖的焙烧程度有关。欠火砖吸水率大,过火砖吸水率小,一般为8% ~ 16%。

烧结黏土砖具有一定强度并有隔热、隔声、耐久、生产工艺简单及价格低廉等特点;但其施工机械化程度低,生产时毁占大量耕地,能耗大,不利于环保,应大力推广墙体材料改革,以空心砖、工业废渣砖及砌块代替实心黏土砖。普通烧结砖可用于砌筑墙体、铺筑地面、柱、拱、烟囱、窑身、沟道及基础等。优等品用于墙体装饰和清水墙砌筑。

(二)烧结多孔砖

烧结多孔砖是以黏土、页岩、煤矸石、粉煤灰为主要原料,经焙烧而成的孔洞率大于或等于25%,孔洞尺寸小而数量多,用于砌筑墙体的承重用砖。

1. 分类、规格及质量等级

1)分类

烧结多孔砖按主要原料分为黏土砖(N)、页岩砖(Y)、煤矸石砖(M)和粉煤灰砖(F)。

2)规格

砖的外形为直角六面体,其长度(L)可为290 mm、240 mm、190 mm,宽度(B)可为240 mm、190 mm、180 mm、175 mm、140 mm、115 mm,高度(H)为90 mm。产品还可有$L/2$或$B/2$的配砖,配套使用。

3)孔洞尺寸

砖的孔洞尺寸应符合表5-7 的规定。烧结多孔砖的外形见图5-3。

表5-7　孔洞尺寸　　(单位:mm)

圆孔直径	非圆孔内切圆直径	手抓孔
≤22	≤15	(30 ~ 48) × (75 ~ 85)

4)质量等级

烧结多孔砖根据抗压强度分为MU30、MU25、MU20、MU15、MU10 五个强度等级。强度和抗风化性能合格的砖,根据尺寸偏差、外观质量、孔型及孔洞排列、泛霜、石灰爆裂分为优等品(A)、一等品(B)和合格品(C)三个质量等级。

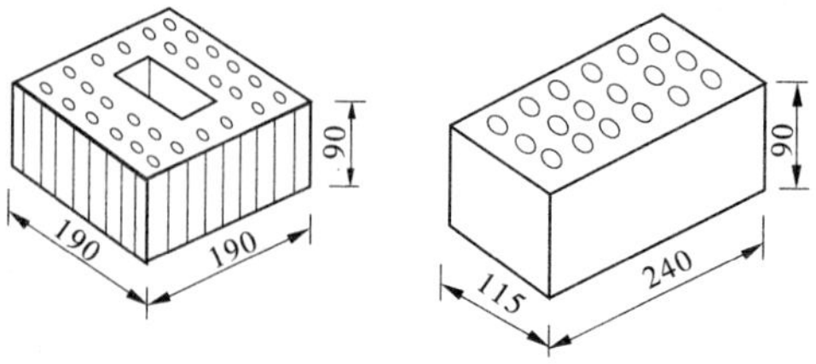

图 5-3　烧结多孔砖　（单位:mm）

2. 技术要求

1)尺寸允许偏差

尺寸允许偏差应符合表 5-8 的规定。

表 5-8　烧结多孔砖的尺寸允许偏差(GB 13544—2000)　（单位:mm）

尺寸	优等品		一等品		合格品	
	样本平均偏差	样本极差≤	样本平均偏差	样本极差≤	样本平均偏差	样本极差≤
290、240	±2.0	6	±2.5	7	±3.0	8
190、180、175、140、115	±1.5	5	±2.0	6	±2.5	7
90	±1.5	4	±1.7	5	±2.0	6

2)外观质量

砖的外观质量应符合表 5-9 的规定。

表 5-9　烧结多孔砖的外观质量(GB 13544—2000)　（单位:mm）

项　目	优等品	一等品	合格品
1. 颜色(一条面和一顶面)	一致	基本一致	—
2. 完整面　不得少于	一条面和一顶面	一条面和一顶面	—
3. 缺棱掉角的三个破坏尺寸　不得同时大于	15	20	30
4. 裂纹长度　不大于			
a. 大面上深入孔壁 15 mm 以上宽度方向及其延伸到条面的长度	60	80	100
b. 大面上深入孔壁 15 mm 以上长度方向及其延伸到顶面的长度	60	100	120
c. 条面、顶面上的水平裂纹	80	100	120
5. 杂质在砖面上造成的凸出高度　不大于	3	4	5

注:1. 为装饰而施加的色差、凹凸纹、拉毛、压花等不算缺陷。

2. 凡有下列缺陷之一者,不能称为完整面:①缺损在条面或顶面上造成的破坏面尺寸同时大于 20 mm×30 mm;②条面或顶面上裂纹宽度大于 1 mm,其长度超过 70 mm;③压陷、焦花、粘底在条面或顶面上的凹陷或凸出超过 2 mm,区域尺寸同时大于 20 mm×30 mm。

3)孔型、孔洞率及孔洞排列

孔型、孔洞率及孔洞排列应符合表 5-10 的规定。

表 5-10　孔型、孔洞率及孔洞排列(GB 13544—2000)

产品等级	孔型	孔洞率(%)≥	孔洞排列
优等品	矩形条孔或矩形孔	25	交错排列,有序
一等品	矩形条孔或矩形孔	25	交错排列,有序
合格品	矩形孔或其他孔型	25	—

注:1. 所有孔宽 b 应相等,孔长 $L \leqslant 50$ mm。

2. 孔洞排列上下、左右应对称,分布均匀,手抓孔的长度方向尺寸必须平行于砖的条面。

3. 矩形孔的孔长 L、孔宽 b 满足式 $L \geqslant 3b$ 时,为矩形条孔。

4)强度等级、泛霜、抗风化性能

烧结多孔砖的强度等级、泛霜、抗风化性能要求同烧结普通砖。

多孔砖与实心砖相比,其单位体积大,表观密度小(1 350 ~ 1 480 kg/m^3)。多孔砖竖孔的孔洞尺寸一般较小(避免砌筑过程中过多砂浆进入孔洞中)。

烧结多孔砖产品中不允许出现欠火砖、酥砖和螺旋纹砖。

(三)烧结空心砖

烧结空心砖是以黏土、页岩、煤矸石为主要原料,经焙烧而成,孔洞率大于或等于 40%,孔洞尺寸大而数量少,用做填充的非承重用砖。空心砖孔洞采用矩形条孔或其他孔形,并且平行于大面和条面,使用时大面受压。其外形见图 5-4。

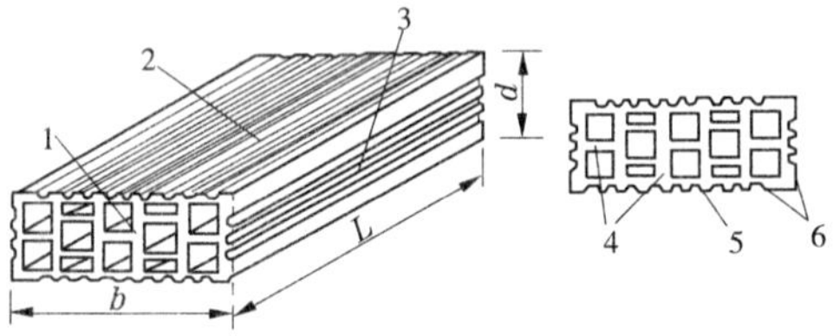

1—顶面;2—大面;3—条面;4—肋;5—凹线槽;6—外壁;

L—长度;b—宽度;d—高度

图 5-4　烧结空心砖外形示意

1. 砖的规格

烧结空心砖的长度、宽度、高度均应符合 290 mm、190 mm、90 mm,240 mm、180(175) mm、115 mm 两组尺寸的组合。

2. 技术性质

1)分级

根据密度不同,烧结空心砖分为 800、900、1 000、1 100 四个密度级别。其各级密度等级对应的五块砖密度平均值分别为 ≤800 kg/m^3;801 ~ 900 kg/m^3;901 ~ 1 000 kg/m^3;1 001 ~ 1 100 kg/m^3,否则为不合格品。

2）分等

每个密度级别根据孔洞及其排数、尺寸偏差、外观质量、强度等级和物理性能分为优等品（A）、一等品（B）和合格品（C）三个等级。各等级的各项技术指标均应符合《烧结空心砖和空心砌块》（GB 13545—2003）的相应规定。

3）强度等级

烧结空心砖的强度等级分为 MU10.0、MU7.5、MU5.0、MU3.5、MU2.5 五个等级，各强度等级的强度值应符合表 5-11 的规定。

表 5-11 烧结空心砖的强度等级（GB 13545—2003） （单位：MPa）

强度等级	抗压强度			密度范围（kg/m^3）
	抗压强度平均值≥	变异系数 $\delta \leq 0.21$	变异系数 $\delta > 0.21$	
		强度标准值 f_k ≥	单块最小抗压强度值 f_{min} ≥	
MU10.0	10.0	7.0	8.0	≤1 100
MU7.5	7.5	5.0	5.8	
MU5.0	5.0	3.5	4.0	
MU3.5	3.5	2.5	2.8	
MU2.5	2.5	1.6	1.8	≤800

烧结空心砖的表观密度为 800 ~ 1 100 kg/m^3，具有良好的热绝缘性能，在多层建筑中用于隔断墙或框架结构填充墙中。

生产和使用烧结多孔砖和烧结空心砖可节约黏土 25% 左右，节约燃料 10% ~ 20%，比实心砖减轻墙体自重 1/3，提高工效 40%，降低造价约 20%，并改善了墙体的热工性能。

二、非烧结砖

不经焙烧而制成的砖均称为非烧结砖，如蒸养（压）砖、碳化砖、免烧免蒸砖等。蒸养（压）砖是以钙质材料（石灰、电石渣等）和硅质材料（砂、粉煤灰、煤矸石、灰渣、炉渣等）与水拌和，经压制成型，在人工热合成条件（蒸养或蒸压）下，反应生成以水化硅酸钙、水化铝酸钙为主要成分的硅酸盐制品。目前，工程中应用较广的是蒸养（压）砖，其主要品种有蒸养（压）粉煤灰砖和蒸压灰砂砖。

（一）蒸养（压）粉煤灰砖

凡以粉煤灰、石灰或水泥为主要原料，掺加适量石膏、外加剂、颜料和集料等，经坯料制备、成型、高压或常压蒸汽养护而制成的实心砖称为粉煤灰砖。

粉煤灰砖的公称尺寸为 240 mm × 115 mm × 53 mm，呈深灰色，表观密度约 1 500 kg/m^3。

粉煤灰砖根据抗压强度和抗折强度可分为 MU30、MU25、MU20、MU15、MU10 五个强度等级。根据尺寸偏差、外观质量、强度等级、干燥收缩分为优等品（A）、一等品（B）、合格品（C）三个质量等级。

粉煤灰砖可用于工业与民用建筑的墙体和基础，但用于基础或用于易受冻融和干湿交替作用的建筑部位时必须使用 MU15 以上强度等级的砖，不得用于长期受热 200 ℃以上、受急冷急热和有酸性介质侵蚀的建筑部位。

（二）蒸压灰砂砖

凡以石灰和砂为主要原料，允许掺加颜料和外加剂，经坯料制备、压制成型、蒸压养护而制成的实心砖称为蒸压灰砂砖。

蒸压灰砂砖的公称尺寸为 240 mm×115 mm×53 mm，表观密度一般为 1 800 ~1 900 kg/m³。蒸压灰砂砖有彩色（C_o）和本色（N）两类。

蒸压灰砂砖根据抗压强度和抗折强度可分为 MU25、MU20、MU15、MU10 四个强度等级。根据尺寸偏差和外观质量、强度及抗冻性分为优等品（A）、一等品（B）和合格品（C）三个质量等级。各等级强度值及抗冻性指标应符合表 5-12 的规定。

表 5-12　蒸压灰砂砖力学性能（GB 11945—1999）

强度等级	抗压强度（MPa）		抗折强度（MPa）		抗冻性	
	平均值不小于	单块值不小于	平均值不小于	单块值不小于	冻后抗压强度（MPa）平均值不小于	单块砖的干质量损失（%）不大于
MU25	25.0	20.0	5.0	4.0	20.0	2.0
MU20	20.0	16.0	4.0	3.2	16.0	2.0
MU15	15.0	12.0	3.3	2.6	12.0	2.0
MU10	10.0	8.0	2.5	2.0	8.0	2.0

MU15、MU20、MU25 的蒸压灰砂砖可用于基础及其他建筑，MU10 的蒸压灰砂砖仅可用于防潮层以上的建筑；不得用于长期受热 200 ℃以上、受急冷急热和有酸性介质侵蚀的建筑部位。

第三节　墙用砌块

砌块是指砌筑用的人造块材，外形多为直角六面体，也有各种异形的。砌块系列中主规格的长度、宽度或高度有一项或一项以上分别大于 365 mm、240 mm 或 115 mm。

砌块生产工艺简单，能充分利用地方材料和工业废渣；可利用中小型施工机具施工，提高施工速度；砌筑方便；其力学性能、物理性能、耐久性能均能满足一般工业与民用建筑的要求。

砌块按用途分为承重砌块与非承重砌块，按有无孔洞分为密实砌块与空心砌块，按使用原材料分为硅酸盐混凝土砌块与轻集料混凝土砌块，按生产工艺分为烧结砌块与蒸压（蒸养）砌块，也可按砌块产品规格分为大型砌块（主规格的高度大于 980 mm）、中型砌块（主规格的高度为 380 ~980 mm）和小型砌块（主规格的高度大于 115 mm 而小于 380 mm）。

一、蒸养粉煤灰砌块(FB)

蒸养粉煤灰砌块是以粉煤灰、石灰、石膏和集料等为原料，加水搅拌、振动成型、蒸汽养护后而制成的密实砌块。

(一)蒸养粉煤灰砌块的规格

蒸养粉煤灰砌块的主规格外形尺寸为880 mm×380 mm×240 mm,880 mm×420 mm×240 mm。砌块端面应加灌浆槽,坐浆面宜设抗剪槽,形状见图5-5。

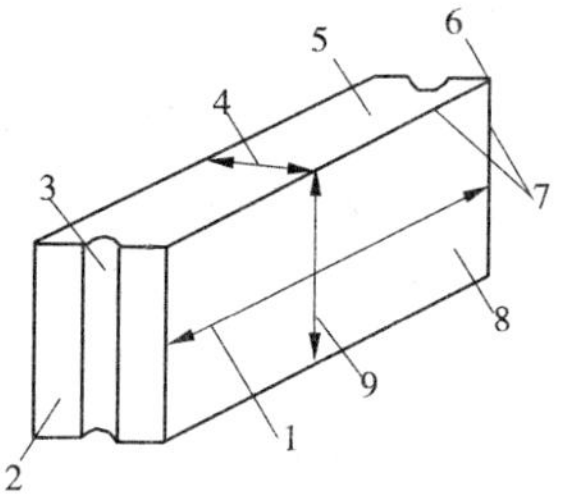

1—长度;2—端面;3—灌浆槽;4—宽度;5—坐浆面(或铺浆面);6—角;7—棱;8—侧面;9—高度

图5-5 蒸养粉煤灰砌块形状示意

(二)技术性能

(1)蒸养粉煤灰砌块的强度等级、质量等级见表5-13。

表5-13 蒸养粉煤灰砌块的强度等级、质量等级

项目	说明
强度等级	按立方体试件的抗压强度分为10级和13级
质量等级	按外观质量、尺寸偏差和干缩性能分为一等品(B)和合格品(C)

(2)蒸养粉煤灰砌块的立方体抗压强度、碳化后强度、抗冻性能和密度应符合表5-14的要求。

表5-14 蒸养煤灰砌块的立方体抗压强度、碳化后强度、抗冻性能和密度(JC 238—1991)

项目	指标	
	10级	13级
抗压强度(MPa)	三块试件平均值不小于10.0,单块最小值8.0	三块试件平均值不小于13.0,单块最小值10.5
人工碳化后强度(MPa)	不小于6.0	不小于7.5
抗冻性	冻融循环结束后,外观无明显疏松、剥落或裂缝现象;强度损失不大于20%	
密度	不超过设计密度10%	
干缩值	一等品不大于0.75,合格品不大于0.90	

蒸养粉煤灰砌块适用于工业与民用建筑的承重墙体、非承重墙体和基础,但不宜用于具有酸性侵蚀的、密封性要求高的及受较大振动影响的建筑物,也不宜用于受高温的承重墙和经常受潮湿的承重墙。

二、蒸压加气混凝土砌块(ACB)

蒸压加气混凝土砌块是以钙质材料(水泥、石灰等)和硅质材料(砂、矿渣、粉煤灰等)为基本原料,经过磨细,并以铝粉为加气剂,按一定比例配合,经搅拌、浇筑、发气、成型、切割和蒸压养护而制成的一种轻质墙体材料。

(一)分类

1. 规格

蒸压加气混凝土砌块的长度为600 mm,宽度有100 mm、125 mm、150 mm、200 mm、250 mm、300 mm及120 mm、180 mm、240 mm九种规格,高度有200 mm、250 mm、300 mm三种规格。

2. 按抗压强度和体积密度分级

强度级别有A1.0、A2.0、A2.5、A3.5、A5.0、A7.5、A10七个级别。

体积密度级别有B03、B04、B05、B06、B07、B08六个级别。

3. 质量等级

按尺寸偏差与外观质量、体积密度和抗压强度分为优等品(A)、一等品(B)和合格品(C)三个质量等级。

(二)技术要求

(1)蒸压加气混凝土砌块的尺寸允许偏差和外观应符合表5-15的规定。

表5-15 蒸压加气混凝土砌块的尺寸允许偏差和外观(GB/T 11968—1997)

项目			指标		
			合格品(C)	优等品(A)	一等品(B)
尺寸允许偏差(mm)	长度	L_1	±3	±4	±5
	宽度	B_1	±2	±3	+3 -4
	高度	H_1	±3	±3	+3 -4
缺棱掉角	个数,不多于(个)		0	1	2
	最大尺寸不得大于(mm)		0	70	70
	最小尺寸不得大于(mm)		0	30	30
平面弯曲不得大于(mm)			0	3	5
裂纹	条数,不多于(条)		0	1	2
	任一面上的裂纹长度不得大于裂纹方向尺寸的		0	1/3	1/2
	贯穿一棱二面的裂纹长度不得大于裂纹所在的裂纹方向尺寸总和的		0	1/3	1/3
爆裂、粘模和损坏深度不得大于(mm)			10	20	30
表面疏松、层裂			不允许		
表面油污			不允许		

(2)蒸压加气混凝土砌块的抗压强度应符合表5-16的规定。

表 5-16 蒸压加气混凝土砌块的抗压强度(GB/T 11968—1997) (单位:MPa)

强度级别	立方体抗压强度	
	平均值不小于	单块最小值不小于
A1.0	1.0	0.8
A2.0	2.0	1.6
A2.5	2.5	2.0
A3.5	3.5	2.8
A5.0	5.0	4.0
A7.5	7.5	6.0
A10.0	10.0	8.0

(3)蒸压加气混凝土砌块的强度级别应符合表 5-17 的规定。

(4)蒸压加气混凝土砌块的干体积密度应符合表 5-18 的规定。

(5)砌块的干燥收缩、抗冻性和导热系数(干态)应符合表 5-19 的规定。

表 5-17 蒸压加气混凝土砌块的强度级别(GB/T 11968—1997) (单位:MPa)

体积密度级别		B03	B04	B05	B06	B07	B08
强度级别	优等品	A1.0	A2.0	A3.5	A5.0	A7.5	A10.0
	一等品			A3.5	A5.0	A7.5	A10.0
	合格品			A2.5	A3.5	A5.0	A7.5

表 5-18 蒸压加气混凝土砌块的干体积密度(GB/T 11968—1997) (单位:kg/m^3)

体积密度级别		B03	B04	B05	B06	B07	B08
体积密度	优等品(A) ≤	300	400	500	600	700	800
	一等品(B) ≤	330	430	530	630	730	830
	合格品(C) ≤	350	450	550	650	750	850

表 5-19 砌块的干燥收缩、抗冻性和导热系数(GB/T 11968—1997)

体积密度级别			B03	B04	B05	B06	B07	B08
干燥收缩值	标准法≤	mm/m	0.50					
	快速法≤		0.80					
抗冻性	质量损失(%)≤		5.0					
	冻后强度(MPa)≥		0.8	1.6	2.0	2.8	4.0	6.0
导热系数(干态,W/(m·K))≤			0.10	0.12	0.14	0.16	—	—

注:规定采用标准法、快速法测定砌块干燥收缩值。若测定结果发生矛盾不能判定,则以标准法测定的结果为准。

蒸压加气混凝土砌块质轻、便于加工、保温隔声、防火性好。常用于低层建筑的承重墙、多层和高层建筑的非承重墙、框架结构填充墙,也可作为填充材料或保温隔热材料;不得用于有侵蚀介质的环境、处于浸水或经常处于潮湿环境的建筑墙体,不得用于墙体表面温度高于 80 ℃的结构,不得用于建筑物基础。

三、普通混凝土小型空心砌块(NHB)

普通混凝土小型空心砌块是以水泥为胶凝材料,以砂、碎石或卵石、煤矸石、炉渣为集料,加水搅拌,经振动、振动加压或冲压成型,并养护而制成的小型并有一定空心率的墙体材料。常用于地震设计烈度为Ⅷ度和Ⅷ度以下地区的一般民用与工业建筑物的墙体。

(一)等级和标记

1. 等级

按其尺寸偏差、外观质量分为优等品(A)、一等品(B)和合格品(C)三个质量等级。

按其抗压强度分为 MU3.5、MU5.0、MU7.5、MU10.0、MU15.0 和 MU20.0 六个强度等级。

2. 标记

按产品名称、强度等级、外观质量等级和标准编号的顺序进行标记。示例:强度等级为 MU7.5、外观质量为优等品(A)的砌块,其标记为:NHB MU7.5 A GB 8239。

(二)技术要求

1. 规格

混凝土小型空心砌块主规格尺寸为 390 mm × 190 mm × 190 mm。最小外壁厚应不小于 30 mm,最小肋厚应不小于 25 mm。空心率应不小于 25%。尺寸允许偏差应符合表 5-20 的规定。混凝土小型空心砌块的外形见图 5-6。

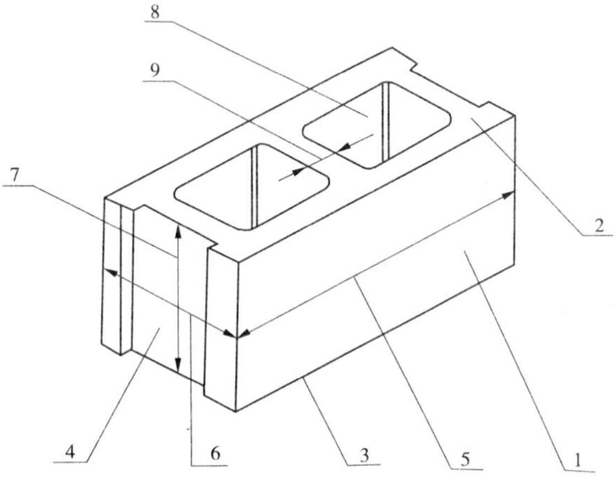

1—条面;2—坐浆面(肋厚较小的面);3—铺浆面(肋厚较大的面);
4—顶面;5—长度;6—宽度;7—高度;8—壁;9—肋

图 5-6 混凝土小型空心砌块

表 5-20 混凝土小型空心砌块尺寸允许偏差(GB 8239—1997) (单位:mm)

项目名称	优等品(A)	一等品(B)	合格品(C)
长度	±2	±3	±3
宽度	±2	±3	±3
高度	±2	±3	±3 ±4

2. 外观质量

混凝土小型空心砌块外观质量应符合表5-21的规定。

表5-21 混凝土小型空心砌块外观质量(GB 8239—1997)

项目名称		优等品(A)	一等品(B)	合格品(C)
弯曲(mm) ≤		2	2	3
掉角缺棱	个数(个) ≤	0	2	2
	三个方向投影尺寸的最小值(mm) ≤	0	20	30
裂纹延伸的投影尺寸累计(mm) ≤		0	20	30

3. 强度等级

混凝土小型空心砌块强度等级应符合表5-22的规定。

表5-22 混凝土小型空心砌块强度等级(GB 8239—1997) (单位:MPa)

强度等级	砌块强度	
	平均值不小于	单块最小值不小于
MU3.5	3.5	2.8
MU5.0	5.0	4.0
MU7.5	7.5	6.0
MU10.0	10.0	8.0
MU15.0	15.0	12.0
MU20.0	20.0	16.0

4. 相对含水率、抗渗性、抗冻性

相对含水率、抗渗性、抗冻性应符合《普通混凝土小型空心砌块》(GB 8239—1997)的规定。

四、轻集料混凝土小型空心砌块(LHB)

轻集料混凝土小型空心砌块(简称轻集料小砌块)是由水泥、轻粗细集料及外加剂加水搅拌,经装模、振动(或加压振动或冲压)成型并经养护而制成的一种墙体材料。它具有良好的保温隔热性、抗震性、防火及吸声性能,并且施工方便,自重轻,是一种具有广泛发展前景的墙体材料。

(一)分类

1. 类别

按砌块孔的排数分为实心(0)、单排孔(1)、双排孔(2)、三排孔(3)和四排孔(4)五类。

2. 等级

按砌块的干表观密度分为500、600、700、800、900、1 000、1 200和1 400八个密度等级。按砌块的抗压强度分为1.5、2.5、3.5、5.0、7.5和10.0六个强度等级。按砌块的尺寸允许偏差和外观质量,分为一等品(B)和合格品(C)两个质量等级。

3. 标记

轻集料混凝土小型空心砌块按产品名称、类别、密度等级、强度等级、质量等级和标准编号的顺序进行标记。示例:密度等级为 600 级、强度等级为 1.5 级、质量等级为一等品的轻集料混凝土三排孔小砌块,其标记为:LHB(3) 600 1.5 B GB/T 15229 。

(二)技术要求

1. 规格尺寸

轻集料混凝土小型空心砌块的主规格尺寸为 390 mm × 190 mm × 190 mm。尺寸允许偏差应符合表 5-23 的规定。

表 5-23　规格尺寸偏差　（单位：mm）

项目名称	一等品	合格品
长度	±2	±3
宽度	±2	±3
高度	±2	±3

2. 外观质量

轻集料混凝土小型空心砌块的外观质量应符合表 5-24 的规定。

表 5-24　轻集料混凝土小型空心砌块的外观质量

项目名称	一等品	合格品
缺棱掉角:		
个数,不多于	0	2
3 个方向投影的最小尺寸(mm),不大于	0	30
裂缝延伸投影的累计尺寸(mm),不大于	0	30

3. 密度等级

轻集料混凝土小型空心砌块的密度等级应符合表 5-25 的规定。

表 5-25　轻集料混凝土小型空心砌块的密度等级

密度等级	砌块干燥表观密度的范围(kg/m^3)
500	≤500
600	510 ~ 600
700	610 ~ 700
800	710 ~ 800
900	810 ~ 900
1 000	910 ~ 1 000
1 200	1 010 ~ 1 200
1 400	1 210 ~ 1 400

4. 强度等级

轻集料混凝土小型空心砌块的强度等级应符合表5-26的规定。其中,完全符合的为一等品,密度等级范围不满足要求的为合格品。

表5-26 轻集料混凝土小型空心砌块强度等级

强度等级	砌块抗压强度(MPa)		密度等级范围
	平均值	最小值	
1.5	≥1.5	1.2	≤600
2.5	≥2.5	2.0	≤800
3.5	≥3.5	2.8	≤1 200
5.0	≥5.0	4.0	
7.5	≥7.5	6.0	≤1 400
10.0	≥10.0	8.0	

5. 吸水率、相对含水率和干缩率

吸水率不应大于20%,干缩率和相对含水率应符合表5-27的规定。

表5-27 干缩率和相对含水率

干缩率(%)	相对含水率(%)		
	潮湿	中等	干燥
<0.03	45	40	35
0.03~0.045	40	35	30
0.045~0.065	35	30	25

注:相对含水率即砌块出厂含水率与吸水率之比。

6. 碳化系数和软化系数

加入粉煤灰等火山灰质掺合料的小砌块,其碳化系数不应小于0.8,软化系数不应小于0.75。

7. 抗冻性

轻集料混凝土小型空心砌块的抗冻性应符合表5-28的规定。

表5-28 轻集料混凝土小型空心砌块的抗冻性

使用条件	抗冻等级	质量损失(%)	强度损失(%)
非采暖地区	F15	≤5	≤25
采暖地区: 相对湿度≤60% 相对湿度>60%	 F25 F35		
水位变化、干湿循环或粉煤灰掺量≥取代水泥量50%时	≥F50		

注:1. 非采暖地区指最冷月份平均气温高于-5 ℃的地区,采暖地区指最冷月份平均气温低于或等于-5 ℃的地区。

2. 抗冻性合格的砌块的外观质量也应符合表5-24的规定。

第四节　屋面瓦

屋面材料主要为各类瓦制品，按成分分为黏土瓦、水泥瓦、石棉水泥瓦、钢丝水泥大波瓦、塑料大波瓦、沥青瓦等，按生产工艺分为压制瓦、挤出瓦和手工瓦，按形状分为平瓦、波形瓦、脊瓦。新型屋面材料主要有轻钢彩色屋面板、铝塑复合板等。

一、黏土瓦

黏土瓦是以黏土为主要材料，加适量的水搅拌均匀后，经模压挤出成型，再经干燥、焙烧而成的。制瓦的黏土要求杂质少、塑性高。生产中瓦坯干燥需要瓦托。按烧成的颜色分为青瓦和红瓦，按形状分为平瓦和脊瓦。

根据《黏土瓦》(GB 11710—89)规定，平瓦的标准尺寸为 400 mm × 240 mm × (10 ~ 17) mm，380 mm × 225 mm × (10 ~ 17) mm，360 mm × 220 mm × (10 ~ 17) mm。15 张平瓦的覆盖面积约为 1 m^2。黏土瓦按尺寸偏差、外观质量和物理力学性质分为优等品、一等品和合格品 3 个等级。黏土瓦的物理力学性能指标如表 5-29 所示。

表 5-29　黏土瓦物理力学性能指标

项目		平瓦			脊瓦	
等级		优等品	一等品	合格品	一等品	合格品
抗折荷载 (N) ≥	平均值	980	870	780	—	
	最小值	>800	680		680	
饱和吸水质量 (kg/m^2) ≤		50		55	—	
抗冻性		15 次冻融循环后不得出现分层、开裂、剥落等损伤现象				
抗渗性		不得出现水滴			—	

注：吸水饱和质量是覆盖 1 m^2 屋面的瓦吸水达饱和后的质量(5 片平瓦浸泡 24 h 后作为吸水饱和)。

黏土瓦用于建筑物具有较大坡度的屋面，屋脊处铺脊瓦。黏土瓦自重大、质脆、易破裂，因此在贮运时应轻放，横立堆垛，且垛高不超过五层。

二、琉璃瓦

琉璃瓦是在素烧的瓦坯表面涂以琉璃釉料后再经烧制而成的制品。这种瓦表面光滑、质地坚密、色彩美丽、耐久性好，但成本较高，一般多用于古建筑修复、仿古建筑及园林建筑中的亭、台、楼阁。

三、石棉水泥瓦

石棉水泥瓦是以石棉纤维与水泥为原料，经加水搅拌、压缩成型、蒸养、烘干而成的轻型屋面材料。该瓦的形状尺寸分为大波瓦、小波瓦及脊瓦三种。石棉水泥瓦具有防火、防腐、耐热、耐寒、绝缘等性能，大量应用于工业民用建筑，如厂房、库房、堆货棚等。农村中的住房也常有应用。

石棉水泥瓦受潮和遇水后，强度会下降。石棉纤维对人体健康有害，很多国家已禁止使用。石棉水泥瓦根据抗折力、吸水率、外观质量等分为优等品、一等品和合格品3个等级。

四、钢丝网水泥波瓦

钢丝网水泥波瓦是在普通硅酸盐水泥瓦中间设置一层低碳冷拔钢丝网，成型后再经养护而成的大波波形瓦。规格有两种：一种长1 700 mm，宽830 mm，厚14 mm，质量约50 kg；另一种长1 700 mm，宽830 mm，厚12 mm，质量39～49 kg。脊瓦每块15～16 kg。要求瓦的初裂荷载每块不小于2 200 N；在100 mm的静水压力下，24 h后瓦背无严重洇水现象。钢丝网水泥大波瓦适用于工厂散热间、仓库及临时性建筑的屋面，有时也可用做这些建筑的围护结构。

五、玻璃钢波形瓦

玻璃钢波形瓦是以不饱和树脂和无捻玻璃纤维布为原料制成的。其尺寸为长1 800 mm，宽740 mm，厚0.8～2 mm。这种瓦质轻、强度大、耐冲击、耐高温、透光、有色泽，适用于建筑遮阳板及车站月台、集贸市场等简易建筑的屋面，但不能用于与明火接触的场合。当用于有防火要求的建筑物时，应采用难燃树脂。

六、聚氯乙烯波纹瓦

聚氯乙烯波纹瓦，又称塑料瓦楞板，它是以聚氯乙烯树脂为主体，加入其他助剂，经塑化、压延、压波而制成的波形瓦。它具有轻质、高强、防水、耐腐、透光、色彩鲜艳等优点，适用于凉棚、果棚、遮阳板和简易建筑的屋面。常用规格为1 000 mm×750 mm×(1.5～2) mm。抗拉强度为45 MPa，静弯强度为80 MPa，热变形特征为60 ℃时2 h不变形。

七、彩色水泥瓦

彩色水泥瓦以细石混凝土为基层，面层覆盖各种颜料的水泥砂浆，经压制而成。具有良好的防水和装饰效果，且强度高、耐久性良好，近年来发展较快。彩色水泥瓦的规格与黏土瓦相似。

八、混凝土平瓦

混凝土平瓦是以水泥、砂或无机的硬质细集料为主要原料，经配料混合，加水搅拌，机械滚压或人工揉压成型，养护而成的，亦称水泥平瓦，是覆盖坡屋顶的屋面材料。

九、R－PVC塑料波形板

R－PVC塑料波形板是以优质PVC树脂为主要原料，加入老化剂、稳定剂、阻燃剂、改性剂等高效助剂加工而成的。产品性能优良，色泽鲜艳（有红、绿、蓝、白、咖啡等色），使用方便，广泛用于简易工棚、敞棚、厂房、城乡集贸市场、公共设施风雨棚、农业温室及禽兽舍等建筑。

十、金属波形瓦

金属波形瓦亦称金属瓦楞板,是以铝材或镀锌铁皮、黑铁皮压制而成的。铝波形瓦有氧化和不氧化两种。铁皮波形瓦还可烧制成搪瓷波形瓦。

十一、小青瓦

小青瓦又名土瓦、蝴蝶瓦、水青瓦,是用黏土制坯窑烧而成的。习惯以质量作为规格和品质的标准,共分 18 两、20 两、22 两、24 两(旧秤,每市斤 16 两)四种。

此外,建筑上常用的屋面材料还有沥青瓦、水泥煤渣瓦、无机瓦、铝合金波纹瓦、玻璃曲面瓦等。

本章小结

本章以天然石材的性质为主,简要介绍了建筑石材的品种、质量等级、使用要求和注意事项;介绍了普通砖与新型墙体材料。烧结普通砖为传统的墙体材料,为避免毁田取土,保护环境,黏土砖在我国主要大、中城市已禁止使用。现在国家重视使用新型墙体材料,如多孔砖及充分利用工业废料生产其他普通砖、免烧砖、砌块等。

掌握:岩石的种类和性质。在掌握烧结普通砖的技术性质及合理应用的基础上,进一步掌握新型墙体材料的品种和发展。

理解:正确选用建筑石材规则、合理确定建筑石材在建筑中的使用部位。正确选择和使用天然石材的方法。建筑石材的概念、种类、质量评价等级。

了解:天然石材和新型墙体材料的发展趋势,屋面瓦的种类及用途。

第六章 建筑钢材

【内容提要】

本章主要讲述建筑工程中常用的普通碳素结构钢和低合金高强度结构钢；重点讲述建筑钢材的力学性能、工艺性能及现行国家标准、规范对钢材的技术要求；阐述钢的化学成分，所含合金元素等对钢材的性能、质量的影响，钢结构及钢筋混凝土结构采用的主要钢材品种及特点；简要介绍钢的冶炼、分类及加工。

建筑钢材是建筑工程中所用各种钢材的总称。钢材具有强度高，有一定塑性和韧性，能承受冲击和振动荷载，可以焊接或铆接，便于装配等优点；其缺点主要是易锈蚀，维护费用大，耐火性差，生产能耗大。在建筑工程中钢材被大量用做结构材料，并被列为建筑工程的三大重要材料之一。

第一节 概 述

一、钢的冶炼

钢是由炼钢生铁在 1 700 ℃左右的炼钢炉中冶炼，把生铁中的杂质氧化，将含碳量降到 2.06% 以下，并将其他元素调整到规定范围得到的铁碳合金。钢的密度为 7.84 ~ 7.86 g/cm^3。

钢的冶炼方法根据炼钢设备的不同主要分为平炉炼钢法、转炉炼钢法和电弧炼钢法三种。建筑钢多是平炉钢、顶吹氧气转炉钢和侧吹碱性转炉钢。平炉炼钢法是以固态或液态的生铁、铁矿石或废钢材作为原料，用煤气或重油加热冶炼。由于冶炼时间长，钢的化学成分较易控制，除渣较净，成品质量高，可生产优质碳素钢、合金钢或特殊要求的专用钢，但投资大、能耗大、冶炼周期长。生产侧吹转炉钢是将熔融状态的铁水，由转炉侧面吹入高压热空气，使铁水中的杂质在空气中氧化，从而除去杂质。但是，在吹炼时易混入氮、氢等有害气体使钢质变坏，控制钢的成分较难。侧吹转炉钢的炉体容量小、出钢快，一般只能用来炼制普通碳素钢。顶吹氧气转炉法是将纯氧从转炉顶部吹入炉内，克服了空气转炉法的缺点，效率较高，钢质也易控制，近来较多采用。

炼钢需要足够的氧，但如果钢材中残存了氧，会使钢质变差。因此，必须在冶炼后期脱氧。根据脱氧程度所表现的状态，浇铸的钢锭可分为沸腾钢、镇静钢及半镇静钢三种。

钢材交货时，必须对所用炉种以规定的代号作出标志，脱氧状态也是钢质标志的内容。

二、钢的分类

钢的品种繁多，一般分类归纳如下。

（一）按化学成分分类

1. 碳素钢

碳素钢的化学成分主要是铁，其次是碳，故也称铁碳合金。其含碳量为0.02%～2.06%。此外，还含有极少量的硅、锰和微量的硫、磷等元素。碳素钢按含碳量又可分为低碳钢（含碳量小于0.25%）、中碳钢（含碳量为0.25%～0.60%）和高碳钢（含碳量大于0.60%）三种。其中，低碳钢在建筑工程中应用最多。

2. 合金钢

合金钢是指在炼钢过程中，加入一种或多种能改善钢材性能的合金元素而制得的钢种。常用的合金元素有硅、锰、钛、钒、铌、铬等。按合金元素总含量的不同，合金钢可以分为低合金钢（合金元素总含量小于5%）、中合金钢（合金元素总含量为5%～10%）和高合金钢（合金元素总含量大于10%）。低合金钢为建筑工程中常用的主要钢种。

（二）按冶炼时脱氧程度分类

冶炼时脱氧程度不同，钢的质量差别很大，通常可分为以下四种。

1. 沸腾钢

炼钢时仅加入锰铁进行脱氧，脱氧不完全。这种钢水浇入锭模时，有大量的一氧化碳气体从钢水中外逸，引起钢水呈沸腾状，故称沸腾钢，代号为“F”。沸腾钢组织不够致密，成分不太均匀，硫、磷等杂质偏析较严重，故质量较差。但因其成本低、产量高，故被广泛用于一般建筑工程。

2. 镇静钢

炼钢时采用锰铁、硅铁和铝锭等作脱氧剂，脱氧完全，并且同时能起去硫作用。这种钢水铸锭时能平静地充满锭模并冷却凝固，故称镇定钢，代号为“Z”。镇定钢虽成本较高，但其组织致密，成分均匀，性能稳定，故质量好。适用于预应力混凝土等重要的结构工程。

3. 半镇静钢

半镇静钢的脱氧程度介于沸腾钢和镇定钢之间，为质量较好的钢，其代号为“b”。

4. 特殊镇静钢

特殊镇静钢是比镇静钢脱氧程度还要充分彻底的钢，故其质量最好，适用于特别重要的结构，代号为“TZ”。

（三）按有害杂质含量分类

按钢中有害杂质磷（P）和硫（S）含量的多少，钢材可分为以下四类。

1. 普通钢

磷含量不大于0.045%，硫含量不大于0.050%。

2. 优质钢

磷含量不大于0.035%，硫含量不大于0.035%。

3. 高级优质钢

磷含量不大于0.030%，硫含量不大于0.030%。

4. 特级优质钢

磷含量不大于0.025%，硫含量不大于0.020%。

（四）按用途分类

1. 结构钢

结构钢是主要用做工程结构构件及机械零件的钢。

2. 工具钢

工具钢是主要用于各种刀具、量具及模具的钢。

3. 特殊钢

特殊钢是具有特殊物理、化学或机械性能的钢，如不锈钢、耐热钢、耐酸钢、耐磨钢、磁性钢等。

建筑钢材的产品一般分为型材、板材、线材和管材等几类。型材包括钢结构用的角钢、工字钢、槽钢、方钢、轨道钢等。线材包括钢筋混凝土和预应力混凝土用的钢筋、钢丝和钢绞线等。板材包括用于水利水电工程金属结构、房屋、桥梁及建筑机械的中厚钢板，用于屋面、墙面、楼板等的薄钢板。管材主要用于钢桁架和供水、供气（汽）管线等。

三、钢材的加工

冶炼生产的钢，除极少量直接用做铸件外，绝大部分都是先浇铸成钢锭，然后再加工制成各种钢材。

将钢锭加热到1 150～1 300 ℃后进行热轧，所得的产品为热轧钢材。将钢锭先热轧，经冷却至室温后再进行冷轧的产品为冷轧钢材。一般建筑钢材以热轧为主。钢管是用钢板加工焊制而成的。无缝钢管是对实心钢坯进行穿孔，经热轧、挤压、冷轧、冷拔等工艺而制得的。

第二节　建筑钢材的主要技术性能

钢材的技术性能包括力学性能、工艺性能和化学性能等。了解、掌握钢材的各种性能是正确、经济、合理地选用钢材的基础。

一、力学性能

（一）拉伸性能

钢材的拉伸性能，典型地反映在广泛使用的软钢（低碳钢）拉伸试验时得到的应力 σ 与应变 ε 的关系上，如图6-1所示。钢材从拉伸到拉断，在外力作用下的变形可分为4个阶段，即弹性阶段、屈服阶段、强化阶段和颈缩阶段。

在拉伸的开始阶段，OA 为直线，说明应力与应变成正比，即 $\sigma/\varepsilon=E$。A 点对应的应力 σ_p 称为比例极限。当应力超过比例极限时，应力与应变开始失去比例关系，但仍保持弹性变形。所以，e 点对应的应力 σ_e 称为弹性极限。Oe 为弹性阶段。

当荷载继续增大时，线段呈曲线形，开始形成塑性变形。应力增加到 $B_{上}$ 点后，变形急剧增加，应力则在不大的范围（$B_{上}$、$B_{下}$、B）内波动，呈现锯齿状。把此时应力不增加，应变增加时的应力 σ_s 定义为屈服极限强度。屈服点 σ_s 是热轧钢筋和冷拉钢筋的强度标准值确定的依据，也是工程设计中强度取值的依据。该阶段为屈服阶段。超过屈服点后，应力增加又产生应变，钢材进入强化阶段，C 点所对应的应力，即试件拉断前的最大应力 σ_b，称为抗拉强度。抗拉强度 σ_b 是钢丝、钢绞线和热处理钢筋强度标准值确定的依据。BC 为强化阶段。超过 C 点后，塑性变形迅速增大，试件出现颈缩，应力随之下降，试件很快被拉断，CD 为颈缩阶段。

钢材的 σ_e 和 σ_s 越高，表示钢材对小量塑性变形的抵抗能力越大。因此，在不发生塑性变形的条件下，所能承受的应力就越大。σ_e 与 σ_b 差值越大的钢，说明超过屈服点后的强度储备能力越大，结构的安全性越高。

试件拉断后，将拉断后的两段试件拼对起来，量出拉断后的标距长 l_1，见图 6-2。按公式（6-1）计算伸长率：

$$\delta = \frac{l_1 - l_0}{l_0} \times 100\% \tag{6-1}$$

式中 δ——试件的伸长率（%）；

l_0——原始标距长度，mm；

l_1——断后标距长度，mm。

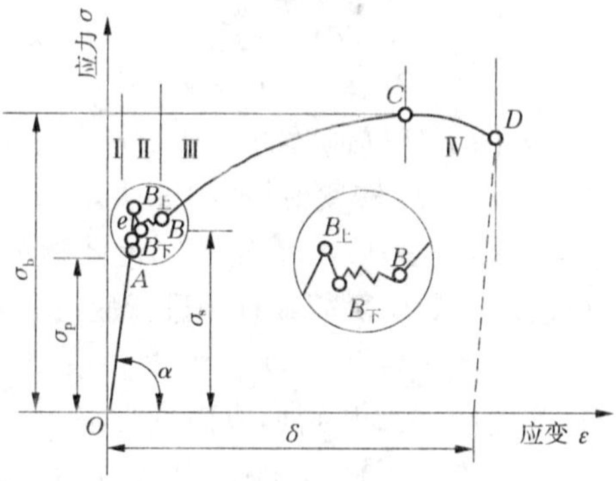

图 6-1 低碳钢受拉应力—应变

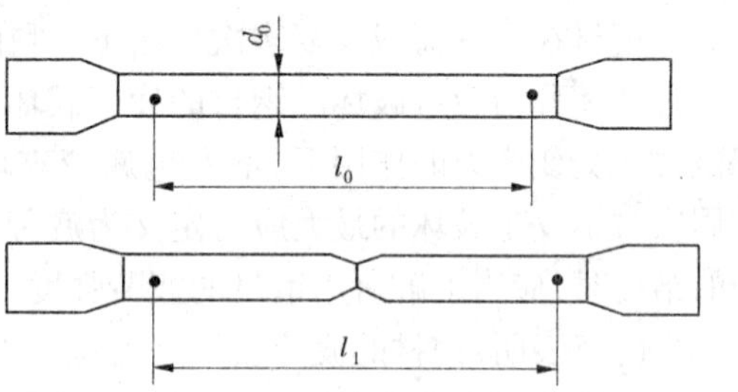

图 6-2 试件拉伸前和断裂后标距长度

伸长率是衡量钢材塑性的重要指标，其值越大说明钢材的塑性越好。塑性变形能力强，可使应力重新分布，避免应力集中，结构的安全性增大。塑性变形在试件标距内的分布是不均匀的，颈缩处的变形最大，离颈缩部位越远其变形越小。所以，原始标距与直径之比越小，则颈缩处伸长值在整个伸长值中的比重越大，计算出来的 δ 值就越大。标距的大小影响伸长率的计算结果，通常以 δ_5 和 δ_{10} 分别表示 $l_0 = 5d_0$ 和 $l_0 = 10d_0$ 时的伸长率。对于同一种钢材，其 δ_5 大于 δ_{10}。某些线材的标距用 $l_0 = 100$ mm，伸长率用 δ_{100} 表示。

中碳钢和高碳钢（硬钢）的拉伸曲线与低碳钢不同，屈服现象不明显，伸长率小。这类钢材由于没有明显的屈服阶段，难以测定屈服点，则规定产生残余变形为 0.2% 原标距长度时所对应的应力值，作为钢的屈服强度，称为条件屈服点，用 $\sigma_{0.2}$ 表示。

(二)冲击韧性

钢材抵抗冲击荷载作用而不被破坏的能力称为冲击韧性。用于重要结构的钢材,特别是承受冲击振动荷载的结构所使用的钢材,必须保证冲击韧性。

钢材的冲击韧性用标准试件在做冲击试验时,每平方厘米所吸收的冲击断裂功(J/cm^2)表示,其符号为 α_k。试验时将试件放置在固定支座上,然后以摆锤冲击试件刻槽的背面,使试件承受冲击弯曲而断裂。显然,α_k 值越大,钢材的冲击韧性越好。

影响钢材冲击韧性的因素很多,当钢材内硫、磷的含量高时,存在化学偏析,含有非金属夹杂物及焊接形成的微裂缝时,钢材的冲击韧性都会显著降低。

环境温度对钢材的冲击韧性影响很大。试验证明,冲击韧性随温度的降低而下降,开始时下降缓慢,当达到一定温度范围时,突然下降很多而呈脆性,这种性质称为钢材的冷脆性。这时的温度称为脆性临界温度,其数值愈低,钢材的低温冲击韧性愈好。所以,在负温下使用的结构,应选用脆性临界温度较使用温度低的钢材。由于脆性临界温度的测定较复杂,故规范中通常是根据气温条件规定 -20 ℃或 -40 ℃的负温冲击值指标。

冲击韧性随时间的延长而下降的现象称为时效,完成时效的过程可达数十年,但钢材如经冷加工或使用中受振动和反复荷载的影响,时效可迅速发展。因时效导致钢材性能改变的程度称为时效敏感性。时效敏感性越大的钢材,经过时效后冲击韧性的降低越显著。为了保证安全,对于承受动荷载的重要结构,应当选用时效敏感性小的钢材。

总之,对于直接承受动荷载,而且可能在负温下工作的重要结构,必须按照有关规范要求进行钢材的冲击韧性检验。

(三)疲劳强度

钢材在交变荷载反复多次作用下,可在最大应力远低于抗拉强度的情况下突然破坏,这种破坏称为疲劳破坏。钢材的疲劳破坏指标用疲劳强度(或称疲劳极限)来表示,它是试件在交变应力的作用下,不发生疲劳破坏的最大应力值。一般将承受交变荷载达 10^7 周次时不发生破坏的最大应力定义为疲劳强度。在设计承受反复荷载且须进行疲劳验算的结构时,应当了解所用钢材的疲劳强度。

研究表明,钢材的疲劳破坏是由拉应力引起的,首先在局部开始形成微细裂缝,由于裂缝尖端处产生应力集中而使裂缝迅速扩展直至钢材断裂。因此,钢材内部成分的偏析和夹杂物的多少以及最大应力处的表面光洁程度、加工损伤等,都是影响钢材疲劳强度的因素。疲劳破坏常常是突然发生的,往往造成严重事故。

(四)硬度

硬度是指钢材抵抗外物压入表面而不产生塑性变形的能力,也即钢材表面抵抗塑性变形的能力。

钢材的硬度是以一定的静荷载,把一定直径的淬火钢球压入试件表面,然后测定压痕的面积或深度来确定的。测定钢材硬度的方法有布氏法、洛氏法和维氏法等,较常用的为布氏法和洛氏法。相应的硬度试验指标称布氏硬度(HB)和洛氏硬度(HR)。

布氏法是利用直径为 D(mm)的淬火钢球,以 P(N)的荷载将其压入试件表面,经规定的持续时间后卸除荷载,得到直径为 d(mm)的压痕,以压痕表面积 F(mm^2)去除荷载 P,所得的应力值即为试件的布氏硬度值,以数字表示,不带单位。各类钢材的 HB 值与抗拉强度之间有较好的相关关系。钢材的强度越高，塑性变形抵抗力越强，硬度值也越大。对于碳素钢：当 $HB<175$ 时，抗拉强度 $\sigma_b \approx 3.6HB$；当 $HB>175$ 时，抗拉强度 $\sigma_b \approx 3.5HB$。根据这一关系，可以直接在钢结构上测出钢材的 HB 值，并估算出该钢材的抗拉强度。

洛氏法是按压入试件深度的大小表示材料的硬度值。洛氏法压痕很小，一般用于判断机械零件的热处理效果。

二、工艺性能

良好的工艺性能可以保证钢材顺利通过各种加工，而使钢材制品的质量不受影响。冷弯、冷拉、冷拔及焊接性能均是建筑钢材的重要工艺性能。

（一）冷弯性能

冷弯性能是指钢材在常温下承受弯曲变形的能力。以试件弯曲的角度和弯心直径对试件厚度（或直径）的比值来表示。弯曲的角度愈大，弯心直径对试件厚度（或直径）的比值愈小，表示对冷弯性能的要求愈高。冷弯检验是按规定的弯曲角度和弯心直径进行弯曲后，检查试件弯曲处外面及侧面不发生裂缝、断裂或起层，即认为冷弯性能合格。

冷弯是钢材处于不利变形条件下的塑性，更有助于暴露钢材的某些内在缺陷，而伸长率则是反映钢材在均匀变形下的塑性。因此，相对于伸长率而言，冷弯是对钢材塑性更严格的检验，它能揭示钢材是否存在内部组织不均匀、内应力和夹杂物等缺陷。冷弯试验对焊接质量也是一种严格的检验，能揭示焊件在受弯表面存在未熔合、微裂纹及夹杂物等缺陷。

（二）冷加工性能及时效

1. 冷加工强化处理

将钢材在常温下进行冷加工（如冷拉、冷拔或冷轧），使之产生塑性变形，从而提高屈服强度，这个过程称为冷加工强化处理。经过强化处理后钢材的塑性和韧性降低。由于塑性变形中产生内应力，故钢材的弹性模量降低。

建筑工地或预制构件厂常利用该原理对钢筋按一定制度进行冷拉或冷加工，以提高屈服强度，节约钢材。

1）冷拉

冷拉是将热轧钢筋用冷拉设备加力进行张拉。钢材冷拉后，屈服强度可提高 20% ~ 30%，钢材经冷拉后屈服阶段缩短，伸长率降低，材质变硬。

2）冷拔

冷拔是将光圆钢筋通过硬质合金拔丝模强行拉拔。每次拉拔断面缩小应在 10% 以下。钢筋在冷拔过程中，不仅受拉，同时还受到挤压作用，因而冷拔作用比冷拉作用强烈。经过一次或多次冷拔后的钢筋，表面光洁度高，屈服强度提高 40% ~ 60%，但塑性大大降低，具有硬钢的性质。

2. 时效

钢材经冷加工后，在常温下存放 15 ~ 20 d，或加热至 100 ~ 200 ℃保持 2 h 左右，其屈服强度、抗拉强度及硬度进一步提高，而塑性及韧性继续降低，这种现象称为时效。前者称为自然时效，后者称为人工时效。

钢材经冷加工及时效处理后,其应力—应变关系变化的规律,可明显地在应力—应变图上得到反映,如图 6-3 所示。

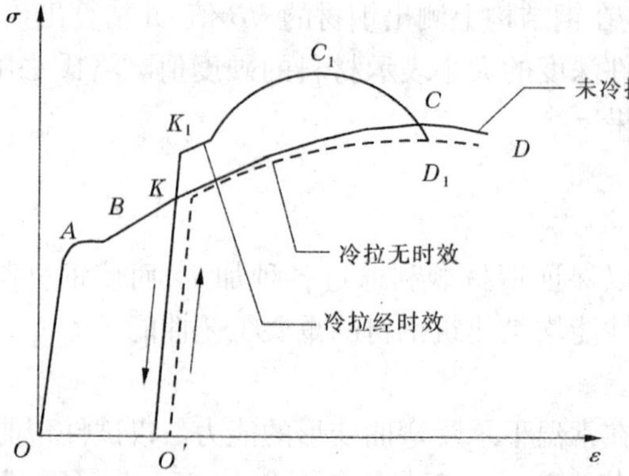

图 6-3　钢筋经冷拉时效后应力—应变图的变化

(三)焊接性能

焊接是各种型钢、钢板、钢筋的重要连接方式。建筑工程的钢结构有 90% 以上是焊接结构。焊接的质量取决于焊接工艺、焊接材料及钢的焊接性能。

钢材的可焊性是指钢材适应用通常的方法与工艺进行焊接的性能。可焊性的好坏,主要取决于钢材的化学成分。含碳量小于 0.25% 的碳素钢具有良好的可焊性。加入合金元素(如硅、锰、钒、钛等)也将增大焊接处的硬脆性,降低可焊性,特别是硫能使焊接产生热裂纹及硬脆性。

钢筋焊接应注意以下问题:

(1)冷拉钢筋的焊接应在冷拉之前进行;

(2)钢筋焊接之前,焊接部位应清除铁锈、熔渣、油污等;

(3)应尽量避免不同国家的进口钢筋之间或进口钢筋与国产钢筋之间的焊接。

三、钢的化学成分对钢材性能的影响

(一)碳(C)

碳是形成钢材强度的主要成分,是钢材中除铁以外最主要的元素。含碳量高,则钢材强度高,但同时钢材的塑性、韧性、冷弯性能、可焊性及抗锈蚀能力下降。因此,建筑钢材对含碳量要加以限制,一般不应超过 0.22%,在焊接结构中还应低于 0.20%。

(二)硅(Si)

硅是强脱氧剂,是制作镇静钢的必要元素。硅适量时可提高钢材的强度而不显著影响其塑性、韧性、冷弯性能及可焊性。在碳素镇静钢中硅的含量为 0.12% ~0.3%,在低合金钢中为 0.2% ~0.55%。过量时会恶化钢材的可焊性及抗锈蚀性。

(三)锰(Mn)

锰是钢中的有益元素,它能显著提高钢材的强度而不过多降低塑性和冲击韧性。锰有脱氧作用,是弱脱氧剂。同时,还可以消除硫引起的钢材热脆现象及改善冷脆倾向。锰是低合金钢中的主要合金元素,含量一般为1.2%~1.6%,过量时会降低钢材的可焊性。

(四)硫(S)

硫是钢中的有害元素,属杂质。硫在钢材温度达到800~1 000 ℃时生成硫化铁而熔化,使钢材变脆,易出现裂缝,称为热脆。硫还会降低钢材的冲击韧性、可焊性、疲劳强度及抗锈蚀能力。因此,对硫的含量必须严加控制,一般不超过0.045%~0.05%,Q235的C级与D级钢要求更严。

(五)磷(P)

磷可以提高钢材的强度和抗锈蚀能力,但却严重降低钢材的塑性、韧性和可焊性,特别是在温度较低时使钢材变脆(冷脆),即在低温条件下使钢材的塑性和韧性显著降低,钢材容易脆裂。因此,应严格控制其含量,一般不超过0.045%。但采取适当的冶金工艺处理,磷也可作为合金元素,含量为0.05%~0.12%。

(六)氧(O)和氮(N)

氧和氮也是钢中的有害元素。氧能使钢材热脆,其作用比硫剧烈;氮能使钢材冷脆,与磷类似,故其含量应严格控制。由于氧和氮在冶炼过程中容易逸出,一般不会超过极限含量,故不作含量要求。

(七)铝、钛、钒、铌

铝、钛、钒、铌均是炼钢时的强脱氧剂,也是钢中常用的合金元素。能提高钢材的强度和抗锈蚀性,又不显著降低塑性。

第三节　建筑钢材的技术标准及应用

建筑钢材常用于钢结构和钢筋混凝土结构,前者主要用型钢,后者主要用钢筋和钢丝,两者均多为碳素结构钢和低合金结构钢。

一、碳素结构钢

(一)碳素结构钢的牌号及其表示方法

国家标准《碳素结构钢》(GB/T 700—2006)规定,碳素结构钢按其屈服点分Q195、Q215、Q235和Q275四个牌号。各牌号钢又按其硫、磷含量由多至少分为A、B、C、D四个质量等级。碳素结构钢的牌号由代表屈服强度的字母"Q"、屈服强度数值(单位为MPa)、质量等级符号(A、B、C、D)、脱氧方法符号(F、Z、TZ)等四个部分按顺序组成。例如,Q235AF,它表示屈服强度为235 MPa、质量等级为A级的沸腾碳素结构钢。

碳素结构钢的牌号组成中,表示镇静钢的符号"Z"和表示特殊镇静钢的符号"TZ"可以省略,例如:质量等级分别为C级和D级的Q235钢,其牌号表示为Q235CZ和Q235DTZ,可以省略为Q235C和Q235D。

(二)碳素结构钢的技术要求

碳素结构钢的化学成分、力学性能及冷弯性能应符合表6-1、表6-2及表6-3的规定。

表 6-1　碳素结构钢的化学成分(GB/T 700—2006)

牌号	统一数字代号	等级	厚度(或直径)(mm)	脱氧方法	化学成分(质量分数)(%),不大于				
					C	Si	Mn	P	S
Q195	U11952	—	—	F、Z	0.12	0.30	0.50	0.035	0.040
Q215	U12152	A	—	F、Z	0.15	0.35	1.20	0.045	0.050
	U12155	B							0.045
Q235	U12352	A	—	F、Z	0.22	0.35	1.40	0.045	0.050
	U12355	B			0.20				0.045
	U12358	C		Z	0.17			0.40	0.040
	U12359	D		TZ				0.035	0.035
Q275	U12752	A	—	F、Z	0.24	0.35	1.50	0.045	0.050
	U12755	B	≤40	Z	0.21			0.045	0.045
			>40		0.22				
	U12758	C	—	Z	0.20			0.040	0.040
	U12759	D		TZ				0.035	0.035

注:1. 表中为镇静钢、特殊镇静钢牌号的统一数字代号,沸腾钢牌号的统一数字代号如下:Q195F－U11950;Q215AF－U12150,Q215BF－U12153;Q235AF－U12350,Q235BF－U12353;Q275AF－U12750 。

2. 经需方同意,Q235B 的碳含量可不大于 0.22% 。

表 6-2　碳素结构钢的力学性能(GB/T 700—2006)

牌号	等级	屈服点 σ_s(MPa)						抗拉强度 σ_b(MPa)	伸长率 δ_5(%)					冲击试验(V 形缺口)	
		厚度(或直径)(mm)							厚度(或直径)(mm)					温度(℃)	冲击吸收功(纵向)(J)不小于
		≤16	16～40	40～60	60～100	100～150	150～200		≤40	40～60	60～100	100～150	150～200		
Q195	—	195	185	—	—	—	—	315～430	33	—	—	—	—	—	—
Q215	A	215	205	195	185	175	165	335～450	31	30	29	27	26	—	—
	B													+20	27
Q235	A	235	225	215	215	195	185	370～500	26	25	24	22	21	—	—
	B													+20	27
	C													0	
	D													−20	
Q275	A	275	265	255	245	225	215	410～540	22	21	20	18	17	—	—
	B													+20	27
	C													0	
	D													−20	

注:1. Q195 的屈服强度值仅供参考,不作交货条件。

2. 厚度大于 100 mm 的钢材,抗拉强度下限允许降低 20 MPa。宽带钢(包括剪切钢板)抗拉强度上限不作交货条件。

3. 厚度小于 25 mm 的 Q235B 级钢材,如供方能保证冲击吸收值合格,经需方同意,可不作检验。

表 6-3　碳素结构钢的冷弯性能(GB/T 700—2006)

牌号	试样方向	冷弯试验 $B=2a$　180°	
		钢材厚度或直径(mm)	
		≤60	>60~100
		弯心直径 d	
Q195	纵	0	
	横	$0.5a$	
Q215	纵	$0.5a$	$1.5a$
	横	a	$2a$
Q235	纵	a	$2a$
	横	$1.5a$	$2.5a$
Q275	纵	$1.5a$	$2.5a$
	横	$2a$	$3a$

由表 6-1、表 6-2 和表 6-3 可知,碳素结构钢随着牌号的增大,其含碳量增加,强度提高,塑性和韧性降低,冷弯性能逐渐变差。

(三)碳素结构钢的特性与选用

工程中应用最广泛的碳素结构钢牌号为 Q235,其含碳量为 0.14%~0.22%,属低碳钢,由于该牌号钢既具有较高的强度,又具有较好的塑性和韧性,可焊性也好,故能较好地满足一般钢结构和钢筋混凝土结构的用钢要求。

Q195、Q215 号钢强度低,塑性和韧性较好,易于冷加工,常用做钢钉、铆钉、螺栓及铁丝等。Q215 号钢经冷加工后可代替 Q235 号钢使用。

Q275 号钢强度较高,但塑性、韧性和可焊性较差,不易焊接和冷加工,可用于轧制钢筋、制作螺栓配件等。

二、优质碳素结构钢

优质碳素结构钢分为优质钢、高级优质钢(钢号后加 A)和特级优质钢(钢号后加 E)。根据国家标准《钢铁产品牌号表示方法》(GB/T 221—2000)规定,优质碳素结构钢的牌号采用阿拉伯数字或阿拉伯数字和规定的符号表示,以两位阿拉伯数字表示平均含碳量(以万分数计),例如:平均含碳量为 0.08% 的沸腾钢,其牌号表示为"08F";平均含碳量为 0.10% 的半镇静钢,其牌号表示为"10b";较高含锰量的优质碳素结构钢,在表示平均含碳量的阿拉伯数字后加锰元素符号,如平均含碳量为 0.50%,含锰量为 0.70%~1.0% 的钢,其牌号表示为"50Mn"。目前,我国生产的优质碳素结构钢有 31 个牌号(详见《优质碳素结构钢》(GB/T 699—1999)),优质碳素结构钢中的硫、磷等有害杂质含量更低,且脱氧充分,质量稳定,在建筑工程中常用做重要结构的钢铸件、高强螺栓及预应力锚具。

三、低合金高强度结构钢

为了改善碳素结构钢的力学性能和工艺性能，或为了得到某种特殊的理化性能，在炼钢时有意识地加入一定量的一种或几种合金元素，所得的钢称为合金钢。低合金高强度结构钢是在碳素结构钢的基础上，添加总量小于5%的一种或几种合金元素的一种结构钢，所加元素主要有锰、硅、钒、钛、铌、铬、镍及稀土元素，其目的是提高钢的屈服强度、抗拉强度、耐磨性、耐蚀性及耐低温性能等。因此，它是综合性能较为理想的钢材。另外，与使用碳素钢相比，可节约钢材20% ~30%，而成本并不很高。

（一）低合金高强度结构钢的牌号表示法

根据国家标准《低合金高强度结构钢》(GB 1591—1994)及《钢铁产品牌号表示方法》(GB/T 221—2000)的规定，低合金高强度结构钢分5个牌号。其牌号的表示方法由屈服点字母“Q”、屈服点数值(单位为MPa)、质量等级(A、B、C、D、E五级)三部分组成。例如：Q345C，Q345D。

低合金高强度结构钢分为镇静钢和特殊镇静钢，在牌号的组成中没有表示脱氧方法的符号。低合金高强度结构钢的牌号也可以采用两位阿拉伯数字(表示平均含碳量，以万分数计)和规定的元素符号，按顺序表示。

（二）低合金高强度结构钢的技术要求

低合金高强度结构钢的拉伸、冷弯和冲击试验指标，按钢材厚度或直径不同，其技术要求见表6-4。

表6-4　低合金高强度结构钢的力学性能(GB 1591—1994)

牌号	质量等级	屈服点 σ_s(MPa) 厚度(直径、边长)(mm) ≤15	16~35	35~50	50~100	抗拉强度 σ_b (MPa)	伸长率 δ_5 (%)	冲击功(A_{kv})(纵向)(J) +20 ℃	0 ℃	-20 ℃	-40 ℃	180°弯曲试验 d为弯心直径；a为试件厚度(直径) 钢材厚度(直径)(mm) ≤16	16~100
		不小于					不小于						
Q295	A	295	275	255	235	390~570	23					$d=2a$	$d=3a$
	B	295	275	255	235	390~570	23	34				$d=2a$	$d=3a$
Q345	A	345	325	295	275	470~630	21					$d=2a$	$d=3a$
	B	345	325	295	275	470~630	21	34				$d=2a$	$d=3a$
	C	345	325	295	275	470~630	22		34			$d=2a$	$d=3a$
	D	345	325	295	275	470~630	22			34		$d=2a$	$d=3a$
	E	345	325	295	275	470~630	22				27	$d=2a$	$d=3a$
Q390	A	390	370	350	330	490~650	19					$d=2a$	$d=3a$
	B	390	370	350	330	490~650	19	34				$d=2a$	$d=3a$
	C	390	370	350	330	490~650	20		34			$d=2a$	$d=3a$
	D	390	370	350	330	490~650	20			34		$d=2a$	$d=3a$
	E	390	370	350	330	490~650	20				27	$d=2a$	$d=3a$

续表 6-4

牌号	质量等级	屈服点 σ_s(MPa)				抗拉强度 σ_b(MPa)	伸长率 δ_5(%)	冲击功(A_{kv})(纵向)(J)				180°弯曲试验 d 为弯心直径；a 为试件厚度(直径)	
		厚度(直径、边长)(mm)						+20 ℃	0 ℃	-20 ℃	-40 ℃	钢材厚度(直径)(mm)	
		≤15	16~35	35~50	50~100							≤16	16~100
		不小于					不小于						
Q420	A	420	400	380	360	520~680	18					$d=2a$	$d=3a$
	B	420	400	380	360	520~680	18	34				$d=2a$	$d=3a$
	C	420	400	380	360	520~680	19		34			$d=2a$	$d=3a$
	D	420	400	380	360	520~680	19			34		$d=2a$	$d=3a$
	E	420	400	380	360	520~680	19				27	$d=2a$	$d=3a$
Q460	C	460	440	420	400	550~720	17		34			$d=2a$	$d=3a$
	D	460	440	420	400	550~720	17			34		$d=2a$	$d=3a$
	E	460	440	420	400	550~720	17				27	$d=2a$	$d=3a$

(三)低合金高强度结构钢的特点与应用

由于低合金高强度结构钢中的合金元素的结晶强化和固熔强化等作用，该钢材不但具有较高的强度，而且也具有较好的塑性、韧性和可焊性。因此，在钢结构和钢筋混凝土结构中常采用低合金高强度结构钢轧制型钢(角钢、槽钢、工字钢)、钢板、钢管及钢筋，来建筑桥梁、高层及大跨度建筑，尤其在承受动荷载和冲击荷载的结构中更为适用。另外，与使用碳素结构钢相比，可节约钢材 20%~30%，而成本并不很高。目前，我国生产的低合金结构钢有 17 种，分别是：09MnV、09MnNb、$09Mn_2$、12Mn、18Nb、12MnV、09MnCuPTi、10MnSiCu、14MnNb、16Mn、16MnRe、10MnPNbRe、15MnV、15MnTi、16MnNb、14MnVTiRe、15MnVN。钢号中前面两个数字代表钢的平均含碳量的万分数，合金元素后无数字者，表示该元素的平均含量少于 1.5%，标有"2"、"3"则指其含量为"1.5%~2.49%"及"2.5%~3.49%"，余类推。例：$09Mn_2$，表示该低合金高强度结构钢的含碳量为万分之九，合金元素为锰，其含量为 1.5%~2.49%。

第四节 常用建筑钢材

一、热轧钢筋

用加热钢坯轧成的条型成品钢筋，称为热轧钢筋。它是建筑工程中用量最大的钢材品种之一，主要用于钢筋混凝土的配筋。热轧钢筋按表面形状分为热轧光圆钢筋和热轧带肋钢筋。

(一)热轧光圆钢筋

经热轧成型，横截面通常为圆形，表面光滑的成品钢筋，称为热轧光圆钢筋(HPB)。

热轧光圆钢筋按屈服强度特征值分为235级、300级，其牌号由HPB和屈服强度特征值构成，分为HPB235、HPB300两个牌号。

热轧光圆钢筋的公称直径范围为6～22 mm，《热轧光圆钢筋》（GB 1499.1—2008）推荐的钢筋公称直径为6 mm、8 mm、10 mm、12 mm、16 mm和20 mm。可按直条或盘卷交货，按定尺长度交货的直条钢筋其长度允许偏差范围为0～50 mm；按盘卷交货的钢筋，每根盘条质量应不小于1 000 kg 。

热轧光圆钢筋的屈服强度、抗拉强度、断后伸长率、最大拉力总伸长率等力学性能特征值应符合表6-5的规定。表中各力学性能特征值，可作为交货检验的最小保证值。按规定的弯心直径弯曲180°后，钢筋受弯部位表面不得产生裂纹。

表6-5 热轧光圆钢筋的力学性能和工艺性能（GB 1499.1—2008）

牌号	屈服强度（MPa）	抗拉强度（MPa）	断后伸长率（%）	最大拉力总伸长率（%）	冷弯试验180° d为弯心直径； a为钢筋公称直径
	不小于				
HPB235	235	370	25.0	10.0	$d = a$
HPB300	300	420			

（二）热轧带肋钢筋

经热轧成型并自然冷却的横截面为圆形的且表面通常带有两条纵肋和沿长度方向均匀分布的横肋的钢筋，称为热轧带肋钢筋。其包括普通热轧钢筋和细晶粒热轧钢筋两种。

热轧带肋钢筋按屈服强度特征值分为335、400、500级，其牌号由HRB和屈服强度特征值构成，分为HRB335、HRB400、HRB500三个牌号，细晶粒热轧钢筋的牌号由HRBF和屈服强度特征值构成，分为HRBF335、HRBF400、HRBF500三个牌号。

热轧带肋钢筋的公称直径范围为6～50 mm，《热轧带肋钢筋》（GB 1499.2—2007）推荐的钢筋公称直径为6 mm、8 mm、10 mm、12 mm、16 mm、20 mm、25 mm、32 mm、40 mm和50 mm。

热轧带肋钢筋按定尺长度交货时的长度允许偏差为±25 mm，也可以盘卷交货，每盘应是一条钢筋，允许每批有5%的盘数由两条钢筋组成。

热轧带肋钢筋的力学性能和工艺性能应符合表6-6的规定。表中所列各力学性能特征值，可作为交货检验的最小保证值；按规定的弯心直径弯曲180°后，钢筋受弯部位表面不得产生裂纹。反向弯曲试验是先正向弯曲90°，再反向弯曲20°，经反向弯曲试验后，钢筋受弯曲部位表面不得产生裂纹。

热轧钢筋中热轧光圆钢筋的强度较低，但塑性及焊接性能很好，便于各种冷加工，因而广泛用做普通钢筋混凝土构件的受力筋及各种钢筋混凝土结构的构造筋；HRB335和HRB400钢筋强度较高，塑性和焊接性能也较好，故广泛用做大、中型钢筋混凝土结构的受力钢筋；HRB500钢筋强度高，但塑性及焊接性能较差，可用做预应力钢筋。

表 6-6　热轧带肋钢筋的力学性能和工艺性能(GB 1499.2—2007)

牌号	屈服强度(MPa)	抗拉强度(MPa)	断后伸长率(%)	最大拉力总伸长率(%)	公称直径(mm)	弯心直径	反向弯曲
	不小于					d 为弯心直径；a 为钢筋公称直径	
HRB335 HRBF335	335	455	17		6 ~ 25	3d	4d
					28 ~ 40	4d	5d
					>40 ~ 50	5d	6d
HRB400 HRBF400	400	540	16	7.5	6 ~ 25	4d	5d
					28 ~ 40	5d	6d
					>40 ~ 50	6d	7d
HRB500 HRBF500	500	630	15		6 ~ 25	6d	7d
					28 ~ 40	7d	8d
					>40 ~ 50	8d	9d

二、冷轧带肋钢筋

热轧圆盘条经冷轧后，在其表面带有沿长度方向均匀分布的三面或二面横肋的钢筋，称为冷轧带肋钢筋。

冷轧带肋钢筋的牌号由 CRB 和钢筋的抗拉强度最小值构成。冷轧带肋钢筋分为 CRB550、CRB650、CRB800、CRB970 四个牌号。CRB550 为普通钢筋混凝土用钢筋，其他牌号为预应力混凝土用钢筋。

冷轧带肋钢筋的肋高、肋宽和肋距是其外形尺寸的主要控制参数。冷轧带肋钢筋按冷加工状态交货，允许冷轧后进行低温回火处理。

CRB550 钢筋的公称直径范围为 4 ~ 12 mm。CRB650 及以上牌号钢筋的公称直径(相当于横截面面积相等的光圆钢筋的公称直径)为 4 mm、5 mm、6 mm。

钢筋表面的横肋呈月牙形。横肋沿钢筋横截面周圈上均匀分布，其中三面肋钢筋有一面肋的倾角必须与另两面反向，二面肋钢筋一面肋的倾角必须与另一面反向。横肋中心线和钢筋纵轴线夹角为 40° ~ 60°，横肋两侧面和钢筋表面斜角不得小于 45°，横肋与钢筋表面呈弧形相交。

冷轧带肋钢筋通常按盘卷交货，CRB550 钢筋也可按直条交货，按直条交货时，其长度及允许偏差按供需双方协商确定。盘卷钢筋每盘的质量不小于 100 kg，每盘应由一根钢筋组成，CRB650 及以上牌号钢筋不得有焊接接头。冷轧带肋钢筋的表面不得有裂纹、折叠、结疤、油污及其他影响使用的缺陷。冷轧带肋钢筋的表面可有浮锈，但不得有锈皮及目视可见的麻坑等腐蚀现象。

冷轧带肋钢筋的力学性能和工艺性能应符合表 6-7 的规定。钢筋的强曲比 $R_m/R_{p0.2}$ 应不小于 1.03。当进行弯曲试验时，受弯部位表面不得产生裂纹。公称直径为 4 mm、5 mm、6 mm 的冷轧带肋钢筋，反复弯曲试验的弯曲半径分别为 10 mm、15 mm、15 mm。有关技术要求细则,参见《冷轧带肋钢筋》(GB 13788—2008)。

表 6-7　冷轧带肋钢筋的力学性能和工艺性能(GB 13788—2008)

牌号	$R_{p0.2}$(MPa) 不小于	R_m(MPa) 不小于	伸长率(%) 不小于		冷弯试验 180°	反复弯曲次数	应力松弛 初始应力应相当于公称抗拉强度的 70%
			$A_{11.3}$	A_{100}			1 000 h 松弛率(%)不大于
CRB550	500	550	8.0	—	$D=3d$	—	
CRB650	585	650	—	4.0	—	3	8
CRB800	720	800	—	4.0	—	3	8
CRB970	875	970	—	4.0	—	3	8

注:表中 D 为弯心直径,d 为钢筋公称直径。

冷轧带肋钢筋具有以下优点:

(1)强度高、塑性好,综合力学性能优良。CRB550、CRB650 的抗拉强度由冷轧前的不足 500 MPa 提高到 550 MPa、650 MPa;冷拔低碳钢丝的伸长率仅 2% 左右,而冷轧带肋钢筋的伸长率大于 4% 。

(2)握裹力强。混凝土对冷轧带肋钢筋的握裹力为同直径冷拔钢丝的 3 ~6 倍。又由于塑性较好,大幅度提高了构件的整体强度和抗震能力。

(3)节约钢材,降低成本。以冷轧带肋钢筋代替Ⅰ级钢筋用于普通钢筋混凝土构件,可节约钢材 30% 以上。如用以代替冷拔低碳钢丝用于预应力混凝土多孔板中,可节约钢材 5% ~10% ,且每立方米混凝土可节省水泥约 40 kg。

(4)提高构件整体质量,改善构件的延性,避免"抽丝"现象。用冷轧带肋钢筋制作的预应力空心楼板,其强度、抗裂度均明显优于冷拔低碳钢丝制作的构件。

冷轧带肋钢筋适用于中、小型预应力混凝土构件和普通混凝土构件,也可焊接网片。

三、热处理钢筋

热处理钢筋分为预应力用热处理钢筋和钢筋混凝土用余热处理钢筋。

预应力用热处理钢筋是用热轧螺纹钢筋经淬火和回火调质热处理而成的,其外形分为有纵肋和无纵肋两种,但都有横肋。根据《预应力混凝土用热处理钢筋》(GB 4463—1984)的规定,其所用钢材有 $40Si_2Mn$、$48Si_2Mn$ 和 $45Si_2Cr$ 三个牌号,力学性能应符合表 6-8的规定。

表 6-8　预应力混凝土用热处理钢筋的力学性能(GB 4463—1984)

公称直径(mm)	牌号	屈服点(MPa)	抗拉强度(MPa)	伸长率 δ_{10}(%)
		不小于		
6 8.2 10	$40Si_2Mn$ $48Si_2Mn$ $45Si_2Cr$	1 325	1 470	6

预应力混凝土用热处理钢筋的优点是:强度高,可代替高强钢丝使用;节约钢材;锚固性好,不易打滑,预应力值稳定;施工简便,开盘后钢筋自然伸直,不需调直及焊接。主要用于预应力钢筋混凝土枕轨,也用于预应力梁、板结构及吊车梁等。

余热处理钢筋是把热轧后的钢筋立即穿水,控制表面冷却,然后利用心部余热自身完成回火处理所得的成品钢筋。其级别分为3级,强度等级代号为KL400。

四、预应力混凝土用钢丝和钢绞线

预应力混凝土用钢丝或钢铰线常作为大型预应力混凝土构件的主要受力钢筋。

(一)预应力混凝土用钢丝

预应力高强度钢丝是用优质碳素结构钢盘条,经酸洗、冷拉或再经回火处理等工艺制成的,专用于预应力混凝土。

根据《预应力混凝土用钢丝》(GB/T 5223—2002)的规定,预应力钢丝按加工状态分为冷拉钢丝和消除应力钢丝两类。消除应力钢丝按松弛性能又分为低松弛级钢丝和普通松弛级钢丝。预应力钢丝按外形分为光圆、螺旋肋和刻痕三种。

冷拉钢丝(用盘条通过拔丝模或轧辊经冷加工而成)代号"WCD",低松弛钢丝(钢丝在塑性变形下进行短时热处理而成)代号"WLR",普通松弛钢丝(钢丝通过矫直工序后在适当温度下进行短时热处理)代号"WNR",光圆钢丝代号"P",螺旋肋钢丝(钢丝表面沿长度方向上具有规则间隔的肋条)代号"H",刻痕钢丝(钢丝表面沿长度方向上具有规则间隔的压痕)代号"I"。

预应力混凝土用钢丝每盘应由一根钢丝组成,每盘质量不小于500 kg,允许有10%的盘数小于500 kg,但不小于100 kg。钢丝表面不得有裂纹和油污,也不允许有影响使用的拉痕、机械损伤等。

冷拉钢丝的力学性能应符合表6-9的规定。规定非比例伸长应力$\sigma_{p0.2}$值不小于公称抗拉强度的75%。消除应力的光圆及螺旋肋钢丝的力学性能应符合表6-10的规定。规定非比例伸长应力$\sigma_{p0.2}$值对低松弛钢丝应不小于公称抗拉强度的88%,对普通松弛钢丝应不小于公称抗拉强度的85%。消除应力的刻痕钢丝的力学性能应符合表6-11的规定。规定非比例伸长应力$\sigma_{p0.2}$值对低松弛钢丝值应不小于公称抗拉强度的88%,对普通松弛钢丝应不小于公称抗拉强度的85%。

预应力混凝土用钢丝具有强度高、柔性好、无接头等优点。施工方便,不需冷拉、焊接接头等加工,而且质量稳定、安全可靠。主要应用于大跨度屋架及薄腹梁、大跨度吊车梁、桥梁、电杆、枕轨或曲线配筋的预应力混凝土构件。刻痕钢丝由于屈服强度高且与混凝土的握裹力大,主要用于预应力钢筋混凝土结构以减少混凝土裂缝。

(二)预应力混凝土用钢绞线

预应力钢绞线是用两(或三、或七)根钢丝在绞线机上捻制后,再经低温回火和消除应力等工序制成的。按捻制结构可分为5类,其代号为:(1×2)用两根钢丝捻制的钢绞线,(1×3)用三根钢丝捻制的钢绞线,(1×3 I)用三根刻痕钢丝捻制的钢绞线,(1×7)用七根钢丝捻制的标准型钢绞线,(1×7)C用七根钢丝捻制又经模拔的钢绞线。如图6-4所示。

表 6-9　冷拉钢丝的力学性能(GB/T 5223—2002)

<table>
<tr><th>公称直径 d_0 (mm)</th><th>抗拉强度 σ_b (MPa) 不小于</th><th>规定非比例伸长应力 $\sigma_{p0.2}$ (MPa) 不小于</th><th>最大力下的总伸长率 $L_0=200$ mm δ_{gt}(%) 不小于</th><th>弯曲次数 (次/180°) 不小于</th><th>弯曲半径 R(mm)</th><th>断面收缩率 Ψ(%) 不小于</th><th>每 210 mm 扭距的扭转次数 n 不小于</th><th>初始应力相当于 70% 公称抗拉强度时，1 000 h 后应力松弛率 r(%) 不大于</th></tr>
<tr><td>3.00</td><td rowspan="3">1 470
1 570
1 670
1 770</td><td rowspan="3">1 100
1 180
1 250
1 330</td><td rowspan="6">1.5</td><td>4</td><td>7.5</td><td>—</td><td>—</td><td rowspan="6">8</td></tr>
<tr><td>4.00</td><td>4</td><td>10</td><td rowspan="2">35</td><td>8</td></tr>
<tr><td>5.00</td><td>4</td><td>15</td><td>8</td></tr>
<tr><td>6.00</td><td rowspan="3">1 470
1 570
1 670
1 770</td><td rowspan="3">1 100
1 180
1 250
1 330</td><td>5</td><td>15</td><td rowspan="3">30</td><td>7</td></tr>
<tr><td>7.00</td><td>5</td><td>20</td><td>6</td></tr>
<tr><td>8.00</td><td>5</td><td>20</td><td>5</td></tr>
</table>

表 6-10　消除应力的光圆及螺旋肋钢丝的力学性能(GB/T 5223—2002)

<table>
<tr><th rowspan="3">公称直径 d_0 (mm)</th><th rowspan="3">抗拉强度 σ_b (MPa) 不小于</th><th colspan="2" rowspan="2">规定非比例伸长应力 $\sigma_{p0.2}$(MPa) 不小于</th><th rowspan="3">最大力下的总伸长率 $L_0=200$ mm δ_{gt}(%) 不小于</th><th rowspan="3">弯曲次数 (次/180°) 不小于</th><th rowspan="3">弯曲半径 R (mm)</th><th colspan="3">应力松弛性能</th></tr>
<tr><th rowspan="2">初始应力相当于公称抗拉强度的百分数(%)</th><th colspan="2">1 000 h 后应力松弛率 r(%) 不大于</th></tr>
<tr><th>WLR</th><th>WNR</th><th>WLR</th><th>WNR</th></tr>
<tr><td></td><td></td><td></td><td></td><td></td><td></td><td></td><td colspan="3">对所有规格</td></tr>
<tr><td>4.00</td><td rowspan="3">1 470
1 570
1 670
1 770
1 860</td><td rowspan="3">1 290
1 380
1 470
1 560
1 640</td><td rowspan="3">1 250
1 330
1 410
1 500
1 580</td><td rowspan="10">3.5</td><td>3</td><td>10</td><td rowspan="3">60</td><td rowspan="3">1.0</td><td rowspan="3">4.5</td></tr>
<tr><td>4.80</td><td rowspan="2">4</td><td rowspan="2">15</td></tr>
<tr><td>5.00</td></tr>
<tr><td>6.00</td><td rowspan="3">1 470
1 570
1 670
1 770</td><td rowspan="3">1 290
1 380
1 470
1 560</td><td rowspan="3">1 250
1 330
1 410
1 500</td><td>4</td><td>15</td><td rowspan="3">70</td><td rowspan="3">2.0</td><td rowspan="3">8</td></tr>
<tr><td>6.25</td><td>4</td><td>20</td></tr>
<tr><td>7.00</td><td>4</td><td>20</td></tr>
<tr><td>8.00</td><td>1 470</td><td>1 290</td><td>1 250</td><td>4</td><td>20</td><td rowspan="4">80</td><td rowspan="4">4.5</td><td rowspan="4">12</td></tr>
<tr><td>9.00</td><td>1 570</td><td>1 380</td><td>1 330</td><td>4</td><td>25</td></tr>
<tr><td>10.00</td><td rowspan="2">1 470</td><td rowspan="2">1 290</td><td rowspan="2">1 250</td><td>4</td><td>25</td></tr>
<tr><td>12.00</td><td>4</td><td>30</td></tr>
</table>

表 6-11　消除应力的刻痕钢丝的力学性能(GB/T 5223—2002)

公称直径 d_0 (mm)	抗拉强度 σ_b (MPa) 不小于	规定非比例伸长应力 $\sigma_{p0.2}$ (MPa) 不小于		最大力下的总伸长率 L_0 = 200 mm δ_{gt} (%) 不小于	弯曲次数 (次/180°) 不小于	弯曲半径 R (mm)	应力松弛性能		
							初始应力相当于公称抗拉强度的百分数(%)	1 000 h 后应力松弛率 r(%) 不大于	
		WLR	WNR				对所有规格	WLR	WNR
≤5.0	1 470	1 290	1 250						
	1 570	1 380	1 330						
	1 670	1 470	1 410			15	60	1.5	4.5
	1 770	1 560	1 500						
	1 860	1 640	1 580	3.5	3		70	2.5	8
>5.0	1 470	1 290	1 250						
	1 570	1 380	1 330				80	4.5	12
	1 670	1 470	1 410			20			
	1 770	1 560	1 500						

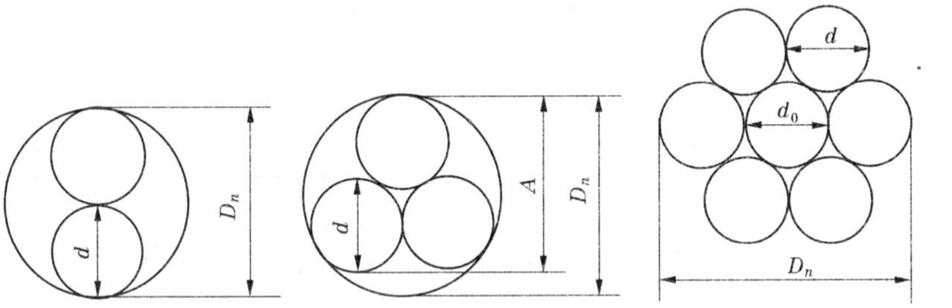

(a)1×2结构钢绞线　(b)1×3结构钢绞线　(c)1×2结构钢绞线

D_n—钢绞线直径；d_0—中心钢丝直径；d—外层钢丝直径；　A—1×3结构钢绞线测量尺寸

图 6-4　预应力钢绞线截面图

按《预应力混凝土用钢绞线》(GB/T 5224—2003)交货的产品标记应包含“预应力钢绞线,结构代号,公称直径,强度级别,标准号”等内容,如公称直径为15.20 mm,强度级别为1 860 MPa的7根钢丝捻制的标准型钢绞线的标记为:预应力钢绞线 1×7 - 15.20 - 1860 - GB/T 5224—2003。

预应力钢绞线交货时,每盘卷钢铰线质量不小于1 000 kg,允许有10%的盘卷质量小于1 000 kg,但不能小于300 kg。

钢绞线的捻向一般为左(S)捻,右(Z)捻需在合同中注明。

除非需方有特殊要求,钢绞线表面不得有油、润滑脂等降低钢绞线与混凝土黏结力的物质。钢铰线允许有轻微的浮锈,但不得有目视可见的锈蚀麻坑。钢绞线表面允许存在回火颜色。

钢绞线的检验规则应按《钢及钢产品交货一般技术要求》(GB/T 17505—1998)的规定,产品的尺寸、外形、质量及允许偏差、力学性能等均应满足《预应力混凝土用钢绞线》(GB/T 5224—2003)的规定。

钢绞线具有强度高、与混凝土黏结性能好、断面面积大、使用根数少、柔性好、易于在混凝土结构中排列布置、易于锚固等优点,主要用于大跨度、重荷载、曲线配筋的后张法预应力钢筋混凝土结构中。

五、型钢

型钢是长度和截面周长之比相当大的直条钢材的统称。型钢按截面形状分为简单截面和复杂截面(异型)两大类。

简单截面的热轧型钢有5种:扁钢、圆钢、方钢、六角钢和八角钢,规格尺寸见表6-12。复杂截面的热轧型钢包括角钢、工字钢、槽钢和其他异型截面,其规格尺寸见表6-13。

表6-12 简单截面热轧型钢的规格尺寸

型钢名称	表示规格的主要尺寸	尺寸范围(mm)	标准号
扁钢	宽度 厚度	10~150 3~60	GB 704—1988
圆钢	直径	5.5~250	GB 702—1986
方钢	边长	5.5~200	GB 702—1986
六角钢	对边距离	8~70	GB 705—1989
八角钢	对边距离	16~40	GB 705—1989

表6-13 角钢、工字钢和槽钢的规格尺寸

型钢名称	表示规格的主要尺寸	尺寸范围(mm)	标准代号
等边角钢	按边宽度的厘米数划分型号 (或以边宽度×边宽度×边厚度标记)	边宽度:20~200 边厚度:3~24	GB 9787—1988
不等边角钢	按长边宽度(短边宽度)厘米数划分型号 (或以长边宽度×短边宽度×边厚度标记)	长边宽度:25~200 短边宽度:16~125 边厚度:3~18	GB 9788—1988
工字钢	按高度的厘米数划分型号 (或以高度×腿宽度×腰厚度标记)	高度:100~630 腿宽度:68~180	GB 706—1988
槽钢	按高度的厘米数划分型号 (或以高度×腿宽度×腰厚度标记)	高度:50~300 腿宽度:37~89	GB 707—1988

注:工字钢、槽钢的高度相同,但腿宽度、腰宽度不同时,在型号后注a、b、c以示区别,例如25a、25b、25c代表高度为250 mm,腿宽度为78 mm、80 mm、82 mm,腰厚度为7 mm、9 mm、11 mm的三种规格的工字钢。

六、钢板

钢板是宽厚比很大的矩形板。按轧制工艺不同分热轧和冷轧两大类。按其公称厚度，钢板分为薄板（厚度0.1～4 mm）、中板（厚度4～20 mm）、厚板（厚度20～60 mm）、特厚板（厚度超过60 mm）。

（一）热轧钢板

热轧钢板按边缘状态分切边和不切边两类，按精度分普通精度和较高精度，按所用钢种分为碳素结构钢、低合金结构钢和优质碳素结构钢三类。

（二）热轧花纹钢板

热轧花纹钢板是由普通碳素结构钢，经热轧、矫直和切边而成的凸纹钢板。花纹钢板不包括纹高的厚度有2.5 mm、3.0 mm、3.5 mm、4.0 mm、4.5 mm、5.0 mm、5.5 mm、6.0 mm、7.0 mm和8.0 mm几种。随厚度增加，规定纹高加大有1.0 mm、1.5 mm和2.0 mm三种；也有纹高均为2.5 mm的品种。

（三）冷轧钢板

冷轧钢板是以热轧钢和钢带为原料，在常温下经冷轧机轧制而成的。其边缘状态有切边和不切边两种，按轧制精度分普通精度和较高精度，按钢种分碳素结构钢、低合金结构钢、硅钢、不锈钢等。

（四）钢带

钢带是厚度较薄、宽度较窄、以卷材供应的钢板。按轧制工艺分热轧和冷轧，按边缘状态分切边和不切边两种，按精度分普通精度和较高精度，按厚度分为薄钢带（0.1～4.0 mm）、超薄钢带（0.1 mm以下），按宽度分为窄钢带（宽度 <600 mm）、宽钢带（宽度 ≥ 600 mm）。

钢带主要用做弯曲型钢、焊接钢管、制作五金件的原料，直接用于各种结构及容器等。

除以上介绍的钢板外，还有镀层薄钢板，如镀锡钢板（旧称马口铁）、镀锌薄板（俗称白铁皮）、镀铝钢板、镀铅锡合金钢板等。

七、钢管

（一）无缝钢管

无缝钢管是经热轧、挤压、热扩或冷拔、冷轧而制成的周边无缝的管材，分为一般用途和专门用途两类。一般结构用的无缝钢管，以外径×壁厚表示规格，详见《无缝钢管》（GB/T 17395—1998）规定。

专用无缝钢管一般用于锅炉和耐热工程中。

（二）焊接钢管

在工程中用量最大的是焊接钢管。供低压流体输送用的直缝钢管分焊接钢管和镀锌焊接钢管两大类，按壁厚分为普通焊管和加厚焊管，按管端形式分螺纹钢管和无螺纹钢管。低压流体输送用焊接钢管的规格以公称口径表示，各公称尺寸及容许偏差等如表6-14所示。

表6-14 低压流体输送用焊接钢管的规格及容许偏差

公称口径		外径		普通钢管			加厚钢管		
(mm)	in	公称尺寸(mm)	容许偏差	壁厚 公称尺寸(mm)	壁厚 容许偏差	理论质量(kg/m)	壁厚 公称尺寸(mm)	壁厚 容许偏差	理论质量(kg/m)
6	1/8	10.0	±0.50 mm	2.00	+12% −15%	0.39	2.50	+12% −15%	0.46
8	1/4	13.5		2.25		0.62	2.75		0.73
10	3/8	17.0		2.25		0.82	2.75		0.97
15	1/2	21.3		2.75		1.25	3.25		1.45
20	3/4	26.8		2.75		1.63	3.50		2.01
25	1	33.5		3.25		2.42	4.00		2.91
32	5/4	42.3		3.25		3.13	4.00		3.78
40	5/4	48.0		3.50		3.84	4.25		4.58
50	2	60.0	±1%	3.50		4.88	4.50		6.16
65	5/2	75.5		3.75		6.64	4.50		7.88
80	3	88.5		4.00		8.34	4.75		9.81
100	4	114.0		4.00		10.85	5.00		13.44
125	5	140.0		4.50		15.04	5.50		18.24
150	6	165.0		4.50		17.81	5.50		21.63

本章小结

钢材是建筑工程中最重要的金属材料。在工程中应用的钢材主要是碳素结构钢和低合金高强度结构钢。钢材具有强度高,塑性及韧性好,可焊可铆,易于加工、装配等优点,已被广泛地应用于各工业领域中。在建筑工程中,钢材用来制作钢结构及作为混凝土结构中的增强材料,已成为常用的重要的结构材料。

近年迅速发展的低合金高强度结构钢,是在碳素结构钢的基本成分中加入5%以下的合金元素的新型材料。其强度得到显著提高,同时具有良好的塑性、冲击韧性、耐蚀性、耐低温冲击等优良性能,所以在预应力钢筋混凝土结构的应用中,取得良好的技术经济效果,因而是大力推广的钢种。

钢材也是工程中耗量较大而价格昂贵的建筑材料,所以如何经济合理地利用钢材,以及设法用其他较廉价的材料来代替钢材,以节约金属材料资源,降低成本,也是非常重要的课题。

在本章学习中,应做到以下几点:

掌握:

(1)建筑钢材的力学性能和工艺性能;

(2)碳素结构钢和低合金高强度结构钢的牌号表示方法与技术要求;

(3)热轧钢筋的力学性能、工艺性能及应用。

理解:

(1)钢的分类及钢的化学成分对钢材性能的影响;

(2)碳素结构钢和低合金高强度结构钢的特点与应用;

(3)冷轧带肋钢筋的力学性能、工艺性能及应用。

了解:

(1)钢的冶炼;

(2)热处理钢筋、预应力混凝土用钢丝和钢绞线、型钢、钢板、钢管的特性与应用。

第七章　合成高分子材料

【内容提要】

本章主要介绍工程中常用的合成树脂及塑料、合成橡胶、聚合物砂浆、聚合物混凝土以及化学灌浆材料的主要性能、特点和应用，简要介绍高分子聚合物的基本知识。

第一节　概　述

合成高分子材料是以不饱和的低分子碳氢化合物（单体）为主要成分，含少量氧、氮、硫等，经人工加聚或缩聚而合成的分子量很大的物质，常称为高分子聚合物。高分子聚合物具有密度小、比强度高、耐水性及耐化学腐蚀性强、抗渗性及防水性好、耐磨性强、绝缘性好、易加工等特点；但在环境影响下易发生老化，且具有可燃性，是较为常用的代用材料和改性材料。

一、高分子聚合物的分类

（一）按聚合物合成的方法不同分类

高分子聚合物可以分为加聚聚合物和缩聚聚合物两类。

加聚聚合物是一种或几种含有双键的单体在引发剂或光、热、辐射等作用下，经聚合反应合成的聚合物。其中：用一种单体聚合成的称为均聚物，如聚乙烯、聚苯乙烯等；由两种或两种以上的单体聚合成的称为共聚物，如丁二烯苯乙烯共聚物、醋酸乙烯氯乙烯共聚物等。加聚反应不产生副产物。

缩聚聚合物是由含有两个或两个以上官能团的单体，在催化作用下经化学反应而合成的聚合物。缩聚反应会生成水、醇、氨等副产物。缩聚聚合物品种很多，常以参与反应的单体名称后加“树脂”二字来命名，如酚醛树脂、脲醛树脂等。

（二）按聚合物在热作用下表现出来的性质分类

高分子聚合物分为热塑性聚合物和热固性聚合物。

热塑性聚合物是指可反复受热软化、冷却硬化的聚合物，一般是线性分子结构，如聚乙烯、聚氯乙烯等。

热固性聚合物是指经一次受热软化（或熔化）后，在热和催化剂或热和压力作用下发生化学反应而变成坚硬的体型结构，之后再受热也不软化，在强热作用下即分解破坏的聚合物，如环氧树脂、不饱和聚酯树脂、酚醛树脂等。

（三）按聚合物所表现的性状不同分类

高分子聚合物分为合成树脂类、合成橡胶类及合成纤维类等。

二、高分子聚合物在建筑材料中的应用

高分子聚合物主要用于制成塑料、橡胶、合成纤维,还广泛用于制成胶粘剂、涂料及各种功能材料。塑料、橡胶和合成纤维被称为三大合成材料。一般地说:分子链之间吸引力大、链节空间对称性和结晶性高的高分子聚合物,适宜制成纤维和塑料;分子链间吸引力小、链柔顺性高的高分子聚合物,适宜制成橡胶。有些高分子聚合物,如聚乙烯、聚氯乙烯、聚乙内酰胺等,既可用于制成塑料,也可用于制成纤维;又如聚丙烯酸甲酯,则可用于制造塑料或橡胶。虽然有些高分子聚合物的化学成分相同,但通过控制生产条件,可以形成不同的结构,使其具有不同的性质,因而也就可以用于制作不同的材料。

(一)塑料

塑料是一种以合成树脂为主要成分,并内含各种助剂,在一定的温度和压力条件下可塑制成一定形状,并在常温下能保持形状不变的材料。

塑料的主要成分是高分子聚合物,占塑料总质量的40% ~100%,常称为合成树脂或树脂。助剂能在一定程度上改进合成树脂的成型加工性能和使用性能,而不明显地影响合成树脂的分子结构的物质。常用的助剂主要有增塑剂、填充剂、稳定剂、润滑剂、固化剂、阻燃剂、着色剂、发泡剂等。

塑料在建筑中有着广泛的应用。塑料可作为装修材料,用于制造门窗、楼梯扶手、踢脚板、隔墙等;可作为装饰材料,如塑料地板、塑料地砖、塑料卷材及塑料墙面材料;可制成涂料,如过氯乙烯溶液涂料、增强涂料等;可作为防水工程材料,如塑料止水带、嵌缝材料、塑料防潮模等;也可制成各种类型的水暖设备,如管道、卫生洁具及隔热隔音材料;还可作为混凝土工程材料及建筑胶粘剂,如塑料模板、聚合物混凝土等。

(二)合成橡胶

合成橡胶是一种在室温下呈高弹状态的高分子聚合物。橡胶经硫化作用后可制成橡皮,橡皮可制成各种橡皮止水材料、橡皮管及轮胎等;橡胶也可作为橡胶涂料的成膜物质,主要用于化工设备防腐及水工钢结构的防护涂料;合成橡胶的胶乳可作为混凝土的一种改性外加剂,以改善混凝土的变形性。工程中常用的橡胶有丁苯橡胶、丁腈橡胶、氯丁橡胶、聚胺基甲酸酯橡胶、乙丙橡胶及三元乙丙橡胶等。

(三)合成纤维

合成纤维是将液态树脂经高压通过喷头喷入稳定液后而得到的一种纤维状产品。合成纤维的线性结构分子中有部分结晶存在,故非常坚韧,具有强度高、变形小、耐磨、耐腐蚀等特点,广泛用于工业及日常生活中,如纤维混凝土、用做护坡和反滤等的土工合成材料。工程中常用的合成纤维有尼龙、涤纶纤维、腈纶纤维、维纶纤维、乙纶纤维、氯纶纤维等品种。

第二节　工程中常用的合成树脂及塑料

一、聚氯乙烯(PVC)

聚氯乙烯是由氯乙烯单体加聚聚合而得的热塑性线形树脂。经成塑加工后制成聚氯

乙烯塑料，具有较高的黏结力和良好的化学稳定性，也有一定的弹性和韧性，但耐热性和大气稳定性较差。

用聚氯乙烯生产的塑料有软质和硬质两种。

软质 PVC 有较好的柔韧性和弹性、较大的伸长率和低温韧性，但强度、耐热性、电绝缘性和化学稳定性较低。软质 PVC 可制成塑料止水带、土工膜、气垫薄膜等止水及护面材料；也可挤压成板材、型材和片材作为地面材料和装饰材料；软管可作为混凝土坝施工的塑料拔管，其波纹管常在预应力锚杆中使用。

硬质 PVC 具有良好的耐化学腐蚀性和电绝缘性，并且抗拉、抗压、抗弯强度以及冲击韧性都较好，但其柔韧性不如其他塑料。硬质 PVC 常用做房屋建筑中的落水管、给排水管、天沟及塑钢窗和铝塑管；还可用做外墙护面板、中小型水利工程中的塑料闸门等。

聚氯乙烯乳胶可作为各种护面涂料和浸渍材料，也可制成合成纤维，称为氯纶。

PVC 制品可以焊接、黏接，也可以机械加工，因此在各领域使用很普遍。

二、聚乙烯(PE)

聚乙烯是由乙烯加聚得到的聚合物。聚乙烯的特点是强度较高、延伸率较大、耐寒性好、韧性好、无毒、耐腐蚀，常用来作为塑料管、防水工程材料及装饰材料等。聚乙烯按其密度可分为高密度聚乙烯、中密度聚乙烯及低密度聚乙烯三种。其中，高密度的 PE 具有低温性和水锤击适应性能好的特点，但不易黏结；低密度 PE 具有良好的热熔连接性能，具有较大的伸长率和较好的耐寒性，价格较便宜，常用于改性沥青。

聚乙烯塑料可制成薄膜，亦可加工成建筑用的板材或管材。

三、聚苯乙烯(PS)

聚苯乙烯是以苯乙烯为单体制得的聚合物，是合成树脂中最轻的树脂之一，具有耐化学腐蚀性、耐水性和良好的电绝缘性，具有较高的刚性、表面硬度和光泽度，透明性极好。常用做护墙材料、装修材料及装饰涂料等，其主要制品有聚苯乙烯泡沫塑料、光学零件及文具用品。

四、聚酯树脂(MP)

聚酯树脂是二元或多元酸与二元或多元醇经缩聚而成的树脂的总称，有饱和聚酯树脂和不饱和聚酯树脂两种，工程中常用不饱和聚酯树脂。聚酯树脂可制成黏结剂以生产聚酯砂浆和聚酯混凝土，作为过水建筑物护面材料，具有较高的硬度及耐磨性；还可制成纤维、橡胶及涂料。聚酯树脂能耐一切化学侵蚀，常与玻璃纤维共同制成玻璃钢作为结构材料使用。

五、环氧树脂(EP)

环氧树脂主要由环氧氯丙烷和酚类（如二酚基丙烷）等缩聚而成，本身不会硬化，使用时必须加入固化剂，经室温放置或加热后才能成为不熔、不溶的固体。环氧树脂广泛用做黏结剂、涂料和用于制成各种增强塑料，如环氧玻璃钢等。

环氧树脂加固化剂固化后其脆性较大,常加入增塑剂提高韧性和抗冲击强度。环氧树脂是主要的化学灌浆材料,还可用做装饰材料、卫生洁具和门窗及屋面采光材料。环氧树脂具有较强的抗冲耐磨性,工程中常用于配制抗冲耐磨部位的混凝土或砂浆,但环氧砂浆成本较高、毒性大、施工不便。

六、呋喃树脂(FR)

呋喃树脂是以糠醇或糠醛等为原料制成的热固性树脂的总称,包括糠醇树脂、糠醛树脂、糠醛丙酮树脂和苯酚糠醛树脂等几种。

呋喃树脂在酸性固化剂作用下,在常温情况下即能固化。呋喃树脂具有不透水性,能耐侵蚀介质及承受拉力荷载的作用,是一种耐火材料,具有较好的黏结力和机械强度,具有很高的电绝缘性和足够的抗冻性,但性能较脆。常用做耐磨蚀涂料、胶粘剂、胶泥和塑料。呋喃树脂涂料常用于木材及混凝土的防腐护面材料,也可用于浸渍混凝土,以提高其抗渗性能。呋喃胶粘剂常用于配制聚合物混凝土和聚合物砂浆,作为防渗抗腐蚀材料,如隧洞衬砌防水或处于侵蚀性介质中的结构防腐。

七、有机硅树脂(SI)

有机硅树脂是用含三官能团的有机硅单体进行水解缩聚,或用三官能团与双官能团的有机硅单体进行共水解缩聚得到的树脂的总称。有机硅树脂具有较高的耐热和化学稳定性,优良的电绝缘性和非常好的憎水性,同时具有较高的黏结力,低温时抗脆裂性较强,但耐溶剂性较差。常制成胶粘剂、涂料、浸渍剂及耐热和绝缘性较高的塑料。硅胶就是其中的一种胶粘剂,有机硅漆即是以有机硅树脂为主要成膜物质的涂料。

八、聚醋酸乙烯酯(PVAC)

聚醋酸乙烯酯是醋酸乙烯的聚合物,俗称白乳胶,无色黏稠状或无色透明球状固体,具有热塑性。聚醋酸乙烯酯具有黏结力强,耐稀酸、稀碱作用的特点,但吸水性强。主要用来配制水性涂料和胶粘剂,也可用于混凝土外掺剂,配制成聚合物水泥混凝土。

九、聚丙烯酸酯(PAE)

聚丙烯酸酯是丙烯酸酯共聚乳液(简称丙乳),具有优良的黏结、抗裂、防水、防氯离子渗透、防腐、抗冻、耐磨、耐老化性能,并具有无毒、无污染、不燃、不爆、无腐蚀性等优点。主要用于配制丙乳砂浆,作为护面和修补材料,适用性较广。

第三节　工程中常用的合成橡胶

一、丁苯橡胶(SBR)

丁苯橡胶由丁二烯与苯乙烯共聚而成,是合成橡胶中应用最广的一种通用橡胶。按苯乙烯占总量中的比例,分为丁苯－10、丁苯－30、丁苯－50等牌号。随着苯乙烯含量增大，硬度、耐磨性增大，弹性降低。丁苯橡胶综合性能较好，强度较高、延伸率大，耐磨性和耐寒性亦较好。

丁苯橡胶是水泥混凝土和沥青混合料常用的改性剂。丁苯橡胶可直接用于拌制聚合物水泥混凝土；也可与乳化沥青共混制成改性沥青乳液，用于道路路面和桥面防水层。丁苯橡胶需用溶剂法或胶体磨法将其掺入沥青中。丁苯橡胶对水泥混凝土的强度、抗冲击和耐磨等性能均有改善；对沥青混合料的低温抗裂性有明显提高，对高温稳定性亦有适当改善。

二、丁腈橡胶(NBR)

丁腈橡胶是丁二烯与丙烯腈经乳液聚合而制得的共聚物。丁腈橡胶呈浅褐色，其耐热性、耐磨性和耐油性较好，耐寒性差。丁腈乳液可与乳化沥青掺合，制成改性沥青乳液。由于其耐寒性差、价格贵，故较少采用。

三、氯丁橡胶(CR)

氯丁橡胶是以2－氯－1,3－丁二烯为主要原料通过均聚或共聚制得的一种弹性体。氯丁橡胶呈米黄色或浅棕色，具有较高的抗拉强度和相对伸长率，耐磨性好，且耐热、耐寒，硫化后不易变老。由于它的性能较为全面，是一种常用胶种。

氯丁块胶用溶剂法可掺入沥青或氯丁胶乳与乳化沥青共混，均可用于制备路面用沥青混合料，亦可作为桥面或高架路面防水层涂料。

四、乙丙橡胶(EPR)

乙丙橡胶是以乙烯和丙烯为基础单体合成的弹性体共聚物，有二元乙丙橡胶和三元乙丙橡胶。三元乙丙橡胶是乙烯、丙烯和二烯烃的三元共聚物，由于它具有较好的综合力学性能，耐热性和耐老化性能均好，所以是当前较普遍用来改性沥青的一个胶种。

五、丁基橡胶(IIR)

丁基橡胶又称异丁橡胶，是由异丁烯与少量异戊二烯共聚而得的共聚物。丁基橡胶是一种无色的弹性体，其生胶具有较好的抗拉强度，大的延伸率，耐老化性能好，玻璃化温度低且耐热性好。丁基橡胶作为沥青改性剂，可用溶剂法加入，掺量2%左右。

第四节　聚合物混凝土

聚合物混凝土通常分为聚合物胶结混凝土、聚合物水泥混凝土及聚合物浸渍混凝土等三类。聚合物砂浆、混凝土主要用于建筑物的防渗、抗冻及耐磨部位的表层。

一、聚合物胶结混凝土(PC)

聚合物胶结混凝土是完全以聚合物为胶结材料黏结粗细集料构成的混凝土，常用的聚合物为各种树脂或单体，所以亦称“树脂混凝土”。如环氧砂浆、呋喃混凝土等。树脂混凝土或砂浆都具有较大的抗拉、抗压强度以及抗冲耐磨特点，多用于抗冲磨部位及表层修补。配制环氧系列混凝土常用的材料有环氧树脂、固化剂（间苯二胺、乙二胺、酮亚胺等）、聚酯树脂增塑剂或邻苯二甲酸二丁脂增塑剂、稀释剂、催化剂（水）及各种填料（石英砂粉、石棉粉、石子、砂等）。环氧树脂硬化时放出大量热量，一般固化速度较快，施工时边配制边使用。环氧树脂混凝土价格高，一般只用于表层护面。

聚合物胶结混凝土的技术性能主要有以下几个方面。

（一）表观密度小

由于聚合物的密度较水泥的密度小，所以聚合物混凝土的表观密度亦较小，通常为 2 000 ~2 200 kg/m^3，如采用轻集料配制混凝土，更能减小结构断面和增大跨度，达到轻质高强的要求。

（二）强度高

聚合物混凝土与水泥混凝土相比较，不论抗压、抗拉或抗折强度都有显著的提高，特别是抗拉和抗折强度尤为突出。

（三）与集料的黏附性强

由于聚合物与集料的黏附性强，可采用硬质石料做成混凝土路面抗滑层，提高路面抗滑性。

（四）结构密实

由于聚合物不仅可填充集料间的空隙，而且可浸填集料的孔隙，使混凝土的结构密度增大，提高了混凝土的抗渗性、抗冻性和耐久性。

二、聚合物水泥混凝土（PCC）

聚合物水泥混凝土是以聚合物（或单体）和水泥共同起胶结作用的一种混凝土。它是在拌和混凝土时将聚合物掺入的。

（一）聚合物水泥混凝土的材料

1. 聚合物水泥混凝土的材料要求

聚合物水泥砂浆、混凝土所用的水泥、砂、石子同普通混凝土，但掺入的聚合物必须满足下列要求：

（1）聚合物必须能在水泥的碱性环境条件下成膜，覆盖在水泥颗粒和集料上，并使水泥基体与集料形成强有力的黏结。

（2）聚合物网络必须具有阻止微裂缝生长的能力。

2. 聚合物种类

聚合物混凝土或砂浆中使用的聚合物有以下几类。

1）聚合物水分散体

聚合物水分散体，即以乳液形式掺入混凝土中的聚合物，包括以下几类：

（1）橡胶胶乳。其中有天然橡胶胶乳（NR）及合成橡胶胶乳，如氯丁胶乳（CR）、丁苯胶乳（SBR）、丁腈胶乳（NBR）、聚丁二烯胶乳（BR）及甲基丙烯酸甲酯 - 丁二烯胶乳（MBR）等。

（2）树脂胶乳。包括热塑性树脂胶乳、热固性树脂胶乳和沥青乳液。①热塑性树脂胶乳有聚丙烯酸酯乳液（PAE）、聚醋酸乙烯酯乳液（PVAC）、聚氯乙烯－偏氯乙烯乳液（PVDC）、乙烯－醋酸乙烯共聚乳液（EVA）、聚丙烯（PP）及聚丙烯酸乙烯酯乳液（PVP）；②热固性树脂胶乳有环氧树脂乳液及不饱和树脂乳液；③沥青乳液有煤焦油、沥青橡胶乳液及石蜡乳液。

（3）混合分散体。即将几种乳液混合使用，如混合橡胶胶乳和混合树脂乳液。

2）水溶性聚合物或单体

此类聚合物有纤维素衍生物（甲基纤维素 MC）、聚乙烯醇（PVA）、聚乙烯酸盐－聚丙烯酸钙、糠醇、脲醛、有机硅、聚丙烯酰胺及三聚氰胺甲醛等。

3）粉末状聚合物

此类聚合物有聚乙烯、脂肪醇、聚异丁烯等。

此外，还要加入某些辅助外加剂，如稳定剂、抗水剂、促凝剂和消泡剂等。

（二）聚合物水泥砂浆、混凝土的性能

1. 聚合物水泥砂浆、混凝土拌和物的性能

1）减水性能

由于聚合物乳液在生产过程中一般都加入表面活性剂，当加入水泥拌和物后，其和易性得到极大改善，达到相同的流动性时，其用水量显著减少。

2）凝结时间

聚合物对水泥的水化过程一般有滞后作用，一般随聚灰比增大，其聚合物砂浆的终凝时间也增加。

3）保水性

砂浆、混凝土的保水性是指其保持水分的能力。聚合物水泥砂浆、混凝土的保水性优于普通砂浆、混凝土，且保水性随聚合物掺量增加而增强。

此外，聚合物的掺入，对水泥砂浆或水泥混凝土的泌水性及离析现象也有明显的改善效果。

2. 聚合物水泥砂浆、混凝土的力学性能

1）强度

一般聚合物水泥砂浆、混凝土的抗拉与抗折强度比普通水泥砂浆、混凝土有较显著的增加，但其抗压强度改善不大，甚至有时还会降低。其强度受聚合物品种、掺入量、砂子细度模数、集料种类、含气量、养护条件等因素的影响较大。一般抗折强度与黏结强度都随聚合物掺量增加而增加。标准养护 28 d 后一直处于干燥状态的聚合物水泥砂浆强度随时间增加而增加，如果一直处于水中，则强度有所下降，但降低幅度不大。

2）弹性模量与变形

聚合物水泥砂浆的弹性模量随聚合物的掺量增加而降低，但聚合物混凝土的弹性模量随聚合物品种、掺量的不同，有增有减。聚合物水泥砂浆、混凝土的刚性有所降低，但其抗裂性能得到有效改善。聚合物水泥砂浆的干缩变形随聚合物掺量的增加而明显减小。因此，聚合物水泥砂浆、混凝土的抗裂性较好，聚合物水泥砂浆的抗裂性能可比普通砂浆提高 10 倍以上，大于聚合物混凝土的提高倍数。

3）聚合物水泥砂浆、混凝土的冲击韧性

由于掺加聚合物后，混凝土的脆性降低，柔韧性增加，因而抗冲击能力也有明显的提高。

3. 聚合物水泥砂浆、混凝土的耐久性

聚合物水泥砂浆、混凝土的密实性远远优于同灰砂比的普通水泥砂浆、混凝土。研究表明：丙乳砂浆的抗水渗透性比普通水泥砂浆提高3倍以上，吸水率显著降低，抗氯离子渗透能力也明显提高。

聚合物水泥砂浆具有较好的抗冻性和耐自然环境老化的性能。

（三）聚合物水泥砂浆、混凝土的工程应用

聚合物水泥砂浆主要用于建筑物的防渗、抗冻及耐磨部位的表层。如福建连江县敖江上64.6 m高的碾压混凝土坝上游防渗层、南京市三山街地铁站防渗工程、北京西斋堂水库溢流坝面、黑龙江镜泊湖水电站尾水渠和调压塔、岳城水库溢洪道等工程均采用了丙乳水泥砂浆，运用情况良好。

此外，我国还将聚合物水泥砂浆用于各种钢筋混凝土建筑物防渗处理、已碳化钢筋混凝土中钢筋的防锈蚀处理、钢筋的防氯盐腐蚀、工业建筑防腐蚀、铺面修补等。

三、聚合物浸渍混凝土（PIC）

聚合物浸渍混凝土是用单体或低分子树脂浸入已硬化的混凝土中，再用辐射法或加热法，或同时用两种方法，使单体或树脂在混凝土中聚合而成的。

由于聚合物浸渍充盈了混凝土的毛细管孔和微裂缝所组成的孔隙系统，改变了混凝土的孔隙结构，硬化后使得混凝土具有较高的强度，其抗渗性、抗冻性、耐磨及耐腐蚀性能都有很好的改善。以甲基丙烯酸甲酯浸渍混凝土为例，其强度比原混凝土提高2~4倍，抗压弹性模量约增长1倍，抗弯弹性模量增长1.5倍，徐变减少90%，冲击值和耐磨损能力增长1.7倍，几乎不吸水、不透水。但聚合物浸渍混凝土的抗冲击强度和韧性小，易脆断。聚合物浸渍混凝土的强度提高程度与聚合物的浸渍率、聚合物的种类、混凝土基材质量、在混凝土构件断面上浸渍所占面积、聚合方法等因素有关。

浸渍用的聚合物是液态的，称为浸渍液，它是由有机单体和化学引发剂组成的。对浸渍液的要求是：黏度低、流动性好、毒性低、挥发性小、易渗入硬化体内，并在硬化体内聚合。所形成的聚合物有较高的强度，较好的耐水、耐碱、耐热和耐老化性能。常用聚合物有甲基丙烯酸甲酯、苯乙烯、丙烯腈等乙烯类化合物。此外，也常用丙烯异冰片酯、丙烯酸甲酯、环氧树脂、不饱和聚酯树脂等。所选单体的种类、性能对浸渍后材料硬化体的物理、力学性能及用途、成本等均有较大影响。

浸渍单体在硬化体中聚合的方法，一般有辐射法、加热法和化学法。浸渍单体浸入硬化体的孔隙中，经聚合后可堵塞混凝土的孔隙，增加混凝土的固相，使多孔结构的混凝土成为致密的结构。不管浸渍前混凝土的孔隙分布如何，经浸渍后大孔均能被填塞。虽然聚合物并不能完全封闭混凝土的孔隙，只能起到缩小孔径的作用，但浸渍后的混凝土仅剩极小的孔隙（直径在$(40\sim50)\times10^{-10}$ m以下）。因此，具有较好的密实性。

第五节　化学灌浆材料

灌浆是把浆液灌入土壤或岩石地基的缝隙或洞穴中以减少其透水性，提高强度或减小变形，也可用于对混凝土缝隙的处理。灌浆材料有固粒浆材（常用水泥）和化学浆材两类。

一、化学灌浆材料的特点

化学灌浆材料一般应具有以下特点：

(1)浆液黏度低，可灌性好，在较低压力下比较容易灌入细微裂隙。

(2)凝胶体具有较好的密实性、防渗性和耐久性。用于补强灌浆的材料，还应具有一定的抗压和抗拉强度；用于混凝土裂缝处理的材料，则须有良好的黏结强度。

(3)操作工艺性能好。浆液有较长的适用期，便于浆液进入缝隙深处，浆液的胶凝时间容易调节，可以适应不同的灌浆要求。

(4)浆液无毒或低毒，不会造成环境污染。

二、化学灌浆材料的种类及适用性

化学灌浆材料按灌浆对象分为防渗堵漏材料和补强加固材料两类。水玻璃、木质素类、丙烯酰胺类（丙凝）、丙烯酸盐类、氨基树脂、聚氨酯类（氰凝）等都属于防渗堵漏材料，环氧树脂、丙烯酸酯类（甲凝）和聚酯树脂类等属于补强加固材料。氰凝既可堵漏防渗，也可以作为补强加固材料。

三、常用化学灌浆材料

（一）甲凝

甲凝是以甲基丙烯酸甲酯为主要成分配制成的一种低黏度液体，可灌性好，能灌入宽0.05 mm的细微裂缝，在0.2～0.3 MPa压力下，浆液可渗入混凝土内4～6 cm，起到浸渍作用，其黏结强度较高，但灌浆时不能与水直接接触。

（二）环氧树脂

环氧树脂具有黏结力强、收缩率小及常温固化等特点，但由于自身黏度较大，作为灌浆材料，必须降低其黏度。按加入稀释剂的种类来分，环氧树脂灌浆材料可分为三类。

1. 非活性稀释剂体系

采用丙酮、二甲苯等活性剂稀释环氧树脂。这类浆液配制简单，施工方便，固化过程中放热反应也小。但是，由于掺入大量稀释剂，造成固化物收缩大，物理力学性能下降，黏结力低。

2. 活性稀释剂体系

活性稀释剂体系可以克服溶剂挥发的缺点，但稀释效果不佳，浆液可灌性受到一定限制。

3. 糠醛—丙酮稀释体系

目前，用糠醛—丙酮作为混合稀释剂的环氧树脂浆液应用较多，由于糠醛和丙酮在一定条件下能进一步树脂化,从而改善了固化物的结构,使其具有更大的密实性。

环氧树脂虽然性能优越,但在保持原有优良性能的前提下,进一步降低浆液黏度是有困难的。虽然采用糠醛—丙酮体系可以稀释,但浆液黏度增长快,适用期较短,扩散范围小,因而限制了环氧树脂的应用。

(三)氰凝

聚氨酯类(氰凝)灌浆材料发展较快,品种较多,但只有非水溶性聚氨酯才适合作补强加固材料使用。通常先将多异氰酸酯和多羟基化合物预聚成低聚物,再配以稀释剂、表面活性剂、催化剂等成分组成。

聚氨酯灌浆材料遇水后立即反应,黏度逐渐增加,生成不溶于水的凝固体。在固化时不仅会发生体积膨胀,提高浆体在裂缝中的充填率,而且产生其他化学浆液所没有的次渗透现象,具有较大的渗透半径。因此,可用于湿缝甚至渗水缝的堵漏灌浆,但由于稀释剂的逸出而造成后期体积收缩,经过一段时间还会出现渗漏现象,作为补强加固灌浆使用,效果不甚满意。

氰凝多用于混凝土缝及岩石裂缝的漏水处理、地基加固及水管堵漏等。

(四)丙凝

丙凝是丙烯酰胺浆液,它是以丙烯酰胺为主剂,辅以其他药剂配制成的浆液。其浆液黏度低,与水接近。在凝结前黏度一直不变,由液体变成胶体是瞬间发生的,其凝结时间可以调整,由几秒到几小时之间。其强度不高,但稳定性好,常用于岩基及大坝的堵漏防渗,可灌入宽度 0.1 mm 以下的裂缝中。

丙凝主要成分有丙烯酰胺、二甲基双丙烯酰胺、β－二甲胺基丙腈、水及过硫酸氨等。

(五)丙强

丙强是丙烯酰胺类化学灌浆材料,它是以脲醛树脂、丙烯酰胺及甲撑双丙烯酰胺为主要材料,辅以硫酸及过硫酸铵配制成的浆液。它是在丙凝灌浆的基础上发展起来的补强加固灌浆材料,强度比丙凝高,黏度比丙凝大。主要用于防渗帷幕灌浆及固结灌浆。

本章小结

合成高分子材料也称为高分子聚合物,具有密度小、比强度高、耐水性及耐腐蚀性强,抗渗、耐磨等优良的工程性能,其品种多,用途广,是传统建筑材料改性和复合的重要材料。用做建筑材料的合成高分子材料主要是合成树脂、合成橡胶和合成纤维。合成树脂是制作塑料的主要原料。合成高分子材料在水利工程中常用来制作聚合物砂浆、聚合物混凝土和化学灌浆。

通过本章的学习,要求做到以下方面:

掌握:工程常用建筑塑料、合成橡胶、聚合物砂浆、混凝土、化学灌浆材料的特点和用途。

理解:塑料的组分及其作用。

了解:高分子聚合物的分类方法。

第八章　土工合成材料

【内容提要】

本章主要介绍土工合成材料的种类，土工合成材料的技术性能，土工合成材料的功能及土工合成材料的贮存与保管。

土工合成材料是20世纪50年代末期发展起来的一种新型建筑材料，它是应用于岩土工程的以高分子聚合物为原材料制成的各种产品的统称。土工合成材料具有满足多种工程需要的性能，而且由于其寿命长（在正常使用条件下，寿命可达50～100年）、强度高（在埋置20年后，强度仍保持75%）、柔性好、抗变形能力强、施工简易、造价低廉、材料来源丰富，在水利水电、道路、海港、采矿、军工、环境等工程领域得到了广泛的应用。

第一节　土工合成材料的种类

我国《土工合成材料应用技术规范》（GB 50290—1998）将土工合成材料分为土工织物、土工膜、土工复合材料和土工特种材料四大类。

一、土工织物

土工织物又称土工布，它是由聚合物纤维制成的透水性土工合成材料。按制造方法不同，土工织物可分织造型（有纺）土工织物与非织造型（无纺）土工织物两大类。

（一）织造型土工织物

1. 结构

织造型土工织物是问世最早的土工织物产品，又称为有纺土工织物。它是由单丝或多丝织成的，或由薄膜形成的扁丝编织成的布状卷材。其制造工序是：将聚合物原材料加工成丝、纱、带，再借织机织成平面结构的布状产品。织造时有相互垂直的两组平行丝，如图8-1所示。沿织机（长）方向的称经丝，横过织机（宽）方向的称纬丝。

单丝的典型直径为0.5 mm，它是将聚合物热熔后从模具中挤压出来的连续长丝。在挤出的同时或刚挤出后将丝拉伸，使其中的分子定向，以提高丝的强度。多丝是由若干根单丝组成的，在制造高强度土工织物时常采用多丝。扁丝是由聚合物薄片经利刀切成的薄条，在切片前后都要牵引拉伸以提高其强度，宽度约为3 mm，是其厚度的10～20倍。目前，大多数编织土工织物是由扁丝织成的，而圆丝和扁丝结合成的织物有较高的渗透性。如图8-2所示。

2. 织造型式

织造型土工织物有三种基本的织造型式：平纹、斜纹和缎纹。平纹是最简单、应用最多的织法，其形式是经、纬纹一上一下，如图8-1、图8-2所示。斜纹是经丝跳越几根纬丝，最简单的形式是经丝二上一下，如图 8-3 所示。缎纹是经丝和纬丝长距离地跳越，如经丝五上一下，这种织法适用于衣料类产品。

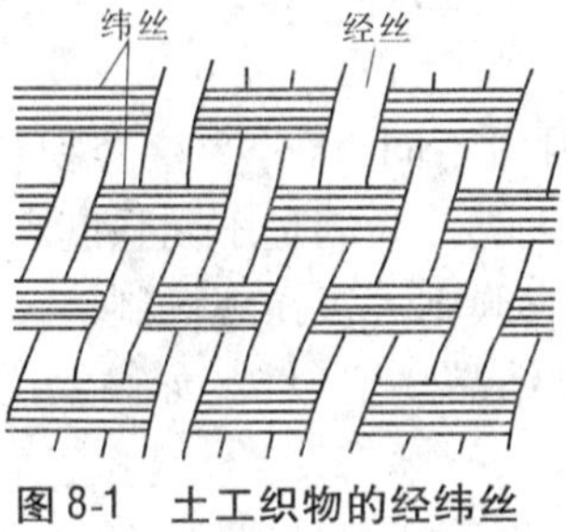

图 8-1　土工织物的经纬丝

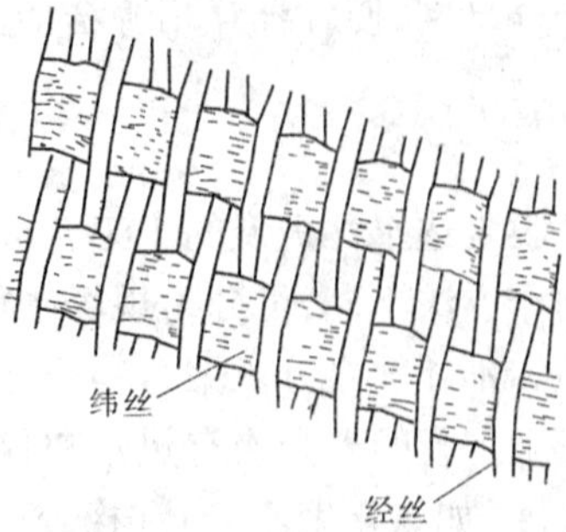

图 8-2　圆丝和扁丝织成的织物

3. 各产品的特性

不同的丝和纱以及不同的织法，织成的产品具有不同的特性。平纹织物有明显的各向异性，其经、纬向的摩擦系数也不一样；圆丝织物的渗透性一般比扁丝的高，每百米长的经丝间穿越的纬丝愈多，织物愈密愈强，渗透性愈低。单丝的表面积较多丝的小，其防止生物淤堵的性能好。聚丙烯的老化速度比聚酯和聚乙烯的要快。由此可见，可以借助调整丝（纱）的材质、品种和织造方式等来得到符合工程要求的强度、经纬强度比、摩擦系数、等效孔径和耐久性等项指标。

（二）非织造型土工织物

非织造型土工织物又称无纺土工织物，是由短纤维或喷丝长纤维按随机排列制成的絮垫，经机械缠合，或热黏合，或化学黏合而成的布状卷材。

图 8-3　斜纹土工织物

1. 热黏合

热黏合是将纤维在传送带上成网，让其通过两个反向转动的热辊之间热压，纤维网受热达到一定温度后，部分纤维软化熔融，互相粘连，冷却后得到固化。这种方法主要用于生产薄型土工织物，厚度一般为 0.5 ~ 1.0 mm。由于纤维是随机分布的，织物中形成无数大小不一的开孔，又无经纬丝之分，故其强度的各向异性不明显。

纺黏合是热黏合中的一种，是将聚合物原材料经过熔融、挤压、纺丝成网、纤维加固后形成的产品。该种织物厚度薄而强度高，渗透性大。由于制造流程短，产品质量好，品种规格多，成本低，用途广，近年来在我国发展较快。

2. 化学黏合

化学黏合是通过不同工艺将黏合剂均匀地施加到纤维网中，待黏合剂固化，纤维之间便互相粘连，使网得以加固，厚度可达 3 mm。常用的黏合剂有聚烯酯、聚酯乙烯等。

3. 机械黏合

机械黏合是以不同的机械工具将纤维加固。机械黏合有针刺法和水刺法两种。针刺法利用装在针刺机底板上的许多截面为三角形或棱形且侧面有钩刺的针，由机器带动，做上下往复运动，让网内的纤维互相缠结，从而织网得以加固。产品厚度一般在 1 mm 以上，孔隙率高，渗透性大，反滤、排水性能好，在工程中应用很广。水刺法是利用高压喷射水流射入纤维网，使纤维互相缠结加固。产品柔软，主要用于卫生用品，工程中尚未应用。

二、土工膜

土工膜是透水性极低的土工合成材料。根据原材料不同，可分为聚合物和沥青两大类。按制作方法不同，可分为现场制作和工厂预制两大类。为满足不同强度和变形需要，又有加筋和不加筋之分。聚合物膜在工厂制造，而沥青膜则大多在现场制造。

制造土工膜的聚合物有热塑塑料（如聚氯乙烯）、结晶热塑塑料（如高密度聚乙烯）、热塑弹性体（如氯化聚乙烯）和橡胶（如氯丁橡胶）等。

现场制造是指在工地现场地面上喷涂一层或敷一层冷或热的黏性材料（沥青和弹性材料混合物或其他聚合物）或在工地先铺设一层织物在需要防渗的表面，然后在织物上喷涂一层热的黏性材料，使透水性低的黏性材料浸在织物的表面，形成整体性的防渗薄膜。

工厂制造是采用高分子聚合物、弹性材料或低分子量的材料通过挤出、压延或加涂料等工艺过程所制成的，是一种均质薄膜。挤出是将熔化的聚合物通过模具制成土工膜，厚 0.25 ~ 4.0 mm。压延是将热塑性聚合物通过热辊压成土工膜，厚 0.25 ~ 2.0 mm。加涂料是将聚合物均匀涂在纸片上，待冷却后将土工膜揭下来而成的。

制造土工膜时，掺入一定量的添加剂，可使其在不改变材料基本特性的情况下，改善某些性能和降低成本。例如：掺入碳黑可提高抗日光紫外线能力，延缓老化；掺入滑石等润滑剂可改善材料可操作性；掺入铅盐、钡、钙等衍生物可提高材料的抗热、抗光照稳定性；掺入杀菌剂可防止细菌破坏等。在沥青类土工膜中，掺入填料（如细矿粉）或纤维，可提高土工膜的强度。

三、土工复合材料

土工复合材料是两种或两种以上的土工合成材料组合在一起的制品。这类制品将各种组合料的特性相结合，以满足工程的特定需要。

（一）复合土工膜

复合土工膜是将土工膜和土工织物（包括织造型和非织造型）复合在一起的产品。应用较多的是非织造针刺土工织物，其单位面积质量一般为 200 ~ 1 500 g/m^2。复合土工膜在工厂制造时有两种方法：一种是将织物和膜共同压成，另一种是在织物上涂抹聚合物以形成二层（一布一膜）、三层（二布一膜）、五层（三布二膜）的复合土工膜。

复合土工膜具有许多优点，例如：以织造型土工织物复合，可以对土工膜加筋，保护不受运输或施工期间的外力损坏；以非织造型织物复合，可以对土工膜起加筋、保护、排水排气作用，提高膜的摩擦系数，在水利工程和交通隧洞工程中有广泛的应用。

（二）塑料排水带

塑料排水带是由不同凹凸截面形状并形成连续排水槽的带状心材，外包非织造土工织物（滤膜）构成的排水材料。心板的原材料为聚丙烯、聚乙烯或聚氯乙烯。心板截面形式有城垛式、口琴式和乳头式等，如图 8-4 所示。

心板起骨架作用，截面形成的纵向沟槽供通水之用，而滤膜多为涤纶无纺织物，作用是滤土、透水。塑料排水带的宽度一般为 100 mm，厚度为 3.5～4 mm，每卷长 100～200m，单位质量为 0.125 kg/m。排水带在公路、码头、水闸等软基加固工程中应用广泛。

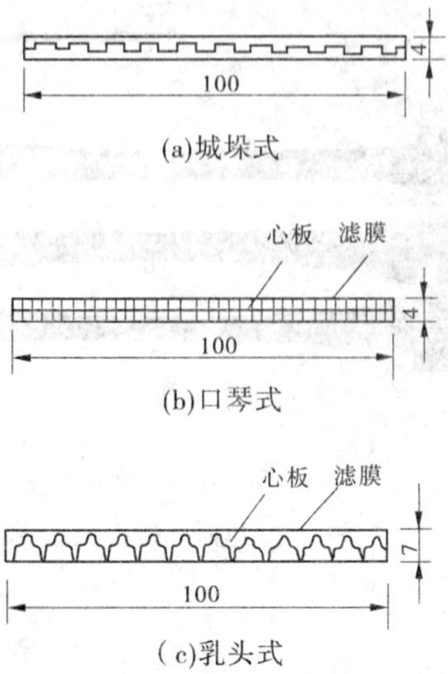

图 8-4　塑料排水带断面　(单位:mm)

(三)软式排水管

软式排水管又称为渗水软管，是由高强度钢丝圈作为支撑体及具有反滤、透水、保护作用的管壁包裹材料两部分构成的，如图 8-5 所示。

高强钢丝由钢线经磷酸防锈处理，外包一层 PVC 材料，使其与空气、水隔绝，避免氧化生锈。包裹材料有三层：内层为透水层，由高强度尼龙纱作为经纱，特殊材料由纬纱制成；中层为非织造土工织物过滤层；外层为与内层材料相同的覆盖层。在支撑体和管壁外裹材料间、外裹各层之间都采用了强力黏结剂黏合牢固，以确保软式排水管的复合整体性。目前，管径有 50.1 mm、80.4 mm 和 98.3 mm，相应的通水量（坡降 $i=1/250$）为 45.7 cm^3/s、162.7 cm^3/s、311.4 cm^3/s。

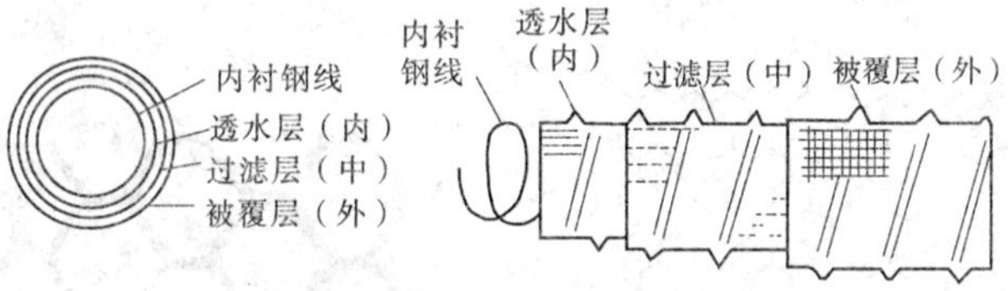

图 8-5　软式排水管构造示意

软式排水管兼有硬水管的耐压与耐久性能，又有软水管的柔软和轻便特点，过滤性强，排水性好，可用于各种排水工程中。

四、土工特种材料

土工特种材料是为工程特定需要而生产的产品。常见的有以下几种。

(一)土工格栅

土工格栅是在聚丙烯或高密度聚乙烯板材上先冲孔，然后进行拉伸而成的带长方形孔的板材，如图 8-6 所示。

加热拉伸是让材料中的高分子定向排列，以获得较高的抗拉强度和较低的延伸率。按拉伸方向不同，可分为单向拉伸（孔近矩形）和双向拉伸（孔近方形）两种。单向拉伸在拉伸方向上皆有较高强度。

土工格栅强度高、延伸率低，是加筋的好材料。土工格栅埋在土内，与周围土之间不仅有摩擦作用，而且由于土石料嵌入其开孔中，还有较高的啮合力，它与土的摩擦系数高

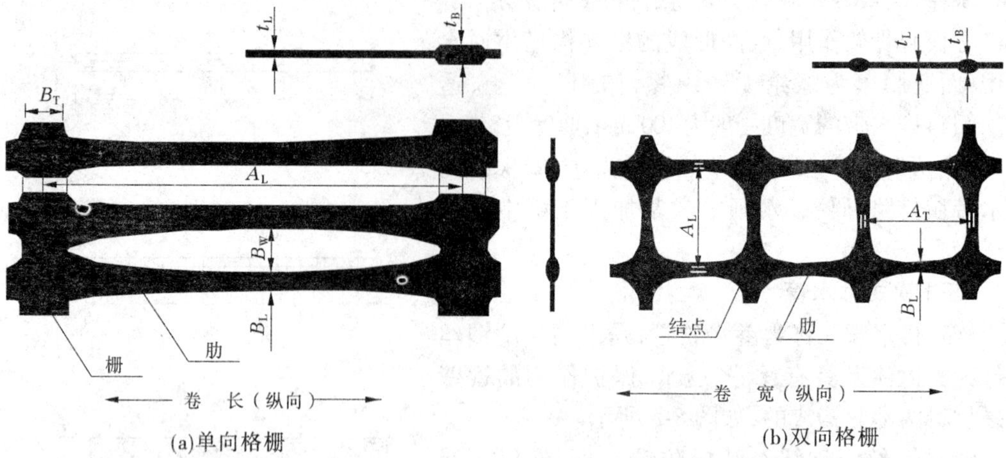

图 8-6 土工格栅

达 0.8～1.0。

（二）土工网

土工网是由聚合物经挤塑成网，或由粗股条编织，或由合成树脂压制成的具有较大孔眼和一定刚度的平面结构网状材料，如图 8-7 所示。网孔尺寸、形状、厚度和制造方法不同，其性能也有很大差异。一般而言，土工网的抗拉强度都较低，延伸率较高。这类产品常用于坡面防护、植草、软基加固垫层或用于制造复合排水材料。

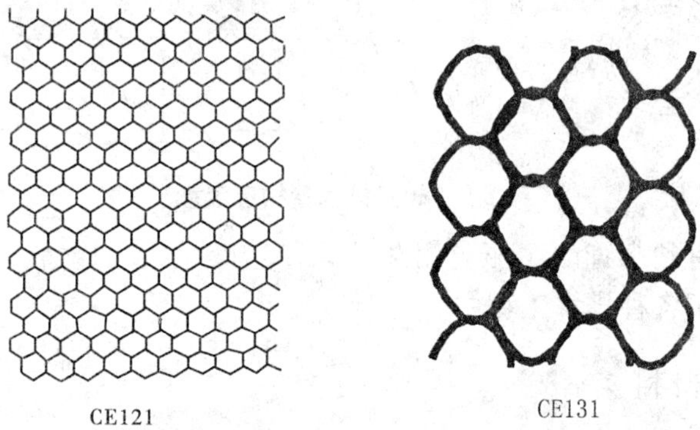

图 8-7 土工网

（三）土工模袋

土工模袋是由上下两层土工织物制成的大面积连续袋状材料，袋内充填混凝土或水泥砂浆，凝固后形成整体混凝土板，可用做护坡。模袋上下两层之间用一定长度的尼龙绳来保持其间隔，可以控制填充时的厚度。浇灌在现场用高压泵进行。混凝土或砂浆注入模袋后，多余水量可从织物孔隙中排走，故而降低了水分，加快了凝固速度，提高了强度。

按加工工艺不同，模袋可分为机织模袋和简易模袋两类。前者是由工厂生产的定型产品,而后者是用手工缝制而成的。

(四)土工格室

土工格室是由强化的高密度聚乙烯宽带,每隔一定间距以强力焊接而形成的网状格室结构。典型条带宽 100 mm、厚 1.2 mm,每隔 300 mm 进行焊接。闭合和张开时的形状如图 8-8 所示。格室张开后,可填土料,由于格室对土的侧向位移的限制,可大大提高土体的刚度和强度。土工格室可用于处理软弱地基,增大其承载力,沙漠地带可用于固沙,还可用于护坡等。

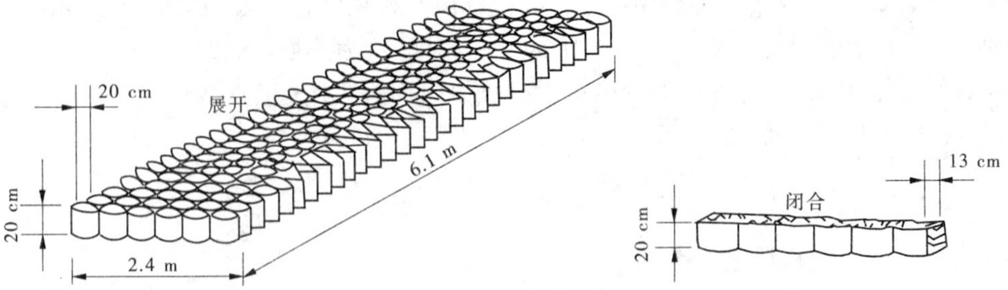

图 8-8 土工格室

(五)土工管、土工包

土工管是用经防老化处理的高强度土工织物制成的大型管袋及包裹体,可有效地护岸和用于崩岸抢险,或利用其堆筑堤防。

土工包是将大面积高强度的土工织物摊铺在可开底的空驳船内,充填 200 ~ 800 m^3 料物将织物包裹闭合,运送沉放到一定预定位置。在国外,该技术主要用于环境保护。

(六)聚苯乙烯板块

聚苯乙烯板块又称泡沫塑料,是以聚苯乙烯为原料,加入发泡剂制成的。其特点是质量轻、导热系数低、吸水率小、有一定抗压强度。由于其质量轻,可用它代替土料,填筑桥端的引堤,解决桥头跳车问题。其导热系数低,在寒冷地带,可用该材料板块防止结构物冻害,例如,在挡墙背面或闸底板下,放置泡沫塑料以防止冻胀等。

(七)土工合成材料黏土垫层

土工合成材料黏土垫层是由两层或多层土工织物(或土工膜)中间夹一层膨润土粉末(或其他低渗透性材料)以针刺(缝合或黏结)而成的一种复合材料。其优点是体积小、质量轻、柔性好、密封性良好、抗剪强度较高、施工简便、适应不均匀沉降,比压实黏土垫层具有无比的优越性,可代替一般的黏土密封层,用于水利或土木工程中的防渗或密封设计。

第二节 土工合成材料的技术性能

土工合成材料广泛应用于水利和岩土工程的各个领域。不同的工程对材料有不同的功能要求,并因此而选择不同类型和不同品种的土工合成材料。根据国家有关规范、规程,土工合成材料的技术性能大体可分为物理性能、力学性能、水力性能、土工织物与土相互作用及耐久性等。

一、物理性能

表示土工合成材料物理性能的指标主要是单位面积质量、厚度、等效孔径和孔隙率。

(一)单位面积质量

单位面积质量,是指1 m^2 土工合成材料的质量,单位为 g/m^2。它是土工合成材料的一个重要指标,土工合成材料的单价与其大致成正比,强度也随单位面积质量的增大而增大。

单位面积质量的测试方法为称量法,从卷材长度和宽度方向上随机剪取至少10块方形或圆形试样,距卷材边缘不小于100 mm,每块面积为100 cm^2,剪裁和测量精度为1 mm。用感量为0.01 g的天平进行称量,每块试样称量一次。根据测试结果,按式(8-1)计算每块试样的单位面积质量 G:

$$G = \frac{M}{A} \tag{8-1}$$

式中 G——单位面积质量,g/m^2;

M——试样质量,g;

A——试样面积,m^2。

计算出全部测试值的算术平均值即为土工合成材料的单位面积质量。

(二)厚度

土工合成材料的厚度是指在承受一定压力的情况下,土工合成材料的实际厚度,单位为mm。土工织物的厚度在承受压力时变化很大,并随加压持续时间的延长而减小。故规范规定,在测定厚度时应按要求施加一定的压力,在加压30 s时读数。施加的压力分别为(2 ±0.01) kPa、(20 ±0.1) kPa和(200 ± 1) kPa,可以对每块试样逐级持续加压测读。测量时取样方法与测量单位面积质量时相同,将试样放置在厚度试验仪基准板上,用一与基准板平行、下表面光滑、面积为25 cm^2 的圆形压脚对试件施加压力,压脚与基准板间的距离即为土工合成材料厚度。土工织物的厚度一般为0.1 ~5 mm,对厚度超过0.5 mm的织物,测量精度为0.01 mm,厚度小于0.5 mm时,精度为0.001 mm。

(三)等效孔径(表观孔径)

等效孔径相当于织物的表观最大孔径,也是能通过的土颗粒的最大粒径,以 O 表示,单位为mm。测定土工织物孔径的方法有直接法和间接法两种:直接法有显微镜测读法和投影放大测读法,间接法包括干筛法、湿筛法、动力水筛法、水银压入法和渗透法等。目前多采用干筛法。干筛法是用织物试样作为筛布,将预先定出粒径的石英砂放在筛布上振筛,称量通过筛布的石英砂的质量,计算出截留在织物内部和上部砂的质量占砂粒总投放量的百分比(筛余率)。取筛余率为95%(过筛率为5%)所对应的粒径为织物的等效孔径 O_{95}。用同样方法可得到 O_{85}、O_{50}、O_{15} 的孔径值,绘制出不同粒径下筛余率与粒径(对数坐标)的关系曲线,如图8-9所示。

试验前,必须用筛分法将石英砂分成不同的粒组,如0.063 ~0.090 mm、0.090 ~0.106 mm等。试验中,每种粒径石英砂的投放量为50 g,振筛时间为20 min,采用的标准分析筛外径为20 mm。用式(8-2)计算筛余率 R_i:

$$R_i = \frac{M_t - M_p}{M_t} \times 100\% \quad (8\text{-}2)$$

式中 M_t——某粒径石英砂的投放量,g;

M_p——筛析后通过织物的石英砂质量,g。

(四)孔隙率

土工合成材料的孔隙率是指其所含孔隙体积与总体积之比,以 n_p(%)表示。它与土工合成材料孔径的大小有关,直接影响到织物的透水性、导水性和阻止土粒随水流流失的能力。孔隙率的大小不直接测定,由单位面积质量、密度和厚度计算得到,按式(8-3)计算:

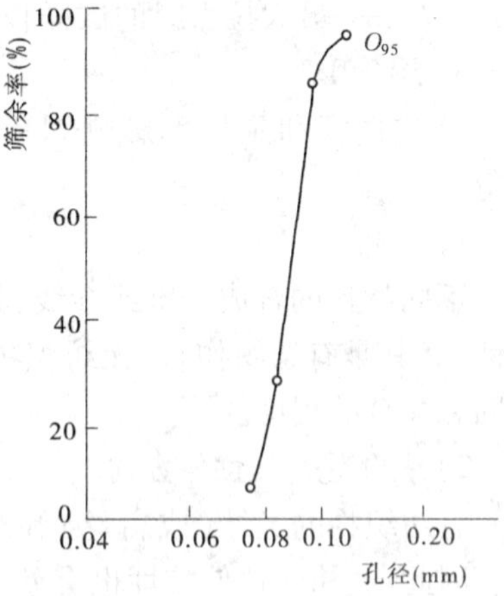

图8-9 孔径分布曲线

$$n_p = (1 - \frac{G}{\rho\delta}) \times 100\% \quad (8\text{-}3)$$

式中 G——单位面积质量,g/m^2;

ρ——无纺织物原材料密度,g/m^3;

δ——无纺织物的厚度,m。

无纺织物在不受压力的情况下,其孔隙率一般在90%以上,随着压力的增大,孔隙率减小。

二、力学性能

土工合成材料力学性能指标主要有抗拉强度、握持强度、撕裂强度、胀破强度、顶破强度、刺破强度等。其中,抗拉强度是最基本的力学性能指标。

(一)抗拉强度

1. 抗拉强度

土工合成材料的抗拉强度是指试样在拉力机上拉伸至断裂时,单位宽度所承受的最大拉力,其单位为 kN/m,计算公式如下:

$$T_s = \frac{P_f}{B} \quad (8\text{-}4)$$

式中 T_s——抗拉强度,kN/m;

P_f——拉伸过程中最大拉力,kN;

B——试样的初始宽度,m。

2. 延伸率

延伸率是试样拉伸时对应最大拉力时的应变,是指试样长度的增加值与试样初始长度的比值,以百分数(%)表示。公式如下:

$$\varepsilon_p = \frac{L_f - L_0}{L_0} \times 100\% \quad (8\text{-}5)$$

式中 ε_p——延伸率(%);

L_0——试样的计算长度(夹具间距),mm;

L_f——最大拉力时的试样长度，mm。

3. 影响因素

抗拉强度和延伸率影响因素有原料、结构型式及拉伸方向、试样的宽度、拉伸速率等。

1）原料

不同材料的合成纤维或纱线，其拉伸特性不同，由它们制成的织物也具有不同的拉伸特性（尤其是有纺织物）。无纺织物纤维的排列是随机的，拉伸性能主要取决于纤维之间加固和黏合的程度。

2）结构型式及拉伸方向

有纺织物的经纱（或扁丝）和纬纱，其粗细和单位长度内的根数甚至材料都可能不同。因此，经纬向拉伸特性也有差别。对于无纺织物，根据铺网时交错的方式不同，经纬强度也不一样。为此，在进行拉伸试验时，要进行两个方向的拉伸试验，并分别给出沿经向和纬向的抗拉强度和延伸率。

3）试样的宽度

我国《土工合成材料测试规程》（SL/T 235—1999）中规定了两种宽度，即窄条试验宽 50 mm 和宽条试验宽 200 mm。采用窄条试验时，无纺织物横向收缩很大，有时高达 50% 以上，测得的抗拉强度偏小；而有纺织物的横向收缩很小，测得的结果要好一些。

4）拉伸速率

拉伸速率越快，测得的抗拉强度越高。规范规定拉伸速率为 20 mm/min。目前，我国典型的有纺织物和无纺织物的拉伸过程曲线如图 8-10 所示。

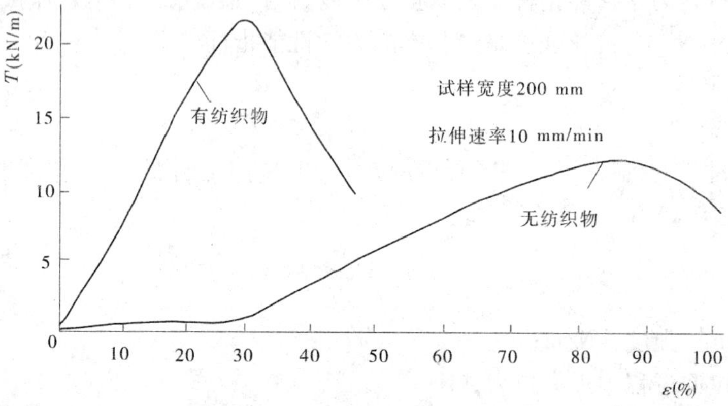

图 8-10　土工织物的拉伸过程曲线

（二）握持强度

握持强度是表示土工织物抵抗外来集中荷载的能力。其测试方法与抗拉强度基本相同，只是试验时仅 1/3 试样宽度被夹持，故该指标除反映抗拉强度的影响外，还与握持点相邻纤维提供的附加强度有关。握持强度试验如图 8-11 所示。拉伸速率为 100 mm/min。试样破坏过程中出现的最大拉力，即为握持强度，单位为 kN。

（三）撕裂强度

撕裂强度是指沿土工织物某一裂口将裂口逐步扩大过程中的最大拉力，单位为 kN。

测定撕裂强度的试验试样有梯形试样、舌形试样和翼形试样。梯形试样的测试方法是将梯形轮廓画在试样上，如图 8-12(a) 所示，并预先剪出 15 mm 长的裂口，然后沿梯形的两个腰夹在拉力机的夹具中，如图 8-12(b) 所示。拉伸速度为 100 mm/min，使裂口扩展到整个试样宽度，撕裂过程的最大拉力即为撕裂强度。

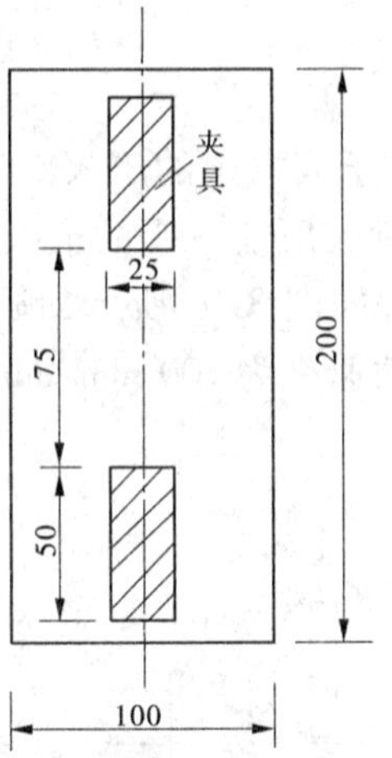

图 8-11　握持强度试验　（单位：mm）

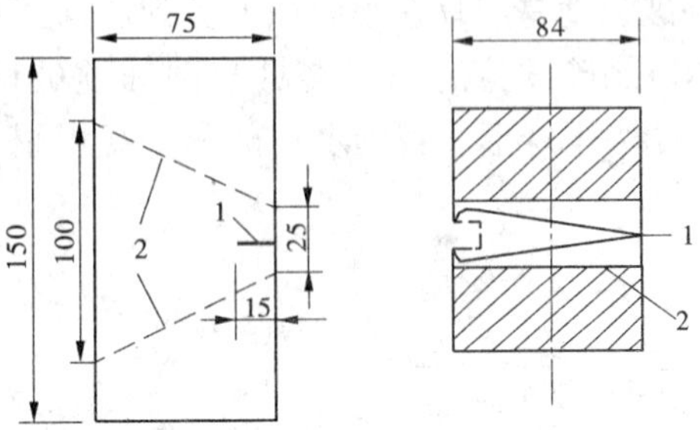

(a)平面形状　　(b)夹持形状

1—切缝；2—夹持线

图 8-12　撕裂强度梯形试验　（单位：mm）

（四）胀破强度

胀破强度表示土工合成材料抵抗外部冲击荷载的能力，试验装置如图 8-13 所示。取直径小于 125 mm 的圆形试样铺放在试验机的人造橡胶膜上，并夹在内径为 31 mm 的环形夹具间。以 170 mL/min 的速率加液压使橡胶冲胀，直至试样胀破为止。施加的最大液压即为胀破强度 P_b，单位为 kPa，共完成 10 个试样的试验。

（五）圆球顶破强度

圆球顶破强度是指土工合成材料抵抗法向荷载的能力，用以模拟凹凸不平的地基和上部块石压入的影响。试验装置如图 8-14 所示，环形夹具内径为 44.5 mm，钢球的直径为 25.4 mm。试样在不受预应力的状态下牢固地夹在环形夹具之间，钢球沿试样中心的法向以 100 mm/min 的速率顶入，测得钢球顶破试样需要的最大压力，即为圆球顶破强度 T_b，单位为 N。试验共进行 10 次。

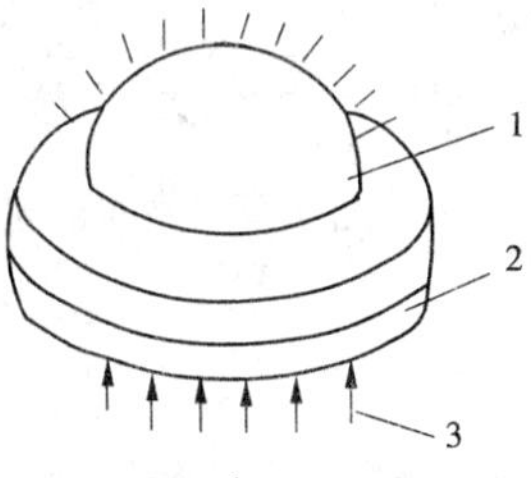

1—试样；2—环形夹具；3—液压

图 8-13　胀破试验装置

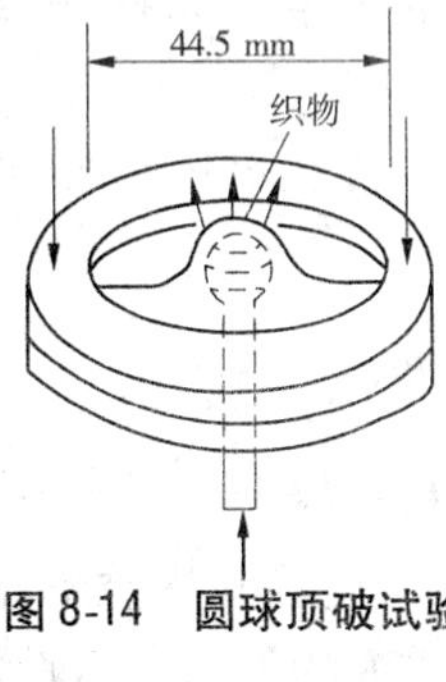

图 8-14　圆球顶破试验

（六）CBR 顶破试验

试验装置如图 8-15 所示。将直径为 230 mm 的织物试样在不受预应力的状态下固定在内径为 150 mm 的 CBR 仪圆筒顶部，然后用直径为 50 mm 的标准圆柱活塞以 60 mm/min的速率顶推织物，直至试样顶破为止，记录最大荷载即为 CBR 顶破强度 T_c，单位为 N。

（七）刺破试验

刺破试验是模拟土工合成材料受到夹有尖锐棱角的石子或树根的压入而刺破的情况。刺破强度是织物在小面积上受到法向集中荷载，直到刺破所能承受的最大力 T_p，单位为 N。刺破试验的环形夹具与圆球顶破试验完全相同，如图 8-16 所示，顶杆直径 8 mm，杆端为半球形。我国水利部测试规程用平头顶杆，移动速率为 100 mm/min，共进行 10 次试验。

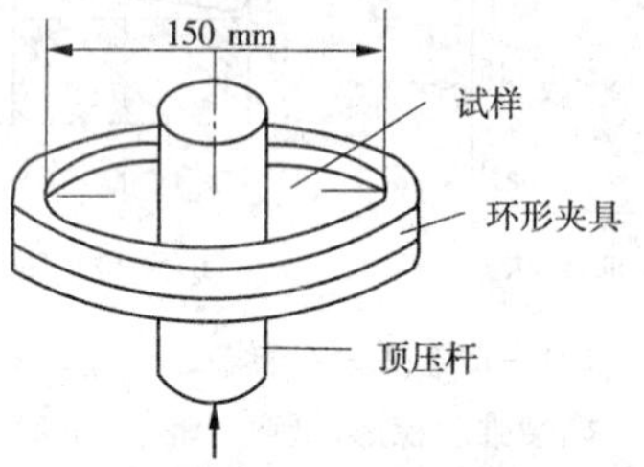

图 8-15　CBR 顶破试验

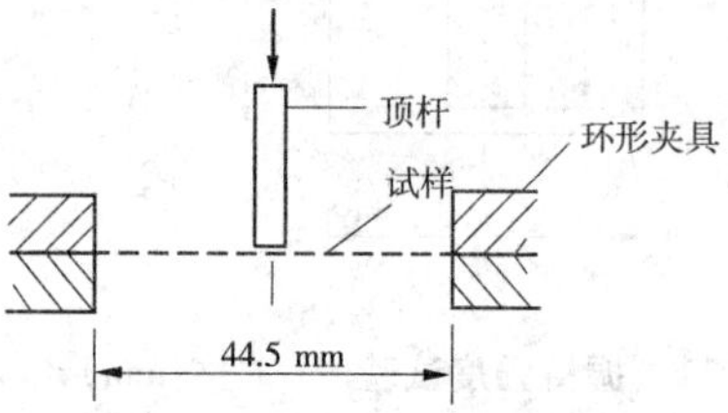

图 8-16　刺破试验

（八）落锥穿透试验

落锥穿透试验是模拟工程施工中，具有尖角的石块或其他锐利之物掉落在土工合成材料上，并穿透土工合成材料的情况。穿透孔眼的大小反映了材料抗冲击刺破的能力。

落锥试验试样尺寸与 CBR 试验试样尺寸相同。其他参数如下：落锥直径 50 mm，尖锥角 45°，质量 1 kg，落锥置于试样的正上方，锥尖距试样 500 mm，令落锥自由下落，测定结果以试样刺破的孔洞直径 D_f 表示，单位为 mm。

（九）蠕变性能

蠕变是指材料在受力大小不变的情况下，变形随时间增长而逐渐加大的现象。蠕变特性是土工合成材料的重要性能之一，是材料能否长期工作的关键。影响蠕变的因素有原材料、结构、应力、周围介质、温度等。

材料的蠕变特性可用蠕变曲线表示，如图 8-17 所示。

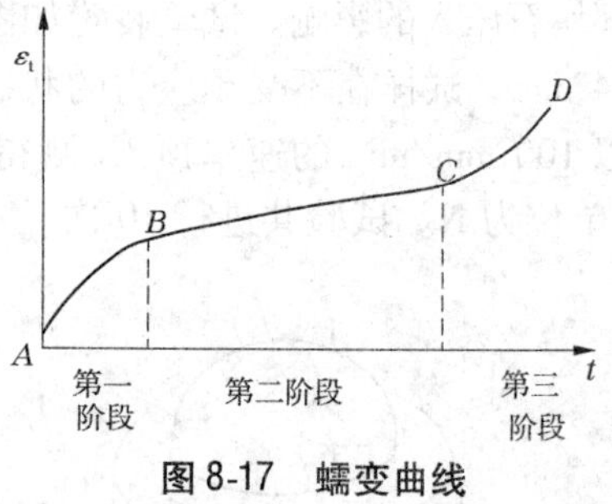

图 8-17　蠕变曲线

三、水力性能

土工合成材料的水力性能主要是指各类土工织物和土工复合品的透水性能。主要指标有孔隙率、等效孔径和渗透系数，这些因素决定了土工织物和土工复合品在反滤、排水及防止淤堵等方面的能力。目前，以保土和透水作用作为选择土工织物反滤层的准则。

因此,等效孔径和渗透系数是反滤和排水功能中的重要指标。

(一)垂直渗透系数和透水率

垂直渗透系数是水流垂直于土工织物平面水力梯度等于 1 时的渗透流速,单位为 cm/s,用式(8-6)计算:

$$k_g = \frac{v}{i} = \frac{v\delta}{\Delta h} \tag{8-6}$$

式中 k_g——垂直渗透系数,cm/s;

v——渗透流速,cm/s;

δ——土工织物的厚度,cm;

i——渗透水力梯度;

Δh——土工织物上下游测压管水位差,cm。

透水率是水流垂直于土工织物平面水位差等于 1 时的渗透流速,用 Ψ 表示:

$$\Psi = \frac{v}{\Delta h} \tag{8-7}$$

式中 Ψ——透水率,1/s。

其他符号含义同前。

由式(8-6)和式(8-7)可知,透水率和渗透系数之间的关系为:

$$\Psi = \frac{k_g}{\delta} \tag{8-8}$$

土工织物的透水性能除取决于织物本身的材料、结构、孔隙的大小和分布外,还与织物平面所受的法向应力、水质、水温和水中含气量等因素有关。

(二)水平渗透系数和导水率

水平渗透系数是水流沿土工织物平面水力梯度等于 1 时的渗透流速,单位为 cm/s,按式(8-9)计算:

$$k_h = \frac{v}{i} = \frac{vL}{\Delta h} \tag{8-9}$$

式中 k_h——沿织物平面的渗透系数,cm/s;

v——沿织物平面的渗透流速,cm/s;

i——渗透水力梯度;

L——织物试样沿渗流方向的长度,cm;

Δh——L 长度两端测压管水位差,cm。

导水率是水力梯度等于 1 时水流沿土工织物平面单位宽度内输导的水量,单位为 cm^2/s,以 Q 表示:

$$Q = k_h\delta \tag{8-10}$$

式中 Q——导水率,cm^2/s;

δ——织物试样厚度,cm。

土工织物的水平渗透系数和导水率除与织物的原材料、织物的结构有关外,还与织物平面的法向压力、水流状态、水流方向与织物经纬向夹角、水的含气量和水的温度等因素有关。

四、土工织物与土的相互作用

土工织物应用于岩土工程，其与土的相互作用的性质最重要的有两个：一是土工织物被土颗粒淤堵的特性，二是土工织物与土的界面摩擦特性。

（一）土工织物被土颗粒淤堵的特性

土工织物用做滤层时，水从被保护的土流过织物，水中颗粒可能封闭织物表面的孔口或堵塞在织物内部，产生淤堵现象，渗透流量逐渐减少。同时，在织物上产生过大的渗透力，严重的淤堵会使滤层失去作用。

目前，还没有防止淤堵的设计公式，也没有统一的标准说明淤堵容许的程度，只有通过长期淤堵试验来判断。淤堵试验历时达 500 ~ 1 000 h，观测渗透流量（或渗透系数）随时间的变化，检验是否能稳定在某一数值上。

（二）土工织物与土的界面摩擦特性

土工织物与周围的土产生相对位移时，在接触面上将产生摩擦阻力，界面摩擦剪切强度符合下列库仑定律：

$$\tau_f = C_a + P_n \tan\Phi_{sf} \tag{8-11}$$

式中 τ_f——界面摩擦剪切强度，kPa；

C_a——土与织物的界面黏聚力，kPa；

P_n——织物平面的法向压力，kPa；

Φ_{sf}——土与织物的界面摩擦角（°）。

五、耐久性

土工合成材料的耐久性是指其物理和化学性能的稳定性，是土工合成材料能否应用于永久性工程的关键。土工合成材料的耐久性主要包括抗老化能力、抗化学侵蚀能力、抗生物侵蚀能力、抗磨损能力及温度、水分和冻融的影响。

（一）抗老化能力

土工合成材料的老化是指在加工、贮存和使用过程中，受环境的影响，材料性能逐渐劣化的过程。老化的现象主要表现在外观、手感、物理性能、化学性能、力学性能、电性能等方面。产生老化的主要原因是高分子聚合物都具有碳氢链式结构，受到太阳光、氧气、热、水分、工业有害气体和废物、微生物、机械损害等外界因素的影响后会发生降解反应和交联反应。降解反应是高分子量聚合物变为低分子量聚合物的反应，包括主链断裂和主链分解两种情况，而交联反应是大分子之间相联，产生网状或立体结构，也使材料性能发生变化。此外，老化还与材料的组成、配方、颜色、成型加工工艺以及内部所含的添加剂有关。延缓老化的措施有：在原材料中加入防老化剂，抑制光、氧、热等外界因素对材料的作用，如掺适量的抗氧剂、光稳定剂和碳黑等；在工程中采取防护措施，如尽量缩短材料在日光中的暴露时间，用岩土（30 cm 厚以上）或深水覆盖等。实践证明，土工合成材料在有覆盖的情况下老化速度非常缓慢，可以满足工程的应用年限。

（二）抗化学侵蚀能力

聚合物对化学侵蚀一般具有较高的抵抗能力，例如在 pH 值高达 9～10 的泥炭土中用做加筋的土工织物，15 年后发生的化学侵蚀非常轻微。但是某些特殊的化学材料或废液对聚合物有侵蚀作用，柴油对聚乙烯、碱性很大（pH＝12）的物质对聚酯、酸性很大（pH＝2）的物质对聚酰胺、盐水对某些土工织物有一定影响。氧化铁沉积在土工织物上可能发生化学淤堵，影响滤层的透水性。

（三）抗生物侵蚀能力

土工合成材料一般都能抵御各种微生物的侵蚀。但在土工膜或土工织物下面，如有昆虫或兽类藏匿和建巢，或者是树根的穿透，会产生局部的破坏作用，但整体性能不会显著降低。

（四）抗磨损能力

磨损是指土工合成材料与其他材料接触摩擦时，部分纤维被剥离，有强度下降的现象。土工合成材料在装卸、铺设过程中，在施工机械碾压、运行中都会发生磨损。不同的聚合物材料抗磨损能力不同，例如聚酰胺优于聚酯和聚丙烯，圆丝厚型有纺织物比扁丝薄型有纺织物抗磨损能力强，厚的针刺无纺织物表层易磨损，但内层一般不会被磨损。

（五）温度、水分和冻融的影响

在高温作用下（如在土工织物上铺放热沥青时），土工合成材料将发生熔融，在低温条件下，柔性降低，质地变脆，强度下降。聚酯材料在水中会发生水解反应，干湿变化和冻融循环可能使一部分空气或冰屑积存在土工织物内，影响它的渗透性能。

第三节　土工合成材料的功能

土工合成材料在土建工程中应用时，不同的材料，用在不同的部位，能起到不同的作用，这就是土工合成材料的功能。其主要功能可归纳为六类，即反滤、排水、隔离、防渗、防护和加筋。

一、反滤功能

由于土工织物具有良好的透水性和阻止颗粒通过的性能，是用做反滤设施的理想材料。在土石坝、土堤、路基、涵闸、挡土墙等各种土建工程中，用以替代传统的砂砾反滤设施，可以获得巨大的经济效益和良好的技术性能。反滤功能应用示意如图 8-18 所示。

用做反滤的土工织物一般是非织造型（无纺）土工织物，有时也可使用织造型土工织物，基本要求如下：

（1）被保护的土料在水流作用下，土粒不得被水流带走，即需要有“保土性”，以便防止管涌破坏。

（2）水流必须能顺畅通过织物平面，即需要有“透水性”，以防止积水产生过高的渗透压力。

（3）织物孔径不能被水流挟带的土粒所阻塞，即要有“防堵性”，以避免反滤作用失效。

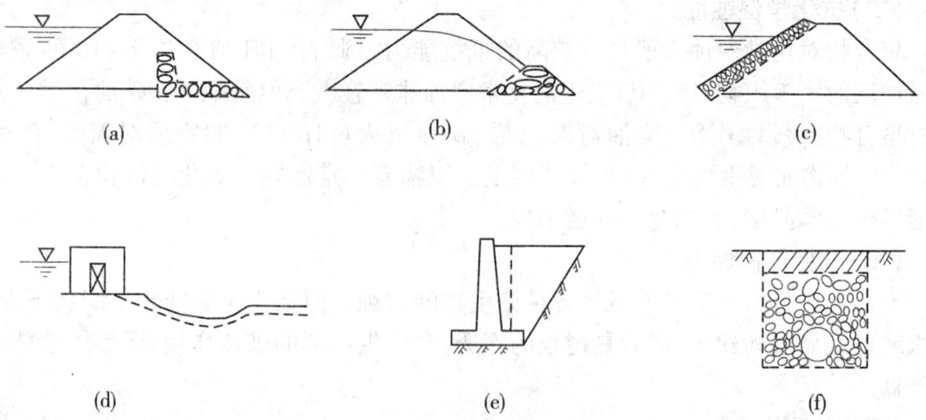

图 8-18　反滤功能应用示意

二、排水功能

一定厚度的土工织物或土工席垫，具有良好的垂直和水平透水性能，可用做排水设施，有效地把土体中的水分汇集后予以排出。例如，在堤坝工程中用以降低浸润线位置，控制渗透变形；土坡排水，减少孔隙压力，防止土坡失稳；软土地基排水，加速土固结，提高地基承载能力；挡墙背面排水，以减少压力，提高墙体稳定性等。排水功能应用示意如图 8-19所示。土工织物用做排水时兼起反滤作用，除满足反滤的基本要求外，织物还应有足够的平面排水能力以导走来水。

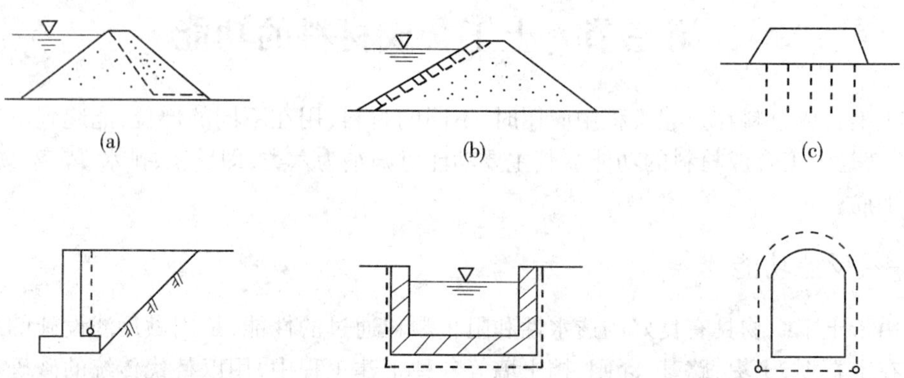

图 8-19　排水功能应用示意

三、隔离功能

隔离是将土工合成材料放置在两种不同材料之间或两种不同土体之间，使其不互相混杂。例如，将碎石和细粒土隔离、软土和填土之间隔离等。隔离可以产生很好的工程技术效果，当结构承受外部荷载作用时，隔离作用使材料不致互相混杂或流失，从而保持其整体结构和功能。例如：土石坝、堤防、路基等不同材料的各界面之间的分隔层；在冻胀性土中，用以切断毛细水流以消减土的冻胀和上层土融化而引起的沉陷或翻浆现象，防止粗粒材料陷入软弱路基和防止开裂反射到表面的作用等。隔离功能应用示意如图 8-20 所示。用隔离的土工合成材料应以它们在工程中的用途来确定,应用最多的是有纺土工织物。如果对材料的强度要求较高,可以土工网或土工格栅作材料的垫层,当要求隔离防渗时,用土工膜或复合土工膜。用于隔离的材料必须具有足够的抗顶破能力和抵抗刺破的能力。

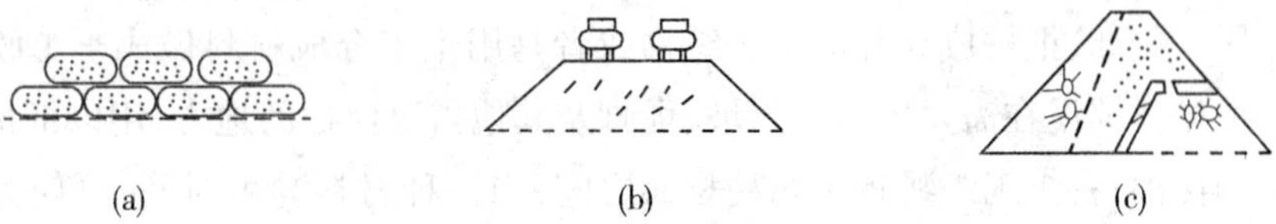

图 8-20　隔离功能应用示意

四、防渗功能

防渗是防止液体渗透流失的作用,也包括防止气体的挥发扩散。土工膜及复合土工膜防渗性能很好,其渗透系数一般为 $10^{-11} \sim 10^{-15}$ cm/s,在水利工程中利用土工膜或复合土工膜,可有效防止水或其他液体的渗漏。例如,堤坝的防渗斜墙或心墙,透水地基上堤坝的水平防渗铺盖和垂直防渗墙,混凝土坝、圬工坝及碾压混凝土坝的防渗体,渠道和蓄水池的衬砌防渗,涵闸、海漫与护坦的防渗,隧洞和堤坝内埋管的防渗,施工围堰的防渗等。防渗功能应用示意如图 8-21 所示。

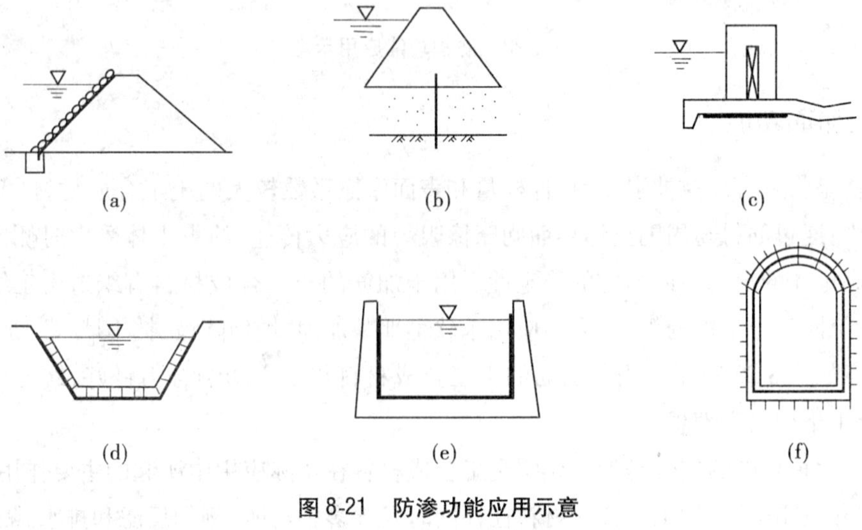

图 8-21　防渗功能应用示意

土工膜防渗效果好,质量轻,运输方便,施工简单,造价低,为保证土工膜发挥其应有的防渗作用,应注意以下几点:

(1)土工膜材质选择。土工膜的原材料有多种,应根据当地气候条件进行适当选择。例如:在寒冷地带,应考虑土工膜在低温下是否会变脆破坏,是否会影响焊接质量;土和水中的某些化学成分会不会给膜材或黏结剂带来不良作用等。

(2)排水、排气问题。铺设土工膜后,由于种种原因,膜下有可能积气、积水,如不将它们排走,可能因受顶托而破坏。

(3)表面防护。聚合物制成的土工膜容易因日光紫外线照射而降解或破坏，故在贮存、运输和施工等各个环节，必须注意封盖遮阳。

五、防护功能

防护功能是指土工合成材料及由土工合成材料为主体构成的结构或构件对土体起到的防护作用。例如，把拼成大片的土工织物或者是用土工合成材料做成土工膜袋、土枕、石笼或各种排体铺设在需要保护的岸坡、堤脚及其他需要保护的地方，用以抵抗水流及波浪的冲刷和侵蚀；将土工织物置于两种材料之间，当一种材料受力时，它可使另一种材料免遭破坏。水利工程中利用土工合成材料的常见防护工程有：江河湖泊岸坡防护、水库岸坡防护、水道护底和水下防护、渠道和水池护坡（见图 8-22(a)），水闸护底、岸坡防冲植被（见图 8-22(b)），水闸、挡墙等防冻胀措施（见图 8-22(c)）等。用于防护的土工织物应符合反滤准则和具有一定的强度。

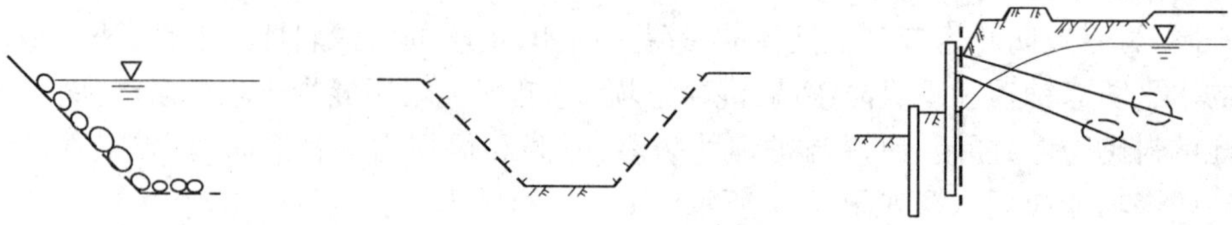

(a) (b) (c)

图 8-22 防护功能应用示意

六、加筋功能

加筋是将具有高拉伸强度、拉伸模量和表面摩擦系数较大的土工合成材料（筋材）埋入土体中，通过筋材与周围土体界面间摩擦阻力的应力传递，约束土体受力时侧向位移，从而提高土体的承载力或结构的稳定性。用于加筋的土工合成材料有织造土工织物、土工带、土工网和土工格栅等，较多地应用于软土地基加固、堤坝陡坡、挡土墙等。加筋功能应用示意如图 8-23 所示。用于加筋的土工合成材料与土之间结合力良好，蠕变性较低。目前，土工格栅最为理想。

以上六种功能的划分是为了说明土工合成材料在实际应用中所起的主要作用。事实上，在实际应用中，一种土工合成材料往往同时发挥多种功能，例如反滤和排水，隔离和防冲、防渗、防护等，不能截然分开。此外，有的土工合成材料还具有减荷功能，如利用泡沫塑料质量轻、变形大的特点，用以替代工程结构中某些部位的填土，可大幅度减少其荷载强度和填土产生的压力；有的土工合成材料具有很好的隔离、保温性能，在严寒地区修建大型渠道和道路工程时，可使用这类土工合成材料作为渠道保温衬砌和道路隔离层。

以上将土工合成材料的功能作了简要介绍，在实际工程中，应用土工合成材料时，应按工程要求，根据相应的规范、规程作合理的设计。

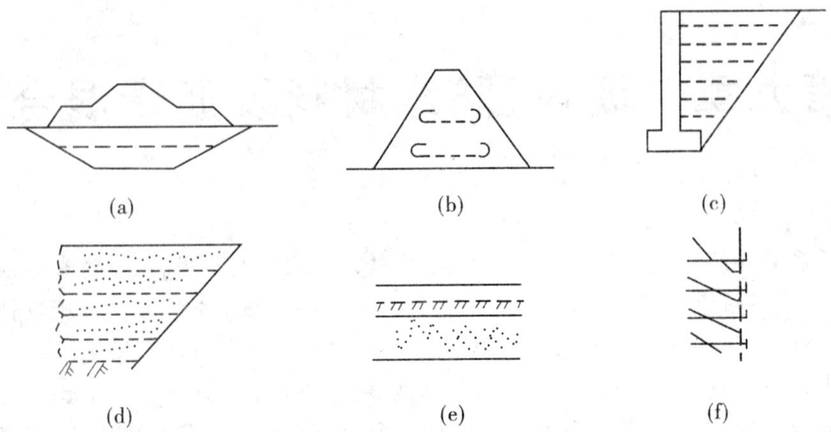

图 8-23　加筋功能应用示意

第四节　土工合成材料的贮存与保管

土工合成材料是以高分子聚合物为原料的化纤产品，在阳光照射下易发生强度降低的现象，即老化。除在加工制造时采取防老化的措施外，在采购、运输、贮存与保管等环节中都应注意保护，使其老化速度尽可能降低。

土工合成材料在采购时，要严格按设计要求的各项技术指标选购，如物理性能指标、力学性能指标、水力学性能指标、耐久性指标等都要符合设计标准。运送时材料不得受阳光的照射，要有篷盖或包装，并避免机械性损伤，如刺破、撕裂等。材料存放在仓库时，要注意防鼠，按用途分别存放，并标明进货时间、有效期、材料的型号、性能特征和主要用途，存放期不得超过产品的有效期限。产品在工地存放时应避免阳光的照射及苇根植物的穿透破坏，应搭设临时存放遮棚，当种类较多、用途不一时，应分别存放，标明性能指标和用途等。存放时还要注意防火。

本章小结

土工合成材料是应用于岩土工程的以高分子聚合物为原材料的制成的各种产品的统称，能满足多种工程的需要，在水利水电、道路、海港、采矿、军工、环境等工程领域得到了广泛的应用。

掌握：土工合成材料的检验方法。

理解：土工合成材料的技术性能及功能。

了解：土工合成材料的种类、贮存与保管。

第九章　沥青、防水材料及沥青混合料

【内容提要】

本章主要介绍石油沥青的主要技术性质、技术标准及其应用，各类沥青防水材料的组成、技术特点与质量控制，水工沥青混合料的分类、组成、技术要求和配合比设计。

沥青是一种有机胶凝材料，它是由复杂的高分子碳氢化合物及非金属（氧、硫、氮等）衍生物的混合物。在常温下呈固体、半固体或黏性液体状态，颜色由黑褐色至黑色，能溶于多种有机溶剂，极难溶于水，具有良好的憎水性、黏结性和塑性，能抵抗冲击荷载的作用，且耐酸、耐碱、耐腐蚀。在工程中广泛地用做防水、防潮，防腐和路面等材料。

沥青可分为地沥青和焦油沥青两大类：

- 沥青
  - 地沥青（松香柏油）
    - 石油沥青
    - 天然沥青
  - 焦油沥青（柏油、臭柏油）
    - 煤沥青
    - 木沥青
    - 泥炭沥青
    - 页岩沥青

地沥青俗称松香柏油，按其产源不同分为石油沥青和天然沥青两种。石油沥青是由石油原油炼制出汽油、煤油、柴油及润滑油等以后的副产品经过加工而成的，天然沥青是由沥青矿提炼加工而成的。

焦油沥青俗称柏油、臭柏油，是干馏各种固体或液体燃料及其他有机材料所得的副产品，包括煤焦油蒸馏后的残余物即煤沥青，木焦油蒸馏后的残余物即木沥青等。页岩沥青是由页岩提炼石油后的残渣加工制得的。

工程中常用的沥青材料主要为石油沥青和煤沥青，石油沥青的技术性质优于煤沥青，在工程中应用更为广泛。本章主要介绍常用的石油沥青、沥青防水材料及沥青混合料。

第一节　石油沥青和煤沥青

一、石油沥青

石油沥青是由天然原油炼制各种成品油后，经加工所得的重质产品，是黑色或棕褐色的黏稠状或固体状物质，燃烧时略有松香或石油味，但无刺激性臭味，韧性较好，略有弹性。

（一）石油沥青的分类

（1）按原油的成分分为：石蜡基沥青、沥青基沥青和混合基沥青。

(2)按加工方法不同分为：直馏沥青、氧化沥青、裂化沥青等。

(3)按沥青用途不同分为：道路石油沥青、建筑石油沥青、专用石油沥青和普通石油沥青。

道路石油沥青是石油蒸馏的残留物或将残留物氧化而制得的，适用于铺筑道路及制作屋面防水层的黏结剂，或制造防水纸及绝缘材料用。

建筑石油沥青是用原油蒸馏后的重油经氧化所得的产物，适用于建筑工程及其他工程的防水、防潮、防腐蚀、胶结材料和涂料，制造油毡、油纸等防水卷材和绝缘材料等。

专用石油沥青指有特殊用途的沥青，是石油经减压蒸馏的残渣经氧化而制得的高熔点沥青，适用于电缆防潮防腐、电气绝缘填充材料、配制油漆等。

普通石油沥青(又称多蜡沥青)是由石蜡基原油减压蒸馏的残渣经空气氧化而得的。由于其含有较多的石蜡，温度稳定性、塑性较差，黏性较小，一般不宜直接用于防水工程，常与建筑石油沥青等掺配使用，或经脱蜡处理后使用。

(二)石油沥青的组分与结构

1. 石油沥青的组分

沥青是一种化学成分相当复杂的混合物，为了便于研究，可将沥青中化学性质与物理性质相似的成分划分为一个组分。一般情况下，沥青分为三大组分，即油分、树脂和地沥青质。沥青中除三大组分外，还含有其他成分，但由于含量很少，因此可忽略不计。

1)油分

油分是淡黄色至红褐色的黏性透明液体，分子量为200～700，几乎溶于所有溶剂，密度小于1 g/cm^3，含量为40%～60%，它使沥青具有流动性。

2)树脂

树脂是红褐色至黑褐色的黏稠的半固体，分子量为500～3 000，密度略大于1 g/cm^3，含量为15%～30%。在沥青中绝大部分属于中性树脂，它使沥青具有良好的塑性和黏结性，另有少量(约1%)的酸性树脂，是沥青中表面活性物质，能增强沥青与矿质材料的黏结。

3)地沥青质

地沥青质是深褐色至黑褐色粉末状固体颗粒，分子量为1 000～5 000，密度大于1 g/cm^3，含量为10%～30%，加热时不熔化，在高温时分解成焦炭状物质和气体。它能提高沥青的黏滞性和耐热性，但含量增多时会降低沥青的低温塑性，是决定沥青性质的主要成分。

此外，沥青中还含有少量的石蜡、沥青碳等有害物质。

2. 石油沥青的结构

沥青中的油分和树脂可以互溶，而只有树脂才能浸润地沥青质。以地沥青质为核心，周围吸附部分树脂和油分，构成胶团，无数胶团分散在油分中形成胶体结构，并随着各化学组分的含量及温度而变化，使沥青形成了不同类型的胶体结构，这些结构使石油沥青具有各种不同的技术性质。

当地沥青质含量较少时，油分及树脂含量较多，地沥青质在胶体结构中运动较为自由，形成了溶胶结构，如图9-1(a)所示。这是液体石油沥青的结构特征。具有溶胶结构的石油沥青，黏滞性小而流动性大，塑性好，但温度稳定性较差。

当地沥青质含量适当，并有较多的树脂作为保护层时，它们组成的胶团之间有一定的吸引力。这类沥青在常温下变形的最初阶段，表现出明显的弹性效应。大多数优质沥青属于溶、凝胶型沥青，也称弹性溶胶。在常温下的黏稠沥青（固体、半固体状）即属于此种结构，如图9-1(b)所示。

当地沥青质含量增多，油分及树脂含量减少时，地沥青质成为不规则空间网状的凝胶结构，如图9-1(c)所示。这种结构的石油沥青具有弹性，且黏结性及温度稳定性较好，但塑性较差。

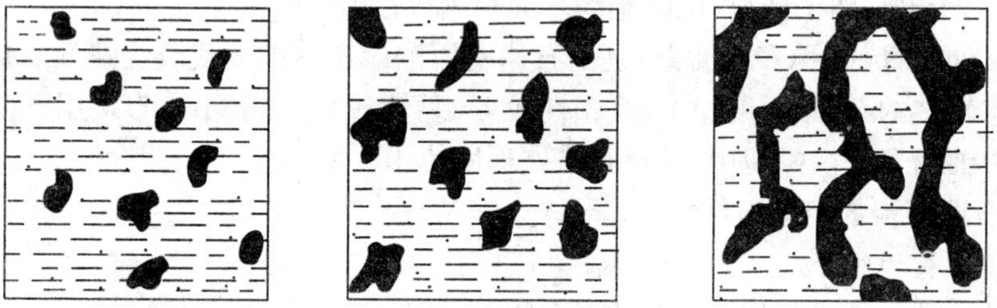
(a)溶胶结构　(b)溶、凝胶结构　(c)凝胶结构

图9-1　沥青胶体结构示意

石油沥青的结构状态随温度不同而改变。当温度升高时，固体石油沥青中易熔成分逐渐转变为液体，使原来的凝胶结构状态逐渐转变为溶胶状态；但当温度降低时，它又可以恢复为原来的结构状态。

（三）石油沥青的主要技术性质

1. 黏滞性

黏滞性是沥青在外力作用下抵抗发生变形的性能。不同沥青的黏滞性变化范围很大，主要由沥青的组分和温度而定，一般随地沥青质的含量增加而增大，随温度的升高而降低。液体沥青黏滞性指标是黏滞度。黏滞度是液体沥青在一定温度（25 ℃或60 ℃）条件下，经规定直径（3.5 mm或10 mm）的孔漏下50 mL所需的秒数。其测定示意如图9-2所示。黏滞度常以符号C_t^d表示。其中d为孔径（mm），t为试验时沥青的温度（℃）。黏滞度大，表示沥青的稠度大，黏性高，反映液态沥青流动时内部的阻力大。

半固体沥青、固体沥青的黏滞性指标是针入度。针入度通常是指在温度为25 ℃的条件下，以质量为100 g的标准针，经5 s插入沥青中的深度（每0.1 mm为1度）来表示。针入度测定示意如图9-3所示。针入度值大，表示沥青流动性大、黏性差，反映沥青抵抗剪切变形的能力差。针入度范围为5～200度，它是沥青很重要的技术指标，是沥青划分牌号的主要依据。

2. 塑性

沥青在外力作用下产生变形，除去外力后仍保持变形后的形状不变，而且不发生破坏（裂缝或断开）的性能称为塑性。

塑性反映了沥青开裂后的自愈能力及受机械应力作用后变形而不破坏的能力。沥青之所以能被制造成性能良好的柔性防水材料，很大程度上取决于这种性质。

沥青的塑性与它的组分和所处温度密切相关。沥青的塑性一般随其温度的升高而增大,随温度的降低而减小;地沥青质含量相同时,树脂和油分的比例决定沥青的塑性大小,树脂含量越多,沥青的塑性越大。

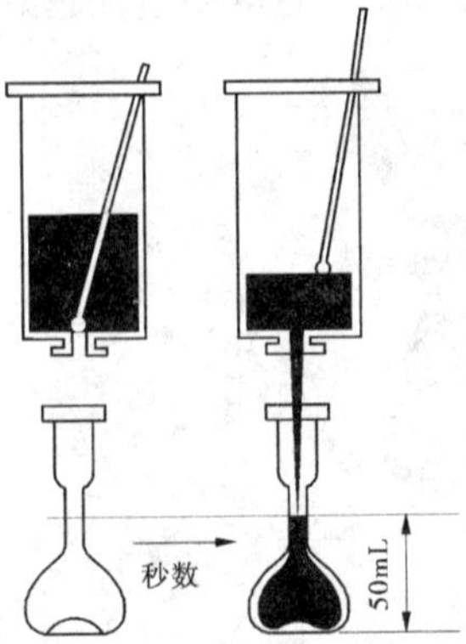

图 9-2　黏滞度测定示意

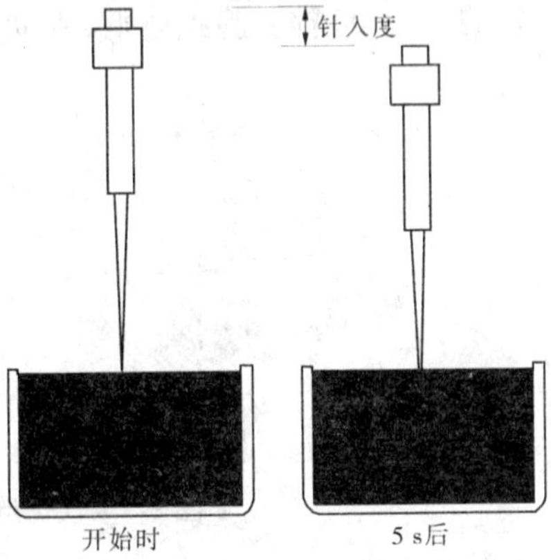

图 9-3　针入度测定示意

沥青的塑性用"延伸度"或"延伸率"表示。按标准试验方法,制成"8"字形标准试件,试件中间最狭处断面为 1 cm^2,在规定温度(一般为 25 ℃)和规定速度(5 cm/min)的条件下在延伸仪上进行拉伸,延伸度以试件能够拉成细丝的延伸长度(cm)表示。沥青的延伸度越大,沥青的塑性越好。延伸度测定示意如图 9-4 所示。

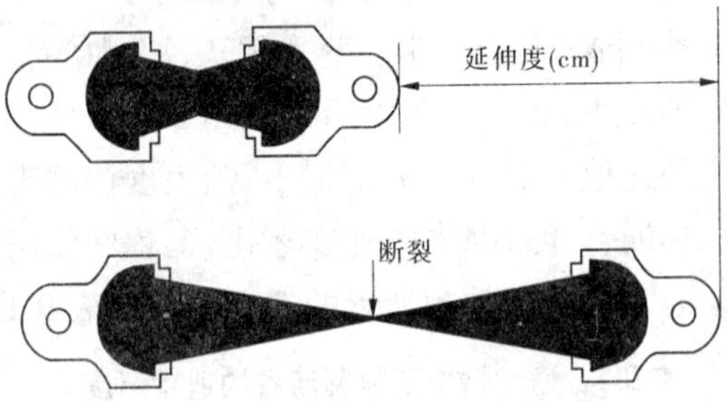

图 9-4　延伸度测定示意

3. 温度稳定性

温度稳定性也称温度敏感性,是指沥青的黏滞性和塑性在温度变化时不产生较大变化的性能。使用温度稳定性好的沥青,可以保证在夏天不流淌,冬天不脆裂,保持良好的工程应用性能。温度稳定性包括耐高温的性质及耐低温的性质。

耐高温即耐热性是指石油沥青在高温下不软化、不流淌的性能。固态、半固态沥青的耐热性用软化点表示。

软化点是指沥青受热由固态转变为一定流动状态时的温度。软化点越高,表示沥青的耐热性越好。

软化点通常用环球法测定,如图 9-5 所示,是将熔化的沥青注入标准铜环内制成试件,冷却后表面放置标准小钢球,然后在水或甘油中按标准试验方法加热升温,使沥青软化而下垂,当沥青下垂至与底板接触时的温度(℃),即为软化点。

耐低温一般用脆点表示。脆点是将沥青涂在一标准金属片上(厚度约 0.5 mm),将金属片放在脆点仪中,一边降温,一边将金属片反复弯曲,直至沥青薄层开始出现裂缝时的温度(℃)称为脆点。寒冷地区使用的沥青应考虑沥青的脆点。

沥青的软化点越高、脆点越低,则沥青的温度敏感性越小,温度稳定性越好。

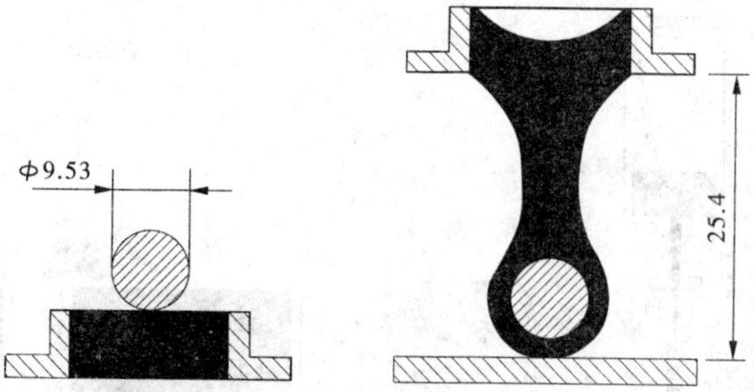

图 9-5　软化点测定示意　(单位:mm)

4. 大气稳定性

大气稳定性也称沥青的耐久性,是指沥青在热、阳光、氧气和潮湿等大气因素的长期综合作用下,抵抗老化的性能。在大气因素的综合作用下,沥青中各组分会发生不断递变,低分子化合物将逐步转变成高分子物质,即油分和树脂逐渐减少,而地沥青质逐渐增多,沥青的流动性和塑性将逐渐减小,硬脆性逐渐增大,直至脆裂,丧失使用功能,这个过程称为石油沥青的老化。

石油沥青的大气稳定性(抗老化性),用“蒸发损失率”和“针入度比”表示。蒸发损失率是沥青试样在 160 ℃温度下,经 5 h 蒸发后的质量损失率。针入度比为在上述条件下蒸发后与蒸发前针入度的比值。蒸发损失率越小,针入度比越大,沥青的大气稳定性越好。为避免施工中过度加热沥青导致沥青的加速老化,工程中使用沥青时,应尽量降低加热温度和缩短加热时间。通常情况下熬制沥青的适宜温度见表 9-1。

表 9-1　通常情况下熬制沥青的适宜温度

石油沥青牌号	熬制温度		最高不得大于(℃)	出厂沥青闪点不小于(℃)
	(℃)	允许偏差(℃)		
200	120	±5	130	180
180	130	±5	140	200
140	130	±5	140	200
100 乙	140	±5	160	200
100 甲	145	±5	165	200
60 乙	175	±5	190	230
60 甲	180	±5	195	230
30 乙	185	±5	200	230
30 甲	190	±5	205	230
10	200	±5	210	230

5. 最高加热温度

各种沥青都必须有其固定的最高加热温度，其值必须低于闪点和燃点。在施工现场熬制沥青时，应特别注意加热温度。当超过最高加热温度时，由于油分的挥发，可能发生沥青锅起火、爆炸、烫伤人等事故。

闪点是指沥青达到软化点后再继续加热，则会发生热分解而产生挥发性的气体，当与空气混合，在一定条件下与火焰接触，初次产生蓝色闪光时的沥青温度。燃点是指沥青温度达到闪点，温度如再上升，与火接触而产生的火焰能持续燃烧 5 s 以上时，这个开始燃烧时的温度即为燃点。沥青的闪点和燃点的温度值通常相差 10 ℃。液体沥青由于轻质成分较多，闪点和燃点的温度值相差很小。

6. 溶解度

沥青的溶解度是指沥青在溶剂中（苯或二硫化碳）可溶部分质量占全部质量的百分率。沥青的溶解度可用来确定沥青中有害杂质含量。沥青中有害物质含量多，会降低沥青的黏滞性。一般石油沥青溶解度高达 98% 以上，而天然沥青因含不溶性矿物质，溶解度低。

7. 含水量

沥青几乎不溶于水，具有良好的防水性能。但沥青材料也不是绝对不含水的。水在纯沥青中的溶解度为 0.001% ~0.01%。沥青吸收的水分取决于所含能溶于水的盐分的多少，沥青含盐分越多，水作用时间越长，水分就越大。

由于沥青中含有水分，施工中挥发太慢，影响施工进度，施工前要进行加热熬制。沥青在加热过程中水分形成泡沫，并随温度的升高而增多，易发生溢锅现象，以致引起火灾。所以，在加热过程中，应不断搅拌，促进水分蒸发，并降低加热温度。锅内沥青不要装得过满。

（四）石油沥青技术标准

我国生产的石油沥青产品，主要有道路石油沥青、建筑石油沥青、普通石油沥青等。石油沥青的牌号主要根据针入度、延度和软化点等指标划分，并以针入度值表示。每个牌号的沥青应保证相应的延度、软化点、溶解度、蒸发损失、蒸发后针入度比、闪点等。其技术要求如表 9-2 所示。同一品种的石油沥青材料，牌号越高，则黏性越小，针入度越大，塑性越好，延度越大，温度敏感性越大，软化点越低。

（五）石油沥青的简易鉴别

使用沥青时，应对其外观和牌号加以鉴别，在施工现场的简易鉴别方法见表 9-3 和表 9-4。

（六）石油沥青的应用

建筑石油沥青主要用于屋面、地下防水及沟槽防水、防腐蚀等工程。道路石油沥青主要用于配制沥青混凝土或沥青砂浆，用于道路路面或工业厂房地面等工程。根据工程需要还可以将建筑石油沥青与道路石油沥青掺配使用。

一般屋面使用的沥青，软化点应比本地区屋面可能达到的最高温度高 20 ~25 ℃，以避免夏季流淌。

普通石油沥青含蜡量高达 15% ~20%，有的甚至达 25% ~35%。由于石蜡是一种熔

表 9-2　石油沥青技术指标

项目	道路石油沥青(SH 0552—2000)							建筑石油沥青(GB/T 494—1998)			普通石油沥青(SY 1665—1977)		
	A－200	A－180	A－140	A－100 甲	A－100 乙	A－60 甲	A－60 乙	40	30	10	75	65	55
针入度(25 ℃,100 g,5 s)(1/10 mm)	201～300	161～200	121～160	91～120	81～120	51～80	41～80	36～50	26～35	10～25	75	65	55
延伸度(25 ℃)(cm)不小于	—	100①	100①	90	60	70	40	3.5	2.5	1.5	2	1.5	1
软化点(环球法)(℃)不低于	30～45	35～45	38～48	42～52	42～52	45～55	45～55	>60	>75	>95	60	80	100
溶解度(三氯乙烯、四氯化碳或苯)(%),不小于	99	99	99	99	99	99	99	99.5	99.5	99.5	98	98	98
蒸发后针入度比②(%)不小于	50	60	60	65	65	70	70	65	65	65	—	—	—
闪点(开口)(℃)不低于	180	200	230	230	230	230	230	230	230	230	230	230	230
蒸发损失(160 ℃,5 h)(%)不大于	1	1	1	1	1	1	1	1	1	1	—	—	—

注:①当 25 ℃延伸度达不到 100 cm 时,如 15 ℃延伸度不小于 100 cm 也认为是合格的。

②测定蒸发损失后的样品针入度与原针入度之比乘以 100,即得出残留物针入度占原针入度的百分数,称为蒸发后针入度比。

点低(32~55 ℃)、黏结力差的脂性材料,当沥青温度达到软化点时,已接近流动状态,所以容易产生流淌现象。当采用普通石油沥青作为黏结材料时,随着时间增长,沥青中的石蜡会向胶层表面渗透,在表面形成薄膜,使沥青黏结层的耐热和黏结能力降低。所以,在建筑中一般不宜采用普通石油沥青,否则必须加以适当改性处理。如吹气氧化改性处理、外加剂改性处理、混合改性处理、掺加填充料等。

表 9-3　石油沥青外观简易鉴别

沥青形态	外观简易鉴别
固体	敲碎,检查新断口处,色黑而发亮的质好,暗淡的质差
半固体	即膏状体,取少许,拉成细丝,愈细长,质量愈好
液体	黏性强,有光泽,没有沉淀和杂质的较好,也可用一根小木条插入液体内,轻轻搅动几下后提起,细丝愈长的质量愈好

表 9-4　石油沥青牌号简易鉴别

牌号	简易鉴别方法
140~100	质软
60	用铁锤敲,不碎,只变形
30	用铁锤敲,成为较大的碎块
10	用铁锤敲,成为较小的碎块,表面黑色而有光

注:鉴别时的气温为 15~18 ℃。

水利工程中所用的沥青,要求具有较高的塑性和一定的耐热性。当缺乏所需牌号的石油沥青时,可采用两种不同牌号的沥青掺配(称调配沥青)使用。可按式(9-1)及式(9-2)初步计算配制比例,然后再进行试验确定。

当按需用的针入度掺配时,计算式为:

$$S = \frac{\lg P_m - \lg P_h}{\lg P_s - \lg P_h} \times 100\% \tag{9-1}$$

式中　S——软石油沥青的用量(%);

P_m、P_s、P_h——预配制沥青、软石油沥青、硬石油沥青的针入度。

当按需用的软化点掺配时,计算式为:

$$B = \frac{t - t_2}{t_1 - t_2} \times 100\% \tag{9-2}$$

式中　B——高软化点石油沥青用量(%);

t、t_1、t_2——要求配制的石油沥青、高软化点石油沥青、低软化点石油沥青的软化点。

当用三种沥青时,可先求出两种沥青的配比后再与第三种沥青进行计算。一般沥青掺配是在高标号沥青中加入一定数量的低标号沥青。加入的方法是将高标号沥青熔化,然后再加入低标号沥青,共同熔化,不断搅匀。

二、煤沥青

煤沥青是炼焦或生产煤气的副产品。烟煤干馏时所挥发的物质冷凝为煤焦油，煤焦油经分馏加工以后剩余的残渣即为煤沥青。

(一)分类

煤沥青可分为硬煤沥青和软煤沥青两种。硬煤沥青是从煤焦油中蒸馏出轻油、中油、重油及蒽油之后的残留物，常温下一般呈硬的固体；软煤沥青是从煤焦油中蒸馏出水分、轻油及部分中油后所得的产品。由于软煤沥青中保留一部分油质，故常温下呈黏稠液体或半固体。建筑工程中使用硬煤沥青时需掺入一定量的焦油进行掺配。

(二)煤沥青的技术性质

煤沥青的技术性质按国家标准《煤沥青》(GB 2290—1994)规定，见表9-5。

表9-5　煤沥青的技术指标(GB 2290—1994)

指标名称	低温沥青		中温沥青		高温沥青
	1号	2号	1号	2号	
(1)软化点(环球法)(℃)	30~45	>45~75	>75~90	>75~95	>95~120
(2)甲苯不溶物含量(%)			15~25	<25	
(3)灰分(%)　不大于			0.3	0.5	
(4)水分(%)　不大于			5.0	5.0	5.0
(5)挥发分(%)			60~70	55~75	
(6)喹啉不溶物含量(%)　不大于			10		

注：1. 水分只作为生产操作中控制指标，不作质量考核依据。

2. 喹啉不溶物含量每月至少测定一次。

3. 1号中温沥青主要用于电极沥青。

(三)煤沥青与石油沥青的区别

煤沥青与石油沥青都是一种复杂的高分子碳氢化合物，它们的外观相似，具有共同点，但由于组分不同，它们之间存在着很大区别。石油沥青与煤沥青的主要区别见表9-6。

(四)煤沥青的应用

煤沥青的主要技术性质大都不如石油沥青好，且有毒，易污染水质。因此，在水利工程中很少应用，主要用于防腐及路面工程。

使用煤沥青时，应严格遵守国家规定的安全操作规程，防止中毒。煤沥青与石油沥青一般不宜混合使用，它们的制品也不能相互粘贴或直接接触，否则会分层、成团而失去胶凝性，以致无法使用或降低防水效果。

三、改性沥青

改性沥青是对沥青进行氧化、乳化、催化或者掺入橡胶树脂等物质，使沥青的性质得到不同程度的改善。

改性沥青一般分为橡胶改性沥青、树脂改性沥青、橡胶树脂改性沥青、再生胶改性沥青及矿物填充剂改性沥青等。

表 9-6　石油沥青与煤沥青的主要区别

性质	石油沥青	煤沥青
密度	近于 1.0 g/cm^3	1.25～1.28 g/cm^3
燃烧	烟少、无色、有松香味、无毒	烟多、黄色、臭味大、有毒
锤击	韧性较好	韧性差、较脆
颜色	呈黑褐色	浓黑色
溶解	易溶于煤油或汽油中，呈棕黑色	难溶于煤油或汽油中，呈黄绿色
温度稳定性	较好	较差
大气稳定性	较高	较低
防水性	较好	较差（含酚，能溶于水）
抗腐蚀性	差	强

（一）橡胶改性沥青

沥青与橡胶的混溶性较好，二者混溶后的改性沥青高温变形很小，低温时具有一定塑性。所用的橡胶有天然橡胶、合成橡胶（氯丁橡胶、丁基橡胶和丁苯橡胶等）、废旧橡胶。使用不同品种橡胶及掺入的量与方法不同，形成的改性沥青性能也不同。

（二）树脂改性沥青

在沥青中掺入树脂改性，可以改善耐寒性、耐热性、黏结性和不透气性。树脂与石油沥青的相溶性较差，与煤沥青的相溶性较好。常用的树脂有聚乙烯、聚丙烯、无规聚丙烯等。

（三）橡胶树脂改性沥青

橡胶树脂改性沥青是指沥青、橡胶和树脂三者混溶的改性沥青。混溶后兼有橡胶和树脂的特性，能获得较好的技术经济效果。

（四）矿物填充剂改性沥青

在沥青中掺入矿物填充料，用以增加沥青的黏结力、耐热性等，减小沥青的温度敏感性。常用的矿物粉有滑石粉、石灰粉、云母粉、石棉粉、硅藻土等。

四、沥青材料的贮运

沥青贮运时，应按不同的品种及牌号分别堆放，避免混放混运。贮存时应尽可能避开热源及阳光照射，还应防止其他杂物及水分混入。沥青热用时其加热温度不得超过最高加热温度，加热时间不宜过长，同时避免反复加热，使用时要防火，对于有毒性的沥青材料还要防止中毒。

第二节 沥青防水材料

在工程中，常把沥青与其他材料配合使用，制成各种沥青防水材料。

一、沥青防水卷材

沥青防水卷材种类较多，主要有以下品种。

（一）油纸和油毡

油纸是用低软化点石油沥青浸渍原纸（一种生产油毡的专用纸）而成的一种无涂盖层的防水卷材。油纸按原纸 1 m^2 的质量克数分为 200、350 两个标号。油纸多适用于防潮层。

油毡是采用高软化点沥青涂盖油纸的两面，再涂撒隔离材料所制成的一种纸胎防水材料。涂撒粉状材料（如滑石粉）称“粉毡”，涂撒片状材料（如云母）称“片毡”。

油毡的幅宽分为 915 mm 和 1 000 mm 两种规格。

油毡分为 200、350 和 500 三种标号。200 号油毡适用于简易防水或临时性建筑防水、防潮，350 号和 500 号粉毡常用做多层防水。片毡适用于单层防水。

（二）玻璃丝油毡及玻璃布油毡

玻璃丝油毡及玻璃布油毡是用石油沥青浸渍玻璃丝薄毡和玻璃布的两面，并撒以粉状防黏物质而成的。玻璃丝油毡的抗拉强度略低于 350 号纸胎油毡，其他性能均高于纸胎油毡。沥青玻璃布油毡的抗拉强度高于 500 号纸胎油毡，还具有柔性好、耐腐蚀性强、耐久性好的特点。这种油毡适用于地下防水层、防腐层及屋面防水等，在水利工程中常用于渠道、坝面的防水层或修补加固等。

（三）改性沥青防水卷材

普通沥青防水卷材的低温柔性、延伸性、拉伸强度等性能尚不理想，耐久性也不高，使用年限一般为 5 ~ 8 年。采用新型胎料和改性沥青，可有效地提高沥青防水卷材的使用年限、技术性能、冷施工及操作性能，还可降低污染，有效地提高了防水质量。目前，我国改性沥青防水卷材主要有以下几种。

1. 弹性体改性沥青防水卷材（SBS 卷材）

SBS（苯乙烯 - 丁二烯 - 苯乙烯）防水卷材是以 SBS 聚合物改性沥青为涂盖材料，聚酯毡（PY）、玻纤毡（G）为胎体，以聚乙烯膜（PE）、砂粒（S）或矿物片料（M）为隔离层的防水卷材。按物理力学性能分为Ⅰ型、Ⅱ型。SBS 卷材幅宽 1 000 mm，每卷面积有 15 m^2、10 m^2、7.5 m^2 三种。其技术性能见表 9-7。

SBS 防水卷材适用于屋面及地下防水工程，尤其适用于较低气温环境的建筑防水。

2. 塑性体改性沥青防水卷材（APP 卷材）

APP 防水卷材是以聚酯毡或玻纤毡为胎基，无规聚丙烯（APP）或聚烯烃类聚合物（APAO、APO）作为改性剂，两面覆盖隔离材料所制成的防水卷材，统称 APP 卷材。

APP 卷材的品种、规格与 SBS 卷材相同，其物理力学性能与 SBS 卷材相比较，低温柔度稍差、耐热稍好，其余指标基本相同（详见 GB 18243—2000）。APP 卷材尤其适用于较高气温环境的建筑防水。它不仅适用于各种屋面、墙体、楼地面、地下室、水池、桥梁、公路和水坝等的防水、防护工程，也适用于各种金属容器、管道的防腐保护。

表 9-7　SBS 卷材物理力学性能（GB 18242—2000）

序号	胎基			聚酯（PY）		玻纤（G）	
	型号			Ⅰ	Ⅱ	Ⅰ	Ⅱ
1	可溶物含量（g/m^2）≥		2 mm	—		1 300	
			3 mm	2 100			
			4 mm	2 900			
2	不透水性	压力（MPa）≥		0.30		0.20	0.30
		保持时间（min）≥		30			
3	耐热度（℃）			90	105	90	105
				无滑动、流淌、滴落			
4	拉力（N/（50 mm））≥		纵向	450	800	350	500
			横向			250	300
5	最大拉力时延伸率（%）≥		纵向	30	40	—	
			横向				
6	低温柔度（℃）			-18	-25	-18	-25
				无裂纹			
7	撕裂强度（N）≥		纵向	250	350	250	350
			横向			170	200
8	人工气候加速老化	外观		Ⅰ级			
				无滑动、流淌、滴落			
		拉力保持率（%）≥	纵向	80			
		低温柔度（℃）		-10	-20	-10	-20
				无裂纹			

注：表中 1～6 项为强制性项目。

（四）合成高分子防水卷材

合成高分子防水卷材是以合成橡胶、合成树脂或两者的共混体为基料，加入适量的化学助剂和填充料等，经不同工序（混炼、压延或挤出等）加工而成的可卷曲的片状防水材料。

目前，合成高分子防水卷材的品种有橡胶系列（聚氨酯、三元乙丙橡胶、丁基橡胶等）防水卷材、塑料系列（聚乙烯、聚氯乙烯等）和橡胶塑料共混系列防水卷材三大类。

合成高分子防水卷材具有拉伸强度和抗撕裂强度高、断裂伸长率大、耐热性和低温柔性好、耐腐蚀、耐老化等一系列优异的性能，是新型高档防水卷材。多用于高级宾馆、大厦、游泳池等要求有良好防水性能的屋面、地下等防水工程。

1. 三元乙丙橡胶(EPDM)防水卷材

三元乙丙橡胶防水卷材是以乙烯、丙烯和少量双环戊二烯三种单体共聚合成的三元乙丙橡胶为主要原料，掺入适量的丁基橡胶、硫化剂、促进剂、软化剂、补强剂和填充剂等，经密炼、拉片、过滤、挤出(或压延)成型、硫化加工制成的。该卷材是目前耐老化性能较好的一种卷材，使用寿命达20年以上。它的耐候性、耐老化性好，化学稳定性好，耐臭氧性、耐热性和低温柔性好，具有质量轻、弹性和抗拉强度高、延伸率大、耐酸碱腐蚀等特点，对基层材料的伸缩或开裂变形适应性强，可广泛用于防水要求高、耐用年限长的防水工程。三元乙丙橡胶防水卷材根据其表面质量、拉伸强度与撕裂强度、不透水性、耐低温性等指标，分为一等品与合格品。三元乙丙橡胶防水卷材的物理性能应符合表9-8的要求。

表9-8　三元乙丙橡胶防水卷材的物理性能

<table>
<tr><th colspan="2">项目</th><th>一等品</th><th>合格品</th></tr>
<tr><td rowspan="3">拉伸强度(kN/m)</td><td>常温</td><td>≥8</td><td>≥7</td></tr>
<tr><td>-20 ℃</td><td colspan="2">≤15</td></tr>
<tr><td>60 ℃</td><td colspan="2">≥2.5</td></tr>
<tr><td rowspan="3">直角形撕裂强度(N/cm)</td><td>常温</td><td>≥280</td><td>≥245</td></tr>
<tr><td>-20 ℃</td><td colspan="2">≤490</td></tr>
<tr><td>60 ℃</td><td colspan="2">≥74</td></tr>
<tr><td rowspan="2">扯断伸长度(%)</td><td>常温</td><td colspan="2">≥450</td></tr>
<tr><td>-20 ℃</td><td colspan="2">≥200</td></tr>
<tr><td rowspan="2">不透水性</td><td>0.3 MPa,30 min</td><td>合格</td><td>—</td></tr>
<tr><td>0.1 MPa,30 min</td><td>—</td><td>合格</td></tr>
<tr><td rowspan="2">加热变形(80 ℃,168 h,mm)</td><td>伸长</td><td colspan="2"><2</td></tr>
<tr><td>收缩</td><td colspan="2"><4</td></tr>
<tr><td colspan="2">脆性温度(℃)</td><td>≤-45</td><td>≤-40</td></tr>
</table>

<table>
<tr><th colspan="2">项目</th><th>一等品</th><th>合格品</th></tr>
<tr><td rowspan="4">热空气老化(80 ℃,168 h)</td><td>拉伸强度变化率(%)</td><td>-20~40</td><td>-20~50</td></tr>
<tr><td>扯断伸长率,减小值(%)不大于</td><td colspan="2">30</td></tr>
<tr><td>撕裂强度变化率(%)</td><td>-40~40</td><td>-50~50</td></tr>
<tr><td>定伸100%</td><td colspan="2">无裂纹</td></tr>
<tr><td rowspan="2">黏合性能</td><td>无处理</td><td colspan="2">合格</td></tr>
<tr><td>热空气老化(80 ℃×168 h)</td><td colspan="2">合格</td></tr>
<tr><td rowspan="3">耐碱性(10% $Ca(OH)_2$, 168 h)</td><td>耐碱</td><td colspan="2">合格</td></tr>
<tr><td>拉伸强度变化率(%)</td><td colspan="2">-20~+20</td></tr>
<tr><td>扯断伸长率,减小值(%)</td><td colspan="2">≤20</td></tr>
<tr><td rowspan="2">臭氧老化定伸40%</td><td>500 pphm,40 ℃,168 h</td><td>无裂纹</td><td>—</td></tr>
<tr><td>100 pphm,40 ℃,168 h</td><td>—</td><td>无裂纹</td></tr>
</table>

注:1 pphm臭氧浓度相当于1.01 MPa臭氧分压,是臭氧浓度的表示方法。

2. 聚氯乙烯(PVC)防水卷材

聚氯乙烯防水卷材是以聚氯乙烯树脂为主要原料，掺加填充料和适量的改性剂、增塑剂等，经混炼、压延或挤出成型、分卷包装而成的防水卷材。

PVC 防水卷材根据基料的组分及其特性分为两种类型，即 S 型和 P 型。S 型是以煤焦油与聚氯乙烯树脂混溶料为基料的柔性卷材，厚度为 1. 50 mm、2. 00 mm、2. 50 mm 等。P 型防水卷材的基料是增塑的聚氯乙烯树脂，其厚度为 1. 20 mm、1. 50 mm、2. 00 mm 等。该卷材的特点是抗拉强度和断裂伸长率较高，对基层伸缩、开裂、变形的适应性强，低温柔韧性好，可在较低的温度下施工和应用。聚氯乙烯防水卷材适用于大型屋面板、空心板，并可用于地下室、水池、贮水池及污水处理池的防渗等。PVC 防水卷材的物理力学性能见表 9-9。

表 9-9 聚氯乙烯防水卷材及氯化聚乙烯防水卷材的物理力学性能

项目		聚氯乙烯防水卷材					氯化聚乙烯防水卷材					
		P 型			S 型		I 型			Ⅱ型		
		优等品	一等品	合格品	一等品	合格品	优等品	一等品	合格品	优等品	一等品	合格品
拉伸强度（MPa）		≥15. 0	≥10. 0	≥7. 0	≥5. 0	≥2. 0	≥12. 0	≥8. 0	≥5. 0	≥12. 0	≥8. 0	≥5. 0
断裂伸长率（%）		≥250	≥200	≥150	≥200	≥120	≥300	≥200	≥100	≥10		
热处理尺寸变化率（%）	纵	≤2. 0	≤2. 0	≤3. 0	≤5. 0	≤7. 0	≤2. 5	≤3. 0		≤1. 0		
	横						≤1. 5					
低温弯折性		-20 ℃无裂纹					-20 ℃无裂纹					
抗渗性		不渗水					不渗水					
抗穿孔性		不渗水					不渗水					
剪切状态下黏合性（N/mm）		≥2. 0（或非接缝处断）					≥2. 0					

实验室处理后卷材相对于未处理的变化允许值

处理	项目	聚氯乙烯防水卷材				氯化聚乙烯防水卷材			
人工气候老化处理	拉伸强度相对变化率（%）	±20	±25	±25	±50 ~ -30	±20	±50 ~ -20	±20	±50 ~ -20
	断裂伸长率，变化率（%）						±50 ~ -30		±50 ~ -30
	低温弯折性（无裂纹）	-20 ℃	-15 ℃	-20 ℃	-10 ℃	-20 ℃	-15 ℃	-20 ℃	-15 ℃
热老化处理	外观质量	无气泡、无黏结、无孔洞				无气泡、无黏结、无孔洞			
	拉伸强度变化率（%）	±20	±25	±25	±50 ~ -30	±20	±50 ~ -20	±20 ℃	±50 ~ -20
	断裂伸长率，变化率（%）						±50 ~ -30		±50 ~ -30
	低温弯折性（无裂纹）	-20 ℃	-15 ℃	-20 ℃	-10 ℃	-20 ℃	-15 ℃	-20 ℃	-15 ℃
水溶液处理	拉伸强度变化率（%）	±20	±25	±20	±25	±20	±30	±20	±30
	断裂伸长率，变化率（%）								
	低温弯折性（无裂纹）	-20 ℃	-15 ℃	-20 ℃	-10 ℃	-20 ℃	-15 ℃	-20 ℃	-15 ℃

3. 氯化聚乙烯防水卷材

氯化聚乙烯防水卷材是以含氯量为30% ~40%的氯化聚乙烯树脂为主要原料，配以大量填充料及适当的稳定剂、增塑剂等制成的非硫化型防水卷材。聚乙烯分子中引入氯原子后，破坏了聚乙烯的结晶性，使得氯化聚乙烯不仅具有合成树脂的热塑性，还具有弹性、耐老化性、耐腐蚀性（其性能见表9-9）。氯化聚乙烯可以制成各种彩色防水卷材，既能起到装饰作用，又能达到隔热的效果。氯化聚乙烯防水卷材适用于屋面做单层外露防水以及有保护层的屋面、地下室、水池等工程的防水，也可用于室内装饰材料，兼有防水与装饰双重效果。

4. 氯化聚乙烯－橡胶共混防水卷材

氯化聚乙烯－橡胶共混防水卷材是以氯化聚乙烯树脂和合成橡胶为主体，加入适量的硫化剂、促进剂、稳定剂、软化剂和填充剂等，经过素炼、混炼、过滤、压延（或挤出）成型、硫化等工序加工制成的高弹性防水卷材。它不仅具有氯化聚乙烯所特有的高强度和优异的耐臭氧、耐老化性能，而且具有橡胶类材料所特有的高弹性、高延伸性和良好的低温柔性，拉伸强度在7.5 MPa以上，断裂伸长率在450%以上，脆性温度在－40 ℃以下，热老化保持率在80%以上（其性能见表9-10）。因此，该类卷材特别适用于寒冷地区或变形较大的防水工程。

表9-10　氯化聚乙烯－橡胶共混防水卷材

<table>
<tr><th rowspan="2">项目</th><th colspan="2">指标</th><th rowspan="2" colspan="2">项目</th><th colspan="2">指标</th></tr>
<tr><th>S型</th><th>N型</th><th>S型</th><th>N型</th></tr>
<tr><td>拉伸强度（MPa）</td><td>≥7.0</td><td>≥5.0</td><td rowspan="2">热老化保持率（80 ℃，168 h）</td><td>拉伸强度（%）</td><td colspan="2">≥80</td></tr>
<tr><td>断裂伸长率（%）</td><td>≥400</td><td>≥250</td><td>断裂伸长率（%）</td><td colspan="2">≥70</td></tr>
<tr><td>直角形撕裂强度（kN/m）</td><td>≥24.5</td><td>≥20.0</td><td rowspan="2">黏结剥离强度及保持率</td><td>黏结剥离强度（kN/m）</td><td colspan="2">≥2.0</td></tr>
<tr><td>不透水性（30 min，不透水压力）</td><td>0.3 MPa</td><td>0.2 MPa</td><td>浸水168 h，保持率（%）</td><td colspan="2">≥70</td></tr>
<tr><td>脆性温度（℃）</td><td>－40 ℃</td><td>－20 ℃</td><td colspan="2">热处理尺寸变化率（%）</td><td>≤+1~－2</td><td>≤+2~－4</td></tr>
</table>

二、沥青胶

沥青胶又称沥青玛𤧛脂，是沥青与矿质填充料及稀释剂均匀拌和而成的混合物。沥青胶按所用材料及施工方法不同可分为热用沥青胶及冷用沥青胶。热用沥青胶是由加热熔化的沥青与加热的矿质填充料配制而成的，冷用沥青胶是由沥青溶液或乳化沥青与常温状态的矿质填充料配制而成的。

沥青胶应具有良好的黏结性、柔韧性、耐热性，还要便于涂刷或灌注。工程中常用的热用沥青胶，其性能主要取决于原材料的性质及其组成。

沥青是影响沥青胶性能的主要因素。沥青的软化点越高，则沥青胶的耐热性越好。

所用沥青的软化点，一般应高于防水层表面及其周围介质可能出现的最高温度 20 ~ 25 ℃，且不得低于 40 ℃。沥青延伸度越大，配制的沥青胶柔韧性越好。

矿质填充料可以提高沥青胶的耐热性，减小低温脆性，增加黏结力。为了提高沥青胶的黏结力，矿质填充料应选用碱性的。常用的粉状填充料有滑石粉、石灰石粉，也可用水泥及粉煤灰。纤维状填充料主要有石棉。两种填充料也可混合使用。

热用沥青胶的各种材料用量：一般沥青材料占 70% ~80%，粉状矿质填充料（矿粉）为 20% ~30%，纤维状填充料为 5% ~15%。矿粉越多，沥青胶的耐热性越高，黏结力越大，但柔性降低，施工流动性也较差。

配制热用沥青胶时，先将矿粉加热到 100 ~ 110 ℃，然后慢慢地倒入已熔化的沥青中，继续加热并搅拌均匀，直到具有需要的流动性即可使用。沥青的加热温度和沥青胶搅拌控制温度，视沥青牌号而定，一般为 160 ~ 200 ℃，牌号小的沥青可选择较高的加热温度。

冷用沥青胶中沥青用量为 40% ~50%，稀释剂为 25% ~30%，矿粉为 10% ~30%。它可在常温下施工，能涂刷成均匀的薄层，但成本高，使用较少。

沥青胶的用途较广，可用于黏结沥青防水卷材、沥青混合料、水泥砂浆及水泥混凝土，并可用做接缝填充材料、大坝伸缩缝的止水等。

三、沥青防水涂料

沥青防水涂料是指以沥青、合成高分子材料为主体，在常温下呈无定型液态，经涂布并能在结构物表面形成坚韧防水膜的物料的总称。

（一）沥青溶液

沥青溶液（冷底子油）是沥青加稀释剂而制成的一种渗透力很强的液体沥青，多用建筑石油沥青和 60 号道路石油沥青，与汽油、煤油、柴油等稀释剂配制。配制时，将沥青熔化成细流状加入稀释剂中。对挥发慢的稀释剂（柴油等），沥青加热温度不得超过 110 ℃；对挥发快的稀释剂（汽油等），沥青加热温度则不得超过 80 ℃。

沥青溶液由于黏度小，能渗入混凝土和木材等材料的毛细孔中，待稀释剂挥发后，在其表面形成一层黏附牢固的沥青薄膜。建筑工程中常用于防水层的底层，以增强底层与其他防水材料的黏结。因此，常把沥青溶液称为冷底子油。在干燥底层上用的冷底子油，应以挥发快的稀释剂配制；而潮湿底层则应用慢挥发性的稀释剂配制。沥青溶液中沥青含量一般为 30% ~60%。当用做冷底子油时，沥青用量一般为 30%，溶液较稀有利于渗入底层；当用做沥青混合料层间结合剂时，沥青用量可提高到 60% 左右。

（二）乳化沥青

将液态的沥青、水和乳化剂在容器中经强烈搅拌，沥青则以微粒状分散于水中，形成的乳状沥青液体，称为乳化沥青。

沥青是憎水性材料，极难溶于水，但由于沥青在强力搅拌下被碎裂为微粒，并吸附乳化剂使其带电荷，带同性电的微粒互相排斥，阻碍沥青微粒的相互凝聚而成为稳定的乳化沥青（见图 9-6）。随着所用乳化剂不同，沥青微粒可带正电或负电，带正电者称为阳离子乳化沥青，如图 9-6（a）所示，所用的乳化剂称为阳离子乳化剂；带负电者称为阴离子乳化沥青，如图 9-6（b）所示，所用的乳化剂为阴离子乳化剂。

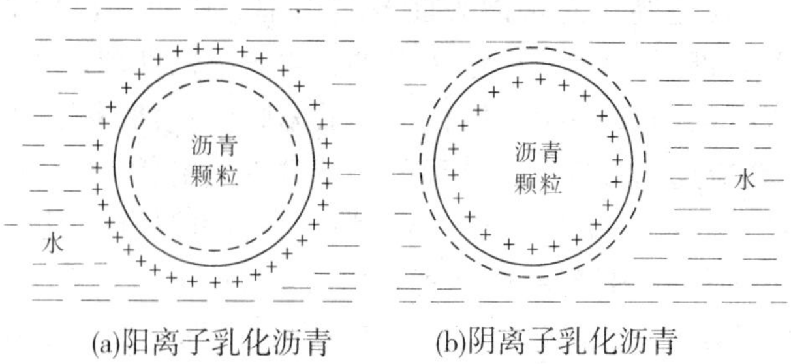

图 9-6　乳化沥青结构示意

乳化沥青中，沥青含量通常为55% ~65% ，乳化剂的掺量为0.1% ~2.5% ，含乳化剂的水为35% ~45% 。

一般常用180、140、100号的石油沥青配制乳化沥青。如用低牌号的沥青，应掺入重油后再使用。

通常用的乳化剂有石灰膏、肥皂、洗衣粉、十八烷基氯化铵及烷基丙烯二胺等。石灰膏乳化剂来源广泛，价格低廉，使用较多，但要注意的是其稳定性较差。

乳化沥青用于结构上，其中的水分蒸发后沥青颗粒紧密结合形成沥青膜而起防水作用。乳化沥青是一种冷用防水涂料，施工工艺简单，造价低，已被广泛用于道路、房屋建筑等工程的防水结构。在水利工程中，乳化沥青可喷洒于渠道的边坡和底部作防水剂，涂于混凝土墙面作为防水层，掺入混凝土或砂浆中(沥青用量约为混凝土干料用量的1%)提高其抗渗性，也可用做冷底子油涂于基底表面上。

四、防水嵌缝材料

防水嵌缝材料的品种很多，在工程中主要起黏结和防水作用，常用的有聚氯乙烯胶泥、沥青鱼油油膏等。主要用于渠道、渡槽等伸缩缝的填料，也可修补裂缝。

沥青鱼油油膏及聚氯乙烯胶泥的常用配方见表9-11 及表9-12。

表 9-11　沥青鱼油油膏配方(质量比)

应用地区	石油沥青	稀释剂			填充料		(石油沥青 + 稀释剂):填充料
		松焦油	硫化鱼油	重松节油	石棉绒	滑石粉	
南方	100 (70 ℃软化点)	5 ~ 15	20	60	87.4	131.3	1:1.15
北方	100 (60 ℃软化点)	3 ~ 15	30	60	66.5	155	1:1.08

注：南方以上海为代表，北方以沈阳为代表。

表 9-12　聚氯乙烯胶泥配方(质量比)

材料	煤焦油	聚氯乙烯树脂	邻苯二甲酸二丁酯	硬脂酸钙	滑石粉
配方Ⅰ	100	10	10	1	15
配方Ⅱ	100	15	15	1	10

聚氯乙烯塑料油膏是在聚氯乙烯胶泥的基础上改性、发展而得到的产品。其原材料、生产工艺以及技术性质与聚氯乙烯胶泥基本相同,不同的是油膏中加入了适当的稀释剂,如二甲苯、芳香油等。聚氯乙烯塑料油膏可以成品供应市场,使用时现场加热熔化即可嵌缝,涂刷于屋面或结构物表面,以及粘贴油毡等。若选用废旧聚氯乙烯塑料代替聚氯乙烯树脂为原料,可显著降低成本。

第三节　沥青混合料

沥青混合料是由沥青和矿质材料(砂、石子、填充料等)在加热或常温时按适当比例配制而成的混合料的总称。

一、沥青混合料的分类

沥青混合料常以集料的最大粒径、压实后的密实度及施工方法分成不同种类。

(一)按集料最大粒径分

(1)粗粒式沥青混合料。集料最大粒径为35 mm。

(2)中粒式沥青混合料。集料最大粒径为25 mm。

(3)细粒式沥青混合料。集料最大粒径为15 mm。

(4)砂质沥青混合料。集料最大粒径为5 mm。

工程中常把粗粒式、中粒式及细粒式沥青混合料称为沥青混凝土,把砂质沥青混合料称为沥青砂浆。

(二)按沥青混合料压实后的密实度分

(1)密级配沥青混合料。沥青混合料中的矿质混合料中含有一定量的矿粉,矿质混合料级配良好,沥青混合料压实后的密实度大,孔隙率小于等于5%。

(2)开级配沥青混合料。沥青混合料中的矿质混合料基本不含矿粉,沥青混合料压实后的密实度较小,孔隙率大于5%。

(3)碎石型沥青混合料(沥青碎石)。沥青混合料中不含细集料,压实后的孔隙率大于15%。

密级配沥青混合料主要用于防水层,开级配沥青混合料及碎石型沥青混合料主要用于基层的整平、黏结和排水。

(三)按压实方法分

(1)碾压式沥青混合料。新拌沥青混合料的流动性小,在施工铺筑时需要碾压振动才能密实。在水利工程及道路工程中应用最为广泛。

(2)灌注式沥青混合料。沥青混合料中沥青含量较多,拌和物的流动性较大,灌注后在自重作用下或略加振动就能密实。它适于用普通石油沥青等塑性较小的沥青拌制,能有效提高抗裂性。常在中、小型水利工程中使用。

(四)按使用方法分

(1)热拌热用沥青混合料。施工时先将矿料加热,沥青熔化,然后在热的状态下进行搅拌、摊铺、压实,待温度下降后即硬化。这种沥青混合料的质量较高,水工建筑的防水结构及道路路面多采用这种沥青混合料。

(2)热拌冷用沥青混合料。施工时先将组成材料分别加热后进行拌和,然后在常温下进行摊铺、压实。这种沥青混合料,多采用黏滞性小的沥青。

(3)冷拌冷用沥青混合料。施工时用稀释剂将沥青溶成胶体,在常温下与矿质材料拌和,使用时待稀释剂挥发后沥青混合料即硬化。此法施工方便,但要消耗大量的有机稀释剂,建筑上应用较少,常用于维修工程。

在工程中常用的沥青混合料主要包括沥青混凝土和沥青砂浆,因为沥青砂浆的技术性质跟沥青混凝土有相似之处,所以本节主要介绍水工沥青混凝土。

水工沥青混凝土是由沥青和石子、砂、填充料按适当比例配制而成的。

二、水工沥青混凝土的组成材料

(一)石油沥青

沥青混凝土用的沥青材料,应根据气候条件、建筑物工作条件、沥青混凝土的种类和施工方法等条件选择。水工沥青混凝土多采用60甲或100甲的道路石油沥青配制。

(二)矿质材料

沥青混凝土一般选用质地坚硬、密实、清洁、不含过量有害杂质、级配良好的碱性岩石(如石灰岩、白云岩、玄武岩、辉绿岩等),并且要有良好的黏结性。

细集料可采用天然砂或人工砂,均应级配良好、清洁、坚固、耐久,不含有害杂质。

填充料又称矿粉,是指碱性矿粉(石灰石粉、白云石粉、大理石粉、水泥等)。其含水率应小于1%且不含团块;应全部通过0.6 mm的筛,通过0.074 mm的筛含量应大于80%。矿粉能提高沥青混凝土的强度、热稳定性及耐久性。

(三)外加剂

为改善沥青混凝土的性能而掺入的少量物质称为外加剂。常用的有石棉、消石灰、聚酰胺树脂及其他物质。掺入石棉可提高沥青混凝土的热稳定性、抗弯强度、抗裂性等,一般选用短纤维石棉,掺量为矿质材料的1%~2%。掺入消石灰、聚酰胺树脂可提高沥青与酸性矿料的黏聚性、水稳定性。消石灰掺量为矿质材料的2%~3%,聚酰胺树脂掺量为沥青用量的0.02%。

三、水工沥青混凝土的技术性质

水工沥青混凝土的技术性质应满足工程的设计要求,具有与施工条件相适应的和易性。其主要技术性质包括和易性、力学性能、热稳定性、柔性、大气稳定性、水稳定性、抗渗性等。

(一)和易性

和易性是指沥青混凝土在拌和、运输、摊铺及压实过程中具有与施工条件相适应,既保证质量又便于施工的性能。沥青混凝土的和易性目前尚无成熟的测定方法,多是凭经验判定的。

沥青混凝土的和易性与组成材料的性质、用量及拌和质量有关。使用黏滞性较小的沥青,能配制成流动性高、松散性强、易于施工的沥青混凝土,当使用黏滞性大的沥青时,流动性及分散性较差；沥青用量过多时易出现泛油，使运输时卸料困难，并难于铺平。矿质混合料中，粗细集料的颗粒大小相差过大，缺乏中间颗粒，则容易产生离析分层；使用未经烘干的矿粉，易使沥青混凝土结块、质地不均匀，不易摊铺；矿粉用量过多，使沥青混凝土黏稠，但矿粉用量过少，则会降低沥青混凝土的抗渗性、强度及耐久性等。拌和质量对沥青混凝土的性能影响较大。一般应采用强制式搅拌机拌制。

（二）力学性能

沥青混凝土的力学性能包括强度及变形。沥青混凝土的破坏主要有一次荷载作用下的破坏、疲劳破坏和徐变破坏。

一次荷载作用下的破坏，可通过沥青混凝土的压、拉、弯、剪等试验测定。沥青混凝土在压力的作用下，应力 σ 和应变 ε 主要与沥青混凝土中的沥青用量、沥青针入度有关，同时也受温度和加荷速度的影响。在其他条件相同时，若沥青的用量较少，且针入度小，沥青混凝土的应力与应变均为直线关系（如图 9-7（a）所示），此种破坏称为脆性破坏。随着沥青用量的增多，沥青针入度的增大，温度的增高，加荷速度的降低，沥青混凝土的应力与应变关系曲线由图 9-7（a）型逐渐向图 9-7（b）、（c）型转变。破坏强度逐渐降低，而破坏的应变逐渐增加。图 9-7（b）型破坏称为过渡性破坏，图 9-7（c）型破坏称为流变性破坏。沥青混凝土在低温或短时间荷载作用下，近于弹性；而在高温或长时间荷载下就表现出黏弹性或近于黏性。因此，测定沥青混凝土的力学性能，要特别注意在实际使用条件下的性能。

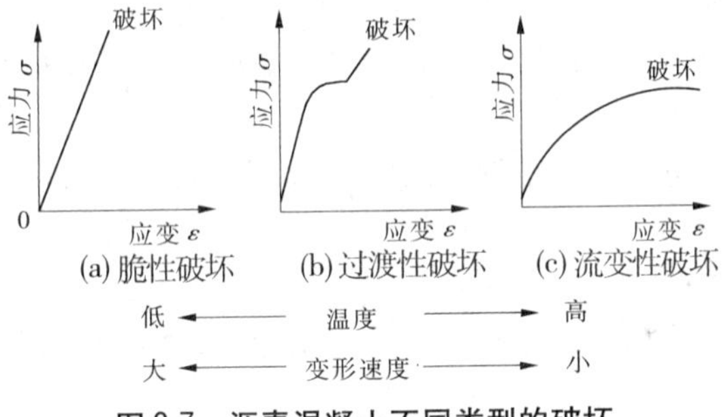

图 9-7　沥青混凝土不同类型的破坏

一般情况下，沥青混凝土的抗拉强度为 0.5～5 MPa，抗压强度为 5～40 MPa，抗弯强度为 3～12 MPa。延性破坏应变为 10^{-2}，脆性破坏应变为 10^{-3}，疲劳破坏应变为 10^{-4}。

疲劳破坏是沥青混凝土在重复荷载作用下的破坏，其极限强度称为疲劳强度。疲劳强度随着荷载的增加而减小、沥青含量的增加而增大、荷载的重复次数的增加而减小、温度的增高而增大。

徐变破坏是沥青混凝土在长时间受恒定荷载或变化速度很微小的荷载作用下，变形速度逐渐增加的现象。由徐变产生裂缝致使沥青混凝土的破坏称为徐变破坏。因此，坝体、蓄水池和渠道等的面板及衬砌均应考虑徐变破坏。

（三）热稳定性

热稳定性又称耐热性，是指沥青混凝土在高温下抵抗塑性流动的性能。当温度升高时，沥青的黏滞性降低，使沥青与矿料的黏结力下降。因此，沥青混凝土的强度降低，塑性增加。对于暴露在大气中的沥青混凝土，它的温度可比气温高出 20～30 ℃，所以沥青混凝土必须具有良好的热稳定性。

影响沥青混凝土热稳定性的因素主要是沥青的性质和用量、矿质混合料的性能和级配、填充料的品种及用量。一般使用软化点较高的沥青，可提高沥青混凝土的热稳定性。在沥青用量相同的情况下，使用粒径较粗且级配良好的碎石、填充料适宜均能获得较好的热稳定性。在沥青混凝土中填充料较少，矿料表面的沥青层较厚，会降低热稳定性；填充料过多，矿料表面的沥青层太薄，黏结性减弱，也会降低热稳定性。

沥青混凝土的热稳定性可以通过三轴压力试验来测定，但一般多采用马歇尔稳定仪来测定其稳定值（见图 9-8）。热稳定性合格的沥青混凝土在 60 ℃时，稳定度（沥青混凝土进行马歇尔稳定试验时，试件能承受的最大荷载，以 kN 计）应大于 4 kN，流变值（沥青混凝土进行马歇尔稳定试验时，试件达到最大荷载时对应的变形值，单位为 1/100 cm）为 30～80。

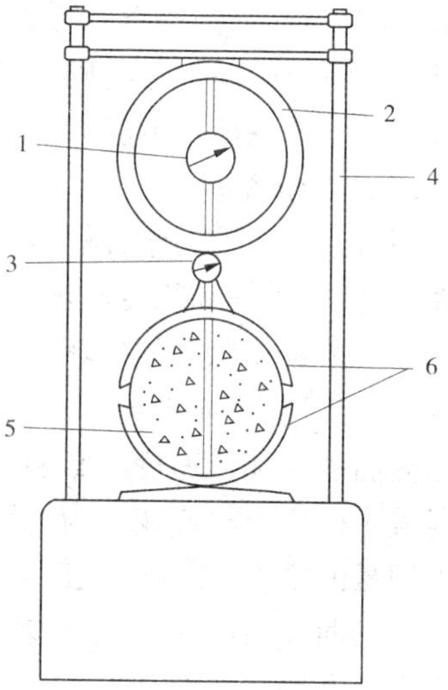

1—百分表；2—应力环；3—流值表；
4—压力架；5—试件；6—半圆形压头

图 9-8　马歇尔稳定仪示意

（四）柔性

柔性是指沥青混凝土在自重或外力作用下，适应变形而不产生裂缝的性质。柔性好的沥青混凝土适应变形能力大，即使产生裂缝，在高水头的作用下也能自行封闭。

沥青混凝土的柔性主要取决于沥青的性质及用量。用延伸度大的沥青，配制的沥青混凝土的柔性较好；增加沥青用量、采用较细的及连续级配的集料、减少填充料的用量，均可提高沥青混凝土的柔性。

采用增加沥青用量并减少填充料用量的方法，是解决用低延伸度沥青配制具有较高柔性沥青混凝土的一个有效方法。

（五）大气稳定性

在大气综合因素作用下，沥青混凝土保持物理力学性质稳定的性能，称为大气稳定性。水工沥青混凝土的大气稳定性，与其密实度和所处的工作条件有关。实践证明，对水上部分孔隙率在 5% 以下的沥青混凝土及长期处于水下部位的沥青混凝土，一般不易老化，大气稳定性较好，较耐久。沥青混凝土的大气稳定性，可根据沥青针入度及软化点随时间变化的情况来判断，变化较小者，其大气稳定性较高。

（六）水稳定性

水稳定性是指水工沥青混凝土长期在水作用下，其物理力学性能保持稳定的性质。沥青混凝土长期处于水中，由于水分浸入会削弱沥青与集料之间的黏结力，使沥青与集料剥离而逐渐破坏，或遭受冻融作用而破坏。因此，沥青混凝土的水稳定性，取决于沥青混凝土的密实程度及沥青与矿料间的黏结力，沥青混凝土的孔隙率越小，水稳定性越高，一般认为孔隙率小于 4% 时，其水稳定性是有保证的。采用黏滞性大的沥青及碱性矿料都能提高沥青混凝土的水稳定性。

(七)抗渗性

沥青混凝土的抗渗性用渗透系数(cm/s)来表示。防渗用沥青混凝土的渗透系数一般为 10^{-7} ~ 10^{-10} cm/s;排水层用沥青混凝土的渗透系数一般为 10^{-1} ~ 10^{-2} cm/s。

沥青混凝土的抗渗性取决于矿质混合料的级配、填充空隙的沥青用量,以及碾压后的密实程度。一般地说,矿料的级配良好、沥青用量较多、密实性好的沥青混凝土,其抗掺性较强。沥青混凝土的渗透系数与孔隙率之间的关系,如图 9-9 所示,孔隙率越小其渗透系数就越小、抗渗性越大。一般孔隙率在 4% 以下时,渗透系数可小于 10^{-7} cm/s。因此,在设计和施工中,常以 4% 的孔隙率作为防渗沥青混凝土的控制指标。

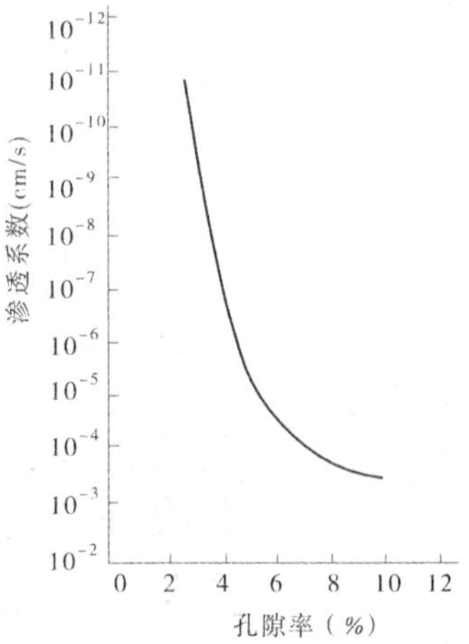

图 9-9　沥青混凝土的渗透系数与孔隙率的关系曲线

实践证明,沥青混凝土的抗渗性与所受的水压力有关,渗透系数随着水压力的增加而减小,抗渗性能随着水压的增加而增强,这是沥青混凝土防水的一个重要性能。

四、水工沥青混凝土配合比设计

沥青混凝土配合比设计的目的是根据所要求的沥青混凝土的物理力学性质,确定各矿质材料之间的合理比例及沥青用量。配合比设计时,首先按照规定的沥青混凝土中矿质混合料的级配范围,选定矿质混合料的组合级配,然后通过试验确定沥青最优用量。

(一)矿质混合料组合级配的选定

矿质混合料组合级配,常采用现场比较容易取得的几种矿料配合而成。

(1)在选择矿质混合料的组合级配时,可在规范《土石坝沥青混凝土面板和心墙设计准则》(SLJ 01—1988)推荐用的范围内选择(见表 9-13),各种矿料的组合级配,应接近此标准级配。

(2)确定各种矿质材料在矿质混合料中的百分率,其方法有试算法、解析法、图解法等。现将试算法介绍如下:

当矿质混合料由碎石、石屑、砂及矿粉等 4 种材料组成时,可按下述方法求出矿质混合料的初步配合比例。

设 y_1、y_2、y_3、y_4 分别为碎石、石屑、砂及矿粉在矿质混合料中含量的百分率,则:

$$y_1 + y_2 + y_3 + y_4 = 100 \tag{9-3}$$

设 $m_1(x)$、$m_2(x)$、$m_3(x)$ 及 $m_4(x)$ 分别为碎石、石屑、砂及矿粉中通过某筛孔径为 x(mm)的百分率,则总通过率 $M(x)$ 为:

$$M(x) = \frac{y_1 m_1(x)}{100} + \frac{y_2 m_2(x)}{100} + \frac{y_3 m_3(x)}{100} + \frac{y_4 m_4(x)}{100} \tag{9-4}$$

式(9-4)中,$M(x)$ 为选定值,$m_1(x)$、$m_2(x)$、$m_3(x)$ 及 $m_4(x)$ 均为筛分测定值。为了

表 9-13　水工沥青混凝土矿料级配范围

级配类别	筛孔尺寸(mm) 35	25	20	15	10	5	2.5	1.2	0.6	0.3	0.15	0.074	沥青用量(%)
	总通过率(%)												
开级配	100	68.4 ~ 80.6	53.1 ~ 69.9	38.4 ~ 58.3	24.3 ~ 45.3	11.1 ~ 29.8	5.0 ~ 20.0	2.1 ~ 13.6	0.9 ~ 9.8	0.4 ~ 7.5	0.1 ~ 6.0	0 ~ 5.0	3.0 ~ 4.0
		100	74.9 ~ 84.7	51.5 ~ 68.5	30.4 ~ 51.1	12.4 ~ 31.5	5.0 ~ 20.0	1.9 ~ 13.0	0.7 ~ 9.8	0.3 ~ 7.0	0.1 ~ 5.8	0 ~ 5.0	3.5 ~ 4.5
			100	66.1 ~ 78.8	36.9 ~ 56.7	13.6 ~ 33.0	5.0 ~ 20.0	1.7 ~ 12.6	0.6 ~ 8.8	0.2 ~ 6.8	0.1 ~ 5.6	0 ~ 5.0	4.0 ~ 5.0
粗粒式级配		100	84.7 ~ 90.0	68.5 ~ 78.6	51.1 ~ 65.1	31.5 ~ 47.5	20.0 ~ 35.0	1.3 ~ 25.8	9.3 ~ 19.6	7.0 ~ 15.3	5.8 ~ 12.2	5.0 ~ 10.0	4.0 ~ 5.0
			100	78.8 ~ 85.9	56.7 ~ 69.5	33.0 ~ 48.9	20.0 ~ 35.0	12.6 ~ 25.2	8.8 ~ 19.0	6.8 ~ 14.8	5.6 ~ 11.9	5.0 ~ 10.0	4.5 ~ 5.5
				100	67.8 ~ 77.8	35.8 ~ 51.5	20.0 ~ 35.0	11.9 ~ 24.2	8.2 ~ 18.0	6.4 ~ 14.0	5.5 ~ 11.6	5.0 ~ 10.0	5.0 ~ 6.0
密级配		100	90.0 ~ 93.6	78.6 ~ 86.0	65.1 ~ 76.2	47.5 ~ 61.9	35.0 ~ 50.0	25.8 ~ 39.7	19.6 ~ 31.7	15.3 ~ 25.1	12.2 ~ 19.6	10.0 ~ 15.0	6.0 ~ 8.0
			100	85.9 ~ 90.9	69.5 ~ 79.4	48.9 ~ 63.1	35.0 ~ 50.0	25.2 ~ 39.1	19.0 ~ 30.9	14.8 ~ 24.4	11.9 ~ 19.2	10.0 ~ 15.0	6.5 ~ 8.5
				100	77.8 ~ 85.3	51.5 ~ 65.1	35.0 ~ 50.0	24.2 ~ 38.1	18.0 ~ 29.7	14.0 ~ 23.4	11.6 ~ 18.6	10.0 ~ 15.0	7.5 ~ 9.0
细粒式级配		100	93.9 ~ 96.5	86.6 ~ 92.1	77.0 ~ 85.9	62.4 ~ 75.4	50.0 ~ 65.0	38.9 ~ 54.3	29.9 ~ 44.3	22.2 ~ 34.4	15.7 ~ 24.7	10.0 ~ 15.0	6.0 ~ 8.0
			100	91.3 ~ 94.9	80.1 ~ 87.8	63.6 ~ 76.2	50.0 ~ 65.0	38.2 ~ 53.7	29.1 ~ 43.4	21.5 ~ 33.6	15.3 ~ 24.7	10.0 ~ 15.0	6.5 ~ 8.5
				100	85.8 ~ 91.4	65.7 ~ 77.6	50.0 ~ 65.0	37.1 ~ 52.7	27.7 ~ 42.1	20.3 ~ 32.4	14.6 ~ 23.4	10.0 ~ 15.0	7.5 ~ 9.0
碎石薄层沥青		100	96.6 ~ 98.5	92.3 ~ 96.5	86.2 ~ 93.4	75.6 ~ 87.3	65.0 ~ 80.0	53.7 ~ 70.8	43.0 ~ 60.3	32.1 ~ 47.9	21.2 ~ 33.1	10.0 ~ 15.0	6.0 ~ 8.0
			100	95.0 ~ 97.8	88.1 ~ 94.4	76.4 ~ 87.7	65.0 ~ 80.0	53.1 ~ 70.4	42.1 ~ 59.7	31.3 ~ 47.2	20.6 ~ 32.5	10.0 ~ 15.0	6.5 ~ 8.5
				100	90.0 ~ 91.6	77.9 ~ 88.5	65.0 ~ 80.0	52.1 ~ 69.7	40.7 ~ 58.6	29.9 ~ 46.0	19.8 ~ 31.6	10.0 ~ 15.0	7.5 ~ 9.0

注:沥青用量按矿料总重的百分率计。

求得未知数 y_1、y_2、y_3 及 y_4，可从矿料筛分结果中选定一筛孔孔径 a，使除碎石外其他各种材料全部通过该筛孔，即 $m_2(a)$、$m_3(a)$、$m_4(a)$ 均为 100%，则：

$$M(a) = \frac{y_1 m_1(a)}{100} + y_2 + y_3 + y_4 = \frac{y_1 m_1(a)}{100} + (100 - y_1) \tag{9-5}$$

得

$$y_1 = \frac{100(100 - M(a))}{100 - m_1(a)}$$

再计算矿粉量。不考虑其他矿料中粒径小于 0.074 mm 颗粒含量，即 $m_1(0.074)$、$m_2(0.074)$ 和 $m_3(0.074)$ 均为 0，则：

$$M(0.074) = \frac{y_4 m_4(0.074)}{100}$$

得

$$y_4 = \frac{100M(0.074)}{m_4(0.074)} \tag{9-6}$$

余下的 y_2 和 y_3 就可以利用式(9-3)和式(9-4)联立求得：

$$y_2 = \frac{(100 - y_1 - y_4)m_3(x) - [100M(x) - y_1 m_1(x) - y_4 m_4(x)]}{m_3(x) - m_2(x)} \tag{9-7}$$

$$y_3 = \frac{(100 - y_1 - y_4)m_2(x) - [100M(x) - y_1 m_1(x) - y_4 m_4(x)]}{m_2(x) - m_3(x)} \tag{9-8}$$

根据上述求得的四种矿料的初步用量，计算出矿质混合料的级配，然后与表 9-13 所给定的范围进行比较：如果在规定的范围内，说明所计算的矿质材料级配是合适的；如果不在规定的范围内，说明矿质混合料中某级颗粒含量不足或过多，则应在混合料中增减含这级颗粒的矿质材料，或加入其他矿质材料进行调整，使其矿质混合料的级配达到表 9-13 所规定的标准。

（二）沥青用量的选定

1. 沥青用量的初步选择

沥青混凝土的初步配合比确定后，可参考已有工程或表 9-13 的沥青用量初拟几种沥青用量，一般须选定 3 ~4 个沥青用量进行试验。如表 9-13 中密级配中粒式沥青用量为 6.5% ~8.5%，即可选 6.5%、7.0%、7.5% 及 8.5% 四个沥青用量。

2. 马歇尔试验

将沥青用量为 6.5%、7.0%、7.5% 及 8.5% 的四种配合比的沥青混凝土做马歇尔试验，并测定沥青混凝土的表观密度及孔隙率。试验结果用图 9-10 的形式表示。然后，按照设计的技术指标（例如：孔隙率为 2% ~4%，表观密度大于 2 290 kg/m^3，稳定度为 4 ~6 kN，流变值为 40 ~60），则表观密度、孔隙率、稳定度、流变值等基本技术性能同时满足的沥青用量范围即为所求，取其中间值即为该组合级配的最优沥青用量（见图 9-11）。

（三）配合比的确定

对初步选定的配合比，再根据设计规定的技术要求，如水稳定性、热稳定性、渗透系数、柔性、强度等指标全面进行检验，如各项技术指标均能满足要求，则该配合比即可确定为实验室配合比，否则须另选沥青用量进行验证试验。

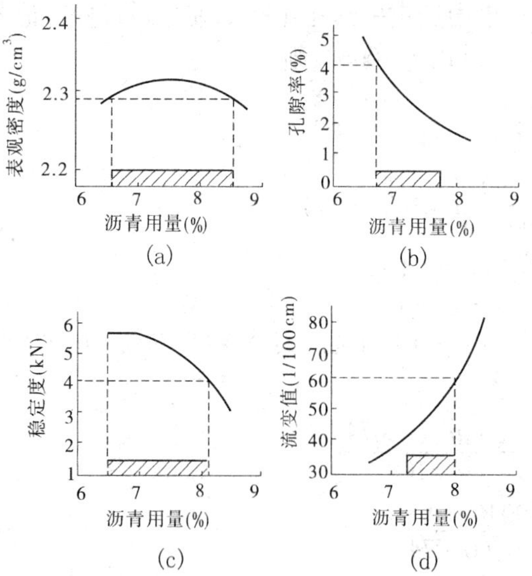

图 9-10　沥青混凝土各项基本性质与沥青用量关系曲线

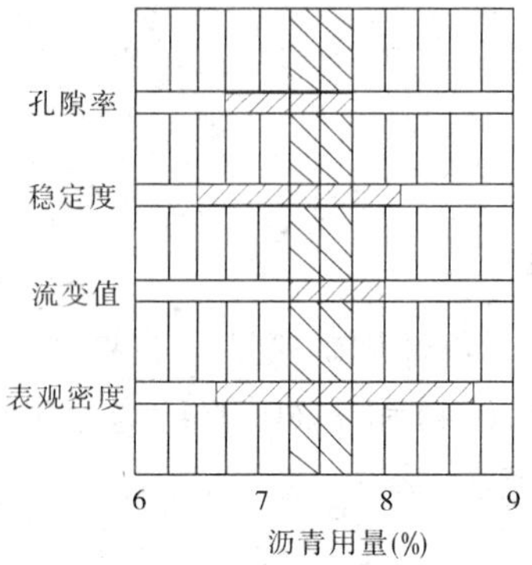

图 9-11　确定沥青用量示意

(四)配合比现场铺筑试验

在实际工程应用时,一般常用符合要求的几组矿质混合料及不同的沥青用量,配制几组沥青混凝土,在施工现场同时进行各组的物理、力学性能检验,从中选取技术性能既符合要求又经济的一组,作为实际使用的水工沥青混凝土的配合比。

本章小结

沥青的组分与结构是影响沥青主要技术性质的重要因素;沥青质量对沥青类防水材料和沥青混合料的主要技术性质与质量将会产生重要的影响。

掌握:石油沥青的主要技术性质、技术标准及其应用,改性沥青防水材料、合成高分子防水材料、沥青防水涂料等的技术性质与应用,水工沥青混合料的组成材料、技术性质与配合比设计。

理解:石油沥青的组分与结构,煤沥青的应用,石油沥青与煤沥青的主要鉴别方法,改性沥青的特点与选择,沥青混合料的分类。

了解:煤沥青的组分与主要技术性质,各类油纸、油毡的组成及应用。

第十章　木　材

【内容提要】

本章主要介绍木材的物理力学性质；较详细地阐述木材的各向异性、湿胀干缩以及含水率对木材性质的影响；简单介绍木材的基本构造，木材的缺陷与防腐措施，木材的综合利用。

木材是传统的三大建筑材料之一，具有轻质高强，弹性、韧性好，易于加工，导电、导热性低等优点，但天然木材构造不均匀、各向异性、易吸湿变形，且易腐、易燃。在工程中，木材常用做装饰、装修材料，也用做混凝土模板、脚手架及房屋的屋架、梁、柱、门窗、地板等。

木材是天然资源，由于树木生长较慢且产量有限，远远跟不上建设的需要，因此必须掌握木材的性能，要做到科学使用。

树木通常分为针叶树与阔叶树两大类。树种不同，木材的性质及应用也不同，见表 10-1。

表 10-1　树木的分类和特点

种类	特点	主要用途	常见树种
针叶树	树叶细长，为针状，树干高、直，木质较软，易加工，强度高，胀缩变形小	是工程中主要使用的树种，多用于承重构件、门窗等	松树、杉树、柏树等
阔叶树	树叶宽大，为片状，树干通直部分较短，木质较硬，不易加工，易胀缩、翘曲、裂缝	常用做内部装饰及次要的承重构件、胶合板等	榆树、桦树、水曲柳等

第一节　木材的基本构造

木材的构造是决定木材性能的主要因素。木材的构造一般分为宏观特征和微观特征两方面。

一、宏观特征

用肉眼或在低倍放大镜下所看到的木材构造和非构造特征称为宏观特征，也叫粗视特征。

木材的宏观特征可通过横切面、径切面与弦切面（见图 10-1）来观察。

横切面是与树干纵轴垂直锯割的切面，径切面是通过髓心的纵切面，弦切面是垂直横切面而与年轮相切的纵切面。

就宏观特征而言,树木可分为树皮、木质部和髓心三个主要部分(见图 10-2)。

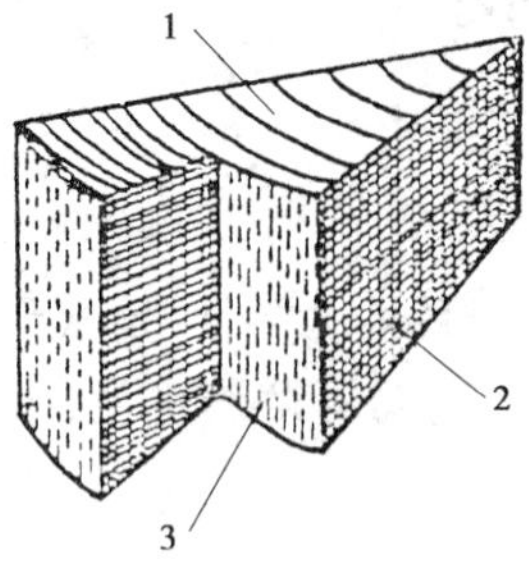

1—横切面;2—径切面;3—弦切面

图 10-1 木材的三切面图

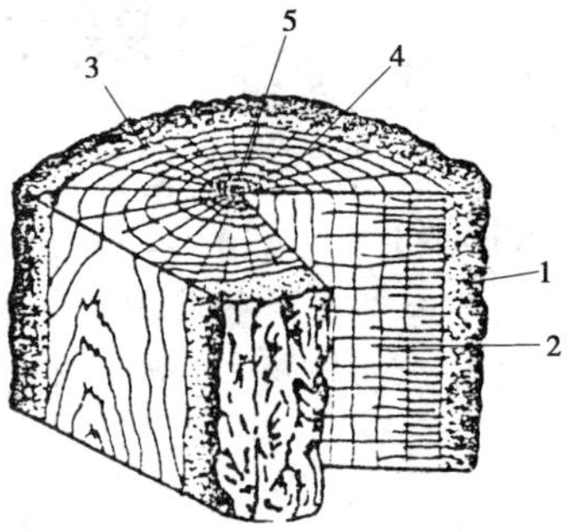

1—树皮;2—木质部;3—年轮;4—髓线;5—髓心

图 10-2 树木的三个主要部分

木质部是木材的主体。其构造特征包括年轮、早材(春材)和晚材(夏材)、边材和心材,树脂道、管孔、轴向薄壁组织、木射线和波痕等。

(1)年轮、早材、晚材。从横切面上可以看到:髓心周围一圈圈呈同心圆分布的木质层,称年轮。年轮由春材和夏材两部分组成。

木材的每一年轮内,靠髓心方向材色浅、组织松、材质软的部分是每年生长旺盛时期形成的,称春材;靠树皮的方向材色深、组织密、材质硬的部分是生长后期形成的,称夏材。夏材所占比例愈大,木材的强度与表观密度就愈大。当树种相同时,年轮稠密均匀者材质较好。

(2)髓心、髓线。在树木的中心由第一轮年轮组成的初生木质部分称为髓心(又称树心)。它材质松软、强度低、易腐朽开裂。从髓心呈放射状穿过年轮的条纹称为髓线。髓线与周围细胞连接较弱,木材在干燥过程中易沿髓线开裂。

(3)心材与边材。有些树种,靠近髓心周围材色较深,含水率少的部分称心材;心材外围材色较浅部分含水率大,称为边材。

二、微观特征

在显微镜下看到的木材构造特征称为微观特征,也叫显微特征。

在显微镜下可以看到木质部是由无数细小、大致与树干轴线平行的管状细胞组成,见图 10-3。每个细胞都有细胞壁和细胞腔,细胞壁是由若干层细胞纤维组成的,纵向连结牢固,横向较差,故纵向管状细胞纵向强度高而横向强度低。

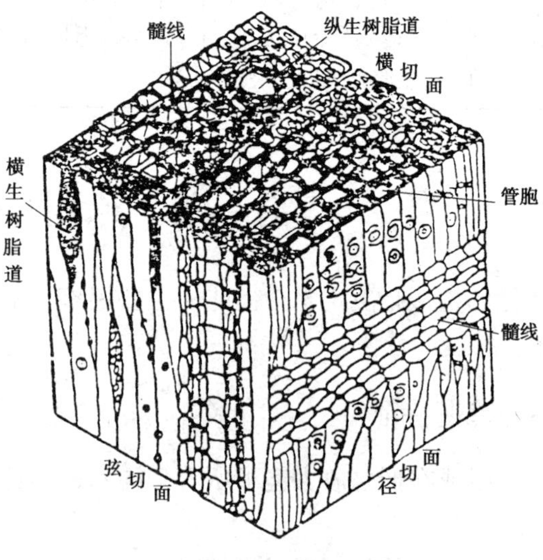

图 10-3 马尾松的显微构造

细胞壁的纤维之间有较小的孔隙与薄壁木射线细胞相通，能吸收和渗透水分，因而使木材有吸收和散失水分的性能。

细胞本身的组织构造，在很大程度上决定了木材的性质。如细胞壁越厚，细胞腔越小，木材组织越均匀、材质越密实，表观密度和强度越大，但干缩率也因细胞壁厚增大而增大。

第二节　木材的物理力学性质

一、含水量、密度与表观密度

（一）含水率、平衡含水率、纤维饱和点

木材中的水分包括存在于细胞腔内的自由水和存在于细胞壁内的吸附水，以及构成细胞化学成分的化合水三部分。自由水对木材性质影响不大，而吸附水则是影响木材性质的主要因素。

木材的含水量以各种含水率表示，木材的含水率是木材所含水的质量与木材干燥质量的比值。当木材的含水率与环境的湿度达到平衡时的含水率称为平衡含水率，它随大气的温、湿度变化而变化。我国木材平衡含水率平均为15%（北方为12%，南方为18%）。

潮湿木材干燥时，自由水蒸发完毕，而细胞壁中的吸附水仍处于饱和状态；或干燥木材吸湿时，细胞壁中的吸附水达到饱和状态，而细胞腔内没有自由水，此时的含水率称为纤维饱和点。纤维饱和点随树种而异，一般为23%～33%，平均约为30%。

（二）纤维饱和点对木材性质的影响

1. 对强度的影响

木材纤维饱和点是许多木材性质变化的转折点。木材含水量在纤维饱和点以上（如含水率为50%、100%等）变化时，对强度没有影响；但含水量在纤维饱和点以下变化时，其强度将随含水量的减少而增加。其原因是水分的减少，使细胞壁物质变干而紧密，从而提高强度；反之，细胞壁物质软化、膨胀而松散，强度降低。

2. 湿胀干缩

在木材从潮湿状态干燥到纤维饱和点的过程中，其尺寸并不改变，仅表观密度减小。只有干燥至纤维饱和点以下，细胞壁中的吸附水开始蒸发时，木材将发生收缩；反之，当干燥木材吸湿时，由于吸附水的增加，将发生体积膨胀，直到含水率达纤维饱和点为止，此后木材含水量继续增加，体积不再变化。

由于木材具有湿胀干缩的性质，同时构造又不均匀，在不同方向的干缩值不同。顺纹方向干缩最小，平均为0.1%～0.35%；径向干缩较大，为3%～6%；弦向干缩最大，为6%～12%。因此，湿材干燥后变形值在不同方向上各异，干缩会使木材产生裂缝或翘曲变形而影响使用。工程中常采用高温干燥，利用径切板，采用油漆涂料涂刷木材表面，利用合成树脂处理，也可应用化学药剂及其他物质（如用石蜡、尿素、聚乙二醇等）处理，以增加木材的稳定性。

（三）木材的密度与表观密度

各种木材的密度相差甚小，平均为1.55 g/cm^3；而表观密度差别甚大，即使同一品种，因树木生长条件，内部组织构造不同，其表观密度也有明显的差别，平均约为500 kg/m^3。

木材的表观密度除与组织构造有关外，含水量的影响也很大，通常以含水率15%的表观密度为标准。

二、木材的强度

由于木材内部组织的不均匀性，木材的强度各不相同，即使是同一棵树也有差异。

木材的抗拉、抗压、抗弯、抗剪四种强度都有顺纹和横纹之分。木材各种强度的关系如表10-2所示。

表10-2 木材的相对强度（以顺纹抗压强度为1）

抗压		抗拉		抗剪		抗弯
顺纹	横纹	顺纹	横纹	顺纹	横纹	
1	1/10～1/3	2～3	1/20～1/3	1/7～1/3	1/2～1	1.2～2.0

影响木材强度的因素主要有以下几个方面。

（一）含水率的影响

木材含水率在纤维饱和点以下时，其强度随含水率的增加而降低；而且不同的受力条件，其影响程度是不相同的（见图10-4）。

一般规定以含水率为15%的强度 f_{15} 为标准，其他含水率的强度 f_w 可按式（10-1）计算：

$$f_{15} = f_w[1 + a(W - 15)] \qquad (10\text{-}1)$$

式中 W——木材实际含水率（%）；

a——含水率校正系数，其值可取为：顺纹抗压0.05，抗弯0.04，顺纹抗剪0.03，横纹抗压0.045，顺纹抗拉阔叶树材为0.015、针叶树材为0。

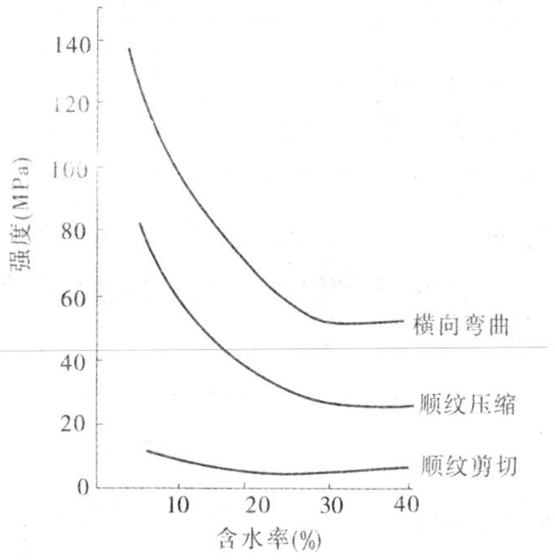

图10-4 含水率对木材受力性能的影响

（二）荷载方向的影响

木材荷载方向与木材纹理方向不一致时，将影响木材的强度，例如松木当夹角为15°时，抗压强度降低25%；夹角为30°时，抗压强度降低30%。

（三）荷载时间的影响

在进行木材强度试验时，迅速加荷使其断裂，测得的强度称为暂时强度；在长期荷载作用下导致破坏的最大强度，称为持久强度。木材的持久强度一般仅为暂时强度的50%～60%。

（四）缺陷的影响

木材的实际强度远低于试验强度。因为试验强度是用无缺陷的标准试件测得的，实际上木材都存在着不同程度的腐朽、裂纹、斜纹、树节等缺陷，这些缺陷均会降低木材的强度，工程上常依缺陷的多少划分木材的等级。

三、木材的缺陷

木材缺陷是影响木材质量的主要因素，常见的木材缺陷有以下几种。

（一）节子

节子是含于树干木质中树枝根部的断面，分为活节、死节、漏节三种。活节是节子纤维与周围木质纤维紧密相连，节子质地坚硬，对木材的使用影响较小。死节是早死的树枝留下的节子，其纤维与周围木材纤维部分脱离或完全脱离，在木板中容易脱落，形成空洞，所以也称脱落节。漏节是节子已大部分腐朽，而且还深入树干的内部和内部腐朽相连，常成为木材内部腐朽的外部特征。

节子破坏了木材的均匀性，甚至完整性，对木材的强度有明显的影响，其中以对顺纹抗拉强度的降低为最多，顺纹抗压影响最小。活节和质地坚硬的死节还会使木材加工困难。节子对木材质量的影响程度，取决于节子本身的质地、尺寸的大小和密集程度，所以在木材标准中规定以各类节子的尺寸和数量作为评定木材产品等级的主要指标之一。

（二）腐朽与虫蛀

木材受腐朽菌侵蚀后，不但颜色发生变化，同时材质变得松软、易碎，最后变成一种干或湿的软块，这种现象称为腐朽。腐朽能严重降低木材的硬度和强度，甚至使木材完全失去使用价值。

虫蛀是树木采伐后，由于保管不良，遭受昆虫的蛀蚀而造成的损伤。大虫眼能降低木材等级，严重时木材不能使用。

（三）弯曲与斜纹

弯曲是树干的轴线不在一条直线上，而向左右前后凸出的现象。弯曲的原木不仅出材率低，而且锯解的成材往往带有斜纹。具有斜纹的木材纵向收缩较大，易使木材开裂和翘曲，还会降低木材的强度，特别是对抗拉强度和抗弯强度降低较多。

四、木材的防腐

木材的腐朽是腐朽菌寄生，分泌出酵素，把细胞壁物质分解成自身的养料造成的。腐朽菌的繁殖和生存条件是空气、适宜的温度和湿度。当木材的含水率为 30% ~50%，温度为 25 ~50 ℃，又有足够的空气时，最适宜腐朽菌繁殖，木材也最易腐朽。如果温度高于 60 ℃、腐朽菌就不能生存；含水率低于 20%，腐朽菌也不能生存。

防止木材腐朽的方法：一是造成腐朽菌不能生存的环境，即在低温季节（冬、深秋、早春）采伐木材，在高含水率或干燥状态下保管。干燥木材使用于干燥环境，如在木结构中采取通风、防潮、涂刷、油漆等措施。二是采用化学防腐处理，使腐朽菌不但不能生存，还会被杀死。可用防腐剂涂刷、浸渍木材或注入木材内部。不为水直接浸湿的木构件可用水溶性的防腐剂，如氟化钠、硅氟酸钠、氯化锌、氯化汞、硫酸铜和砷等；为水直接浸湿者可用油漆性防腐剂，如五氯酚、萘酸铜、蒽油、克鲁苏油等。

第三节　木材主要产品

一、原条

原条是只经修枝、剥皮，没有加工造材的伐倒木，主要用于建筑施工的脚手架等。

（一）原条的长度检量

长度在 5 m 以上的原条，检量从根部锯口量起至稍端直径为 6 cm 处为检尺长度，并以 1 m 为增进单位，不足 1 m 的从稍端舍去不计。若根部锯口内有水眼或斧口，则从水眼或斧口量起，若大头有开裂，视其对使用的影响适当让尺。

（二）原条的径级检量

一般以检尺长中央直径为检尺径，以 2 cm 为增进单位，若原条中央为椭圆形，且长径超过短径 15%，则以长径和短径的平均值为检尺径。

（三）原条的材积计算

（1）检尺径 10 cm 以上的原条材积按式（10-2）计算：

$$V = 0.39 \times (3.50 + D)^2 \times (0.48 + L) \div 10\,000 \tag{10-2}$$

式中　V——体积，m^3；

L——检尺长，m；

D——检尺径，cm。

（2）检尺直径为 8 cm 的原条材积，按式（10-3）计算：

$$V = 0.490\,2 \times L \div 10\,000 \tag{10-3}$$

二、原木

原木是由原条按一定尺寸加工成规定长度的木材，分为直接用原木和加工用原木。直接用原木用于屋架、椽、柱等，加工用原木主要用于锯制板、方材、胶合板等。

（一）原木的长度检量

原木的长度自大头断面至小头断面相距最短处取直检查。直接使用原木的长级进位，长度不超过 5 m 的按 0.2 m 进位，长度超过 5 m 的按 0.5 m 进位。加工用原木的长级进位，东北、内蒙古地区按 0.5 m 进位，其他地区按 0.2 m 进位。

（二）原木的径级检量

原木的径级以小头通过断面中心的最小直径为检尺径，以 2 cm 为一进级单位。

（三）原木材积计算

（1）检尺径 4 ~ 12 cm 的材积按式（10-4）计算：

$$V = 0.785L(D + 0.45L + 0.2)^2 \div 10\,000 \tag{10-4}$$

（2）检尺径 14 cm 以上的材积，按式（10-5）计算：

$$V = 0.785L[D + 0.5L + 0.005L^2 + 0.000\,125L(14 - L)^2 \times (D - 10)]^2 \div 10\,000 \tag{10-5}$$

式中　V——材积，m^3；

L——检尺长,m;

D——检尺径,cm。

三、板材、方材

(一)板材

宽度为厚度的3倍或3倍以上的制材称为板材。板材按厚度分为薄板(厚度小于等于18 mm)、中板(厚度19~35 mm)、厚板(厚度36~65 mm)、特厚板(厚度大于等于66 mm)。

(二)方材

凡宽度小于厚度3倍的加工木材称为方材。方材按宽厚相乘之积的大小分为小方($\leqslant 54\ cm^2$)、中方($55 \sim 100\ cm^2$)、大方($101 \sim 225\ cm^2$)和特大方($\geqslant 226\ cm^2$)。

四、人造板材

在树木加工成型材的过程中,会产生大量的枝条、板皮、刨花、木屑和短小废料,将其进行加工处理,可以制成各种有用的人造板材,人造板材性能优于天然木材。

(一)细木工板

细木工板属于复合木板,由三层木板粘压而成,上、下两个面层为旋切木质单板,心板用短小木板条拼接而成。

按其结构可分为:心板条不胶拼的细木工板、心板条胶拼的细木工板。

按表面加工状况分为:一面砂光细木工板、两面砂光细木工板、不砂光细木工板。

按所使用胶合剂分为:Ⅰ类胶细木工板、Ⅱ类胶细木工板。

按细木工板面板的材质和加工工艺质量分一、二、三等。各类细木工板的厚度为16 mm、19 mm、22 mm、25 mm。细木工板幅面尺寸见表10-3。

表10-3 细木工板幅面尺寸 (单位:mm)

宽度	长度					
	915	1 200	1 520	1 830	2 135	2 440
915	915	—	—	1 830	2 135	—
1 220	—	1 220	—	1 830	2 135	2 440

注:细木工板的心条顺纹理方向为细木工板的长度方向。

(二)胶合板

胶合板是由原木沿年轮旋切成的薄片,按木材纹理纵横向交错重叠黏合而成,层数一般为单数层(3层、5层、7层、9层、11层)。

胶合板厚度为2.7 mm、3 mm、3.5 mm、4 mm、5 mm、5.5 mm、6 mm,自6 mm起,按1 mm递增。厚度4 mm以下为薄胶合板,3 mm、3.5 mm、4 mm厚的胶合板为常用规格。胶合板的幅面尺寸规定,见表10-4。

表 10-4 胶合板的幅面尺寸 （单位:mm）

宽度	长度				
	915	1 220	1 830	2 135	2 440
915	915	1 220	1 830	2 135	—
1 220	—	1 220	1 830	2 135	2 440

在建筑工程中胶合板常用做天棚板、隔墙板、门心板及室内装修等。

(三)其他板材

以植物纤维为原料,加工成密度大于0.8 g/cm^3 的纤维板,称为硬质纤维板。纤维板常用于建筑装修和制作家具。

刨花板是利用木质刨花或木质纤维材料(如木片、锯屑和亚麻等),经干燥、拌胶、热压而成的板材。纤维板、刨花板的规格尺寸同胶合板。

刨花板具有隔声、绝热、防蛀及耐火等优点,可用做隔墙板、顶棚板等。

木丝板是利用木材的短残料刨成木丝,再与水泥、水玻璃等搅拌在一起,加压凝固成型。木丝板规格:长度有 1 500 mm、1 830 mm,宽度有 500 mm、600 mm,厚度为 16 ~ 50 mm。木丝板具有隔声、绝热、防蛀及耐火等优点,可用做隔墙板、顶棚板等。

本章小结

木材存在易燃、易腐、易吸湿变形以及各向异性等缺点,且木材生长周期长,大量砍伐会造成生态破坏,所以在工程中应尽量以其他材料代替,以节约木材资源。

木材的构造决定了不同树种、不同取材位置、不同方向的性质各异。正确认识这些特点,是合理使用木材的基础。人造板材幅面宽、不翘曲、不易开裂,应充分利用木材废料加工人造板材。

通过本章学习应做到以下几点:

掌握:木材的纤维饱和点、平衡含水率、标准含水率和持久强度等概念。

理解:木材的各向异性、湿胀干缩性,以及含水率对木材性质的影响。

了解:木材的构造、防腐措施及木材的综合利用。

第十一章 绝热、吸声及装饰材料

【内容提要】

本章介绍绝热材料、吸声材料、装饰材料的基本知识及各类材料的产品种类、产品性能和主要用途。其中,建筑装饰材料为本章的重点。主要内容有:无机绝热材料、有机绝热材料,多孔类吸声材料、膨胀珍珠岩吸声制品、矿棉吸声板,泡沫塑料、钙塑泡沫吸声板,天然石材、陶瓷制品、玻璃制品、木质饰面板、金属装饰制品及涂料。很多材料同时具有多种功能,学习时应注意。

建筑围护结构采用绝热材料是节能的有效途径。吸声材料已广泛应用于工业厂房的噪声控制、厅堂的音质设计及其他工业与民用建筑中,而且工程中应用的兼有绝热和吸声功能的材料愈来愈多。装饰材料主要是美化建筑外观,并兼有防护及其他功能,恰当地采用装饰材料,能显示建筑物的艺术形象,为人们创设优美的建筑空间和生活环境。绝热吸声及装饰材料的应用,对提高人们的生活质量有重要作用。因此,我国有关的建筑设计规范中对建筑的保温隔热、吸声隔声及装饰等都有明确的规定。

第一节 绝热材料

绝热材料是用于减少结构物与环境热交换的一种功能材料,是保温材料和隔热材料的总称,其导热系数小于0.24 W/(m·K)。在建筑工程中,采暖房屋为了能保持室内热量、减少热量散失以及保持室温稳定,其墙体和屋顶等围护结构需要采用保温材料。而处于炎热气候环境下的空调房屋和冷库等,则要求围护结构具有良好的隔热性能。保温和隔热良好的建筑物,还可以大大降低采暖和空调的能耗,这对"建筑节能"具有重要意义。

一、无机绝热材料及其制品

无机绝热材料由矿物材料制成,呈散粒状、纤维状或多孔状。该类绝热材料具有不易腐烂、不易燃烧、抗虫蛀、价格便宜等优点。

(一)散粒状绝热材料

1. 膨胀珍珠岩及其制品

地下喷出的熔岩在地表急剧冷却后而形成的酸性火山玻璃质岩石,其结构呈珍珠状裂隙,所以取名为珍珠岩。将珍珠岩破碎、筛分、高温预热使其体积膨胀制成一种白色或灰白色的砂粒状材料即为膨胀珍珠岩。膨胀珍珠岩具有质轻、绝热、不易燃、无臭味、无毒等特点,可直接作为保温材料填充于建筑物的围护结构内,如屋面保温层、热管道和热设备的保温隔热材料。

膨胀珍珠岩制品是以膨胀珍珠岩为集料,配以适量胶凝材料,经拌和、成型、养护(或干燥、或焙烧)后而制成的板、砖、管等产品。目前,国内主要产品有水泥膨胀珍珠岩制品、水玻璃膨胀珍珠岩制品、磷酸盐膨胀珍珠岩制品及沥青膨胀珍珠岩制品等。

膨胀珍珠岩按堆积密度不同分为三类,其技术指标见表11-1。工程上常用的几种膨胀珍珠岩制品及其技术性能指标见表11-2。

表11-1　膨胀珍珠岩分类及其技术指标

指标名称	单位	产品分类		
		Ⅰ	Ⅱ	Ⅲ
堆积密度	kg/m^3	小于80	80~150	150~250
粒度	质量百分比	粒径小于2.5 mm的不大于5%;粒径小于0.15 mm的不大于8%	粒径小于0.15 mm的不大于8%	粒径小于0.15 mm的不大于8%
常压导热系数(t=25 ℃)	W/(m·K)	0.052	0.052~0.064	0.064~0.076
含水率	质量百分比(%)	<2	<2	<2

表11-2　膨胀珍珠岩制品的技术性能指标

名称	表观密度(kg/m^3)	抗压强度(MPa)	导热系数(W/(m·K))	使用温度(℃)
水泥膨胀珍珠岩制品	300~400	0.5~1.0	0.058~0.087	≤600
水玻璃膨胀珍珠岩制品	200~300	0.6~1.2	0.056~0.065	650
磷酸盐膨胀珍珠岩制品	200~300	0.6~1.0	0.036~0.052	<1 000
沥青膨胀珍珠岩制品	200~450	0.3~0.5	0.070~0.080	-45~250

2.膨胀蛭石及其制品

蛭石是由云母类矿物风化而成的,因为其热膨胀像水蛭(蚂蝗)一样蠕动,故得名蛭石。膨胀蛭石是由蛭石经晾干、破碎、筛选、煅烧(850~1 000 ℃)后体积急剧膨胀(可膨胀5~20倍)而成的松散颗粒,具有导热系数小、耐火防腐、不变质、不易虫蛀等特点,工程上常作为隔热保温材料用于填充墙壁、楼板、平屋顶,保温效果佳。但因其吸水性大,使用时应注意防潮。其主要技术性能指标见表11-3。

膨胀蛭石也可与水泥、水玻璃等胶凝材料配合,制成砖、板、管壳等用于围护结构及管道保温。水泥膨胀蛭石是由水泥和膨胀蛭石按一定比例加水拌和、成型、养护而成的制品材料,其配合比及性能指标见表11-4。水泥膨胀蛭石制品常用做工程围护结构、热工设备和供热管道的保温隔热材料。

(二)纤维状绝热材料

纤维状绝热材料主要是以矿棉、石棉、玻璃棉及植物纤维等为主要原料,制成的板、筒、毡等形状的制品,广泛用于住宅建筑和热工设备、管道等的保温。这类保温材料通常也是良好的吸声材料。

表 11-3　膨胀蛭石的主要技术性能指标

项目	等级		
	一级	二级	三级
颜色	金黄色	深灰色	暗黑色
粒径(mm)	2.5～20	2.5～20	2.5～20
堆积密度(g/cm^3)	0.1	0.2	0.3
导热系数(W/(m·K))	0.046～0.058	0.052～0.064	0.058～0.070
容许工作温度(℃)	1 000	1 000	1 000

表 11-4　水泥膨胀蛭石制品配合比及其性能指标

体积配合比(%)		表观密度(kg/m^3)	抗压强度(MPa)	导热系数(W/(m·K))	使用温度(℃)
水泥	膨胀蛭石				
9	91	300	0.20	0.075	<600
15	85	400	0.55	0.087	
20	80	550	1.15		

1. *石棉及其制品*

石棉是蕴藏于中性或酸性火成岩矿床中的一种非金属矿物，是一种天然矿物纤维，主要化学成分是含水硅酸镁。石棉具有耐火、耐热、耐酸碱、防腐、隔声、隔热、绝缘、保温等优点。石棉纤维柔松，松散的石棉很少单独使用，多制成石棉纸、石棉板、石棉毡，或与胶结物混合而制成石棉板块材料等。

2. *矿棉及其制品*

矿棉一般包括矿渣棉和岩石棉。

1）矿渣棉及其制品

矿渣棉是以岩石、工业废渣和石灰石等为主要原料，经高温熔融，用高速离心力、高压气体喷吹而成的。该产品具有导热系数低、质量轻、不燃、防蛀、耐腐蚀、吸声性能好、化学稳定性强等特点，广泛用于建筑物的填充绝热、吸声、隔声，以及制冷、保冷和各种热力设备的填充隔热等。

矿渣棉制品是在矿渣棉纤维中加入一定量的胶粘剂、憎水剂、防尘剂等材料，经固化、加工制成各种用途的制品，如板、带、毡、缝毡、管壳等。其制品具有导热系数小、保温性能好、质量轻、耐腐蚀、防蛀、吸声效果好、价格低廉等特点。适用于各种建筑物的屋面、墙体、工业炉等各种设备和管道、罐体、锅炉等的保温、隔热和吸声。

2）岩棉及其制品

岩棉是以精选的玄武岩或辉绿岩为主要原料，经高温熔融制成的一种人造无机纤维材料。该产品具有导热系数小、质量轻、绝缘性能好、不燃等特点，广泛用于建筑、化工、电力、冶金等行业各种建筑物和设备的保温、绝热和吸声。

岩棉制品是在岩棉纤维中加入一定量的憎水剂、防水油及胶粘剂后，经固化、切割、贴面等工序加工而成的制品，如岩棉板、岩棉毡、岩棉保温带等，广泛用于罐体、锅炉、管道等设备的保温、隔热。

3. 玻璃棉及其制品

玻璃棉是以硅砂、石灰石、萤石等矿物为原料，在熔炉中加热熔化后，经喷制而成的无机纤维状材料。玻璃棉具有导热系数小、过滤效率高、密度小、不燃、耐腐蚀等特点，是一种理想的绝热、吸声材料。以玻璃棉作为基料，加入少量胶粘剂和其他添加剂，经固化、切割、贴面等工序可制成多种绝热的玻璃棉制品。

（三）多孔状绝热材料

多孔状绝热材料是指有大量封闭、不连通气孔的隔热保温材料。为获得多孔结构，可在基材中加入发泡剂。

1. 微孔硅酸钙制品

微孔硅酸钙制品是指经蒸压形成的以水化硅酸钙为主要成分，并掺增强材料的制品。常以硅藻土、石灰为基料，加入少量石棉和水玻璃，经加水拌和制成砖、板、管、瓦等，经烘干、蒸压而成的微孔制品。多用于围护结构和管道保温，效果较膨胀珍珠岩和膨胀蛭石为好。

2. 泡沫玻璃

泡沫玻璃是采用碎玻璃加入1% ~2%发泡剂（石灰石或碳化钙），经粉磨、混合、装模，在800 ℃下煅烧后形成的含有大量封闭气泡（直径0.1 ~5 mm）的制品。它具有导热系数小、抗压强度和抗冻性高、耐久性好等特点，并且易于进行锯切、钻孔等机械加工，为高级保温材料，也常用于冷藏库隔热。

3. 泡沫混凝土与加气混凝土

用水泥、水和松香泡沫剂，或用粉煤灰、石灰、石膏和泡沫剂，经搅拌、成型、养护而制成泡沫混凝土。用硅质的粉煤灰或磨细砂材料加石灰，掺入铝粉发气剂经蒸压或蒸养而成加气混凝土。两者均是应用广泛的绝热材料。

二、有机绝热材料

（一）软木板

软木也叫栓木。软木板是以栓皮栎或黄菠萝树皮为原料，经破碎后与皮胶溶液拌和，再加压成型，在80 ℃的干燥室中干燥一昼夜而制成的。由于软木中含有大量微小封闭气孔，并含有大量树脂，故其具有导热系数及表观密度较小，吸水性差，防水、防腐性好等优点。常用热沥青错缝粘贴，适用于冷藏库及某些重要工程的保温。

（二）木丝板

木丝板是由木丝和胶结材料经拌和、压实和硬化而制成的。按所用胶结材料不同，木丝板分为菱苦土木丝板和水泥木丝板；按压实程度分为绝热木丝板与构造木丝板。该类材料常用于墙体和吊顶。

（三）软质纤维板

软质纤维板是用边角木料、稻草、麦秆、麻皮等植物纤维，经切碎、软化、打浆、加压成型、干燥而成的，一般用于墙体和吊顶。

(四)泡沫塑料

泡沫塑料是以各种树脂为基料,加入一定剂量的发泡剂、催化剂、稳定剂等辅助材料,经加热发泡而制成的。目前,工程中常用的是以聚苯乙烯(PS)为原料,制成聚苯颗粒,通过拌制保温砂浆直接涂敷于建筑物表面,或制成膨胀型聚苯板(EPS)、挤塑聚苯乙烯泡沫板(XPS),板材直接粘贴于建筑物表面。泡沫塑料具有质轻、保温、隔热、吸声、防震等特点,常用于围护结构的填充料,适用于工业厂房屋面、墙面、冷藏库及管道的保温隔热、防湿防潮工程。

三、关于绝热材料的概念

在空调或恒温房屋中以及夏季炎热气候下的一般房屋中,围护结构的材料应能阻抗室外热量的传入,以及减小室外空气温度波动对内表面温度的影响。如果传入的热量少,内表面温度较稳定,则这种围护结构的绝热性能就较好。因此,材料绝热性能的优劣,不仅与材料的导热系数有关,而且与导温系数、蓄热系数有关。也就是说,导热系数小的保温材料,其绝热性能不一定优良。

在建筑中,围护结构绝热设计时,除采用绝热材料外,还可以采取其他措施,起到绝热的效果,如下所述:

(1)外表面做浅色饰面,如浅色粉刷、浅色涂层和浅色面砖等;窗户采用绝热薄膜。

(2)设置通风层,如通风屋顶、通风墙等。

(3)采用多排孔的混凝土或轻集料混凝土空心砌块墙体。

(4)内侧采用砖或混凝土等重质材料的复合墙体。

(5)采用蓄水屋顶、有土或无土植被屋顶,以及墙面垂直绿化等。

第二节　吸声材料

对空气中传播的声能有较大程度吸收作用的材料,称为吸声材料。有效地采用吸声材料,不仅可以减少环境噪声污染,而且能适当地改善音质。

一、材料吸声的原理及其技术指标

声音起源于物体的振动,它迫使邻近的空气跟着振动而成为声波,并在空气介质中向四周传播。声音沿发射的方向最响,称为声音的方向性。

声音在传播过程中,一部分由于声能随着距离的增大而扩散,另一部分则因空气分子的吸收而减弱。声能的这种减弱现象,在室外空旷处颇为明显,但在室内如果房间的体积并不太大,上述的这种声能减弱就不起主要作用,而主要是室内墙壁、天花板、地板等材料表面对声能的吸收。

当声波遇到材料表面时,一部分被反射,另一部分穿透材料,其余的部分则传递给材料,在材料的孔隙中引起空气分子与孔壁的摩擦和黏滞阻力,其间相当一部分声能转化为热能而被吸收掉。这些被吸收的能量(E)(包括部分穿透材料的声能在内)与传递给材料的全部声能(E_0)之比,是评定材料吸声性能好坏的主要指标,称为吸声系数(α),用公式表示为：

$$\alpha = \frac{E}{E_0} \tag{11-1}$$

吸声系数越大，说明材料的吸声效果越好。吸声系数与声音的频率及声音的入射方向有关。因此，吸声系数用声音从各方向入射的吸收平均值表示，并应指出是对哪一频率的吸收。通常采用六个频率：125 Hz、250 Hz、500 Hz、1 000 Hz、2 000 Hz、4 000 Hz。任何材料对声音都能吸收，只是吸收程度有很大的不同。通常是将对上述六个频率的平均吸声系数 α 大于 0.2 的材料，称为吸声材料。

吸声材料大多为疏松多孔的材料，如矿渣棉、毯子等，其吸声机理是声波深入材料的孔隙，且孔隙多为内部互相贯通的开口孔，受到空气分子摩擦和黏滞阻力，以及使细小纤维做机械振动，从而使声能转变为热能。这类多孔性吸声材料的吸声系数，一般从低频到高频逐渐增大，故对高频和中频的声音吸收效果较好。

二、影响多孔性材料吸声性能的因素

影响多孔性吸声材料吸声效果的主要因素有以下几方面。

（一）材料的表观密度

对于同一种多孔材料（如超细玻璃纤维）而言，当其表观密度增大时（即孔隙率减小时），对低频的吸声效果有所提高，而对高频的吸声效果则有所降低。

（二）材料的厚度

增加多孔材料的厚度，可提高对低频的吸声效果，而对高频则没有大的影响。

（三）材料的孔隙特征

孔隙愈多愈细小，吸声效果愈好。如果材料中的孔隙大部分为单独的封闭的气泡（如聚氯乙烯泡沫塑料），则因声波不能进入，从吸声机理上来讲，就不属多孔性吸声材料。当多孔材料表面涂刷油漆或材料吸湿时，则因材料的孔隙被水分或涂料所堵塞，其吸声效果亦将大大降低。

三、工程中常用吸声材料

（一）多孔类吸声材料

多孔类吸声材料是最常用的吸声材料之一，其主要是靠大量内外连通的微孔吸声。此类材料可分为纤维材料、颗粒材料和泡沫材料。

（二）膨胀珍珠岩装饰吸声制品

膨胀珍珠岩装饰吸声制品是以膨胀珍珠岩为集料，配合适量的胶粘剂，并加入其他辅料制成的板块材料。按所用的胶粘剂及辅料不同，可分为水玻璃珍珠岩板、石膏珍珠岩板、水泥珍珠岩板、沥青珍珠岩板、磷酸盐珍珠岩板等多种。膨胀珍珠岩板具有质轻、不燃、吸声、施工方便等优点，多用于墙面或顶棚装饰与吸声工程。

膨胀珍珠岩吸声砖是以适当粒径的膨胀珍珠岩为集料，加入胶粘剂，按一定配比，经搅拌、成型、干燥、焙烧或养护而成的。该砖材吸声隔热，可锯可钉，施工方便，常用于消声砌体工程。

（三）矿棉装饰吸声板

矿棉装饰吸声板是以矿渣棉、岩棉或玻璃棉为基料，加入适量的胶粘剂、防潮剂、防腐剂，经过加压和烘干制成的板状材料。该吸声板质轻、不燃、吸声效果好、保温、施工方便，多用于吊顶和墙面吸声装饰。

（四）泡沫塑料

泡沫塑料有聚苯乙烯泡沫塑料、聚氯乙烯泡沫塑料、聚氨酯泡沫塑料和脲醛泡沫塑料等多种。泡沫塑料的孔型以封闭为主，所以吸声性能不够稳定，软质泡沫塑料具有一定程度的弹性，可导致声波衰减，常作为柔性吸声材料。

（五）钙塑泡沫装饰吸声板

钙塑泡沫装饰吸声板是以聚乙烯树脂和无机填料，经混炼模压、发泡、成型制成的。该板一般规格为 500 mm×500 mm×6 mm，有多种颜色，可制成凹凸图案、打孔图案。钙塑泡沫装饰吸声板质轻、耐水、吸声、隔热、施工方便，常用于吊顶和内墙面。

（六）穿孔板和吸声薄板

将铝合金板或不锈钢板穿孔加工制成金属穿孔吸声装饰板。由于其强度高，可制得较大穿孔率的微孔板背衬多孔材料使用。金属穿孔吸声装饰板主要起饰面作用。

吸声薄板有胶合板、石膏板、石棉水泥板、硬质纤维板等。通常是将它们的四周固定在龙骨上，背后有适当的空气层形成的空腔组成共振吸声结构。若在其空腔内填入多孔材料，可在很宽的频率范围内提高吸声系数。

（七）槽木吸声板

槽木吸声板是一种在密度板的正面开槽、背面穿孔的狭缝共振吸声材料。其由心材、饰面、吸声薄毡组成，具有出色的降噪吸声性能，对中、高频吸声效果尤佳。常用于歌剧院、影剧院、录音室、录音棚、播音室、电视台、商务办公厅、会议室、演播厅、音乐厅、机房、厂房、高级别墅或家居生活等对声学要求较严格的场所。

（八）铝纤维吸声板

铝纤维吸声板具有质轻、厚度小、强度高、弯折不易破裂、能经受气流和水流的冲刷、耐水、耐热、耐冻、耐腐蚀和耐候性能优异的特性，是露天环境使用的理想吸声材料。加工性能良好，可制成多种形状的吸声体。铝纤维吸声板材质系全纯铝金属制造，不含黏结剂，是一种可循环利用的吸声材料，对电磁波也具有良好的屏蔽作用。

（九）木丝吸声板

木丝吸声板是以白杨木纤维为原料，结合独特的无机硬水泥黏合剂，采用连续操作工艺，在高温、高压条件下制成的。其抗菌防潮、结构结实，富有弹力，抗冲击，节能保温。导热系数低至 0.07，具有很强的隔热保温性能，经济耐用，使用寿命长。

四、关于隔声材料的概念

必须指出：吸声性能好的材料，不能简单地就把它们作为隔声材料来使用。

能减弱或隔断声波传递的材料为隔声材料。人们要隔绝的声音按传播的途径可分为空气声（由于空气的振动）和固体声（由于固体的撞击或振动）两种。对于隔空气声，根据声学中的“质量定律”，墙或板传声的大小，主要取决于其单位面积质量，质量越大，越不易振动，则隔声效果越好，故必须选用密实、沉重的材料（如黏土砖、钢板、钢筋混凝土）作为隔声材料。对于隔固体声，最有效的措施是采用不连续的结构处理，即在墙壁和承重梁之间、房屋的框架和隔墙及楼板之间加弹性衬垫，如毛毡、软木、橡皮等材料，或在楼板上加弹性地毯。

第三节　装饰材料

建筑装饰材料是指铺设或涂抹在结构物内外表面的饰面材料。按装饰部位分为外墙、内墙、地面及吊顶装饰材料。按组成分为有机装饰材料和无机装饰材料，无机装饰材料又有金属材料与非金属材料之分。

一、装饰材料的基本要求

（一）材料的颜色、光泽和透明性

颜色是材料对光的反射效果。不同的颜色给人以不同的感觉，如红色、橘红色给人一种温暖、热烈的感觉；绿色、蓝色给人一种宁静、清凉、寂静的感觉。

光泽是材料表面方向性反射光线的性质。材料表面越光滑，则光泽度越高。不同的光泽度，可改变材料表面的明暗程度，造成不同的虚实对比效果。

透明性是光线透过材料的性质。根据透明性可将物体分为透明体、半透明体和不透明体。利用不同的透明度调整光线的明暗，可以造成特殊的光学效果。

（二）花纹图案、形状和尺寸

由于材料所用的原料、组成及生产、加工方法的不同，材料的表面组织具有多种多样的特征，如细致或粗糙、平整或凹凸、坚实或疏松等。装饰材料特定的表面组织，可以达到特定的效果。

块材、板材和卷材等装饰材料的形状和尺寸，对装饰效果都有很大影响，改变材料的形状和尺寸，并配合花纹、颜色、光泽等可拼装出各种线形和图案，从而获得不同的装饰效果，满足不同的装饰需要。

（三）质感

质感是材料表面组织结构、花纹图案、颜色、光泽、透明性等给人的一种综合感觉。

建筑装饰材料除考虑以上基本要求外，还应具备一定的强度、耐水性、抗火性、耐侵蚀性等基本性质，若同时具有保温、隔热、隔声、吸声、防护等功能则更加理想。

二、常见装饰材料

（一）天然石材

1. 大理岩

大理岩的岩石学定义是由石灰岩经过地壳内的高温高压作用重结晶形成的变质岩。由于盛产在中国云南省大理县而得名。其主要由方解石、白云石等矿物组成，成分以碳酸钙为主，约占50%以上。大理岩具有质地细密、坚实，抗压强度较高，吸水率小，耐磨不变形等特点。

装饰用大理岩泛指具有装饰功能,并可磨光、抛光的易于加工成建筑石材或工艺品的已变质或未变质的碳酸盐岩类,主要包括大理岩、石灰岩、白云岩等。

纯净大理岩为白色,我国常称汉白玉。由于大理岩中常含氧化铁、云母、石墨、蛇纹石等杂质,而呈现红、黄、绿、棕、黑等各色斑斓纹理,磨光后极为美丽典雅,常根据其纹理特征赋予高雅的名称,如晚霞、残雪、秋香、秋景、雪野等。大理岩经锯切、磨光后主要加工成饰面板和各种花饰雕刻的饰面材料。大理岩的碎屑石渣和石屑,可作为水磨石、水刷石、剁假石、假面砖等的主要原料。大理岩板材具有石质细腻、光泽柔润、绚丽多彩、抗压耐烧等特点。主要用于车站、港口、机场、宾馆、博物馆展览厅、办公楼、会议室等高级建筑物的墙面、踏步、柱石、服务台、窗台、踢脚等处的装饰。

2. 花岗岩

花岗岩是由地下岩浆冷凝而成的,是火成岩中分布最广的一种岩石,属酸性深成岩。其主要由石英、长石和云母组成,成分以二氧化硅为主,其含量一般占65% ~75%。质地坚硬,性质均一,可作为良好的建筑物地基和天然建筑材料。

装饰用花岗岩指具有装饰功能,并可磨光、抛光的各类岩浆岩及少量其他类岩石,主要是岩浆岩中的深成岩和部分喷出岩及变质岩。主要包括花岗岩、闪长岩、正长岩、辉长岩(以上均属深成岩)、辉绿岩、玄武岩、安山岩(以上均属喷出岩)、片麻岩(属变质岩)等。其色调主要由所含长石和有色矿物的颜色而定,有灰色、深灰色、淡红色、粉红色等。花岗岩质地坚硬、耐久、外观绚丽,主要用做建筑物内外饰面材料,也可用做重要的大型建筑物基础、踏步、栏杆、堤坝、桥梁、路面、街边石等。

(二)陶瓷制品

用于建筑饰面或作为建筑构件的陶瓷制品称为建筑陶瓷。建筑陶瓷主要包括陶瓷饰面砖、卫生陶瓷、园林陶瓷、琉璃陶瓷制品等。其中,应用最广的是各种陶瓷饰面砖和卫生陶瓷。

1. 釉面瓷砖

釉面瓷砖是以黏土为主要原料烧制而成的,表面覆盖玻璃态釉层。按釉面颜色分为白色砖、花色砖和图案砖三类;按正面形状分为正方形砖、长方形砖、异形砖三类。

釉面瓷砖具有色泽柔和典雅、美观耐用、朴素大方、易清洁、耐酸、防火等特点,常用于建筑物内的厨房、卫生间、内墙裙等装饰。

2. 墙地砖

墙地砖包括建筑物外墙装饰贴面砖和室内外地面装饰铺贴用砖,由于目前这类砖的发展趋向为产品常可墙、地两用,故称为墙地砖。墙地砖是以优质陶土为原料,再加入其他材料配成生料,经半干法压型后于1 100 ℃左右焙烧而成的。釉面墙地砖通过釉面着色可制成红、蓝、绿等各种颜色,通过丝网印刷可获得丰富的套花图案。无釉墙地砖通过坯体着色也可制得单色、多色等多种制品。

墙地砖具有质地致密、强度高、耐水、耐磨、不燃、抗冻、不受日照影响等特点,厚的墙地砖一般用做铺地砖,薄的用于外墙饰面。

(三)玻璃及其制品

玻璃是以石英砂、纯碱、长石和石灰石等为主要原料,经高温熔融、成型、冷却固化而成的非结晶无机材料。玻璃的种类很多,按其化学成分可分为硅酸盐玻璃、磷酸盐玻璃、硼酸盐玻璃和铝酸盐玻璃等。按玻璃的用途又可分为建筑玻璃、化学玻璃、光学玻璃、电子玻璃、工艺玻璃、玻璃纤维及泡沫玻璃等。这里主要介绍建筑玻璃。

1. 普通平板玻璃

普通平板玻璃是指未经加工的平板玻璃制品,主要用于一般建筑的门窗,起透光、挡风雨、保温和隔音等作用,同时也是深加工为具有特殊功能玻璃的基础材料。

普通平板玻璃的成型均用机械拉制,通常采用的有引拉法和浮法。引拉法玻璃易产生波纹和波筋。浮法玻璃表面平整,可代替磨光玻璃使用。

浮法生产的平板玻璃,质量应符合《浮法玻璃》(GB 11614—1999)的规定,其形状应为正方形或长方形,厚度分为 2 mm、3 mm、4 mm、5 mm、6 mm、8 mm、10 mm、12 mm、15 mm、19 mm 等 10 种。

普通平板玻璃按外观质量分为优等品、一级品和合格品三个等级。浮法玻璃按用途分为制镜级、汽车级、建筑级三类。

平板玻璃在贮存、装卸和运输时,必须箱盖向上,垂直立放,并需注意防潮、防雨。

2. 安全玻璃

安全玻璃是指打碎后碴子不易伤人,对某些伤害源起阻挡作用的玻璃。目前,常用的安全玻璃有钢化玻璃、夹丝玻璃和夹层玻璃等。

1)钢化玻璃

钢化玻璃是将普通平板玻璃、磨光玻璃或吸热玻璃等加热软化,用空气、油类或溶盐等冷却介质使之骤冷制成的。钢化玻璃破碎时先出现网状裂纹,而后呈圆钝碎片破碎。

钢化玻璃具有机械强度高、弹性好及热稳定性高等特点,可用做高层建筑物的门窗、幕墙、隔墙、屏蔽、桌面玻璃、炉门上的观察窗、辐射式气体加热器、弧光灯用玻璃,以及汽车挡风、电视屏幕等。

2)夹丝玻璃

夹丝玻璃用连续压延法制造,当平板玻璃加热到红热软化状经过压延机的两辊中间时,将预热处理的铁丝网或铁丝连续送入玻璃上面或下面从而嵌入玻璃中而制成。夹丝玻璃的表面可以压花或磨光,颜色可以是无色透明或彩色的。与普通平板玻璃相比,它的耐冲击性和耐热性好,在外力作用和温度剧变时,破而不散。夹丝玻璃适用于公共建筑的阳台、楼梯、电梯间、走廊,厂房天窗和各种采光屋顶。

3)夹层玻璃

夹层玻璃是由两片或多片平板玻璃夹入透明塑料膜片,经加热、加压黏合在一起的玻璃。生产夹层玻璃的原片可采用一等品的引拉法平板玻璃或浮法玻璃,也可为钢化玻璃、半钢化玻璃,丝、网玻璃,吸热玻璃或夹丝玻璃等。夹层玻璃的层数有 2 层、3 层、4 层、5 层等,最多可达 9 层,达 9 层时则一般子弹不易穿透,成为防弹玻璃。

3. 节能玻璃

1)吸热玻璃

吸热玻璃是能吸收大量红外线辐射能、并保持较高可见光透过率的平板玻璃。其颜色有灰色、茶色、蓝色、绿色、古铜色、青铜色、粉红色和金黄色等。我国目前主要生产前三种颜色的吸热玻璃。厚度有 2 mm、3 mm、4 mm、5 mm、6 mm、8 mm、10 mm 和 12 mm 八种规格。

吸热玻璃广泛用于建筑物的门窗、外墙以及用做车、船挡风玻璃等，起到隔热、防眩、采光及装饰等作用。

2）热反射玻璃

热反射玻璃是有较高的热反射能力而又保持良好透光性的平板玻璃。热反射玻璃也称镜面玻璃，有金色、茶色、灰色、紫色、褐色、青铜色和浅蓝色等。其按厚度分为 5 mm、6 mm、8 mm、10 mm 和 12 mm 五种规格。

热反射玻璃主要用于有绝热要求的建筑物门窗、玻璃幕墙、汽车和轮船的玻璃窗等。

3）中空玻璃

中空玻璃是由两层以上平板玻璃构成的。四周用高强高气密性复合黏结剂，将两片或多片玻璃与密封条、玻璃条黏结、密封。中间充入干燥气体，框内充以干燥剂，以保证玻璃片间空气的干燥度。也可以根据要求选用各种不同性能的玻璃原片，如无色透明浮法玻璃、压花玻璃、吸热玻璃、热反射玻璃、夹丝玻璃、钢化玻璃等与边框（铝框架或玻璃条等），经胶结、焊接或熔接而制成。

中空玻璃的玻璃与玻璃之间留有一定的空腔，具有良好的保温、隔热、隔声和吸收射线的性能，并具有防结露的特点。主要用于需要采暖、空调、防止噪声或结露以及需要无直射阳光和特殊光的建筑物上，广泛应用于住宅、饭店、宾馆、办公楼、学校、医院、商店等需要室内空调的场合，也可用于火车、汽车、轮船、冷冻柜的门窗等处。

4. 装饰玻璃

装饰玻璃是指用于建筑物表面装饰的玻璃制品，包括板材和砖材。

1）彩色玻璃

彩色玻璃有透明的和不透明的两种。其颜色有红、黄、蓝、黑、绿、灰色等十余种，可用以镶拼成各种图案花纹，并有耐蚀、抗冲刷、易清洗等特点，主要用于建筑物的内、外墙，门窗，及对光线有特殊要求的部位。

2）釉面玻璃

釉面玻璃是以要求尺寸的平板玻璃为主要基材，在玻璃的一面喷涂釉液，再在喷涂液表面均匀地撒上一层玻璃碎屑，以形成毛面，然后经 500 ~ 550 ℃热处理，使三者牢固地结合在一起而制成的。可用做内外墙的饰面材料。

3）玻璃锦砖

玻璃锦砖又称玻璃马赛克，它含有未熔融的微小晶体（主要是石英）的乳浊状半透明玻璃质材料，是一种小规格的饰面玻璃制品。其一般尺寸为 20 mm × 20 mm、25 mm × 25 mm、30 mm × 30 mm，厚 4.0 mm、4.2 mm、4.3 mm，背面有槽纹，有利于与基面黏结。为便于施工，出厂前将玻璃锦砖按设计图案反贴在牛皮纸上，贴成 327 mm × 327 mm 见方，称为一联，亦可用其他尺寸。

4）磨砂玻璃

磨砂玻璃又称毛玻璃，是将平板玻璃的表面经机械喷砂或手工研磨或氢氟酸溶蚀等方法处理成均匀的毛面。其特点是透光不透视，且光线不刺目，用于要求透光而不透视的部位。安装时，应将毛面朝向室内。磨砂玻璃还可用做黑板。

5. 玻璃墙地砖及屋面材料

1）玻璃砖

玻璃砖是用玻璃制成的实心或空心块料，它们均具有透光而不透视的特点。玻璃砖的形状和尺寸有多种，砖的内外表面可制成光面或凹凸花纹面，有无色透明或彩色多种。形状有正方形、矩形以及各种异形砖，正方形规格尺寸有 115 mm、145 mm、240 mm、300 mm。

玻璃砖具有强度高、透明性好、绝热、隔声、防火等特性，主要用做建筑物的透光墙体，如建筑物承重墙、隔墙、淋浴隔断、门厅、通道等。

2）异形玻璃

异形玻璃是一种新型建筑玻璃，它是采用硅酸盐玻璃，通过压延法、浇注法和辊压法等生产工艺制成的，呈大型长条玻璃构件。

异形玻璃有无色的和彩色的、配筋的和不配筋的、表面带花纹的和不带花纹的、夹丝的和不夹丝的以及涂层的等多种。就其外形分主要有槽形、波形、箱形、肋形、三角形、Z 形和 V 形等品种。异形玻璃具有良好的透光、隔热、隔声和机械强度高等优点。主要用做建筑物外部竖向非承重的围护结构，也可用做内隔墙、天窗、透光屋面、阳台和走廊的围护屏壁以及月台、遮雨棚（篷）等。

（四）木质饰面板

1. 条木地板

条木地板是室内使用最普遍的木质地面，它由龙骨、水平撑和地板三部分构成。地板有双层和单层两种。双层条木地板的下层为毛板，面层为硬木条板，硬木条板多选用水曲柳、柞木、枫木、柚木、榆木等硬质树材；单层条木地板常选用松、杉等软质树材。条板宽度一般不大于 120 mm，板厚为 20 ~ 30 mm，材质要求采用不易腐朽和变形开裂的优质板材。

条木地板自重轻、弹性好，脚感舒适，易于清洁，且导热性小，故冬暖夏凉。条木地板被公认为是优良的室内地面装饰材料，它适用于办公室、会议室、会客室、休息室、旅馆客房、住宅起居室、卧室、幼儿园及仪器室等场所。

2. 拼花木地板

拼花木地板是较高级的室内地面装修材料，分双层和单层两种，两者面层均为拼花硬木板层，双层者下层为毛板层。面层拼花板材多选用水曲柳、柞木、核桃木、栎木、榆木、槐木、柳桉等质地优良、不易腐朽开裂的硬木树材。拼花小木条的尺寸一般为长 250 ~ 300 mm，宽 40 ~ 60 mm，板厚 20 ~ 25 mm，木条一般带有企口。双层拼花木地板的固定方法是将面层小板条用暗钉钉在毛板上；单层拼花木地板则可采用适宜的黏结材料，将硬木面板条直接粘贴于混凝土基层上。

拼花木地板通过小木板条不同方向的组合，可拼造出多种图案花纹，常用的有正芦席纹、斜芦席纹、人字纹、清水砖墙纹等。

拼花木地板纹理美观，耐磨性好，且拼花小木板一般经过远红外线干燥，含水率恒定（约 12%），因而变形小，易保持地面平整、光滑而不翘曲变形。

3. 实木地板

实木地板是木材经烘干,加工后形成的地面装饰材料。它具有花纹自然、脚感舒适、使用安全的特点,是卧室、客厅、书房等地面装修的理想材料。实木地板的装饰风格返璞归真、质感自然,在森林覆盖率下降,大力提倡环保的今天,实木地板则更显珍贵。实木地板分 AA 级、A 级、B 级三个等级,AA 级质量最高。

4. 复合木地板

复合木地板是在原木粉碎后,填加胶、防腐剂、添加剂后,经热压机高温高压压制处理而成的。它打破了原木的物理结构,克服了原木稳定性差的弱点。复合木地板的强度高、规格统一、耐磨系数高、防腐、防蛀而且装饰效果好,克服了原木表面的疤节、虫眼、色差问题;并且木材使用率高,是很好的环保材料。

复合木地板主要有两大类:一类是实木复合木地板,另一类是强化复合木地板。实木复合木地板是由不同树种的板材交错层压而成的,克服了实木地板单向同性的缺点,干缩湿胀率小,具有较好的尺寸稳定性,并保留了实木地板的自然木纹和舒适的脚感。实木复合木地板分为三层实木复合地板、多层实木复合地板、新型实木复合地板三种。强化木地板是以中、高密度纤维或木条为基材,并用特种高强耐磨漆作为覆面材料经高温、高压压制而成的一种板材,其具有硬度高、耐磨性好、铺装方便、价格低廉等特点。

5. 旋切微薄木贴面板

旋切微薄木是以色木、桦木或多瘤的树根为原料,经水煮软化后,旋切成厚 0.1 mm 左右的薄片,再用胶粘剂粘贴在坚韧的纸上(即纸依托),制成卷材。或者采用柚木、水曲柳、柳桉等树材,通过精密旋切,制得厚度为 0.2 ~ 0.5 mm 的微薄木,再采用先进的胶粘工艺和胶粘剂,粘贴在胶合板基材上,制成微薄木贴面板。

旋切微薄木花纹美丽动人,材色悦目,真实感和立体感强,具有自然美的特点。微薄木主要用做高级建筑的室内墙、门、橱柜等家具的饰面。这种饰面材料在日本采用较普遍。

(五)金属装饰制品

1. 彩板及型材

彩板及型材是将薄钢板经冷压或冷轧成型的,在表面涂饰一道保护性饰膜,可以提高钢板和型板的防腐性能,增强装饰效果。彩板分为彩色钢板和彩色涂层钢板。彩色钢板又分为彩色镀锌钢板、强化彩色镀锌钢板、彩色石棉沥青钢板等,彩色涂层钢板又分为塑料复合钢板、环氧树脂涂层彩色钢板等。涂层多采用各种树脂基涂料,以机械喷涂、静电喷涂法多层施工。彩板及型材具有质轻、强度高、刚度好、耐磨、耐油、装饰性强等特点。彩色钢板适用于外墙、隔墙和屋面;彩色涂层钢板主要用于建筑墙板、屋面板、瓦楞板、防水汽渗透板、金属门等;彩板型材可制成轻钢龙骨、幕墙骨架及其各种配件,并可制成彩板门窗、彩板组角钢门窗、钢塑门窗等制品,以解决铝合金门窗和金属门窗耐蚀性低、密封不良、抗风压低等不足。

2. 铝合金及铝塑板

1)铝合金材料

铝合金材料具有质轻、耐腐蚀、延性好、易加工等特点,在建筑工程中尤其是在装饰领域中应用越来越广泛。

根据铝合金的成分及生产工艺特点,通常将其分为变形铝合金和铸造铝合金两类。变形铝合金又可分为不能热处理强化的和可以热处理强化的两种。

目前,广泛使用的铝合金制品有铝合金门窗、装饰板和型材三大类。铝合金门窗是将按特定要求成型并经表面处理的铝合金型材,经下料、打孔、铣槽、攻丝等加工,制得门窗框料构件,再加连接件、密封件、开闭五金件等一起组合装配而成的。铝合金门窗按其结构与开启方式可分为推拉窗(门)、平开窗(门)、悬挂窗、回转窗、百叶窗、纱窗等。

铝合金装饰板是选用纯铝 L6、铝合金 LF2 为原料,经辊压冷加工制成各种波形的金属装饰板材。主要用于旅馆、饭店、商场、体育馆、办公楼等建筑物的墙面和屋面装饰。美曲面装饰板是由铝合金箔或木纹皮面、塑料皮面、镜面、硬质纤维板、底层纸与胶粘剂贴合后加工而成的一种新型复合装饰材料。该产品具有加工性能好、可卷叠、施工方便、色泽鲜艳、外观美观、不怕雨淋光照、高度防火等特点。主要用于宾馆、大厦、商店、礼堂的厅台、柱等装饰。铝合金花格是用铝合金材料经挤压、碾轧、展延、阳极带色等工艺加工而成的各种网状图案装饰材料。主要用于宾馆、大厦的平窗、凸窗、屋内外设施和学校、工厂、工地的围墙等的装饰和安全设施。

2)铝塑板

铝塑板是一种新型的装饰材料,它是以经过化学处理的涂装铝板为表层材料,用聚乙烯塑料为心材,在专用铝塑板生产设备上加工而成的复合材料,又称铝塑复合板。

铝塑板有较好的耐腐蚀性、耐污性和耐候性,板面色彩有红、黄、蓝、白灰等,装饰效果好。与铝合金板相比,具有质量小,易于加工,施工灵活方便,造价低等特点。

作为一种新型建筑装饰材料,铝塑板可用于大楼外墙、帷幕墙板、旧楼改造翻新、室内墙壁及天花板装修、广告招牌、展示台架、净化防尘等工程。

3. 金属幕墙

金属幕墙是指幕墙面板材料为金属板材的建筑幕墙,简单地说,就是将玻璃幕墙中的玻璃更换为金属板材的一种幕墙形式。

金属幕墙所使用的面材主要有以下几种:铝复合板、单层铝板、铝蜂窝板、防火板、钛锌塑铝复合板、夹心保温铝板、不锈钢板、彩涂钢板、珐琅钢板。其中,铝板幕墙以其材质轻、防水、防污、防腐蚀性能优良、易于加工、易于维护,使用寿命长等优点,作为一种新型材料,在建筑业倍受青睐。

4. 不锈钢

不锈钢按其化学成分可分为铬不锈钢、铬镍不锈钢和高锰低铬不锈钢等几类。按不同耐腐蚀特点,又可分为普通不锈钢(简称不锈钢)和耐酸钢两类。普通不锈钢耐大气、蒸汽和水的弱腐蚀,不一定耐酸蚀;耐酸钢具有耐酸、碱、盐等化学侵蚀性。常用的不锈钢有 40 多个品种。

建筑装饰用不锈钢制品主要是薄钢板,其中厚度小于 1 mm 的薄钢板用得最多。常用冷轧钢板厚度为 0.2 ~ 2.0 mm,宽度为 500 ~ 1 000 mm,长度 1 000 ~ 2 000 mm 成品卷装供应。不锈钢薄钢板主要用做包柱装饰。目前,不锈钢包柱被广泛用于商场、宾馆、餐馆等公共建筑入口、门厅、中厅等处。不锈钢除制成薄钢板外,还可加工成型材、管材及各种异型材，在建筑上可用做屋面、幕墙、隔墙、门、窗、内外墙饰面、栏杆、扶手等。

彩色不锈钢装饰板是以普通不锈钢薄板为原片，经表面处理使其成为有赤、橙、黄、绿、蓝等十余种光耀夺目色彩的贴面装饰材料。广泛用于内外墙装饰，天花板、柱、楼梯扶手等装饰。

(六)涂料

涂料是一类能涂覆于物体表面并在一定条件下形成连续和完整涂膜的材料的总称。早期的涂料主要以干性油或半干性油和天然树脂为主要原料，所以这种涂料被称为油漆。

涂料是由多种材料调配而成的，每种材料赋予涂料不同的性能。涂料的主要组成包括主成膜物质(基料、胶粘剂和固着剂)、次成膜物质(颜料和填料)、溶剂、辅助材料(又称助剂)。

建筑涂料品种繁多：按其成分不同，可分为有机涂料、无机涂料和有机无机复合涂料；按涂料分散系的性质不同，可分为溶剂型涂料、水溶型涂料和乳胶涂料；按涂层形态不同，可分为光泽、无光泽、透明及复层涂料；按其在建筑物中使用部位的不同，可分为内墙涂料、外墙涂料、地面涂料、顶棚涂料、屋面防水涂料等。

涂料的主要功能是保护基材和美化环境。涂料具有单位面积用量少、质轻、工效高、费用省、色彩可调等特点。目前，环保型涂料具有涂层薄、细腻、流平性佳、遮盖力强、抗碱透气、无毒无味、适用于各种基面等特点，备受建筑业青睐。

1. 聚乙烯醇水玻璃内墙涂料(106 涂料)

106 涂料是以水溶性树脂聚乙烯醇的水溶液和水玻璃为胶结料，加入一定的体质颜料和少量的助剂，经搅拌、研磨而成的一种有机水溶性涂料。聚乙烯醇和水玻璃复合后，可扬长避短，再加入适量的碳酸钙、滑石粉等填料，使其具有耐水、黏性好、施工方便等优点。

2. 过氯乙烯涂料

过氯乙烯涂料是以过氯乙烯树脂为主要成膜物质，加入增塑剂、稳定剂、填料和颜料等，经混炼、切片、溶解等工艺制成的溶剂挥发型涂料。该涂料具有耐老化、大气稳定性好、干燥快、可在冬季施工等优点。适合于外墙使用，也有内墙和地面用的系列产品。

3. 苯乙烯焦油涂料

苯乙烯焦油涂料是以改性苯乙烯焦油为基料，加入其他组分配制而成的，分为乳液型和溶剂型。前者黏附性和耐碱性较好，但干燥时间长，适用于内墙；后者黏附性、耐水性好，干燥快，适用于外墙。

4. 丙烯酸酯涂料

丙烯酸酯涂料以丙烯酸酯为主要成膜物质，有乳液型和溶剂型两种，是具有发展前途的新型涂料之一。目前，国内应用的品种有以下几种。

1)彩砂涂料

将石英砂加颜料高温烧结成色彩鲜艳而又稳定的着色集料，再配以适量的石英砂、白云石来调节色彩层次。其涂层有天然石材的质感，无毒、干燥快、耐强光、不褪色、耐污染。主要用于板材和砂浆抹面的外墙装饰。

2)喷塑涂料

涂层由底油、骨架、面油三部分组成。通过喷涂、滚压工艺使骨架层形成立体花纹图案，通过加耐晒颜料美化面油层，分有光、平光两种。

3)各色有光凹凸乳胶漆

涂层由厚薄两种涂料组成。厚涂料经喷涂、抹轧制成凹凸面层，薄涂料则增色上光。涂层能显示不同底色上的各种图案，或在各种图案上显示不同的色彩，具有很好的装饰效果。

4)膨胀型防火涂料

膨胀型防火涂料在高温时能分解出大量惰性气体，形成蜂窝状碳化泡层。涂刷在易燃材料表面，有较好的防火效果。

5. 硅溶胶无机涂料

硅溶胶无机涂料是以胶态氧化硅为主要胶粘剂，加入成膜助剂、填充剂、着色剂、表面活性剂等，经拌和均匀，研磨制成的无机水溶性涂料。溶胶状氧化硅能与某些无机盐、金属氧化物反应，促使硬化成膜，并具有较高的黏附力。因此，这种涂料对基底的渗透性强，涂膜致密坚实，可打磨抛光。由于其以水为分散介质，故施工方便。硅溶胶无机涂料可用于外墙和内墙面的喷涂。

6. 复层涂料

复层涂料是在基材上涂布 2 ~ 3 层、膜层厚度为 1 ~ 5 mm，可获得平状、凹凸状或砂壁状多层涂料的统称。复层涂料一般有三层：底涂层的主要作用是封闭基层、增强主涂层的附着力；主涂层的主要作用是形成不同质感或形状的饰面效果；面涂层的主要作用是着色，提高耐久性、耐污染性和防水性等。若采用聚合物水泥系或反应固化型环氧树脂系复层涂料，无需底层。复层涂料因装饰效果好、色彩丰富、质感强，是在内外墙涂料发展之列的一种新型涂料。

7. 多彩涂料

多彩涂料是因喷涂成膜后，在均一的基色上呈现有多层次、多色彩的花点而得名的，是一种别具特色的内墙涂料。多彩涂料一般是水包油型，即将特制的油性色漆，通过配剂和工艺的作用分散在水性的原色浆中，由于加入保护剂，使二者在硬化前不发生互溶。通过调整多彩涂料的配方，可得到各种基色、不同花点和质感。

8. 油漆

油漆最初泛指桐油和天然漆类，后扩展到以植物油、天然树脂或合成树脂为成膜物质的一系列涂料。

1)天然漆

天然漆旧称大漆、国漆，是从漆树上取得的汁液经脱水、过滤而成的生漆，其漆膜坚硬、耐水、耐热、耐磨、附着力强，适用于木制家具、工艺美术品和某些木质建筑构件。

2)清漆

清漆是将树脂溶于溶剂中，加入适量催干剂而成的，涂刷后易挥发干结成光亮的透明薄层，可以显示出材料的底色和构造。主要用于要求露出纹理的木制品或色漆的罩光。

3）调和漆

调和漆是由干性油料、颜料、溶剂、催干剂等调和而成的油性调和漆。在其中加入清漆则得到磁性调和漆。

油性调和漆附着力强、不易脱落、耐久，但干燥时间长、漆膜质软，适用于室外饰面涂刷。磁性调和漆干燥快，漆膜坚硬，但耐候性较差，适用于室内物品涂刷。

4）磁漆

磁漆是在清漆中加入无机颜料制成的漆料。因此，按所用清漆的树脂不同，有酯胶磁漆、醇酸磁漆、酚醛磁漆等品种。按表面光泽类型分为无光、半光和有光磁漆。磁漆可用于室内外金属、木质、混凝土、砂浆等表面的涂刷。

5）特种油漆

特种油漆是指具有特殊成分、特殊性能、特殊用途的油漆。常用的有防锈漆、耐酸漆、防火漆、绝缘漆等。

（七）装饰墙纸、墙布

装饰墙纸、墙布种类繁多。常用的有普通墙纸、发泡墙纸、防火墙纸和玻璃纤维墙布。普通墙纸是在纸基上涂布聚乙烯糊状树脂，通过印花、压花而成的，其价格低，使用较普遍。发泡墙纸是在纸基上涂布掺有发泡剂的聚乙烯糊状树脂，印花再加热发泡而成的，其图案逼真、立体感强、有弹性。防火墙纸是以石棉纸基材、聚氯乙烯树脂和阻燃剂合成的墙纸，具有良好的防火性能。玻璃纤维墙布是以玻璃纤维布为基材，涂布树脂，经压花、印花而成的，其耐水、防火、色泽稳定等性能均较好。

本章小结

本章介绍的绝热、吸声及装饰材料均为建筑功能材料，品种繁多，功能各异。通过学习应达到以下要求：

掌握：绝热、吸声、隔声材料的概念及区别；常用建筑装饰材料的种类、功能特性及主要用途。

（1）绝热材料。绝热材料是指导热系数小于 0.24 W/(m·K) 的材料，是保温材料和隔热材料的总称。建筑中合理使用建筑材料，能更好地满足使用效能和要求。常用的绝热材料包括无机和有机两大类。

（2）吸声与隔声材料。吸声系数大于 0.2 的材料，称为吸声材料。有效地采用吸声材料，可以改善音响效果，减少噪声污染。能减弱或隔断声波传递的材料为隔声材料。材料的吸声原理与隔声原理不同。

（3）装饰材料。建筑装饰材料在满足其基本要求的同时，还应具备一定的强度、耐水性、抗火性和耐侵蚀性。按组成分为有机装饰材料和无机装饰材料两大类。

①天然石材。指装饰用大理岩和花岗岩。大理岩板材具有石质细腻、光泽柔润、绚丽多彩、抗压耐烧等特点。花岗岩质地坚硬、耐久、外观绚丽。二者主要用做建筑物内外饰面材料。

②陶瓷制品。包括釉面瓷砖和墙地砖。釉面瓷砖常用于建筑物内的厨房、卫生间、理

发室、内墙裙等装饰。墙地砖包括建筑物外墙装饰贴面砖和室内外地面装饰铺贴用砖。

③玻璃及其制品。包括普通平板玻璃、安全玻璃、节能玻璃、装饰玻璃等。普通平板玻璃主要用于一般建筑的门窗,起透光、挡风雨、保温和隔声等作用;安全玻璃常用的有钢化玻璃、夹丝玻璃和夹层玻璃等;节能玻璃有吸热玻璃、热反射玻璃、中空玻璃;装饰玻璃分彩色玻璃、釉面玻璃、玻璃锦砖、磨砂玻璃。

④木质饰面板。包括条木地板、拼花木地板、实木地板、复合木地板、旋切微薄木贴面板。

⑤金属装饰制品。包括彩板及型材、铝合金及铝塑板、金属幕墙、不锈钢。

⑥涂料。涂料的主要功能是保护基材和美化环境。聚乙烯醇水玻璃内墙涂料(106涂料)、过氯乙烯涂料、苯乙烯焦油涂料、丙烯酸酯涂料、硅溶胶无机涂料、复层涂料、多彩涂料、油漆。

⑦装饰墙纸、墙布。常用的有普通墙纸、发泡墙纸、防火墙纸和玻璃纤维墙布。

理解:材料绝热、吸声、隔声的功能原理,影响多孔材料吸声性能的因素。

了解:绝热、吸声、隔声材料的主要性能指标、材料特性及主要用途,装饰材料的基本要求。

下篇　试验部分

第十二章　建筑企业实验室管理

一、实验室的资质管理

建筑企业实验室的资质实行等级管理。《建筑施工企业实验室管理规定》根据建筑企业实验室技术人员配备、试验设备、管理制度及技术资料等，将建筑施工企业实验室分为三个等级。等级的划分条件包括技术人员配备、试验设备、管理制度。如一级实验室应具备：①负责人要具有5年以上实验室工作经历，职称为工程师或高级工程师；②配备有职称的技术人员，专职试验人员，操作工人；③所有试验操作人员应持证上岗；④试验设备配备满足规定要求；⑤有健全的管理制度，完整的试验资料，齐全的试验标准、规范及试验方法等。

一、二级实验室由省、自治区、直辖市建设行政主管部门组织审查批准，颁发等级证书，并报国务院建设行政主管部门备案。资质等级有效期为4年。

各级实验室要按确定的业务范围从事检测工作。二、三级实验室不能对外承担试验业务，一级实验室及专项实验室对外承担试验业务必须经过上级建设行政主管部门审核批准。

二、取样与送检

取样是按有关技术标准、规范的规定，从检验对象中抽取试验样品的过程。送检是指取样后将试样从现场移交给有资格的单位承检的过程。

为了保证检测工作的真实性、科学性、公正性及准确性，在建设工程质量检测中实行见证取样和送样制度，即在建设单位或监理单位人员见证下，由施工人员在现场取样，送至实验室试验。

三、实验室工作制度管理

实验室应参照GB/T 19000—ISO9000《质量管理和质量保证》系列标准的要求，建立健全各项管理制度，包括岗位责任、试验工作管理、仪器设备管理、标准养护室管理、试验委托管理等。

实验室对出具的试验报告结论负有法定责任。试验报告必须实事求是，数据及结论准确可靠，不得涂改，必须具有试验员、审核员及试验技术负责人签字。

试验委托单、原始记录、试验报告单等必须按专业分类建立台账，并统一编号，相互衔接，一切原始记录资料均不得涂改，资料不准抽撤。

实验室应具备与试验业务相适应的工作环境，采光、照明、温度和湿度应满足试验要求。

实验室工作要严格执行《中华人民共和国计量法》。试验仪器设备的性能和精确度应符合国家标准和有关规定，定期鉴定并有专人管理，建立管理台账，并在仪器设备上作出明显标识。

对有制造、提供假试样，无证试验，超越业务范围出具试验报告，伪造、涂改、抽撤不合格试验单据等弄虚作假行为的，要按照《建设工程质量管理条例》及有关规定对责任人进行处罚。对情节恶劣，后果严重的，依法追究刑事责任。

第十三章　万能材料试验机的工作原理及操作

第一节　工作原理

万能材料试验机是材料试验中最常用的大型设备，常用来进行材料的拉伸、压缩、剪切及弯曲试验。

一、类型

（一）按加荷机构分

按加荷机构分，万能材料试验机可分为如下几类：

（1）机械加荷机构。由蜗杆、蜗轮、螺杆、螺母等组成，通过电动机来带动试验机加荷。

（2）液压加荷机构。用增加油缸内活塞上液体压力的方法来推动试验机的压板加荷。

（3）手动加荷机构。在机械加荷或液压加荷的试验机中的动力源不是电动机，而是通过手摇加荷的。

（二）按测力机构分

按测力机构分，万能材料试验机可分为如下几类：

（1）液压摆锤测力机构。加荷的大小与摆锤倾斜角度的正弦值成正比，将它制成测力装置，在圆盘表上观察荷载的大小。

（2）油压表测力机构。加荷大小通过油缸液体压力传到密封的金属管内，通过压力表的表针走动读出荷载大小。

（3）液压弹簧测力机构。加荷的大小用弹簧的弹性变形表示，特制的弹簧在一定范围内受力与变形成正比，利用变形量表示出加荷的大小。

（4）电子测力机构。电子测力机构是电子式测量和记录的新型试验机，其特点是自动加荷，数码管显示荷载大小，计算机处理试验结果。

二、液压式万能材料试验机的原理及构造

液压式万能材料试验机采用油压原理加荷，采用动摆测力机构，主要用于金属材料的拉伸、压缩、弯曲及剪切等试验，也可做木材、水泥及混凝土等材料力学性能试验。该机由主体部分和测力计部分组成。

（一）主体部分

主体部分见图 13-1。两根支柱 1 用螺帽固定在机座 2 上，其上端装有大横梁 3，工作

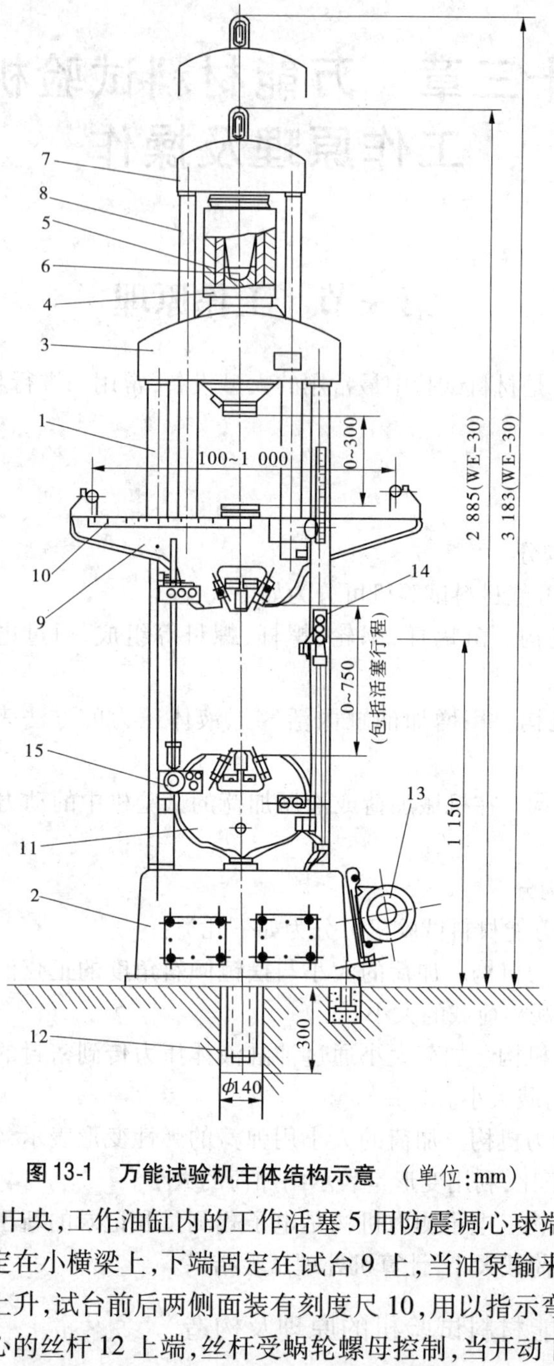

图 13-1　万能试验机主体结构示意　(单位:mm)

油缸 4 固定在大横梁中央,工作油缸内的工作活塞 5 用防震调心球端轴 6 支持着小横梁 7。拉杆 8 的上端固定在小横梁上,下端固定在试台 9 上,当油泵输来的油液使工作活塞上升时,试台亦随之上升,试台前后两侧面装有刻度尺 10,用以指示弯曲支座间距。下钳口座 11 装在机座中心的丝杆 12 上端,丝杆受蜗轮螺母控制,当开动下钳口座升降电动机时,丝杆带动下钳口座做上升或下降运动。电动机 13 的操作按钮 14 集中安装在主体的支柱上,并标有“升”“降”“停”。变形放大装置 15 装在试台和下钳口座上,通过二胡弦与测力计描绘筒相连。

(二)测力计部分

测力计结构见图 13-2。

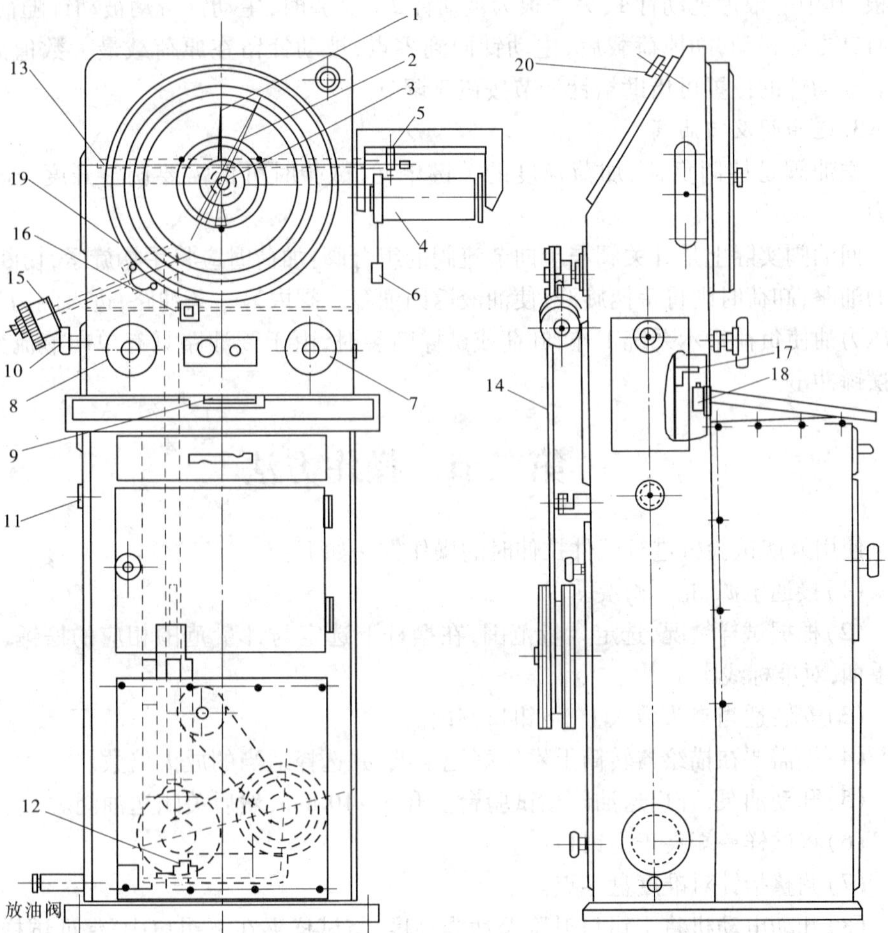

1—主动针；2—被动针；3—指针调节按钮；4—描绘筒；5—笔架；6—锤；7—送油阀；
8—回油阀；9—开关；10—侧门；11—油位指示；12—活栓；13—丝杆；14—摆杆；
15—平衡锤；16—推板；17—触板；18—安全开关；19—玻璃罩；20—后门

图 13-2　万能试验机测力计结构示意

1. 测力机构

测力油缸内装有测力活塞，该活塞经过夹具与蜗轮相连动，当油泵开动时，油泵上的槽轮通过皮带带动蜗杆上的皮带轮，使蜗杆蜗轮及测力活塞旋转，因此测力油缸和测力活塞之间由静摩擦变为动摩擦，从而提高了测力活塞上下滑动性能，提高了示值精度。

测力活塞与主体工作活塞的截面积之比，在试验机校验后已成为固定值，当油压作用在测力活塞上时，测力活塞向下移动，通过联板组件及上部方铁使主轴带动摇杆及摆锤产生一角位移，这个角位移的大小与加到测力活塞上的荷载大小，以正比例推动丝杆使指针指出作用在试样上的荷载数值。

2. 指示机构

动摆测力计的荷载指示机构，封闭在玻璃罩内。指示度盘上指示荷载数值的指针有两根,其中一根为主动针1,另一根为被动针2。试验时,主动针带动被动针随荷载增加做顺时针方向转动,卸掉荷载后,主动针回到零点,被动针留在原荷载最大数值处,以便读数。被动针的位置可借助指针调节按钮3调节。

3. 送油阀及回油阀

送油阀是控制负荷、加荷速度的关键单元,试验时可依需要调整开度,控制流量和压力。

回油阀实际上是开关阀与单向节流阀的组合阀:加荷时应将手柄旋紧,切断油液回油箱的油路;卸荷时则将手柄旋开,使油液返回油箱。阀内另一条油路,进入测力油缸,加荷时压力油使负荷指示系统工作,卸荷或试样断裂时,由于该油路具有单向节流作用,可防止摆锤冲击。

第二节　操作方法

使用万能试验机进行试件拉伸时的操作方法如下:

(1)接通电源,指示灯亮。

(2)根据试样情况,选定计量范围,在摆杆上选定与计量范围相应的摆锤,调整缓冲阀手柄,对准标线。

(3)安装适当夹头装入上、下钳口座内。

(4)按需要在描绘器转筒上卷压好记录纸,并选择适当的放大倍数。

(5)开动油泵,开启送油阀使试验台上升5~10 mm,然后关闭送油阀。

(6)将试样一端夹于上钳口中。

(7)调整指针对准度盘零点。

(8)开动电动机将下钳口升降至适当高度,将试样夹在下钳口中,保证试样铅垂并在中间位置。

(9)将推杆上的描绘笔放下,进入描绘准备状态。

(10)按试验要求的加荷速度,调整加荷速度指示盘的旋转速度,缓慢开启送油阀并使加荷速度与指示盘一致。

(11)试样断裂后关闭送油阀,并关闭油泵。

(12)记录数值。

(13)打开回油阀,卸荷后被动针拨回零点。

(14)取下试样。

压缩及弯曲等试验可参照上述各项进行操作。

第十四章　水泥试验

一、试验依据

《水泥细度检验方法　筛析法》(GB/T 1345—2005),《水泥标准稠度用水量、凝结时间、安定性检验方法》(GB/T 1346—2001),《水泥胶砂强度检验方法(ISO 法)》(GB/T 17671—1999)等现行规定。

二、一般规定

(一)取样方法

水泥出厂前按同品种、同强度等级进行编号、取样,每一编号为一取样单位,水泥出厂编号根据水泥厂年生产能力按国家规定进行。取样应有代表性,可连续取,亦可从 20 个以上不同部位取等量样品,总量不少于 12 kg。

(二)养护条件

实验室温度应为(20 ±2) ℃,相对湿度不低于 50%;湿气养护箱温度应为(20 ±1) ℃,相对湿度不低于 90%。试体养护池水温应在(20 ±1) ℃范围内。

(三)对试验材料的要求

(1)试验前,水泥试样应充分拌匀,用 0.9 mm 方孔筛过筛,并记录筛余物的百分数。当试验水泥从取样至试验要保持 24 h 以上时,应把它贮存在基本装满和气密的容器里,该容器应不与水泥起反应。

(2)试验用水必须是洁净的饮用水,重要试验、仲裁试验或有争议时应以蒸馏水为准。

(3)试验用材料及试验用仪器、试模均应与实验室同温。

三、水泥细度测定

(一)试验目的及原理

测定水泥颗粒的粗细程度,以它作为评定水泥质量的依据之一。采用 45 μm 方孔筛或 80 μm 方孔筛对水泥试样进行筛分试验,用筛上筛余物的质量百分数来表示水泥样品的细度。

(二)主要设备

负压筛析仪:由筛座、负压筛、负压源及吸尘器组成。筛座由转速(30 ±2) r/min 的喷气嘴、负压表、微电机及壳体组成。负压筛为边长 0.8 mm 的方孔铜布筛,上设透明盖,密封性良好,见图 14-1。

(三)试验方法(负压筛法)

(1)置负压筛于筛座上并盖上筛盖,接通电源,检查控制系统,调节负压至 4 000 ~

6 000 Pa。

(2)称取试样 25 g 置于洁净的负压筛中，盖上筛盖，开动筛析仪，连续筛析 2 min，筛析中如有试样附在筛盖上，应轻轻敲击，使试样落下。筛毕，称量筛余物。

(3)试验结果计算。

水泥细度按试样筛余百分数计算：

$$F = \frac{R_s}{W} \times 100\% \quad (14\text{-}1)$$

式中 F——水泥试样筛余百分数(%)；

R_s——水泥筛余物的质量，g；

W——水泥试样质量，g。

以一次检验结果作为鉴定结果。

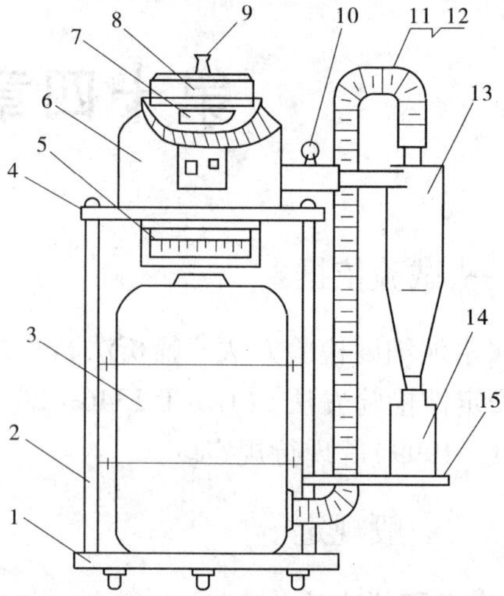

1—底座；2—立柱；3—吸尘器；4—面板；5—真空负压筛；6—筛析仪；7—喷嘴；8—试验筛；9—筛盖；10—气压接头；11—吸尘软管；12—气压调节阀；13—收尘筒；14—收集容器；15—把座

图 14-1 负压筛示意

四、标准稠度用水量测定

(一)试验目的及原理

为水泥凝结时间和安定性测定提供标准稠度水泥净浆。水泥净浆对标准试杆(或试锥)的沉入具有一定阻力，通过试验不同含水量水泥净浆的穿透性，以确定水泥标准稠度净浆中所需加入的水量。

(二)主要仪器设备

(1)水泥净浆搅拌机。由搅拌锅、搅拌叶片、传动机构和控制系统组成。搅拌叶片做旋转方向相反的公转和自转，控制系统可自动控制或手动控制。

(2)标准法维卡仪。如图 14-2 所示，由金属滑杆(下部可旋接测标准稠度用试杆或试锥、测凝结时间用试针，滑动部分的总质量为(300 ± 1) g)、底座、松紧螺丝、标尺和指针组成。标准法采用金属圆模。

(3)其他仪器。天平：最大称量不小于 1 000 g，分度值不大于 1 g；量筒：最小刻度为 0.1 mL，精度 1%。

(三)试验方法

1. 标准法

(1)仪器设备检查。维卡仪的金属滑杆能自由滑动；调整至试杆接触玻璃板时指针对准零点；搅拌机运转正常。

(2)水泥净浆制备。搅拌锅和搅拌叶片先用湿布擦过，将拌和用水倒入搅拌锅内，然后在 5 ~ 10 s 内小心将称好的 500 g 水泥加入水中；拌和时，先将锅放在搅拌机的锅座上，升至搅拌位置，启动搅拌机，低速搅拌 120 s，停 15 s，同时将叶片和锅壁上的水泥浆刮入锅内，再高速搅拌 120 s 停机。

(3)标准稠度用水量的测定。将拌制好的水泥净浆装入已置于玻璃板上的圆模中，用小刀插捣并轻轻振动数次，刮去多余的净浆；抹平后迅速将试模和玻璃底板移到维卡仪上，并将其中心定在试杆下，降低试杆至与水泥浆表面接触，拧紧螺丝 1 ~ 2 s 后，突然放松，使试杆自由地沉入水泥浆中。在试杆停止沉入或释放试杆 30 s 时记录试杆距底板之间的距离。以试杆沉入净浆并距底板(6 ±1) mm 的水泥净浆为标准稠度净浆。其拌和用水量为该水泥的标准稠度用水量(P)，按水泥质量的百分比计。

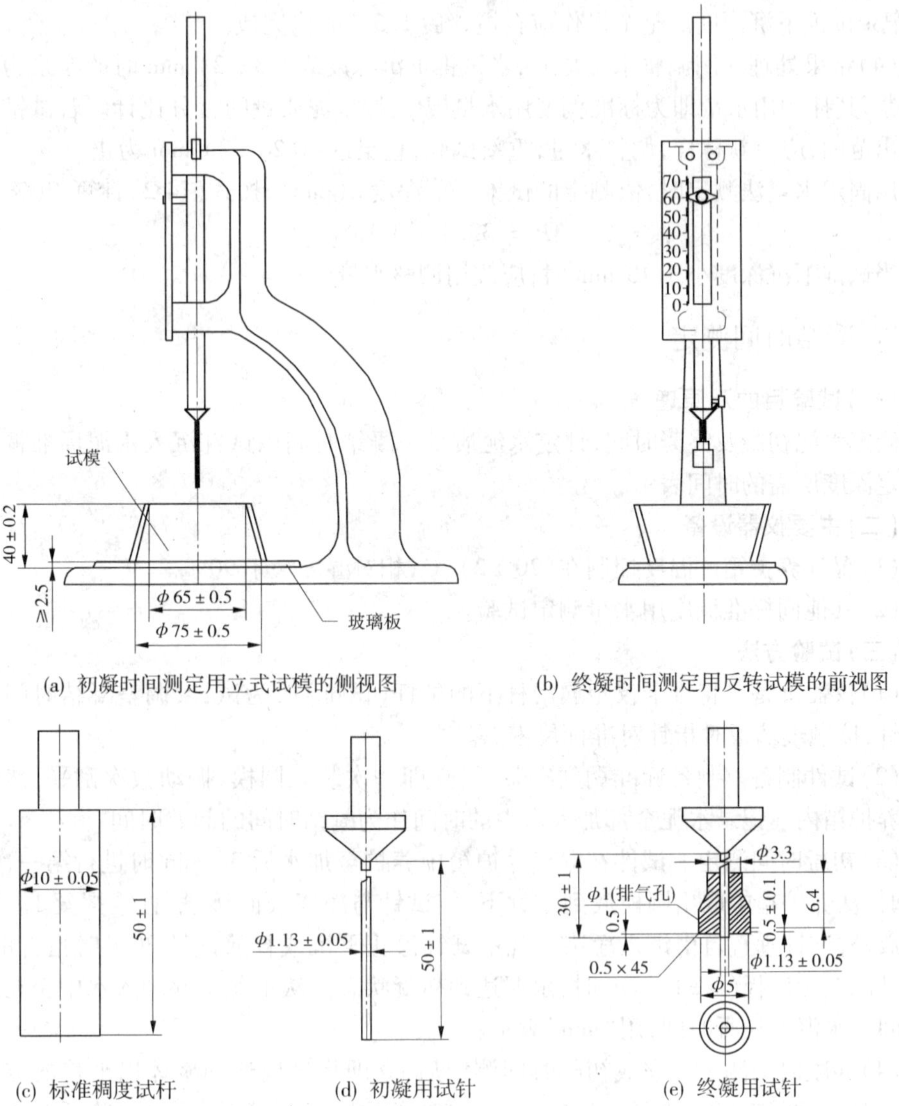

(a) 初凝时间测定用立式试模的侧视图　(b) 终凝时间测定用反转试模的前视图

(c) 标准稠度试杆　(d) 初凝用试针　(e) 终凝用试针

图 14-2　测定水泥标准稠度和凝结时间用的维卡仪　（单位：mm）

2. 代用法

(1)仪器设备检查。稠度仪金属滑杆应能自由滑动；试锥降至模顶面位置时，指针应对准标尺零点；搅拌机运转正常。

(2)净浆制备。同标准法。

(3)标准稠度的测定。有调整水量法和固定水量法两种方法，可用任一种测定，发生争议时以调整水量法为准。

采用调整水量法时，拌和水量应按经验找水；采用固定水量法时，拌和用水量为142.5 mL。拌和结束后，立即将拌和好的净浆装入锥模，用小刀插捣，振动数次，刮去多余净浆；抹平后放到试锥下面的固定位置上，调整金属棒使锥尖接触净浆并固定松紧螺丝1 ~2 s，然后突然放松，让试锥垂直自由地沉入水泥浆中。在试锥停止下沉或释放试锥30 s时记录试锥下沉深度。整个操作应在搅拌后1.5 min内完成。

(4)结果处理。用调整水量法时，当试锥下沉深度为(28 ±2) mm时的净浆为标准稠度净浆，其拌和用水量即为标准稠度用水量(P)，按水泥质量的百分比计。若试锥下沉深度超出范围，应重新称样，调整水量，重新试验，直至达到(28 ±2) mm为止。

用固定水量法测定时，依测定的试锥下落深度S(mm)，按式(14-2)计算P(%)：

$$P = 33.4 - 0.185S \tag{14-2}$$

当试锥下沉深度小于13 mm时，应改用调整水量法。

五、凝结时间测定

(一)试验目的及原理

测定水泥初凝及终凝时间，评定水泥质量。凝结时间以试针沉入水泥标准稠度净浆至一定深度所需的时间表示。

(二)主要仪器设备

(1)湿气养护箱。温度控制在(20 ±2) ℃，相对湿度大于90%。

(2)其他同标准稠度用水量测定试验。

(三)试验方法

(1)仪器准备。将维卡仪金属滑杆下的试杆(试锥)改为试针，调整凝结时间测定仪的试针，接触玻璃板时指针对准标尺零点。

(2)试件制备。制备标准稠度净浆后，立即一次装入圆模，振动数次刮平，然后放入湿气养护箱内。记录水泥全部加入水中的时间作为凝结时间的起始时间。

(3)初凝时间测定。试件在湿气养护箱中养护至加水后30 min时进行第一次测定。测定时，从养护箱中取出圆模放到试针下，使试针与净浆表面接触，拧紧螺丝1 ~2 s后，突然放松，试针垂直自由沉入净浆。观察试针停止下沉或释放试针30 s时指针的读数。当试针沉至距底板(4 ±1) mm时，水泥达到初凝状态。从水泥全部加入水中至初凝状态的时间为水泥的初凝时间，用“min”表示。

(4)终凝时间测定。完成初凝时间测定后，立即将试模连同浆体以平移的方式从玻璃板上取下，翻转180°，直径大端向上，放在玻璃板上，再放入养护箱中，临近终凝时每隔15 min测定一次，当试针沉入浆体0.5 mm时，即终凝针上的环形附件开始不能在试体上留下痕迹时，水泥达到终凝状态。水泥全部加入水中至终凝状态的时间为水泥的终凝时间，用“min”表示。

(5)测定时应注意的问题。在最初测定时，应轻轻扶持金属滑杆，以防止试针撞弯，但结果必须以自由下落为准。在整个测试过程中，试针沉入的位置距离圆模内壁至少10 mm。临近初凝时，每隔5 min测一次，临近终凝时每隔15 min测一次。到达初凝或终凝状态时应立即重复测一次，当两次结果相同时才能定为到达初凝或终凝状态。每次测试不得让试针落入原针孔,每测一次要将针擦干净并将圆模放回湿气养护箱内,整个测试过程中圆模要轻拿轻放,不得受振动。

六、安定性测定

(一)试验目的及原理

检验水泥硬化后体积变化的均匀性。雷氏法是观测两个试针的相对位移值,试饼法是通过观测水泥试饼的外形变化来判断水泥的安定性。

(二)主要仪器设备

(1)沸煮箱。箱内装入的水,应保证在(30 ±5) min 由室温升至沸腾,并能保持沸腾状态 3 h 以上,沸煮过程中不得补充水,箱内各部位温度应一致。

(2)雷氏夹。如图 14-3 所示,由标准弹性铜板制成。当一根指针的根部先悬挂在一根尼龙丝上,另一根指针的根部再挂上 300 g 的砝码时,两根指针针尖的距离增加应在(17.5 ±2.5) mm 范围内,即 $2x=(17.5\pm2.5)$ mm,如图 14-4 所示,去掉砝码后针尖的距离能恢复至挂砝码前的状态。

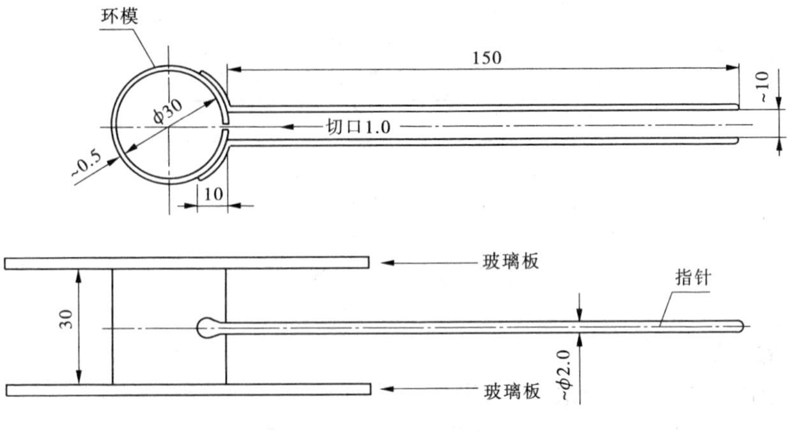

图 14-3　雷氏夹　(单位:mm)

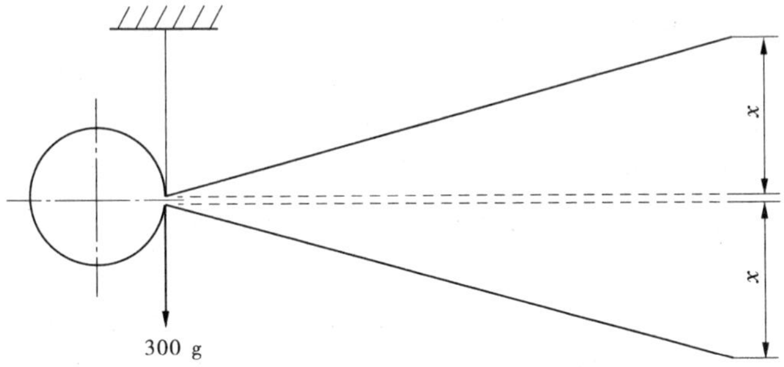

图 14-4　雷氏夹受力示意

(3)雷氏夹膨胀测定仪。如图 14-5 所示,标尺最小刻度为 0.5 mm。

(4)其他同标准稠度用水量试验。

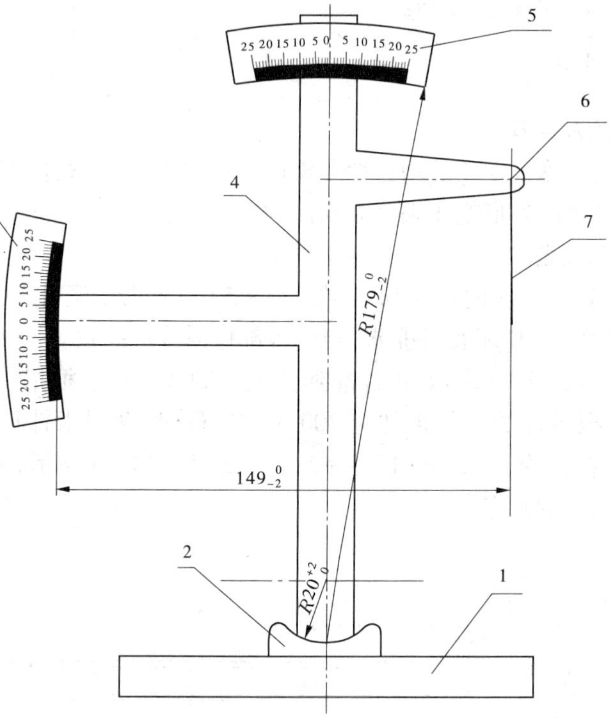

1—底座;2—模子座;3—测弹性标尺;4—立柱;
5—测膨胀值标尺;6—悬臂;7—悬丝

图 14-5　雷氏夹膨胀测定仪

(三)试验方法

试验方法用标准法(雷氏法)。其操作步骤如下:

(1)准备工作。两个平行试验的雷氏夹均需配备 75 ~ 85 g 的玻璃板两块,凡与水泥浆接触的玻璃板和雷氏夹内表面都要稍稍涂上一层油。

(2)试件成型。将雷氏夹预先放在涂油的玻璃板上,立即将已制好的标准稠度净浆一次装满雷氏夹。装浆时一手轻轻扶持雷氏夹,另一只手用宽 10 mm 的小刀插捣数次并抹平,盖上玻璃板,立刻移至湿气养护箱内养护(24 ±2) h。

(3)沸煮。脱去玻璃板取下试件,先测量雷氏夹指针尖端间的距离(*A*),精确到 0.5 mm,然后将试件放在沸煮箱水中的试件架上,指针朝上,接着在(30 ±5) min 内加热至沸腾并恒沸(180 ±5) min。

(4)结果判别。沸煮结束后,立即放掉沸煮箱中的热水,打开箱盖,待箱体冷却至室温,取出试件进行判别。测量雷氏夹指针尖端间的距离(*C*),准确至 0.5 mm。当两个试件沸煮后增加距离(*C* - *A*)的平均值不大于 5.0 mm 时,即认为该水泥安定性合格。当两个试件的(*C* - *A*)值相差超过 4.0 mm 时,应用同一样品立即重做一次试验,若结果再如此,则认定该水泥安定性不合格。

七、水泥胶砂强度检验

（一）试验目的

根据《水泥胶砂强度检验方法》（GB/T 17671—1999）规定采用"ISO"法检验水泥的强度，确定水泥的强度等级。水泥胶砂强度检验主要是水泥抗折强度与抗压强度的检验。

（二）主要仪器设备

（1）行星式搅拌机。应符合《行星式水泥胶砂搅拌机》（JC/T 681—2005）要求。

（2）试模。由三个水平的模槽（三联模）组成，可同时成型三条截面为 40 mm × 40 mm、长 160 mm 的棱形试体。在组装试模时，应用黄干油等密封材料涂覆模型的外接缝，试模的内表面应涂上一薄层模型油或机油。为控制试模内料层厚度和刮平胶砂，应备有两个播料器和一个金属刮平直尺。

（3）振实台。应符合《水泥胶砂试体成型振实台》（JC/T 682—2005）要求。

（4）抗折强度试验机。应符合《水泥胶砂电动抗折试验机》（JC/T 724—2005）要求。

（5）抗压强度试验机。试验机的最大荷载以 200 ~ 300 kN 为佳，在较大的 4/5 量程范围内记录的荷载应有 ±1% 精度，并具有按（2 400 ± 200） N/s 速率加荷的能力。

（6）抗压夹具。应符合《水泥抗压夹具》（JC/T 683—2005）要求，受压面积为 40 mm × 40 mm。

（7）其他。称量用的天平精度应为 ±1 g，滴管精度应为 ±1 mL。

（三）试验方法

1. 胶砂制备

试验用砂采用中国 ISO 标准砂，其颗粒分布和湿含量必须符合《水泥胶砂强度检验方法》（GB/T 17671—1999）的要求。

（1）胶砂配合比。胶砂的质量配合比应为一份水泥、三份标准砂和半份水。一锅胶砂成 3 条试体，每锅材料需要量为：水泥（450 ± 2） g，标准砂（1 350 ± 5） g，水（225 ± 1） g。

（2）搅拌。每锅胶砂用搅拌机进行搅拌。先使搅拌机处于待工作状态，然后按以下程序操作：①把水加入锅里，再加入水泥，把锅放在固定架上，上升至固定位置。②立即开动机器，低速搅拌 30 s，在第二个 30 s 开始的同时均匀地将砂加入。把机器转至高速再拌 30 s。③停拌 90 s，在第一个 15 s 内用一胶皮刮具将叶片和锅壁上的胶砂刮入锅中间。在高速下继续搅拌 60 s。各个搅拌阶段，时间误差应在 ±1 s 以内。

2. 试件制备

试件应是 40 mm × 40 mm × 160 mm 的棱柱体。

胶砂制备后立即进行成型。将空试模和模套固定在振实台上，用一个适当大的勺子直接从搅拌锅里将胶砂分两层装入试模。装第一层时，每个槽里约放 300 g 胶砂，用大播料器垂直架在模套顶部沿每个模槽来回一次将料层播平，接着振实 60 次。再装入第二层胶砂，用小播料器播平，再振实 60 次。移走模套，从振实台上取下试模，用一金属直尺以近似 90°的角度架在试模模顶的一端，然后沿试模长度方向以横向锯割动作慢慢向另一端移动，一次将超过试模部分的胶砂刮去，并用同一直尺在近乎水平的情况下将试件表面抹平。

在试模上作标记标明试件编号和试件相对于振实台的位置。

3. 试件养护

(1)脱模前的处理和养护。去掉试模四周的胶砂,立即放入雾室或湿箱的水平架上养护,湿空气应能与试模各边接触。养护时不应将试模放在其他试模上。一直养护到规定的脱模时间再取出试件。脱模前用防水墨汁或颜料笔对试件编号。两个以上龄期的试件,在编号时应将同一试模中的三条试件分在两个以上龄期内。

(2)脱模。脱模可用塑料锤或橡皮榔头或专门的脱模器,应非常小心。对于 24 h 龄期的,应在破型试验前 20 min 内脱模。对于 24 h 以上龄期的,应在成型后 20 ~24 h 之间脱模。

(3)水中养护。将脱模后已作好标记的试件立即水平或竖直放在(20 ±1) ℃水中养护,水平放置时刮平面应朝上。

试件放在不易腐烂的箅子上,并彼此间保持一定间距,以让水与试件的六个面接触。养护期间试件之间间隔或试件上表面的水深不得小于 5 mm。每个养护池只养护同类型的水泥试件。不允许在养护期间全部换水。

除 24 h 龄期或延迟至 48 h 脱模的试件外,任何到龄期的试件应在破型前 15 min 从水中取出。揩去试件表面沉积物,并用湿布覆盖至试验为止。

4. 试件强度测定

试件龄期是从水泥加水开始搅拌时算起的。不同龄期强度试验在下列时间里进行:24 h ±15 min,48 h ±30 min,72 h ±45 min,7 d ±2 h,≥28 d ±8 h。

(1)抗折强度测定。将试件一个侧面放在试验机支撑圆柱上,试件长轴垂直于支撑圆柱,通过加荷圆柱以(50 ±10) N/s 的速率均匀地将荷载垂直地加在棱柱体相对侧面上,直至折断。

保持两个半截棱柱体处于潮湿状态直至抗压试验。

抗折强度按式(14-3)计算:

$$f_{tm} = \frac{1.5PL}{b^3} \tag{14-3}$$

式中 f_{tm}——抗折强度,MPa,计算精确至 0.1 MPa;

P——折断时施加于棱柱体中部的荷载,N;

L——支撑圆柱之间的距离,mm;

b——棱柱体正方形截面的边长,mm。

(2)抗压强度测定。将半截棱柱体放入抗压夹具中,加压在半截棱柱体的侧面上进行。加荷速率控制在(2 400 ±200) N/s 范围内。

抗压强度按式(14-4)计算:

$$f_c = \frac{P}{A} \tag{14-4}$$

式中 f_c——抗压强度,MPa,计算精确至 0.1 MPa;

P——破坏时的最大荷载,N;

A——受压部分面积,mm^2。

5. 结果处理

以一组三个棱柱体抗折强度结果的平均值作为试验结果。当三个强度值中有超出平均值 ±10% 时，应剔除后再取平均值作为抗折强度试验结果。

以一组三个棱柱体上得到的六个抗压强度测定值的算术平均值作为试验结果。如六个测定值中有一个超出六个平均值的 ±10%，应剔除这个结果，以剩下五个的平均数为结果。若五个测定值中再有超过它们平均数 ±10% 的，则此组结果作废。

第十五章　砂、石试验

一、试验依据

《建筑用砂》(GB/T 14684—2001)、《建筑用卵石、碎石》(GB/T 14685—2001)等。

二、检验规则·

(一)检验分类

检验分为出厂检验和型式检验。

1. 出厂检验的项目

建筑用砂:颗粒级配、细度模数、松散堆积密度、泥块含量。对天然砂应增加含泥量及云母含量,对人工砂应增加石粉含量及坚固性测定。建筑用卵石、碎石:颗粒级配、含泥量、泥块含量及针片状含量。

2. 型式检验的项目

有下列情况之一时,应进行型式检验:①新产品投产和老产品转产时;②原料资源或生产工艺发生变化时;③正常生产时;④国家质量监督机构要求检查时。

建筑用砂型式检验的项目:颗粒级配、含泥量、石粉含量和泥块含量、有害物质及坚固性,碱—集料反应根据需要进行。建筑用卵石、碎石型式检验的项目:颗粒级配、含泥量和泥块含量、针片状颗粒含量、有害物质、坚固性及强度,碱—集料反应根据需要进行。

(二)组批规则

按同品种、分类、规格、适用等级及日产量每 600 t 为一批,不足 600 t 亦为一批。

(三)判定规则

检验(含复验)后,各项性能指标都符合《建筑用砂》(GB/T 14684—2001)、《建筑用卵石、碎石》(GB/T 14685—2001)的规定时,可判为该产品合格;若型式检验有一项性能指标不符合要求,则应从同一批产品中加倍取样,对不符合要求的项目进行复检,复检后该项指标符合要求时,可判该类产品合格,仍然不符合本标准要求时,则该批产品判为不合格。

三、试样取样及处理

(一)试样取样

1. 取样方法

(1)在料堆上取样时,取样部位应均匀分布。先将取样部位表层铲除。对于砂,由各部位抽取 8 份组成一组样品;对于石子,在料堆的顶部、中部和底部分选 15 个不同部位,抽取大致相等的 15 份组成一组样品。

(2)从皮带运输机上取样应在机尾出料处用接料器定时抽取,砂为 4 份,石子为 8 份,分别组成一组样品。

(3)从火车、汽车、货船上取样时,应从不同部位、深度抽取8份砂,16份石子,分别组成一组样品。

2. 取样数量

每组样品的取样数量,对于单项试验,应不小于表15-1、表15-2规定的最少数量。须做几项试验时,如确能保证样品经一项试验后不致影响另一项试验结果,也可以用同一组样品进行几项不同的试验。

表15-1　单项试验所需砂的最少取样数量　（单位:kg）

序号	试验项目	最少取样数量	序号	试验项目		最少取样数量
1	颗粒级配	4.4	8	硫化物及硫酸盐含量		0.6
2	含泥量	4.4	9	氯化物含量		4.4
3	石粉含量	6.0	10	坚固性	天然砂	8.0
4	泥块含量	20.0			人工砂	20.0
5	云母含量	0.6	11	表观密度		2.6
6	轻物质含量	3.2	12	堆积密度与空隙率		5.0
7	有机质含量	2.0	13	碱—集料反应		20.0

表15-2　单项试验所需碎石或卵石的取样数量　（单位:kg）

序号	试验项目	不同最大粒径(mm)下的最少取样数量							
		9.5	16.0	19.0	26.5	31.5	37.5	63.0	75.0
1	颗粒级配	9.5	16.0	19.0	25.0	31.5	37.5	63.0	80.0
2	含泥量	8.0	8.0	24.0	24.0	40.0	40.0	80.0	80.0
3	泥块含量	8.0	8.0	24.0	24.0	40.0	40.0	80.0	80.0
4	针片状颗粒含量	1.2	4.0	8.0	12.0	20.0	40.0	40.0	40.0
5	有机质含量	按试验要求的粒级和数量取样							
6	硫化物及硫酸盐含量								
7	坚固性								
8	岩石抗压强度	随机选取完整石块锯切或钻取成试验用样品							
9	压碎指标值	按试验要求的粒级和数量取样							
10	表观密度	8.0	8.0	8.0	8.0	12.0	16.0	24.0	24.0
11	堆积密度与空隙率	40.0	40.0	40.0	40.0	80.0	80.0	120.0	120.0
12	碱—集料反应	20.0	20.0	20.0	20.0	20.0	20.0	20.0	20.0

(二)试样处理

将所取试样置于平板上。若为砂样,应在潮湿状态下拌和均匀,堆成厚约2 cm的"圆饼",然后沿互相垂直的两条直径把圆饼分成大致相等的4份,取其对角两份重新拌匀,再堆成"圆饼"。重复以上过程,直至缩分后质量略多于试验所必需质量。若为石子试样,在自然状态下拌和均匀并堆成锥体,然后沿互相垂直的两条直径把锥体分成大致相等的4份,取对角试样重新拌匀,再堆成锥体,重复以上过程,直至满足试验所必需质量。有条件的也可以用分料器进行缩分。

四、试验环境和试验用筛

(1)实验室的温度应保持在15 ~30 ℃。

(2)试验用筛应满足GB/T 6003.1和GB/T 6003.2中方孔试验筛的规定,筛孔大于4.0 mm的试验筛采用穿孔板试验筛。

五、砂的颗粒级配试验

(一)试验目的

测定砂的颗粒级配,计算细度模数,评定砂的粗细程度。

(二)主要仪器设备

(1)鼓风烘箱。能使温度控制在(105 ±5) ℃。

(2)摇筛机。

(3)方孔筛。孔径为0.15 mm、0.30 mm、0.60 mm、1.18 mm、2.36 mm、4.75 mm及9.5 mm的筛各一只。

(4)天平。称量1 000 g,感量1 g。

(5)搪瓷盘、毛刷等。

(三)试验方法

1.试样制备

按规定取样,并将试样缩分至约1 100 g,放在烘箱中在(105 ±5) ℃下烘干至恒量(指试样在烘干1 ~3 h的情况下,其前后质量之差不大于该项试验所要求的称量精度),待冷却至室温后,筛除大于9.5 mm的颗粒并计算筛余百分率,分成大致相等的试样两份备用。

2.筛分

称烘干试样500 g(精确至1 g),倒入按孔径大小从上到下组合的套筛(附筛底)上,置套筛于摇筛机上筛10 min,取下后逐个用手筛,筛至每分钟通过量小于试样总量的0.1%为止。通过的颗粒并入下一号筛中,顺序过筛,直至各号筛全部筛完。

在一个筛上的筛余量按式(15-1)计算:

$$G = \frac{A \times \sqrt{d}}{200} \tag{15-1}$$

式中 G——在一个筛上的筛余量,g;

A——筛面面积,mm^2;

d——筛孔尺寸,mm。

称取各号筛的筛余量(精确至1 g),各号筛上的筛余量若有超过按式(15-1)计算值时须将该粒级试样分成少于按式(15-1)计算的量,分别筛,筛余量之和即为该筛的筛余量。筛分后,若各号筛的筛余量与筛底的量之和同原试样质量之差超过1%时,须重新试验。

(四)结果计算与评定

(1)计算分计筛余百分率。各号筛的筛余量与试样总量的比值,计算精确至0.1%。

(2)计算累计筛余百分率。该号筛及其以上筛的分计筛余百分率之和,精确至0.1%。

(3)砂的细度模数按式(15-2)计算(精确至0.01):

$$M_X = \frac{(A_2 + A_3 + A_4 + A_5 + A_6) - 5A_1}{100 - A_1} \tag{15-2}$$

式中 A_1、A_2、A_3、A_4、A_5、A_6——4.75 mm、2.36 mm、1.18 mm、600 μm、300 μm、150 μm 筛的累计筛余百分率。

(4)累计筛余百分率取两次试验结果的算术平均值,精确至1%。细度模数取两次试验结果的算术平均值,精确至0.1,如两次的细度模数之差超过0.2时,须重新试验。

六、砂的表观密度试验

(一)试验目的

测定砂的表观密度,评定砂的质量,为混凝土配合比设计提供依据。

(二)主要仪器

(1)容量瓶。500 mL。

(2)天平。称量1 000 g,感量1 g。

(3)鼓风烘箱。能使温度控制在(105 ±5) ℃。

(4)干燥器、搪瓷盘、滴管、毛刷等。

(三)试验方法

(1)按规定取样,并将试样缩分至约660 g,放入烘箱中于(105 ±5) ℃下烘干至恒量,冷却至室温后,分为大致相等的两份备用。

(2)称取烘干砂300 g(精确至1 g),装入容量瓶中,注入冷开水至接近500 mL的刻度处,旋转摇动容量瓶,排除气泡,塞紧瓶盖,静置24 h。然后用滴管小心加水至容量瓶500 mL刻度处,塞紧瓶塞,擦干瓶外水分,称其质量(精确至1 g)。

(3)倒出瓶内水和砂,洗净容量瓶,再向瓶内注水至500 mL的刻度处,擦干瓶外水分,称其质量(精确至1 g)。

(四)结果计算与评定

(1)砂的表观密度按式(15-3)计算(精确至10 kg/m^3):

$$\rho_0 = \left(\frac{G_0}{G_0 + G_2 - G_1}\right) \times \rho_H \tag{15-3}$$

式中 ρ_0、ρ_H——砂的表观密度和水的密度,kg/m^3;

G_0、G_1、G_2——烘干试样质量,试样、水及容量瓶的总质量,水及容量瓶的总质量,g。

(2)表观密度取两次试验结果的算术平均值(精确至10 kg/m^3),如两次之差大于20 kg/m^3,须重新试验。

七、砂的堆积密度与孔隙率试验

(一)试验目的

测定砂的堆积密度,计算砂的空隙率,为混凝土配合比设计提供依据。

(二)主要仪器设备

(1)鼓风烘箱。能使温度控制在(105 ±5) ℃。

(2)天平。称量 10 kg,感量 1 g。

(3)容量筒。圆柱形金属筒,内径 108 mm,净高 109 mm,容积 1 L。

(4)漏斗、直尺、浅盘、料勺、毛刷等。

(三)试验方法

(1)试样制备。按规定取样,用浅盘装试样约 3 L,在温度为(105 ±5) ℃的烘箱中烘干至恒量,冷却至室温,筛除大于 4.75 mm 的颗粒,分成大致相等的两份备用。

(2)松散堆积密度测定。取一份试样,通过漏斗或料勺,从容量筒中心上方 50 mm 处徐徐装入,装满并超出筒口。用钢尺沿筒口中心线向两个相反方向刮平(勿触动容量筒),称出试样和容量筒总质量,精确至 1 g。

(3)紧密堆积密度测定。取试样一份分两次装满容量筒。每次装完后在筒底垫放一根直径为 10 mm 的圆钢(第二次垫放钢筋与第一次方向垂直),将筒按住,左右交替击地面各 25 次。再加试样直至超过筒口,用直尺沿筒口中心线向两边刮平,称出试样和容量筒总质量,精确至 1 g。

(四)结果计算与评定

(1)松散或紧密堆积密度按式(15-4)计算(精确至 10 kg/m³):

$$\rho_1 = \frac{G_1 - G_2}{V} \tag{15-4}$$

式中 ρ_1——松散或紧密堆积密度,kg/m³;

G_1——试样和容量筒总质量,g;

G_2——容量筒质量,g;

V——容量筒的容积,L。

(2)空隙率按式(15-5)计算(精确至 1%):

$$V_0 = (1 - \frac{\rho_1}{\rho_2}) \times 100\% \tag{15-5}$$

式中 V_0——空隙率(%);

ρ_1——试样的松散(或紧密)堆积密度,kg/m³;

ρ_2——试样的表观密度,kg/m³。

(3)堆积密度取两次试验结果的算术平均值,精确至 10 kg/m³。空隙率取两次试验结果的算术平均值,精确至 1%。

八、砂的含泥量试验

(一)试验目的

测定砂的含泥量,评定砂的质量。

(二)主要仪器设备

(1)鼓风烘箱。能使温度控制在(105 ±5) ℃。

(2)天平。称量 1 000 g,感量 0.1 g。

(3)方孔筛。孔径为 75 μm 和 1.18 mm 筛各一个。

(4)容器。在淘洗试样时,保持试样不溅出(深度大于 250 mm)。

(5)搪瓷盘、毛刷等。

(三)试验方法

(1)按规定取样,并将试样缩分至1 100 g,在(105 ±5) ℃烘箱中烘干至恒量,冷却至室温,分为大致相等的试样两份备用。

(2)称取试样500 g,精确至0.1 g。将试样置于容器中,注入清水,水面约高出砂面150 mm,充分拌匀后,浸泡2 h,然后用手在水中淘洗试样,使尘屑、淤泥、黏土与砂粒分离。润湿筛子,将浑浊液缓缓倒入套筛中(1.18 mm筛套在75 μm筛之上),滤去小于75 μm的颗粒。在试验中,严防砂粒丢失。

(3)再向容器中注入清水,重复上一步操作,直至容器内的水目测清澈为止。

(4)用水淋洗留在筛上的细粒,并将75 μm筛放入水中来回摇动,充分洗掉小于75 μm的颗粒。然后将两只筛上的筛余颗粒和容器中已经洗净的试样一并倒入搪瓷盘,置于(105 ±5) ℃的烘箱内,烘干称量,精确至0.1 g。

(四)结果计算与评定

(1)含泥量按式(15-6)计算(精确至0.1%):

$$Q_a = \frac{G_0 - G_1}{G_0} \times 100\% \tag{15-6}$$

式中 Q_a——含泥量(%);

G_0——试验前烘干试样的质量,g;

G_1——试验后烘干试样的质量,g。

(2)含泥量取两个试样的试验结果算术平均值作为测定值。

九、砂的泥块含量试验

(一)试验目的

测定砂的泥块含量,评定砂的质量。

(二)主要仪器设备

方孔筛,孔径为600 μm和1.18 mm的筛各一个。其他同含泥量试验。

(三)试验方法

(1)按规定取样,并将试样缩分至约500 g,在(105 ±5) ℃烘箱中烘干至恒量,冷却至室温,筛除小于1.18 mm的颗粒,分为大致相等的两份备用。

(2)称取试样200 g,精确至0.1 g。将试样置于容器中,并注入清水,使水面高出砂面约150 mm,充分混拌均匀后,浸泡24 h。然后用手在水中捻碎泥块,再把试样放在600 μm筛上,用水淘洗,直至水清澈为止。

(3)将筛中保留的试样小心取出,装入浅盘,在(105 ±5) ℃烘箱中烘干至恒量,冷却后称其质量,精确至0.1 g。

(四)结果计算与评定

(1)泥块含量按式(15-7)计算(精确至0.1%):

$$Q_b = \frac{G_1 - G_2}{G_1} \times 100\% \tag{15-7}$$

式中 Q_b——泥块含量(%);

G_1——1.18 mm 筛筛余试样的质量,g;

G_2——试验后烘干试样的质量,g。

(2)取两次试验结果的算术平均值作为测定值,精确至0.1%。

十、砂中有机物含量试验

(一)试验目的

测定砂的有机物含量,评定砂的质量。

(二)主要仪器设备及试剂

(1)天平。称量1 000 g、感量0.1 g和称量100 g、感量0.01 g天平各1台。

(2)量筒。1 000 mL、250 mL、100 mL和10 mL。

(3)方孔筛。孔径为4.75 mm筛一只。

(4)烧杯、玻璃棒、移液管。

(5)氢氧化钠、鞣酸、乙醇、蒸馏水等。

(6)标准溶液。称2 g鞣酸粉,溶解于98 mL浓度为10%的乙醇溶液中,取该溶液25 mL,注入975 mL浓度为3%的氢氧化钠溶液中,加塞后剧烈摇动,静置24 h,即得标准溶液。

(三)试验方法

(1)按规定取样,筛去试样中4.75 mm以上的颗粒,用四分法缩分至约500 g,风干备用。

(2)向250 mL量筒中装入风干试样至130 mL刻度处,再注入浓度为3%的氢氧化钠溶液至200 mL刻度处。加塞后剧烈摇动,静置24 h。

(四)结果评定

比较试样上部溶液与新配标准溶液的颜色,若上部溶液浅于标准色,则试样的有机物含量合格。若颜色接近,应将试样连同上部溶液倒入烧杯,在60~70 ℃的水浴中加热2~3 h,再行比较。若浅于标准色,则试样的有机物含量合格;若深于标准色,应按下述方法做进一步试验:取原试样一份,用3%的氢氧化钠溶液洗除有机质,再用清水淘洗干净,与另一份原试样分别按相同的配合比制成水泥砂浆,测定其28 d的抗压强度。若原试样配制的砂浆强度不低于洗除有机物后试样制成的砂浆强度的95%时,则认为该砂的有机物含量合格。

十一、石子颗粒级配试验

(一)试验目的

测定石子的颗粒级配及粒级规格,作为混凝土配合比设计和一般使用的依据。

(二)主要仪器设备

(1)试验筛。孔径为2.36 mm、4.75 mm、9.50 mm、16.0 mm、19.0 mm、26.5 mm、31.5 mm、37.5 mm、53.0 mm、63.0 mm、75.0 mm、90 mm的筛各一只,并附有筛底和盖。

(2)台秤。称量10 kg,感量1 g。

(3)烘箱。能使温度控制在(105 ±5) ℃。

(4)摇筛机。

(5)搪瓷盘、毛刷等。

(三)试验方法

(1)按规定取样,将试样缩分到略多于表 15-3 规定的质量,烘干或风干后备用。

表 15-3　颗粒级配所需试样质量

最大粒径(mm)	9.5	16.0	19.0	26.5	31.5	37.5	63.0	75.0
最少试样质量(kg)	1.9	3.2	3.8	5.0	6.3	7.5	12.6	16.0

(2)按表 15-3 规定称取试样一份,精确至 1 g。将试样倒入按筛孔大小从上到下的套筛上。

(3)将套筛在摇筛机上筛 10 min,取下套筛,按筛孔大小顺序再逐个用手筛,筛至每分钟通过量不超过试样总量的 0.1% 时为止。通过的颗粒并入下一号筛中,并和下一号筛中的试样一起过筛。对大于 19.0 mm 的颗粒,筛分时允许用手拨动。

(4)称出各筛的筛余量,精确至 1 g。筛分后,若各筛的筛余量与筛底的试样之和超过原试样质量的 1% 时,须重新试验。

(四)结果计算与评定

(1)计算各筛的分计筛余百分率(筛余量与试样总质量之比),精确至 0.1% 。

(2)计算各筛的累计筛余百分率(该号筛的分计筛余百分率与该号筛以上各分计筛余百分率之和),精确至 0.1% 。

(3)根据各号筛的累计筛余百分率,评定该试样的颗粒级配。

水工混凝土用石子颗粒级配试验方法详见《水工混凝土砂石骨料试验规程》(DL/T 5151—2001)。

十二、石子的表观密度试验

(一)试验目的

测定石子的表观密度,作为评定石子质量和混凝土配合比设计的依据。

(二)主要仪器设备

1. 液体比重天平法

(1)鼓风烘箱。温度能控制在(105 ±5) ℃。

(2)台秤。称量 5 kg,感量 5 g。

(3)吊篮。直径和高度均为 150 mm,由孔径为 1 ~2 mm 的筛网或钻有 2 ~3 mm 孔洞的耐蚀金属板制成。

(4)方孔筛。孔径为 4.75 mm 的筛一只。

(5)盛水容器。有溢水孔。

(6)温度计、搪瓷盘、毛巾等。

2. 广口瓶法

(1)天平。称量 2 kg,感量 1 g。

(2)广口瓶。容积 1 000 mL,磨口,带玻璃片。

(3)鼓风烘箱、方孔筛、温度计、搪瓷盘、毛巾等,其要求及规格同上。

(三)试验方法

1. 液体比重天平法

(1)按规定取样,用四分法缩分至不少于表 15-4 规定的数量,风干后筛去 4.75 mm 以下的颗粒,洗刷干净后,分为大致相等的两份备用。

表 15-4 表观密度试验所需试样数量

最大粒径(mm)	小于 26.5	31.5	37.5	63.0	75.0
最少试样质量(kg)	2.0	3.0	4.0	6.0	6.0

(2)将一份试样装入吊篮,并浸入盛水的容器内,液面至少高出试样表面 50 mm。浸水 24 h 后,移放到称量用的盛水容器中,上下升降吊篮,排除气泡(试样不得露出水面)。吊篮每升降一次约 1 s,升降高度 30 ~ 50 mm。

(3)测量水温后(吊篮应在水中),称出吊篮及试样在水中的质量,精确至 5 g,称量时盛水容器中水面的高度由容器的溢水孔控制。

(4)提起吊篮,将试样倒入浅盘,在烘箱中烘干至恒量,冷却至室温,称出其质量,精确至 5 g。

(5)称出吊篮在同样温度水中的质量,精确至 5 g。称量时盛水容器中水面的高度由容器的溢水孔控制。

注:从试样加水静止的 2 h 起至试验结束,温度变化不应超过 2 ℃。

2. 广口瓶法

(1)按规定取样,用四分法缩分至不小于表 15-4 规定的数量,风干后筛去 4.75 mm 以下的颗粒,洗刷干净后,分为大致相等的两份备用。

(2)将试样浸水 24 h,然后装入广口瓶(倾斜放置)中,注入清水,上下左右摇晃广口瓶排除气泡。

(3)向瓶内加水至凸出瓶口边缘,然后用玻璃片沿瓶口迅速滑行(使其紧贴瓶口水面)。擦干瓶外水分,称取试样、水、广口瓶及玻璃片总质量,精确至 1 g。

(4)将瓶中试样倒入浅盘,然后放在(105 ± 5) ℃的烘箱中烘干至恒量,冷却至室温后称其质量,精确至 1 g。

(5)将瓶洗净,重新注入饮用水,并用玻璃片紧贴瓶口水面,擦干瓶外水分后称出水、瓶、玻璃片的总质量,精确至 1 g。

注:此法为简易法,不宜用于石子的最大粒径超过 37.5 mm 的情况。

(四)结果计算与评定

(1)表观密度按式(15-8)计算(精确至 10 kg/m³):

$$\rho_0 = \left(\frac{G_0}{G_0 + G_2 - G_1}\right) \times \rho_H \tag{15-8}$$

式中 ρ_0——表观密度,kg/m³;

G_0——烘干后试样的质量,g;

G_1——吊篮及试样在水中的质量(液体比重天平法)或试样、水、瓶、玻璃片的总质量(广口瓶法),g;

G_2——吊篮在水中的质量(液体比重天平法)或水、瓶、玻璃片的总质量(广口瓶法),g;

ρ_H——水的密度,1 000 kg/m^3。

(2)表观密度取两次试验结果的算术平均值,若两次结果之差大于20 kg/m^3,须重新试验。对材质不均匀的试样,如两次结果之差大于20 kg/m^3,可取四次试验结果的算术平均值。

十三、石子的堆积密度与孔隙率试验

(一)试验目的

测定石子的堆积密度和空隙率,作为混凝土配合比设计和一般使用的依据。

(二)主要仪器设备

(1)台秤、磅秤。台秤:称量10 kg,感量10 g;磅秤:称量50 kg,感量50 g。

(2)容量筒。按石子最大粒径不同依表15-5选用。

(3)其他。垫棒:直径16 mm,长600 mm的圆钢,直尺、小铲等。

表15-5　容量筒的选用规定

最大粒径(mm)	容量筒容积(L)	容量筒规格		
		内径(mm)	净高(mm)	壁厚(mm)
9.5,16.0,19.0,26.5	10	208	294	2
31.5,37.5	20	294	294	3
53.0,63.0,75.0	30	360	294	4

(三)试验方法

(1)按规定取样,烘干或风干,拌匀后分成大致相等的两份备用。

(2)松散堆积密度测定。将一份试样用小铲从容量筒口中心上方50 mm徐徐倒入。当容量筒上部试样呈锥体,并向四周溢满时,停止加料。除去筒口表面以上的颗粒,并以合适的颗粒填入凹陷处,使凹凸部分体积大致相等。称出试样与筒的总质量,精确至10 kg。

(3)紧密堆积密度测定。将一份试样分三次装入容量筒,每装一层,均在筒底垫放一根圆钢,将筒按住,左右交替颠击地面各25次(筒底垫放的圆钢方向与上一次垂直),试样装填完毕,再加试样直至超过筒口,用钢尺沿筒口边缘刮去高出的试样,并以合适的颗粒填入凹陷处,使凹凸部分体积大致相等。称出试样与筒的总质量,精确至10 g。

(四)结果计算与评定

(1)松散或紧密堆积密度按式(15-9)计算(精确至10 kg/m^3):

$$\rho_1 = \frac{G_1 - G_2}{V} \tag{15-9}$$

式中　ρ_1——松散或紧密堆积密度,kg/m^3;

G_1——筒和试样总质量,g;

G_2——筒本身质量,g;

V——筒本身容积,L。

(2)空隙率按式(15-10)计算(精确至1%):

$$V_0 = (1 - \frac{\rho_1}{\rho_0}) \times 100\% \tag{15-10}$$

式中　V_0——空隙率(%);

ρ_0、ρ_1——石子的堆积密度及表观密度,kg/m^3。

(3)取两次试验的算术平均值为结果。

十四、石子的压碎指标试验

(一)试验目的

测定石子的压碎指标值,评定石子的质量。

(二)主要仪器设备

(1)压力试验机。量程 300 kN,示值相对误差 2%。

(2)压碎值测定仪(圆模),见图 15-1。

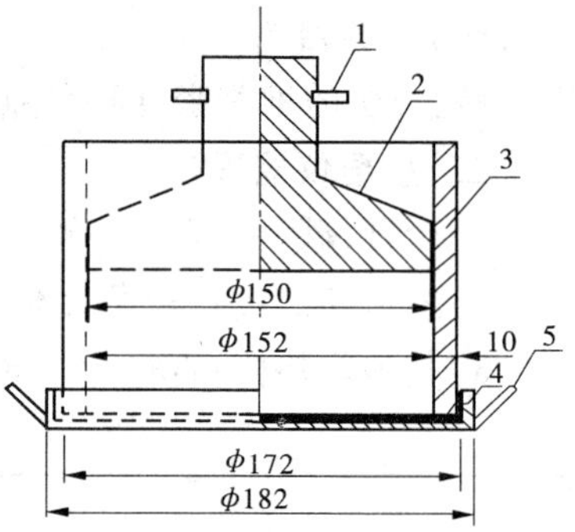

1—把手;2—加压头;3—圆模;
4—底盘;5—手把

图 15-1　压碎值测定仪　(单位:mm)

(3)天平、台秤。天平:称量 1 kg,感量 1 g;台秤:称量 10 kg,感量 10 g。

(4)方孔筛。孔径分别为 2.36 mm、9.50 mm 及 19.0 mm 筛各一只。

(5)其他。垫棒:直径 10 mm,长 500 mm 圆钢。

(三)试验方法

(1)按规定取样,风干后筛除大于 19.0 mm 及小于 9.5 mm 的颗粒,并除去针片状颗粒拌匀后分成大致相等的三份备用。

(2)称取试样 3 000 g,精确至 1 g。将试样分两次装入圆模,每次装完后,在底盘下垫放一根圆钢,左右交替颠击地面各 25 次,平整模内试样表面,压上盖头。

注:当圆模装不下 3 000 g 试样时,以装至距圆模上口 10 mm 为准。

(3)将圆模放在压力试验机上,盖上加压头,开动试验机,按 1 kN/s 的速度均匀加荷至 200 kN 并稳荷 5 s,然后卸荷。

(4)取下加压头,倒出试样,用孔径 2.36 m 的筛筛除被压碎的颗粒,并称取筛余量,精确至 1 g。

(四)结果计算与评定

(1)压碎指标值按式(15-11)计算(精确至 0.1%):

$$Q' = \frac{G_1 - G_2}{G_2} \times 100\% \tag{15-11}$$

式中　Q'——压碎指标值(%);

G_1——试样质量,g;

G_2——试样压碎后的筛余量,g。

(2)取 3 次测定的算术平均值作为试验结果,精确至 1%。

十五、石子的针片状颗粒含量试验(适用于粒径≤37.5 mm 的石子)

(一)试验目的

测定石子的针片状颗粒含量,评定石子的质量。

(二)主要仪器设备

(1)针状规准仪、片状规准仪,见图 15-2、图 15-3。

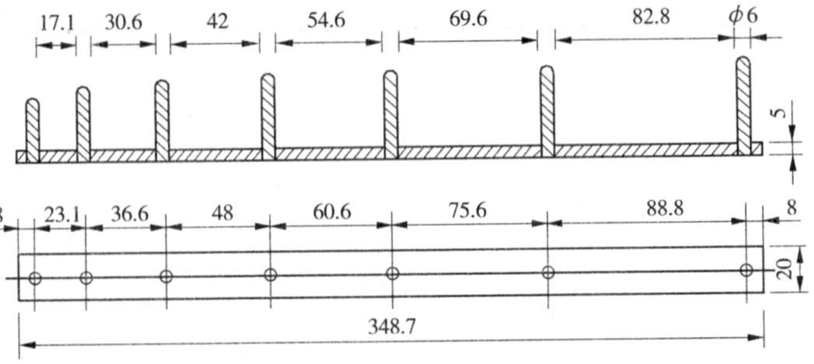

图 15-2 针状规准仪 (单位:mm)

(2)方孔筛。孔径为 4.75 mm、9.50 mm、16.0 mm、19.0 mm、26.5 mm、31.5 mm 及 37.5 mm 的筛各一个。

(3)台秤。称量 10 kg,感量 1 g。

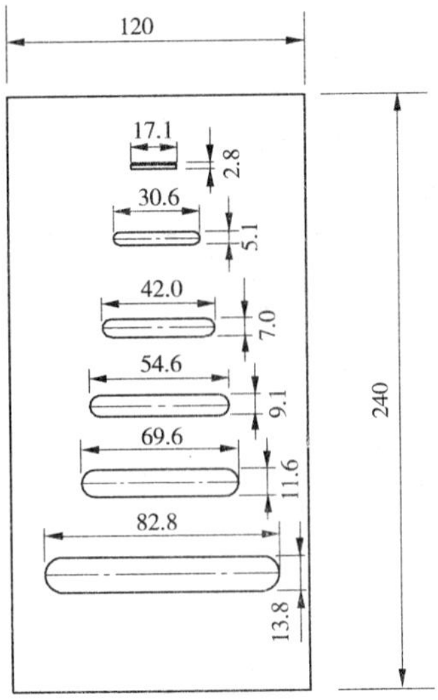

图 15-3 片状规准仪 (单位:mm)

(三)试验方法

(1)按规定取样,将试样缩分至略大于表 15-6 规定的数量,烘干或风干后备用。

(2)按表 15-6 的规定称取试样一份(精确至 1 g)。然后按表 15-7 所规定的粒级对石子进行筛分。

(3)按表 15-7 规定的粒级分别用规准仪逐粒检验,凡长度大于针状规准仪上相应间距者,为针状颗粒;厚度小于片状规准仪上相应孔宽者,为片状颗粒。称量由各粒级挑出的针、片状颗粒的总量,精确至 1 g。

(四)结果计算

针片状颗粒含量按式(15-12)计算(精确至 1%):

表 15-6 针、片状颗粒含量试验所需试样数量

最大粒径(mm)	9.5	16.0	19.0	26.5	31.5	37.5	63.0	75.0
最少试样质量(kg)	0.3	1.0	2.0	3.0	5.0	10.0	10.0	10.0

$$Q_c = \frac{G_2}{G_1} \times 100\% \tag{15-12}$$

式中 Q_c——针片状颗粒含量(%);

G_1——试样总质量,g;

G_2——针片状颗粒总质量,g。

表 15-7 颗粒划分及其相应的标准仪孔宽或间距

粒级	4.75~9.50	9.50~16.0	16.0~19.0	19.0~26.5	26.5~31.5	31.5~37.5
片状规准仪相应孔宽	2.8	5.1	7.0	9.1	11.6	13.8
针状规准仪相应间距	17.1	30.6	42.0	54.6	69.6	82.8

第十六章　水泥混凝土试验

一、试验依据

按照《水工混凝土试验规程》(SL 352—2006)的规定执行。

二、混凝土拌和物室内拌和方法

(一)主要仪器设备

(1)搅拌机。容量 50 ~ 100 L,转速为 18 ~ 22 r/min。

(2)拌和钢板。平面尺寸不小于 1.5 m × 2 m,厚 5 mm 左右。

(3)称量设备。磅秤:称量 50 ~ 100 kg,感量 50 g;台秤:称量 10 kg,感量 5 g;天平:称量 1 000 g,感量 0.5 g。

(4)其他。拌和铲、盛器、抹布等。

(二)拌和方法

按所选混凝土配合比备料。拌和间温度为(20 ± 5) ℃。

1. 人工拌和法

(1)干拌。用湿布润湿拌和板及拌和铲,将砂平摊在拌和板上,再倒入水泥,用拌和铲自拌和板一端翻拌至另一端,重复几次直至拌匀;加入石子,再翻拌至少三次至均匀为止。

(2)湿拌。在混合均匀的干料堆上做一凹槽,倒入已称量好的水(外加剂一般先溶于水)约一半,翻拌数次,并徐徐加入剩余的水,再仔细翻拌至少六次,直至拌和均匀。

(3)拌和时间控制。拌和从加水完毕时算起,应在 10 min 内完成。

2. 机械拌和法

(1)预拌。按混凝土配合比取少量水泥、水及砂,在搅拌机中搅拌(涮膛),使水泥浆黏附满搅拌机的膛壁,刮去多余的砂浆。

(2)拌和。向搅拌机内依次加入石子、水泥、砂子、水(外加剂一般先溶于水),开动搅拌机搅动 2 ~ 3 min。

(3)卸出拌和料,在拌和板上人工拌和 2 ~ 3 次,使之均匀。

(4)材料用量以质量计。称量精度:水泥、掺合料、水和外加剂为 ±0.3%,集料为 ±0.5%。

三、混凝土拌和物和易性测定

(一)试验目的

测定混凝土拌和物的和易性的目的是,为混凝土配合比设计、混凝土拌和物质量评定提供依据。

(二)主要仪器设备

1. 坍落度法

(1)坍落度筒。为底部内径(200 ± 2) mm,顶部内径(100 ±2) mm,高度(300 ±2) mm的截圆锥形金属筒,内壁必须光滑,见图16-1。

(2)其他。捣棒:直径16 mm、长650 mm的钢棒,端部应磨圆;40 mm孔径筛、直尺、小铲、泥抹及漏斗。

2. 维勃稠度法(V. B法)

(1)V. B稠度仪。由振动台、容器、坍落度筒、旋转架四部分组成,见图16-2。

(2)其他。同坍落度法。

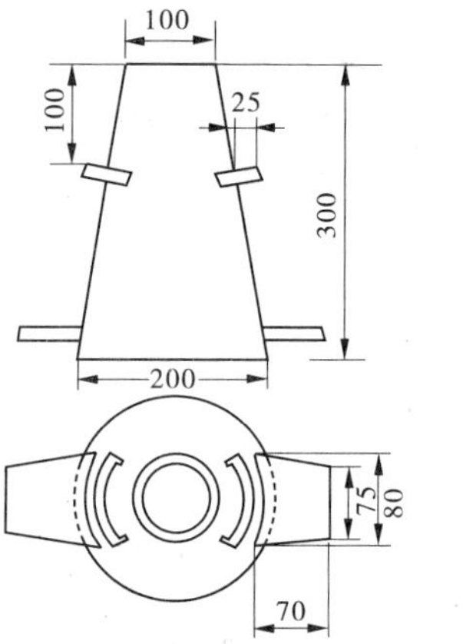

图16-1 坍落度筒 (单位:mm)

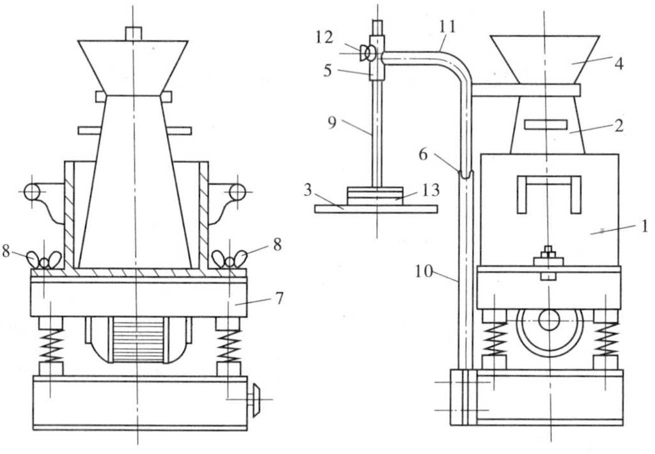

1—容量筒;2—坍落度筒;3—圆盘;4—漏斗;5—套筒;
6—定位螺丝;7—振动台;8—元宝螺丝;9—滑杆;
10—支柱;11—旋转架;12—螺栓;13—荷重块

图16-2 混凝土拌和物维勃稠度测定仪

(三)试验方法

1. 坍落度法

坍落度法适用于集料最大粒径不大于37.5 mm(水工混凝土为40 mm)、坍落度不小于10 mm(10 ~230 mm)的混凝土。

(1)拌和物取样及试样制备。混凝土拌和物试验用料应根据不同要求,从同一拌和盘或同一车运送的混凝土中取出,或在实验室专门拌制。试验前,试样应经人工略加翻拌,以保证其质量均匀。

(2)润湿坍落度筒及其他用具,把筒放在不吸水的刚性水平底板上,双脚踩住脚踏板,使坍落度筒在装料时保持位置固定。

(3)用小铲将试样分三层装入筒内,捣实后每层高度为筒高的1/3左右。每层用捣棒在截面上沿螺旋方向由外向中心均匀插捣25次。插捣底层时,捣棒应贯穿整个深度;

插捣第二层和顶层时，捣棒应插捣至下一层 10 ~ 20 mm。顶层装填应灌至高出筒口，插捣过程中，如混凝土沉落至低于筒口，应随时添加。顶层插捣完后，刮去多余的混凝土并用抹刀抹平。

(4)清除筒边混凝土并垂直平稳地提起坍落度筒(提离过程应在 5 ~ 10 s 内完成)，将筒放在拌和物试件一旁，量测筒高与坍落后混凝土试体顶部中心点之间的高度差(mm)，即为坍落度值，精确至 1 mm。从开始装料至提起坍落度筒的整个过程应不间断进行，并应在 2 ~ 3 min 内完成。

(5)坍落度筒提离后，如混凝土发生崩坍或一边剪坏现象，则应重新取样再测。若第二次仍出现上述现象，则表示该混凝土和易性不好，应予记录。

(6)观察黏聚性及保水性。用捣棒在已坍落的混凝土锥体侧面轻轻敲打，若锥体逐渐下沉，表示黏聚性良好；若锥体倒坍、部分崩裂或出现离析现象，则表示黏聚性不好。保水性以混凝土拌和物中稀浆析出程度来评定，若坍落度筒提起后无稀浆或仅有少量稀浆从底部析出，表示保水性良好。若有较多稀浆析出且锥体部分混凝土因失浆集料外露，则表明保水性能不好。此外，还要评判插捣时的难易程度(分上、中、下三级，上：表示容易插捣；中：表示插捣时稍有阻滞感觉；下：表示很难插捣)，镘刀抹平程度(分多、中、少三级，多：用镘刀抹混凝土拌和物表面时，抹 1 ~ 2 次就可使混凝土表面平整；中：抹 4 ~ 5 次就可使混凝土表面平整；下：抹面困难，抹 8 ~ 9 次后混凝土表面仍不能消除蜂窝)，综合判定黏聚性和含砂情况。

2. 维勃稠度法

维勃稠度法适用于集料最大粒径不大于 37.5 mm(水工混凝土为 40 mm)、V. B 稠度在 5 ~ 30 s 之间的混凝土。

(1)用湿布润湿容器、坍落度筒等用具。

(2)装试样同测坍落度方法。

(3)提起坍落度筒，将 V. B 稠度仪上的透明圆盘转至混凝土锥体试样顶面。

(4)开启振动台并启动秒表，在透明圆盘底面被试样布满的瞬间停表计时，关闭振动台。

(5)记录秒表上的时间(精确至 0.5 s)，即为该混凝土拌和物的 V. B 值。

四、混凝土拌和物表观密度测定

(一)试验目的

测定混凝土拌和物的表观密度，计算 1 m^3 混凝土的实际材料用量，为配合比计算提供依据。

(二)主要仪器设备

(1)容量筒。其容积及尺寸见表 16-1。

(2)其他。振动台、捣棒、台秤等。

(三)试验方法

(1)测定容量筒容积时，将干净的容量筒与玻璃板一起称其质量，再将容量筒装满水，仔细用玻璃板从筒口的一边推到另一边，使筒内满水及玻璃板下无气泡，擦干筒、盖的外表面，再次称其质量。两次质量之差即为水的质量，除以该温度下水的密度，即得容量筒的容积 V。

表 16-1 容量筒选择

集料粒径(mm)	内径(mm)	高度(mm)	体积(L)
40	186 ± 2	186 ± 2	5
80	267	267	15
150(120)	467	467	80

(2)按前面所述混凝土拌和方法拌和混凝土。

(3)擦净空容量筒，称出其质量 m_1。

(4)将混凝土拌和物装入容量筒内，在振动台上振至表面泛浆。若用人工插捣，则将混凝土拌和物分层装入筒内，每层厚度不超过 150 mm，用捣棒从边缘至中心螺旋形插捣，每层插捣次数按容量筒容积分为：5 L 15 次、15 L 35 次、80 L 72 次。底层插捣至底面，以上各层插至其下层 10 ~ 20 mm 处。

(5)沿容量筒口刮去多余的拌和物，抹平表面，将容量筒外部擦净，称其质量 m_2。

(四)结果计算

混凝土拌和物在捣实状态下的表观密度按式(16-1)计算，精确至 10 kg/m³。

$$\rho_h = \frac{m_2 - m_1}{V} \times 1\ 000 \tag{16-1}$$

式中 ρ_h——混凝土表观密度，kg/m³；

m_1、m_2——容量筒的质量、容量筒及试样总质量，kg；

V——容量筒的体积，L。

五、混凝土立方体抗压强度测定

(一)试验目的

测定混凝土立方体抗压强度，评定混凝土的质量。

(二)主要仪器设备

(1)压力试验机。精度不低于 ±2%，其量程应能使试件的预期破坏荷载值不少于全量程的 20%，也不大于全量程的 80%。试验机应定期校正，示值误差不应大于标准值的 ±1%。

(2)试模。由铸铁和钢制成，应具有足够的刚度并便于拆装。试模尺寸应根据集料最大粒径确定：当集料最大粒径在 30 mm 以下时，试模边长为 100 mm；集料最大粒径 40 mm 以下时，试模边长为 150 mm；集料最大粒径 80 mm 以下时，试模边长为 300 mm。

(3)捣实设备。可选用下列两种之一：①振动台：频率为(50 ±3) Hz，空载时振幅约为 0.5 mm；②捣棒：直径 16 mm，长 650 mm，一端为弹头形。

(4)养护室。标准养护室温度应为(20 ±3) ℃，相对湿度在 95% 以上。

(三)试验方法

1. 试件成型

(1)制作试件前检查试模，拧紧螺栓并清刷干净。在其内壁涂上一薄层矿物油脂。

一般以三个试件为一组。

(2)依混凝土设备条件、现场施工方法及混凝土稠度可采用下列三种方法之一进行成型。①振动台成型(坍落度小于 90 mm):将拌和物一次装入试模,振动应持续到表面呈现水泥浆为止;②人工插捣(坍落度大于 90 mm):每层装料厚度不应大于 100 mm,用捣棒按螺旋方向从边缘向中心均匀进行插捣。每层插捣次数依试件截面而定,一般每 100 cm^2 不少于 12 次。

2. 养护

试件成型后,在混凝土初凝前 1 ~ 2 h 需将表面抹平。用湿布或塑料布覆盖,在(20 ± 5) ℃室内静置 1 d(不得超过 2 d),然后编号拆模。拆模后的试件,应立即送养护室养护,试件之间应保持 10 ~ 20 mm 的距离,并应避免用水直接冲淋试件。

3. 破型

(1)试件从养护地点取出后,应尽快试验,以免试件内部的温度和湿度发生变化。

(2)试压前应先擦拭表面,测量尺寸(精确至 1 mm)并检查其外观。

(3)将试件安放在试验机下压板上,试件中心与下压板中心对准,试件承压面应与成型时的顶面垂直。开动试验机,当上压板与试件接近时,调整球座,均衡接触,以 0.3 ~ 0.5 MPa/s 的速度连续而均匀地加荷,当试件接近破坏而开始迅速变形时,应停止调整油门,直至破坏,然后记录破坏荷载。

(四)结果计算与评定

(1)混凝土立方体抗压强度,按式(16-2)计算,精确至 0.1 MPa。

$$f_{cu} = \frac{P}{A} \tag{16-2}$$

式中 f_{cu}——混凝土立方体试件抗压强度,MPa;

P——破坏荷载,N;

A——受压面积,mm^2。

(2)以三个试件实测值的算术平均值作为该组试件的抗压强度试验结果。单个测值与平均值允许差值为 ±15%,超过时应将该测值剔除,取余下两个试件值的平均值作为试验结果。如一组中可用的测值少于 2 个时,该组试验重做。

(3)取 150 mm × 150 mm × 150 mm 试件的抗压强度为标准值。用其他尺寸试件测得的强度值均应乘以换算系数,其值为:对边长 300 mm、450 mm 的试件为 1.15、1.36;对边长 100 mm 的试件为 0.95。

第十七章　钢筋试验

一、试验依据

(1)《钢及钢产品　力学性能试验取样位置和试样制备》(GB/T 2975—1998)。
(2)《金属材料　室温拉伸试验方法》(GB/T 228—2002)。
(3)《金属材料　弯曲试验方法》(GB/T 232—1999)。

二、一般规定

(1)同一截面尺寸和同一炉号组成的钢筋分批验收时,每批质量不大于60 t。

(2)钢筋应有出厂证明书或试验报告单。验收时应抽样做机械性能试验,包括拉伸试验和冷弯试验两个项目。两个项目中如有一个项目不合格,该批钢筋即为不合格品。

(3)钢筋在使用中如有脆断、焊接性能不良或机械性能显著不正常时,尚应进行化学成分分析,或其他专项试验。

(4)取样方法和结果评定规定,自每批钢筋中任意抽取两根,于每根距端部50 mm处各取一套试样(两根试件),在每套试样中取一根做拉伸试验,另一根做冷弯试验。在拉伸试验的两根试件中,如其中一根试件的屈服强度、抗拉强度和伸长率三个指标中有一个达不到标准中规定的数值,应再抽取双倍(4根)钢筋,制取双倍(4根)试件重做试验,如仍有一根试件的一个指标达不到标准要求,则不论这个指标在第一次试验中是否达到指标要求,拉伸试验项目也不合格。在冷弯试验中,如有一根试件不符合标准要求,应同样抽取双倍钢筋,制成双倍试件重做试验,如仍有一根试件不符合标准要求,冷弯试验项目即为不合格。

(5)试验一般在10~35 ℃的室温范围内进行。对温度要求严格的试验,试验温度应为(23±5) ℃。

三、拉伸试验

(一)试验目的

测定钢材的力学性能,评定钢材质量。

(二)主要仪器设备

(1)试验机。应按照《拉力试验机的检验》(GB/T 16825—1997)进行检验,并应为Ⅰ级或优于Ⅰ级准确度。

(2)引伸计。其准确度应符合《单轴试验引伸计的标定》(GB/T 12160—2002)的要求。

(3)试样尺寸的量具。按截面尺寸不同,选用不同精度的量具。

(三)试验条件

(1)试验速率。除非产品标准另有规定,试验速率取决于材料特性并应符合《金属材料　室温拉伸试验方法》(GB/T 228—2002)的规定。

①在测定上屈服强度时,在弹性范围和直至上屈服强度,试验机夹头的分离速率应尽可能保持恒定并在表 17-1 规定的应力速率的范围内。

②若仅测定下屈服强度,在试样平行长度的屈服期间,应变速率应为 0.000 25/s ~ 0.002 5/s。应变速率应尽可能保持恒定。如不能直接调节这一应变速率,应通过调节屈服即将开始前的应力速率来调整,在屈服完成之前不再调节试验机的控制。在任何情况下,弹性范围内的应力速率不得超过表 17-1 规定的最大速率。

③如在同一试验中测定上屈服强度和下屈服强度,测定下屈服强度的条件应符合上述仅测定下屈服强度时的要求。

④测定规定非比例延伸强度、规定总延伸强度和规定残余延伸强度时,在塑性范围和至规定强度应变速率不应超过 0.002 5/s。

⑤如试验机无能力测量或控制应变速率,直至屈服完成,应采用等效于表 17-1 规定的应力速率的试验机夹头分离速率。

⑥测定抗拉强度时,塑性范围的应变速率不应超过 0.008/s,如试验不包括屈服强度和规定强度的测定,试验机的速率可以达到塑性范围内允许的最大速率。例如,测定钢筋的抗拉强度时,当钢筋自由长度为 350 mm 时,试验机夹头的最大分离速率为 0.008/s × 350 mm = 2.8 mm/s。

表 17-1　应力速率

材料弹性模量 E(MPa)	应力速率(MPa/s)	
	最小	最大
<150 000	2	20
≥150 000	6	60

(2)夹持方法。应使用楔形夹头、螺纹夹头、套环夹头等合适的夹具夹持试样。应尽最大努力确保夹持的试样受轴向拉力的作用。

(四)试样

可采用机加工试样或不经机加工的试样进行试验,钢筋试验一般采用不经机械加工的试样。试样的总长度取决于夹持方法,原则上 $L_t > 12d$。在工地实际取样时,一般多在钢筋上取至少 0.5 m。试样原始标距与原始横截面积有 $L_0 = k\sqrt{S_0}$ 关系者称为比例试样。国际上使用的比例系数 k 的值为 5.65(即 $L_0 = 5.65\sqrt{S_0} = 5\sqrt{\frac{4S_0}{\pi}} = 5d$)。原始标距应不小于 15 mm。当试样横截面面积太小,以致采用比例系数 k 为 5.65 的值不能符合这一最小标距要求时,可以采用较高的值(优先采用 11.3 的值)或采用非比例试样。非比例试样其原始标距(L_0)与其原始横截面积(S_0)无关。

（五）试验步骤

1. 试样原始横截面积(S_0)的测定

测量时建议按照表17-2选用量具和测量装置。应根据测量的试样原始尺寸计算原始横截面面积，并至少保留4位有效数字。

表17-2　量具或测量装置的分辨力　（单位：mm）

试样横截面尺寸(cm^2)	分辨力 ≤	试样横截面尺寸(cm^2)	分辨力 ≤
0.1～0.5	0.001	>2.0～10.0	0.01
>0.5～2.0	0.005	>10.0	0.05

(1)对于圆形横截面试样，应在标距的两端及中间三处两个相互垂直的方向测量直径，取其算术平均值，取用三处测得的最小横截面面积，按式(17-1)计算：

$$S_0 = \frac{1}{4}\pi d^2 \tag{17-1}$$

(2)对于恒定横截面试样，可以根据测量的试样长度、试样质量和材料密度确定其原始横截面面积。试样长度的测量应准确到±0.5%，试样质量的测定应准确到±0.5%，密度应至少取3位有效数字。原始横截面面积按式(17-2)计算：

$$S_0 = \frac{m}{\rho L_t} \times 1\,000 \tag{17-2}$$

2. 试样原始标距(L_0)的标记

对于$d \geqslant 3$ mm的钢筋，属于比例试样，其标距$L_0 = 5d$。对于比例试样，应将原始标距的计算值修约至最接近5 mm的倍数，中间数值向较大一方修约。原始标距的标记应准确到±1%。

试样原始标距应用小标记、细划线或细墨线标记，但不得用引起过早断裂的缺口作标记；可以标记一系列套叠的原始标距；也可以在试样表面划一条平行于试样纵轴的线，并在此线上标记原始标距。

3. 上屈服强度(R_{eH})和下屈服强度(R_{eL})的测定

(1)图解方法。试验时记录力—延伸曲线或力—位移曲线。从曲线图读取力首次下降前的最大力和不记初始瞬时效应时屈服阶段中的最小力或屈服平台的恒定力。将其分别除以试样原始横截面面积(S_0)得到上屈服强度和下屈服强度。仲裁试验采用图解方法。

(2)指针方法。试验时，读取测力度盘指针首次回转前指示的最大力和不记初始效应时屈服阶段中指示的最小力或首次停止转动指示的恒定力。将其分别除以试样原始横截面面积(S_0)得到上屈服强度和下屈服强度。

(3)可以使用自动装置(如微处理机等)或自动测试系统测定上屈服强度和下屈服强度，可以不绘制拉伸曲线图。

4. 断后伸长率(A)和断裂总伸长率(A_t)的测定

(1)为了测定断后伸长率，应将试样断裂的部分仔细地配接在一起，使其轴线处于同一直线上，并采取特别措施，确保试样断裂部分适当接触后测量试样断后标距。这对于小横截面试样和低伸长率试样尤为重要。应使用分辨力优于 0.1 mm 的量具或测量装置测定断后标距(L_u),准确到 ±0.25 mm。

原则上只有断裂处与最接近的标距标记的距离不小于原始标距的 1/3 的情况方为有效。但断后伸长率大于或等于规定值,不管断裂位置处于何处,测量均为有效。

断后伸长率按式(17-3)计算:

$$A = \frac{L_u - L_0}{L_0} \times 100\% \tag{17-3}$$

(2)移位法测定断后伸长率。当试样断裂处与最接近的标距标记的距离小于原始标距的 1/3 时,可以使用如下方法。

试验前,原始标距(L_0)细分为 N 等份。试验后,以符号 X 表示断裂后试样短段的标距标记,以符号 Y 表示断裂试样长段的等分标记,此标记与断裂处的距离最接近于断裂处至标记 X 的距离。

如 X 与 Y 之间的分格数为 n,按如下测定断后伸长率。

①如 $N-n$ 为偶数(见图 17-1(a)),测量 X 与 Y 之间的距离和测量从 Y 至距离为 $\frac{1}{2}(N-n)$ 个分格的 Z 标记之间的距离,按照式(17-4)计算断后伸长率:

$$A = \frac{XY + 2YZ - L_0}{L_0} \times 100\% \tag{17-4}$$

②如 $N-n$ 为奇数(见图 17-1(b)),测量 X 与 Y 之间的距离和测量从 Y 至距离分别为 $\frac{1}{2}(N-n-1)$ 和 $\frac{1}{2}(N-n+1)$ 个分格的 Z' 和 Z'' 标记之间的距离。按照式(17-5)计算断后伸长率:

$$A = \frac{XY + YZ' + YZ'' - L_0}{L_0} \times 100\% \tag{17-5}$$

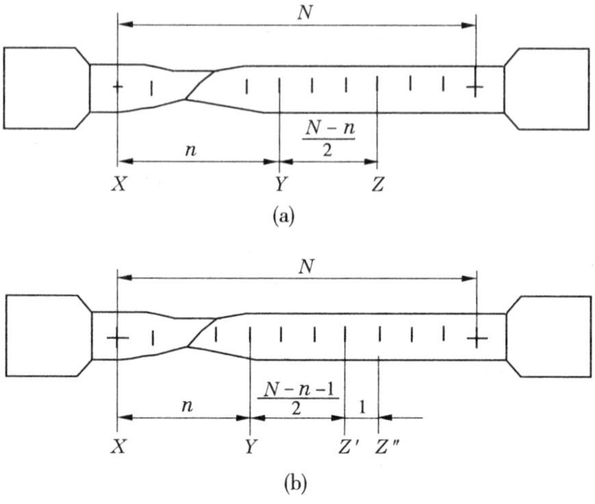

图 17-1　移位方法的图示说明

(3)能用引伸计测定断裂延伸的试验机,引伸计标距(L_e)应等于试样原始标距(L_0),无需标出试样原始标距的标记。以断裂时的总延伸作为伸长测量时,为了得到断后伸长率，应从总延伸中扣除弹性延伸部分。

原则上，断裂发生在引伸计标距以内方为有效，但断后伸长率等于或大于规定值，不管断裂位置位于何处，测量均为有效。

(4)按照(3)测定的断裂总延伸除以试样原始标距得到断裂总伸长率。

5. 抗拉强度(R_m)的测定

对于呈现明显屈服(不连续屈服)现象的金属材料，从记录的力—延伸曲线图或力—位移曲线图，或从测力度盘，读取过了屈服阶段之后的最大力；对于呈现无明显屈服(连续屈服)现象的金属材料，从记录的力—延伸曲线图或力—位移曲线图，或从测力度盘，读取试验过程中的最大力。最大力除以试样原始横截面面积(S_0)得到抗拉强度：

$$R_m = \frac{F_m}{S_0} \tag{17-6}$$

(六)性能测定结果数值的修约

试验测定的性能结果数值应按照相关产品标准的要求进行修约。未规定具体要求时，应按照表 17-3 的要求进行修约。修约的方法按照《数值修约规则》(GB/T 8170—1987)的规定。

表 17-3　性能结果数值的修约间隔

性能	范围	修约间隔
$R_{eH}, R_{eL}, R_P, R_t, R_r, R_m$	≤200 N/mm²	1 N/mm²
	200～1 000 N/mm²	5 N/mm²
	>1 000 N/mm²	10 N/mm²
A_e		0.05%
A, A_t, A_{gt}, A_g		0.5%
Z		0.5%

(七)试验结果处理

(1)试验出现下列情况之一时试验结果无效，应重做同样数量试样的试验：①试样断裂在标距外或断在机械刻划的标距标记上，而且断后伸长率小于规定最小值；②试验期间设备发生故障，影响了试验结果。

(2)试验后试样出现两个或两个以上的颈缩以及显示出肉眼可见的冶金缺陷(如分层、气泡、夹渣、缩孔等)，应在试验记录和报告中注明。

(八)试验报告

试验报告一般应包括下列内容：①试验依据的标准编号；②试样标识；③材料名称、牌号；④试样类型；⑤试样的取样方向和位置；⑥所测性能结果。

四、弯曲试验

(一)试验目的

测定钢材的工艺性能，评定钢材质量。

(二)试验设备

应在配备下列弯曲装置之一的试验机或压力机上完成试验。

(1)支辊式弯曲装置(见图 17-2)。支辊长度应大于试样宽度或直径。支辊半径应为 1 ~10 倍试样厚度。支辊应具有足够的硬度。除非另有规定,支辊间距离应按式(17-7)确定:

$$l = d + 3a \pm 0.5a \tag{17-7}$$

l 在试验期间应保持不变。弯曲压头直径应在相关产品标准中规定。弯曲压头宽度应大于试样宽度或直径,弯曲压头应具有足够的硬度。

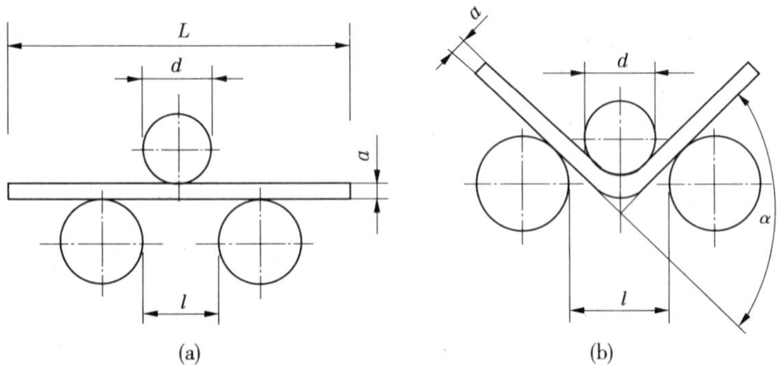

图 17-2　支辊式弯曲装置

(2)V 形模具式弯曲装置。

(3)虎钳式弯曲装置。

(4)翻板式弯曲装置(见图 17-3)。

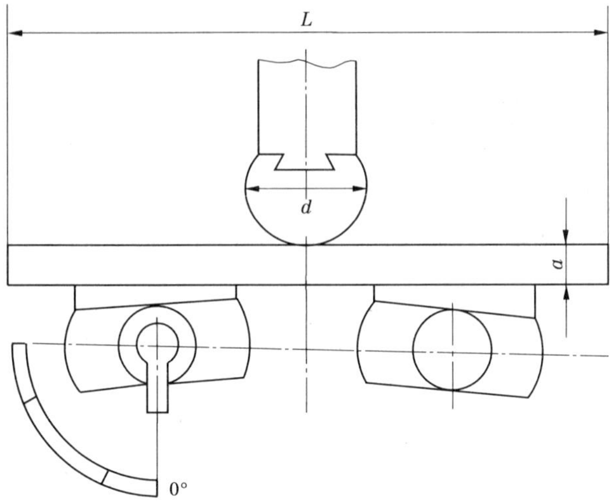

图 17-3　翻板式弯曲装置

(三)试样

钢筋试样应按照《钢及钢产品　力学性能试验取样位置和试样制备》(GB/T 2975—

1998)的要求取样。试样表面不得有划痕和损伤,试样长度应根据试样厚度和所使用的试验设备确定。采用支辊式弯曲装置和翻板式弯曲装置的方法时,可以按照式(17-8)确定:

$$L = 0.5\pi(d + a) + 140 \quad (17\text{-}8)$$

式中 π——圆周率,其值取3.1。

(四)试验方法

(1)由相关产品标准规定,采用下列方法之一完成试验:①试样在上述装置所给定的条件和在力作用下弯曲至规定的弯曲角度;②试样在力作用下弯曲至两臂相距规定距离且相互平行;③试样在力作用下弯曲至两臂直接接触。

(2)试样弯曲至规定弯曲角度的试验。应将试样放于两支辊或V形模具或两水平翻板上,试样轴线应与弯曲压头轴线垂直,弯曲压头在两支座之间的中点处对试样连续施加力使其弯曲,直至达到规定的弯曲角度。

(3)试样弯曲至180°角两臂相距规定距离且相互平行的试验。采用支辊式弯曲装置的试验方法时,首先对试样进行初步弯曲(弯曲角度尽可能大),然后将试样置于两平行压板之间(见图17-4)连续施加压力其两端使进一步弯曲,直至两臂平行。采用翻板式弯曲装置的方法时,在力作用下不改变力的方向,弯曲直至达到180°角。

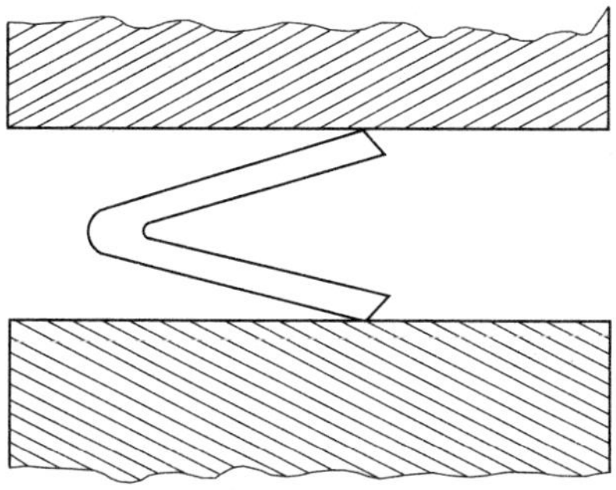

图17-4 试样置于两平行压板之间

(4)试样弯曲至两臂直接接触的试验。应首先将试样进行初步弯曲(弯曲角度尽可能大),然后将试样置于两平行压板之间(见图17-4)连续施加压力其两端使进一步弯曲,直至两臂直接接触。

(5)弯曲试验时,应缓慢施加弯曲力。

(五)试验结果评定

(1)应按照相关产品标准的要求评定弯曲试验结果。如没有规定具体要求,弯曲试验后试样弯曲外表面无肉眼可见裂纹应评定为合格。

(2)相关产品标准规定的弯曲角度作为最小值;规定的弯曲半径作为最大值。

第十八章　砌筑砂浆试验

一、试验依据

按照《建筑砂浆基本性能试验方法》(JGJ 70—90)的规定执行。

二、拌和物取样及试样制备

(1)砌筑砂浆试验用料应根据不同要求,可从同一盘搅拌机或同一车运送的砂浆中取出,或在实验室用机械或人工单独拌制。

(2)施工中取样进行砂浆试验时,其取样方法和原则按相应的施工验收规范执行。一般应在使用地点的砂浆槽中、运送车内或搅拌机出料口,从不同部位,至少取3处,取样数量应是试验用量的1~2倍。

(3)实验室拌制砂浆进行试验时的一般规定:①拌和用的材料应提前运入室内,室温应保持在(20±5)℃(需要模拟施工条件下所用的砂浆时,实验室原材料的温度宜保持与施工现场一致)。②试验用水泥和其他原料应与现场使用材料一致。水泥如有结块应通过0.9 mm筛过筛。采用中砂为宜,其最大粒径小于5 mm。③材料用量以质量计,称量的精确度:水泥、外加剂等为±0.5%;砂、石灰膏、黏土膏、粉煤灰和磨细生石灰粉为±1%。④应采用机械搅拌,搅拌量不宜少于搅拌机容量的20%。搅拌时间对水泥砂浆和水泥混合砂浆,不得小于120 s;对掺用粉煤灰和外加剂的砂浆,不宜小于180 s。

(4)砂浆拌和物取样后,应尽快进行试验。现场取来的试样,试验前应经人工略翻拌,使其质量均匀。

三、稠度试验

(一)试验目的

检验砂浆配合比,评定和易性;施工过程中控制砂浆的稠度,以达到控制用水量的目的。

(二)主要仪器设备

(1)砂浆稠度仪。主要构造有支架、底座、齿条侧杆、带滑杆的圆锥体,见图18-1。带滑杆的圆锥体质量为300 g,圆锥体高度为145 mm,锥底直径为75 mm;刻度盘及盛砂浆的圆锥形金属筒,筒高为180 mm,锥底内径为150 mm。

(2)钢质捣棒。直径10 mm、长350 mm。

(3)秒表等。

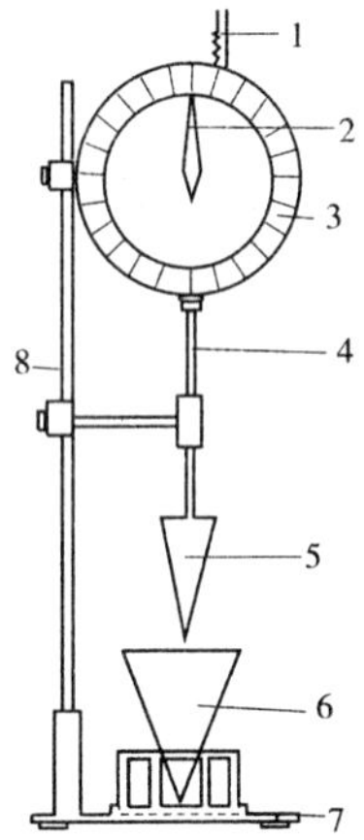

1—齿条测杆;2—指针;
3—刻度盘;4—滑杆;
5—圆锥体;6—圆锥筒;
7—底座;8—支架

图18-1　砂浆稠度测定仪

(三)试验方法

(1)盛浆容器和试锥表面用湿布擦干净,并用少量润滑油轻擦滑杆，使滑杆能自由滑动。

（2）将砂浆拌和物一次装入金属筒内，砂浆表面约低于筒口 10 mm。

（3）用捣棒自筒边向中心插捣 25 次，然后轻轻地将筒摇动和敲击 5～6 下，使砂浆表面平整，然后将筒移至测定仪底座上。

（4）拧开试锥杆的制动螺丝，向下移动滑杆，当试锥尖端与砂浆表面接触时，拧紧制动螺丝，使齿条侧杆下端刚接触滑杆上端，并将指针对准零点上。

（5）拧开制动螺丝，同时记时间。待 10 s 后立即固定螺丝，将齿条测杆下端接触滑杆上端，从刻度盘上读出下沉深度（精确至 1 mm）即为砂浆稠度值。

（6）圆锥筒内砂浆只允许测定一次稠度，重复测定时应重新取样。

（四）结果处理

（1）取两次试验结果的算术平均值，计算精确至 1 mm。

（2）两次试验值之差如大于 20 mm，则应另取砂浆搅拌后重新测定。

四、分层度试验

（一）试验目的

测定砂浆拌和物在运输或停放时内部组分的稳定性，用来评定和易性。

（二）试验仪器

（1）砂浆分层度测定仪。由上、下两层金属圆筒及左右两根连接螺栓组成。圆筒内径为 150 mm，上节高度为 200 mm，下节带底净高为 100 mm。上、下层连接处需加宽到 3～5 mm，并设有橡胶垫圈，见图 18-2。

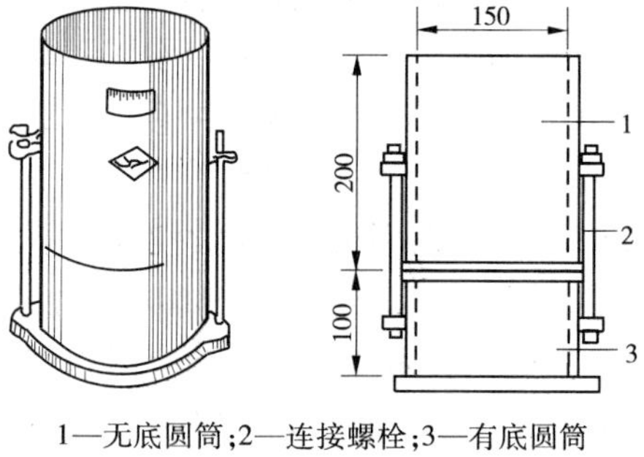

1—无底圆筒；2—连接螺栓；3—有底圆筒

图 18-2　砂浆分层度测定仪　（单位：mm）

（2）水泥胶砂振动台。SI－085 型，频率为（50±3）Hz。

（3）稠度仪、木锤等。

（三）试验方法

分层度试验一般采用标准法（也称为静置法），也可采用快速法，但有争议时，则以标准法为准。

1. 标准法

（1）首先将砂浆拌和物按稠度试验方法测其稠度（沉入度）K_1。

（2）将砂浆拌和物一次装入分层度筒内，待装满后，用木锤在容器周围距离大致相等的 4 个不同位置分别轻轻敲击 1～2 下，如砂浆沉落到低于筒口，则应随时添加，然后刮去多余砂浆并用抹刀抹平。

（3）静置 30 min 后，去掉上节 200 mm 砂浆，将剩余的 100 mm 砂浆倒出放在拌和锅内拌 2 min，按上述稠度测定方法测其稠度 K_2。

2. 快速法

（1）按稠度试验方法测其稠度 K_1。

（2）将分层度筒预先固定在振动台上，砂浆一次装入分层度筒内，振动 20 s。

(3)去掉上节 200 mm 砂浆，剩余 100 mm 砂浆倒出放在拌和锅内拌 2 min，再按稠度试验方法测其稠度 K_2。

（四）结果处理

(1)两次测得的稠度之差，为砂浆分层度值，即 $\Delta = K_1 - K_2$。

(2)取两次试验结果的算术平均值作为该砂浆的分层度值。

(3)两次分层度试验值之差如果大于 20 mm，应重做试验。

五、立方体抗压强度试验

（一）试验目的

检测砂浆强度是否满足工程要求。

（二）主要仪器设备

(1)砂浆试模（见图 18-3）。为 70.7 mm×70.7 mm×70.7 mm 的立方体，由铸铁或钢制成，应具有足够的刚度并拆装方便。试模内表面应机械加工，其不平度应为每 100 mm 不超过 0.05 mm，组装后各相邻面的不垂直度不应超过 ±0.5°。

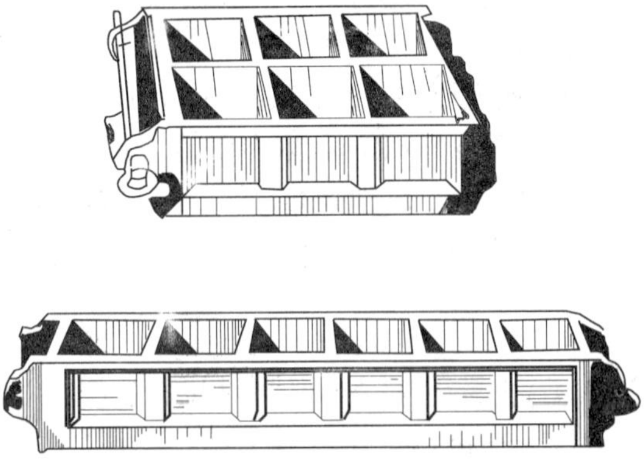

图 18-3　砂浆试模

(2)压力机、捣棒、垫板等。

（三）试验方法

1. 试件制作

(1)将内壁事先涂刷薄层机油的无底试模放在预先铺有吸水性较好的湿纸的普通砖上，砖的含水率不应大于 2%，吸水率不小于 10%。

(2)纸应为湿的新闻纸，纸的大小要以能盖过砖的四边为准。砖的使用面要求平整，并不能粘有水泥或其他胶结材料。否则，不允许使用。

(3)砂浆拌和均匀，应一次注满试模，用捣棒由外向里按螺旋方向均匀插捣 25 次，并用油灰刀沿模壁插数次，砂浆应高出试模顶面 6～8 mm。

(4)当砂浆表面出现麻斑状态时（一般为 15～30 min）将多出部分的砂浆沿试模顶面刮平。

2. 试件养护

(1)试件制作后，应在(20±5)℃温度环境下停置一昼夜(24±2)h，当气温较低时，可适当延长时间，但不应超过两昼夜，然后对试件进行编号并拆模。

(2)试件拆模后应在标准养护条件下，继续养护至 28 d，进行试压。①标准养护条件：水泥混合砂浆应在温度为(20±3)℃，相对湿度为 60%～80% 的条件下养护。水泥砂浆和微沫砂浆应在温度为(20±3)℃，相对湿度为 90% 以上的潮湿条件下养护。②自然养护条件：水泥混合砂浆应在正常温度，相对湿度为 60%～80% 的条件下（如养护箱中或不通风的室内）养护；水泥砂浆和微沫砂浆应在正常温度并保持试块表面潮湿的状态下（如湿砂堆中）养护。③自然养护期间必须作好温度记录。在有争议时，以标准养护条件为准。④养护时，试件彼此间隔不小于 10 mm。

3. 立方体抗压强度试验

（1）试件从养护地点取出后，应尽快进行试验，以免试件内部的温度、湿度发生显著变化。将试件擦拭干净，测量尺寸，并检查外观。试件尺寸测量精确至 1 mm，并据此计算试件的承压面。如实测尺寸与公称尺寸之差不超过 1 mm，可按公称尺寸进行计算。

（2）将试件安放在试验机下压板上（或下垫板上），试件的承压面应与成型时的顶面垂直，试件的中心应与试验机压板中心对准。开动试验机，当上压板与试件接近时，调整球座，使接触面均衡受压。

加荷速度要均匀，加荷速度应为 0.5 ~ 1.5 kN/s（当砂浆强度≤5 MPa 时，取下限为宜，砂浆强度 >5 MPa 时，取上限值为宜），当试件接近破坏而开始迅速变形时，停止调整试验机油门，直至试件破坏，然后记录破坏荷载。

（3）砂浆立方体抗压强度按式（18-1）计算：

$$f_{m,cu} = \frac{P}{A} \tag{18-1}$$

式中 $f_{m,cu}$——砂浆立方体试件抗压强度，MPa，精确至 0.1 MPa；

P——破坏荷载，N；

A——试件承压面积，mm^2。

（四）结果处理

（1）以六个试件测值的算术平均值作为该组试件的抗压强度值，平均值计算精确至 0.1 MPa。

（2）当六个试件的最大值或最小值与平均值之差超过 20% 时，以中间四个试件的平均值作为该组试件的抗压强度值。

第十九章　砌墙砖试验

一、试验依据

按照《砌墙砖试验方法》(GB/T 2542—2003)、《烧结普通砖》(GB 5101—2003)和《砌墙砖检验规则》(JC/T 466—1992)等的规定执行。

二、取样方法

(一)批量

按 3.5 万 ~15 万块为一批,不足 3.5 万块的按一批计。

(二)抽样

外观质量检验的试样采用随机抽样法,在每一检验批的产品堆垛中抽取。尺寸偏差检验的样品用随机抽样法从外观质量检验后的样品中抽取,其他检验项目的样品用随机抽样法从外观质量检验后的样品中抽取。抽样数量见表 19-1。

表 19-1　抽样数量

序号	检验项目	抽样数量(块)	序号	检验项目	抽样数量(块)
1	外观质量	50	5	石灰爆裂	5
2	尺寸偏差	20	6	冻融	5
3	强度等级	10	7	吸水率和饱和系数	5
4	泛霜	5			

三、砖的尺寸偏差检验

(一)试验目的

作为评定砖的产品质量等级的依据。

(二)主要仪器

砖用卡尺如图 19-1 所示,分度值为 0.5 mm。

(三)试验方法

按《砌墙砖试验方法》(GB/T 2542—2003)的规定,长度、宽度应在砖的两个大面中间处分别测量两个尺寸;高度应在两个条面中间处分别测量两个尺寸,如图 19-2 所示。其中每一尺寸测量不足 0.5 mm 的按 0.5 mm 计,每一方向尺寸以两个测量值的算术平均值表示,精确至 1 mm。当被测处缺损或凸出时,可在其旁边测量,但应选择不利的一侧。

(四)结果处理

样本平均偏差是 20 块试样同一方向测量尺寸的算术平均值减去其公称尺寸的差值,

样本极差是20块试样同一方向测量尺寸的最大值与最小值之差。

若尺寸偏差符合国家标准相应等级规定，则判尺寸偏差为该等级；否则，判为不合格。

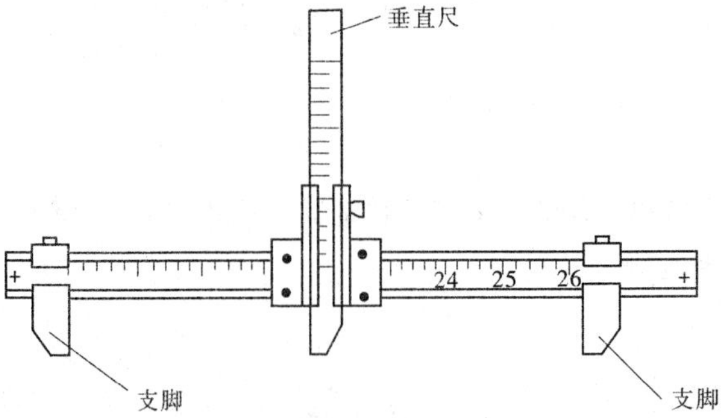

图19-1　砖用卡尺

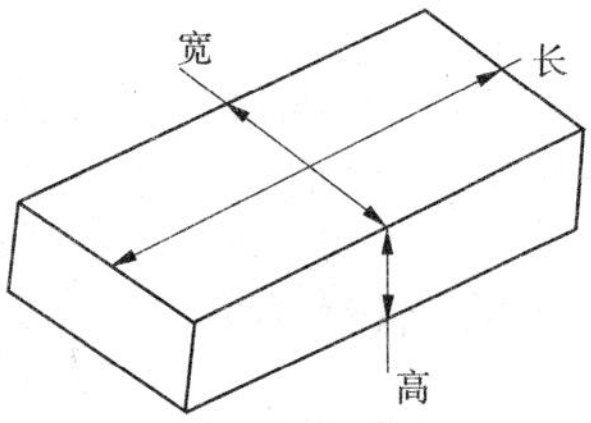

图19-2　尺寸量法示意

四、外观质量检验

(一)试验目的

作为评定砖的产品质量等级的依据。

(二)主要仪器

(1)砖用卡尺。分度值为0.5 mm。

(2)钢直尺。分度值为1 mm。

(三)试验方法

1. 缺损

(1)缺棱掉角在砖上造成的破损程度，以破损部分对长、宽、高三个棱边的投影尺寸来度量，称为破坏尺寸，如图19-3所示。

(2)缺损所造成的破坏面，是指缺损部分对条面、顶面，空心砖为条面、大面的投影面积，如图19-4所示。空心砖内壁残缺及肋残缺尺寸，以长度方向的投影尺寸度量。

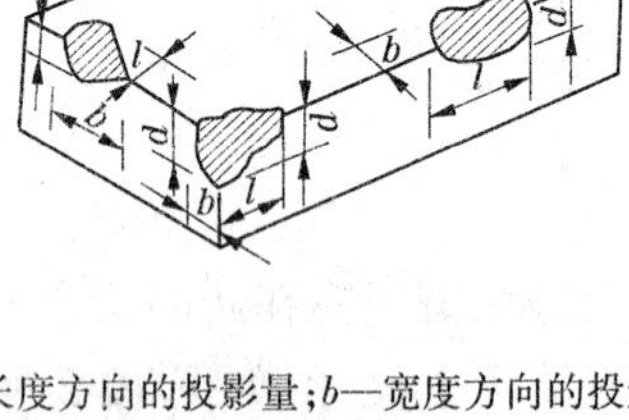

l—长度方向的投影量；*b*—宽度方向的投影量；
d—高度方向的投影量

图19-3　缺棱掉角破坏尺寸量法

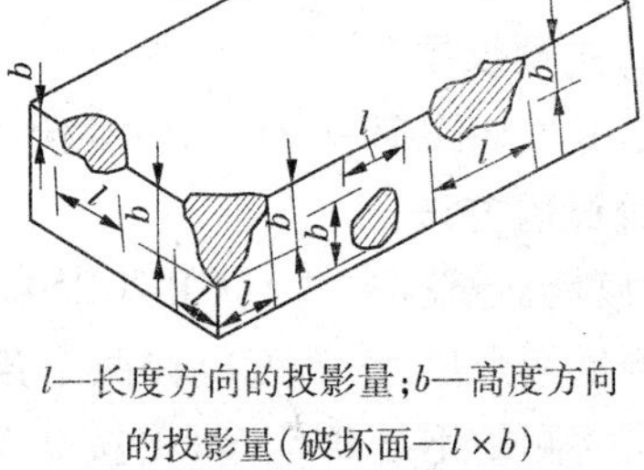

l—长度方向的投影量；*b*—高度方向的投影量(破坏面—$l \times b$)

图19-4　缺损在条面、顶面上造成破坏量法

2. 裂纹

(1)裂纹分为长度、宽度和水平方向三种，以被测方向的投影长度表示。如果裂纹从

一个面延伸至其他面上，则累计其延伸的投影长度，如图 19-5 所示。多孔砖的孔洞与裂纹相通时，则将孔洞包括在裂纹内一并测量，如图 19-6 所示。

(2)裂纹长度以在三个方向上分别测得的最长裂纹作为测量结果。

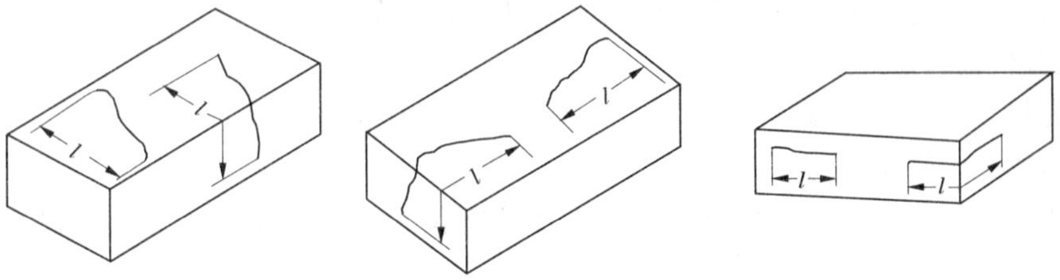

(a)宽度方向裂纹长度量法　(b)长度方向裂纹长度量法　(c)水平方向裂纹长度量法

图 19-5　裂纹长度量法

3. 弯曲

(1)弯曲分别在大面和条面上测量，测量时将砖用卡尺的两支脚沿棱边两端放置，择其弯曲最大处将垂直尺推至砖面，如图 19-7 所示。但不应将因杂质或碰伤造成的凹处计算在内。

(2)以弯曲中测得的较大值作为测量结果。

4. 杂质凸出高度

杂质在砖面上造成的凸出高度，以杂质距砖面的最大距离表示。测量时将砖用卡尺的两支脚置于凸出两边的砖平面上，以垂直尺测量，如图 19-8 所示。

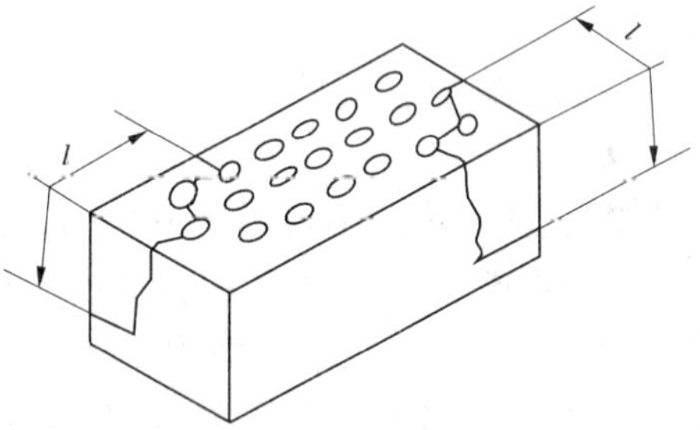

图 19-6　多孔砖裂纹通过孔洞时长度量法

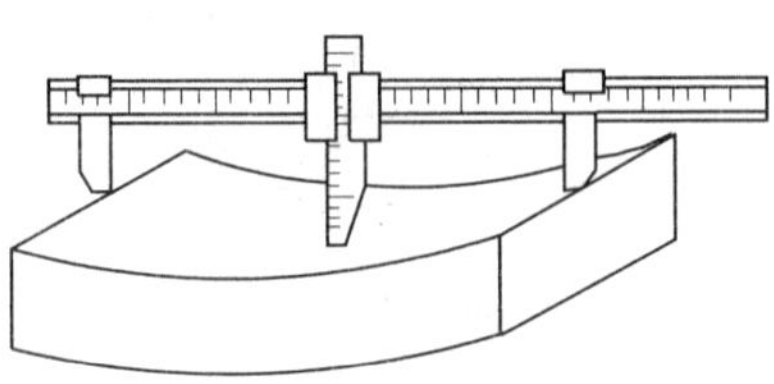

图 19-7　弯曲量法

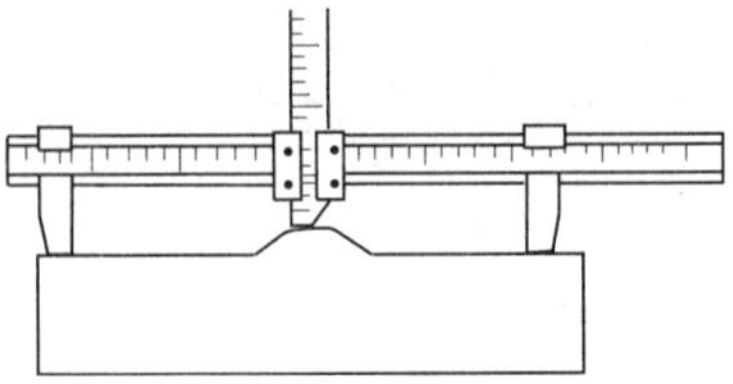

图 19-8　杂质凸出量法

(四)结果处理

外观测量结果以 mm 为单位，不足 1 mm 者按 1 mm 计。

(五)结果评定

外观质量采用《砌墙砖检验规则》(JC/T 466—1992)二次抽样方案，根据国家标准规定的外观质量指标，检查出其中不合格品数 d_1，按下列规则判定：① $d_1 \leqslant 7$ 时，外观质量合格。② $d_1 \geqslant 11$ 时，外观质量不合格。③ $7 < d_1 < 11$ 时，需再次从该批产品抽样 50 块检验，检查出不合格品数 d_2，按下列规则判定：$(d_1 + d_2) \leqslant 18$，外观质量合格；$(d_1 + d_2) \geqslant 19$，外观质量不合格。

五、抗压强度试验

(一)试验目的

测定砖的抗压强度,作为评定砖的产品质量等级的依据。

(二)试验仪器

(1)压力机。示值相对误差不大于 ±1%,预期最大破坏荷载应为量程的 20% ~ 80%。其下加压板应为球铰支座。

(2)抗压试件制备平台。试件制备平台必须平整水平,可用金属或其他材料制作。

(3)锯砖机或砌砖器、直尺、镘刀等。

(三)试验方法

烧结多孔砖和蒸压灰砂砖的抗压强度试样数量为 5 块,烧结普通砖及其他砖为 10 块(空心砖大面和条面抗压各 5 块)。非烧结砖也可用抗折强度试验后的试样作为抗压强度试样。

1. 试件制备

(1)烧结普通砖。在试件制备平台上,将已断开的两个半截砖(一块整砖断开后的两个半截砖,其长度均不得小于 100 mm)放入室温的净水中浸 10 ~ 20 min 后取出,并以断口相反方向叠放,两者中间抹以厚度不超过 5 mm 稠度适宜的水泥净浆(用 32.5 级普通硅酸盐水泥调制),上下两面用厚度不超过 3 mm 的同种水泥浆抹平,制成的试件上下两面须相互平行,并垂直于侧面,如图 19-9 所示。

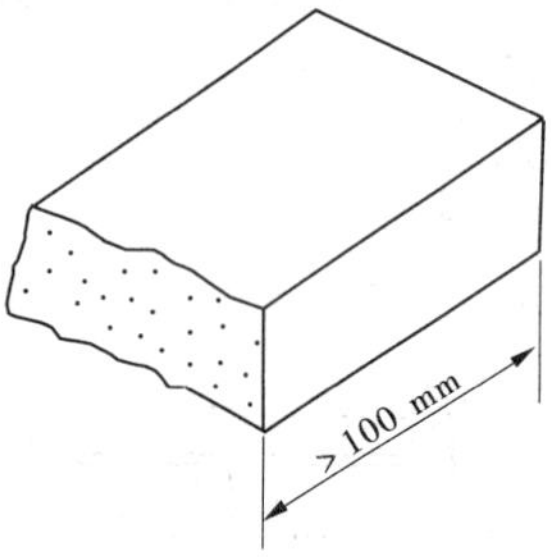

(a)断开的试样

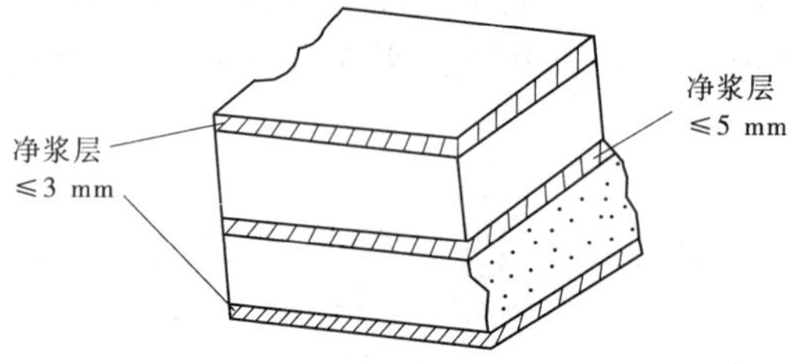

(b)制作完毕的试样

图 19-9　烧结普通砖试件

(2)多孔砖、空心砖。多孔砖以单块整砖沿竖孔方向加压,空心砖以单块整砖沿大面和条面方向分别加压。试件制作采用坐浆法操作,即将玻璃板置于试件制备平台上,其上铺一张湿的垫纸,纸上铺一层厚度不超过 5 mm 的水泥净浆(用 32.5 级普通硅酸盐水泥制成),再用在水中浸泡 10 ~ 20 min 的试样平稳地将其受压面坐放在水泥浆上,在另一受压面上稍加压力,使整个水泥浆层与砖受压面相互黏结,砖的侧面应垂直于玻璃板。待水泥浆适当凝固后,连同玻璃板翻放在另一铺纸放浆的玻璃板上,再进行坐浆,用水平尺校正玻璃板水平。

(3)非烧结砖。将同一块试样的两半截砖断口相反叠放,叠放部分长度不得小于 100 mm,即成为抗压强度试件。若不足 100 mm,则应剔除,另取备用试样补足。

2. 试件养护

(1)制成的抹面试件应置于不低于 10 ℃的不通风室内养护 3 d,再进行试验。

(2)非烧结砖试样,不需养护,直接进行试验。

3. 抗压试验

(1)测量每个试件连接面或受压面的长、宽尺寸各两个,分别取其平均值,精确至 1 mm。

(2)将试件平放在加压板的中央,垂直于受压面加荷,加荷应均匀平稳,不得发生冲击或振动。加荷速度以 4 kN/s 为宜,直至试件破坏为止,记录最大破坏荷载 P(N)。

(四)结果处理

(1)每块试样的抗压强度按下式计算(精确至 0.01 MPa):

$$f_c = \frac{P}{lb} \tag{19-1}$$

式中 f_c——抗压强度,MPa;

P——最大破坏荷载,N;

l——受压面(连接面)的长度,mm;

b——受压面(连接面)的宽度,mm。

(2)试验结果以试样抗压强度的算术平均值和标准值或单块最小值表示,精确至 0.1 MPa。

(3)根据《烧结普通砖》(GB5101—2003)规定,对烧结普通砖的抗折强度已不作要求,只需给出烧结普通砖的抗压强度算术平均值及强度标准值,它们分别按式(19-2)~式(19-5)计算。

$$\bar{f} = \frac{1}{10}\sum_{i=1}^{10} f_i \tag{19-2}$$

$$f_k = \bar{f} - 1.8S \tag{19-3}$$

$$S = \sqrt{\frac{1}{9}\sum_{i=1}^{10}(f_i - \bar{f})^2} \tag{19-4}$$

$$\delta = \frac{S}{\bar{f}} \tag{19-5}$$

式中 $\bar{f}$——10 块砖样抗压强度算术平均值,MPa,精确至 0.1 MPa;

f_k——强度标准值,MPa,精确至 0.1 MPa;

S——10 块砖样抗压强度标准差,MPa,精确至 0.01 MPa;

δ——砖的强度变异系数,精确至 0.01;

f_i——单块砖样抗压强度的测定值,MPa,精确至 0.01 MPa。

变异系数 $\delta \leqslant 0.21$ 时,按抗压强度平均值 $\bar{f}$ 和强度标准值 f_k 指标评定砖的强度等级;$\delta > 0.21$ 时,按抗压强度平均值 $\bar{f}$ 和单块最小抗压强度值 f_{min}(精确至 0.1 MPa)指标评定砖的强度等级。

强度试验结果符合国家标准的规定,判强度合格,且定为相应等级;否则,判为不合格。

六、抗折强度试验

(一)试验仪器

(1)砖瓦抗折试验机或万能试验机。试验机的示值相对误差不大于 ±1%,预期最大破坏荷载应为量程的 20% ~80%;抗折试验的加荷形式为三点加荷,其上压辊和下压辊的曲率半径为 15 mm,下支辊应有一个为铰接固定。

(2)直尺。分度值为 1 mm。

(二)试验方法

(1)抗折强度用烧结砖和蒸压灰砂砖试样,数量为 5 块,其他砖则为 10 块。

(2)在砖的两个大面的中间处测量宽度 b(测量两次取其平均值,精确至 1 mm),在砖的两个条面的中间处用同样的方法测出砖的高度 h(mm)。

(3)调整抗折夹具下支辊的跨距为砖规格长度减去 40 mm,如图 19-10 所示。但规格长度为 190 mm 的砖,其跨距为 160 mm。

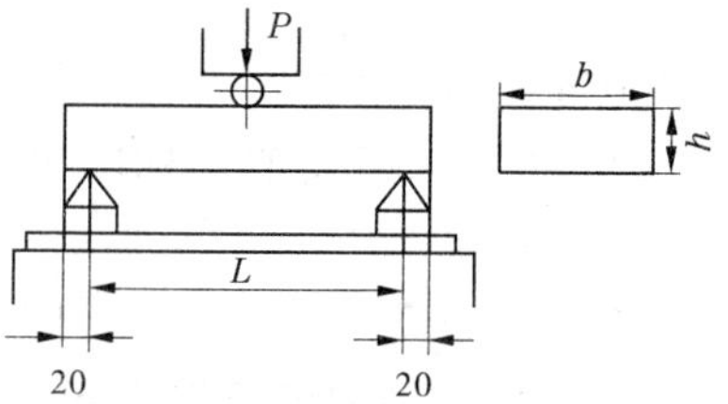

图 19-10 砖的抗折强度(荷重)试验示意 (单位:mm)

(4)将试样大面平放在下支辊上,试样两端面与下支辊的距离应相同,当试样有裂缝或凹陷时,应使有裂缝或凹陷的大面朝下,以 50 ~150 N/s 的速度均匀加荷,直至试样断裂,记录最大破坏荷载 P(N)。

(三)结果处理

(1)每块试样的抗折强度按式(19-6)计算(精确至 0.01 MPa):

$$f_{tm} = \frac{3PL}{2bh^2} \tag{19-6}$$

式中 f_{tm}——抗折强度,MPa;

P——最大破坏荷载,N;

L——跨距,mm;

b——试样宽度,mm;

h——试样高度,mm。

(2)试验结果以试样抗折强度算术平均值和单块最小值表示,精确至 0.01 MPa。

第二十章　石油沥青及防水卷材试验

一、试验依据

按照《沥青软化点测定法》(环球法)(GB/T 4507—1999)、《沥青延度测定法》(GB/T 4508—1999)、《沥青针入度测定法》(GB/T 4509—1998)、《塑性体改性沥青防水卷材》(GB 18243—2000)的规定执行。

二、取样

(一)沥青取样

(1)同一批出厂、同一规格牌号的沥青以 20 t 为一个取样单位,不足 20 t 也按一个取样单位取样。

(2)从每个取样单位的不同部位取 5 处洁净试样,每处所取数据大致相等,约 1 kg 作为平均试样。

(二)防水卷材取样

以同一类型同一规格 10 000 m^2 为一批,不足 10 000 m^2 也可作为一批,每批中随机抽取 5 卷进行试验。

三、针入度测定

(一)试验目的

测定沥青针入度,评定其黏滞性并依针入度值确定沥青的牌号。

(二)主要仪器设备

(1)针入度仪。如图 20-1 所示。针连杆在无明显摩擦下垂直运动,指示穿入深度精确到 0.1 mm。针连杆质量为(47.5 ±0.05) g。针和针连杆的总质量为(50 ±0.05) g,仪器附有(50 ±0.05) g 和(100 ±0.05) g 的砝码各一个,可以组成(100 ±0.05) g 和(200 ±0.05) g 的载荷以满足试验所需的载荷条件。仪器设有放置平底玻璃皿的平台,并有可调水平的机构,针连杆应与平台垂直。仪器设有针连杆制动按钮,紧压按钮针连杆可自由下落。

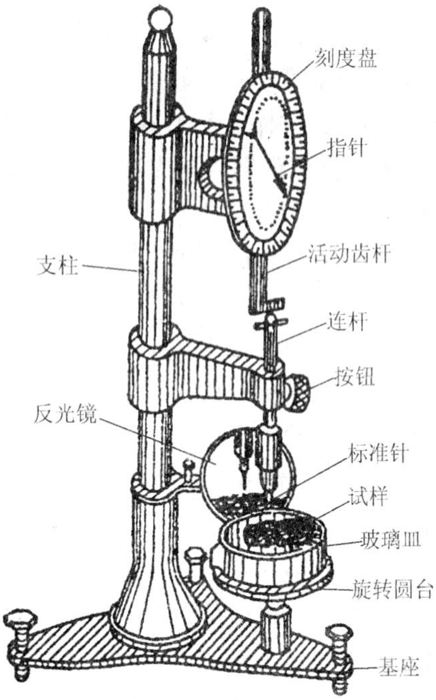

图 20-1　针入度测定仪

(2)标准针。如图 20-2 所示,由硬化回火的不锈钢制造。针长约 50 mm,直径为 1.00 ~ 1.02 mm,针质量为(2.50 ±0.05) g。每一根针均应附有国家计量部门的检验单。

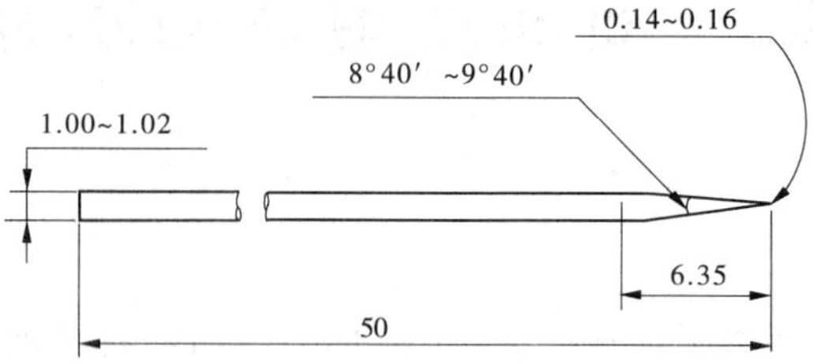

图 20-2 针入度标准针 (单位:mm)

(3)试样皿。金属或玻璃的圆柱形平底皿,尺寸如下:针入度小于 200 时,直径 55 mm,深度 35 mm;针入度 200 ~ 350 时,直径 55 mm,深度 70 mm;针入度 350 ~ 500 时,直径 50 mm,深度 60 mm。

(4)恒温水浴。容量不少于 10 L,能保持温度在试验温度下并控制在 0.1 ℃范围内。距水底部 50 mm 处有一个带孔的支架。这一支架离水面至少有 100 mm。

(5)平底玻璃皿。平底玻璃皿的容量不小于 350 mL,深度要没过最大的样品皿。内设一个不锈钢三角支架,以保证试样皿稳定。

(6)计时器。刻度为 0.1 s 或小于 0.1 s,60 s 内的准确度达到 ±0.1 s。

(7)温度计。液体玻璃温度计刻度范围 0 ~ 50 ℃,分度值为 0.1 ℃。

(三)试验方法

1. 试样制备

(1)小心加热样品,不断搅拌以防局部过热,加热到使样品能够流动。加热时焦油沥青的加热温度不超过软化点 60 ℃,石油沥青不超过软化点 90 ℃。加热时间不超过 30 min。加热、搅拌过程中避免试样中进入气泡。

(2)将试样倒入预先选好的试样皿中。试样深度应大于预计穿入深度 10 mm,同时将试样倒入两个试样皿。

(3)轻轻地盖住试样皿以防灰尘落入。在 15 ~ 30 ℃的室温下冷却 1 ~ 1.5 h(小试样皿)或 1.5 ~ 2.0 h(大试样皿),然后将两个试样皿和平底玻璃皿一起放入恒温水浴中,水面应没过试样表面 10 mm 以上。在规定的试验温度(正常情况为(25 ±0.1) ℃)下冷却,小试样皿恒温 1 ~ 1.5 h,大试样皿恒温 1.5 ~ 2.0 h。

2. 针入度测定

(1)调节针入度仪的水平,检查针连杆和导轨,确保上面没有水和其他物质。先用合适的溶剂将针擦干净,再用干净的布擦干,然后将针插入针连杆中固定。按试验条件放好砝码(正常情况为:标准针、针连杆与附加砝码的总质量为(100 ±0.05) g)。

(2)将已恒温到试验温度(25 ℃)的试样皿和平底玻璃皿取出,放置在针入度仪的平台上。慢慢放下针连杆,使针尖刚刚接触到试样的表面,必要时用放置在合适位置的光源反射来观察。拉下活杆,使其与针连杆顶端相接触,调节针入度仪上的表盘读数为零。

(3)用手紧压按钮,同时启动秒表,使标准针自由下落穿入沥青试样,到规定时间

(5 s)停压按钮,使标准针停止移动。

(4)拉下活杆,再使其与针连杆顶端相接触,此时表盘指针的读数即为试样的针入度,用1/10 mm表示。

(5)同一试样至少重复测定三次。每一试验点的距离和试验点与试样皿边缘的距离都不得小于10 mm。每次试验前都应将试样和平底玻璃皿放入恒温水浴中,每次测定都要用干净的针。当针入度超过200时,至少用三根针,每次试验用的针留在试样中,直到三根针扎完时再将针从试样中取出。针入度小于200时可将针取下用合适的溶剂擦净后继续使用。

(四)结果处理

(1)取三次测定针入度的平均值(保留整数),作为试验结果。三次测定的针入度值相差不应大于下列数值:针入度0~49,最大差值2;针入度50~149,最大差值4;针入度150~249,最大差值6;针入度250~350,最大差值10。若差值超过上述数值,应重做试验。

(2)关于试验的重复性与再现性的要求。重复性:同一操作者同一样品利用同一台仪器测得的两次结果不超过平均值的4%。再现性:不同操作者同一样品利用同一类型仪器测得的两次结果不超过平均值的11%。

四、延度测定

(一)试验目的

了解石油沥青的塑性大小并作为确定牌号的依据。

(二)主要仪器

(1)延度仪。如图20-3所示,能以一定的速度拉伸试件,启动时无明显振动的仪器。

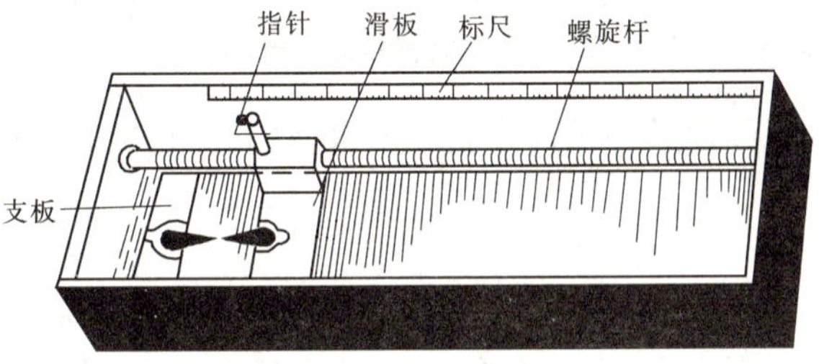

图20-3 沥青延度仪

(2)模具。如图20-4所示,试件模具由黄铜制造,由两个弧形端模和两个侧模组成。

(3)其他仪器。水浴,温度计(0~50 ℃),金属网筛(孔径0.3~0.5 mm),甘油、滑石粉隔离剂(2:1),金属或玻璃支撑板。

(三)试验方法

1.试样制备

(1)将模具组装在支撑板上,将隔离剂涂于支撑板表面及侧模的内表面,以防沥青粘在模具上。

(2)小心加热样品,以防局部过热,直到完全变成液体能够倾倒。石油沥青样品加热至倾倒温度的时间不超过2 h,其加热温度不超过预计沥青软化点110 ℃,煤焦油沥青样品加热至倾倒温度的时间不超过30 min,其加热温度不超过煤焦油沥青预计软化点55 ℃。把熔化了的样品过筛,在充分搅拌之后,把样品倒入模具中。在倒样时使试样呈细流状,自模的一端至另一端往返倒入,使试样略高出模具,将试件在空气中冷却30 ~ 40 min,然后放在规定温度(25 ±5) ℃的水浴中保持30 min取出,用热的直刀或铲将高出模具的沥青刮出,使试样与模具齐平。

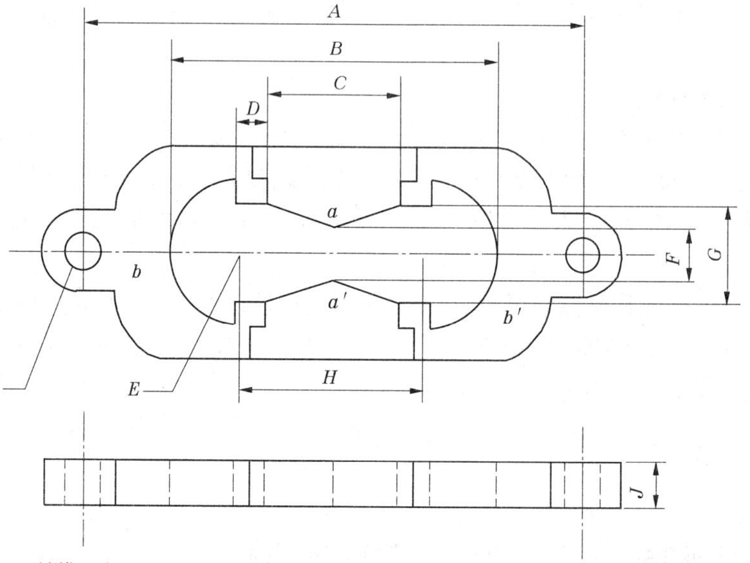

A—两端模环中心点距离111.5 ~113.5 mm;B—试件总长74.5 ~75.5 mm;C—端模间距29.7 ~30.3 mm;D—肩长6.8 ~7.2 mm;E—半径15.75 ~16.25 mm;F—最小横断面宽9.9 ~10.1 mm;G—端模口宽19.8 ~20.2 mm;H—两半圆心间距离42.9 ~43.1 mm;I—端模孔直径6.5 ~6.7 mm;J—厚度9.9 ~10.1 mm

图20-4　沥青延度仪模具

(3)恒温。将支撑板、模具和试件一起放入水浴中,并在试验温度(25 ±5) ℃下保持85 ~95 min。

2. 延度测定

(1)将温度为(25 ±5) ℃的水注入沥青延度仪的水槽内,从水浴中取出试件,去除支撑板,拆掉侧模,并将模具两端的孔套在沥青延度仪的柱上,然后以一定的速度(5 ±0.25) cm/min拉伸,直至试件拉伸断裂。测量试件从拉伸到断裂所经过的距离,以cm表示。试验时,试件距水面和水底的距离不小于2.5 cm,并且要使温度保持在(25 ±5) ℃范围内。

(2)如果沥青浮于水面或沉入槽底,则试验不正常,应使用乙醇或氯化钠调整水的密度,使沥青材料既不浮于水面,又不沉入槽底。

(3)正常的试验应将试样拉成锥形,直至在断裂时实际横断面面积接近于零。如果三次试验得不到正常结果,则报告在该条件下延度无法测定。

(四)结果处理

(1)若三个试件测定值在其平均值的5%内,取平行测定三个结果的平均值作为测定结果。若三个试件测定值不在其平均值的 5% 以内,但其中两个较高值在平均值的 5% 以内,则弃去最低测定值,取两个较高值的平均值作为测定结果,否则重新测定。

(2)关于试验重复性与再现性的要求。重复性:同一样品同一操作者重复测定两次结果不超过平均值的 10% 。再现性:同一样品在不同实验室测定的结果不超过平均值的 20% 。

五、软化点测定

(一)试验目的

了解沥青的温度稳定性,并作为评定沥青牌号的依据。

(二)主要仪器与材料

(1)环。黄铜肩(亦称肩环)两只,其尺寸规格见图 20-5(a)。

(2)球。两只直径为 9.5 mm 的钢球,每只质量为(3.50 ±0.05) g。

(3)钢球定位器。两只钢球定位器使钢球定位于试样中央,其形状和尺寸见图 20-5(b)。

(4)浴槽。可以加热的玻璃容器,其内径不小于 85 mm,离加热底部的深度不小于 120 mm。

(5)铜支撑架与支架系统。铜支撑架(亦称支架),用于支撑两个肩环,其形状和尺寸见图 20-5(c);支架系统由上支撑板、铜支撑架和下支撑板用长螺栓连接而成,支架系统置于浴槽内,其装配示意见图 20-5(d)。肩环的底部距离下支撑板的表面为 25 mm,下支撑板的下表面距离浴槽底部为(16 ±3) mm。

(6)温度计。测温范围为 30 ~180 ℃、最小分度值为 0.5 ℃的全浸式温度计,能悬于支架上,使得水银球底部与环底部水平。

(7)材料。新煮沸过的蒸馏水或甘油,用做加热介质;隔离剂以两份甘油和一份滑石粉调制而成(以质量计)。

(8)其他。0.3 ~0.5 mm 的金属网筛,铜支撑板,电炉或其他加热器。

(三)试验方法

1. 试样制备

(1)所有石油沥青试样的准备和测试必须在 6 h 内完成,煤焦油沥青必须在 4.5 h 内完成,小心加热试样,并不断搅拌以防止局部过热,直到样品变得流动。小心搅拌以免气泡进入样品中。

(2)石油沥青样品加热至倾倒温度的时间不超过 2 h,其加热温度不超过预计沥青软化点 110 ℃。

(3)煤焦油沥青样品加热至倾倒温度的时间不超过 30 min,其加热温度不超过煤焦油沥青预计软化点 55 ℃。

(4)如果重复试验不能重新加热样品,应在干净的容器中用新鲜样品制备试样。

(5)若估计软化点在 120 ℃以上,应将肩环与铜支撑板预热至 80 ~100 ℃,然后将肩环放到涂有隔离剂的支撑板上,否则沥青试样会从肩环中完全脱落。

(6)向每个环中倒入略过量的沥青试样,让试件在室温下至少冷却 30 min。对于在室温下较软的样品，应将试件在低于预计软化点 10 ℃以上的环境中冷却 30 min，从开始倒试样时起至完成试验的时间不得超过 240 min。

（7）当试样冷却后，用稍加热的小刀或刮刀干净地刮去多余的沥青，使得每一个圆片饱满且和环的顶部齐平。

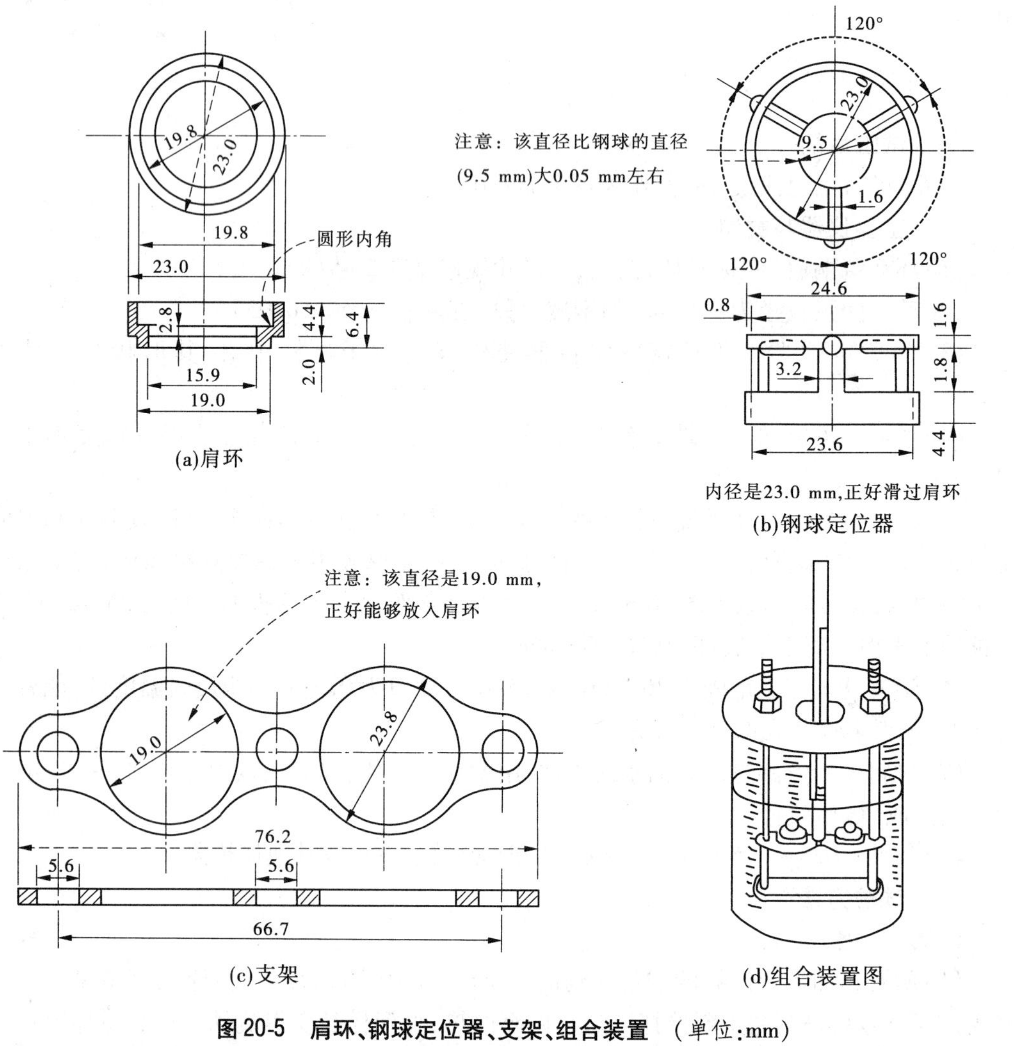

图 20-5 肩环、钢球定位器、支架、组合装置 （单位：mm）

2. 软化点测定

（1）选择加热介质。新煮沸过的蒸馏水适于软化点为 30 ~ 80 ℃的沥青，起始加热介质温度应为（5 ± 1）℃；甘油适于软化点为 80 ~ 157 ℃的沥青，起始加热介质的温度为（30 ± 1）℃。

（2）把仪器放在通风橱内并配置两个样品环、钢球定位器，并将温度计插入合适的位置，浴槽装满加热介质，并使各仪器处于适当位置。用镊子将钢球置于浴槽底部，使其同支架的其他部位达到相同的起始温度。

（3）将浴槽置于冰水中，或小心加热并维持适当的起始浴温达 15 min。

(4)再次用镊子从浴槽底部将钢球夹住并置于定位器中。

(5)从浴槽底部加热，温度以恒定的速度 5 ℃/min 上升。试验期间不能取加热速率的平均值，但在 3 min 后，升温速度应达到(5 ±0.5) ℃/min，若温度上升速率超过此限定范围，则此次试验失败。

(6)当两个试环的球刚触及下支撑板时，分别记录温度计所显示的温度。无需对温度计的浸没部分进行校正。取两个温度的平均值作为沥青的软化点。如果两个温度的差值超过 1 ℃，则重新试验。

(四)结果处理

(1)取两个结果的平均值作为测定结果，并同时报告浴槽中使用加热介质的种类。

(2)关于试验的重复性与再现性的要求。重复性：重复测定两次结果的差值不得大于 1.2 ℃。再现性：同一试样由两个实验室各自提供的试验结果之差不应超过 2.0 ℃。

六、弹(塑)性体改性沥青防水卷材试验

(一)卷重、面积、厚度、外观试验

1. 试验目的

评定卷材的卷重、面积、厚度、外观是否合格。

2. 试验内容

1)卷重

用最小分度值为 0.2 kg 的台秤称量每卷卷材的质量。

2)面积

用最小分度值为 1 mm 的卷尺在卷材的两端和中部测量长度、宽度，以长度、宽度的平均值，求得每卷的卷材面积。若有接头时两段长度之和减去 150 mm 为卷材长度测量值。当面积超出标准规定值的正偏差时，按公称面积计算卷重。当符合最低卷重时，也判为合格。

3)厚度

使用 10 mm 直径接触面，单位压力为 0.2 MPa 时分度值为 0.1 mm 的厚度计测量，保持时间为 5 s。沿卷材宽度方向裁取 50 mm 宽的卷材一条在宽度方向上测量 5 点，距卷材长度边缘(150 ±15) mm 向内各取一点，在这两点之间均分取其余 3 点。对于砂面卷材必须将浮砂清除，再进行测量，记录测量值，计算 5 点的平均值作为卷材的厚度。以抽取卷材的厚度总平均值作为该批产品的厚度，并记录最小值。

4)外观

将卷材立放于平面上，用一把钢卷尺放在卷材的端面上，用另一把钢卷尺(分度值为 1 mm)垂直伸入端面的凹面处，测得的数值即为卷材端面里进外出值。然后将卷材展开按外观质量要求检查，沿宽度方向裁取 50 mm 宽的一条，胎基内不应有未被浸透的条纹。

3. 判定原则

在抽取的 5 卷中，各项检查结果都符合标准规定时，判定为厚度、面积、卷重、外观合格，否则允许在该批试样中另取 5 卷，对不合格项进行复查，如达到全部指标合格，则判为

合格，否则为不合格。

（二）物理力学性能试验

1. 试验目的

评定卷材的物理性能是否合格。

2. 试样制备

在面积、卷重、外观、厚度都合格的卷材中，随机抽取一卷，切除距外层卷头2 500 mm后，顺纵向切取长度为800 mm的全幅卷材两块，一块进行物理力学性能试验，一块备用。按图20-6所示部位及表20-1中规定的数量，切取试件边缘与卷材纵向的距离不小于75 mm。

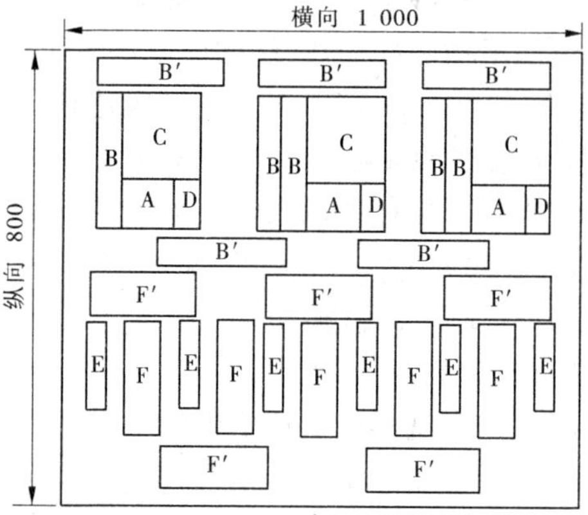

图20-6 试件切取图 （单位：mm）

表20-1 试件尺寸

试验项目	试件代号	试件尺寸	数量（个）
可溶物含量	A	100 mm×100 mm	3
拉力及延伸率	B、B′	250 mm×50 mm	纵横各5
不透水性	C	150 mm×150 mm	3
耐热度	D	100 mm×50 mm	3
低温柔度	E	150 mm×25 mm	6
撕裂强度	F、F′	200 mm×75 mm	纵横各5

3. 试验内容

1）可溶物含量试验

（1）溶剂。四氯化碳、三氯甲烷或三氯乙烯（工业纯或化学纯）。

（2）试验仪器。分析天平（感量0.001 g）、萃取器（500 mL索氏萃取器）、电热干燥箱（0～300 ℃，精度为±2 ℃）、滤纸（直径不小于150 mm）。

（3）试验步骤。将切好的三块试件（A）分别用滤纸包好，用棉线捆扎。分别称重，记录数据。将滤纸包置于萃取器中，溶剂量为烧瓶容量的1/2～1/3，进行加热萃取，直至回流的液体呈浅色为止，取出滤纸包让溶剂挥发，放入预热至105～110 ℃的电热干燥箱中干燥1 h，再放入干燥器中冷却至室温称量滤纸包。

（4）计算。可溶物含量按式（20-1）计算：

$$A = K(G - P) \tag{20-1}$$

式中 A——可溶物含量，g/m^2；

G——萃取前滤纸包质量，g；

P——萃取后滤纸包质量，g；

K——系数，$1/m^2$。

以三个试件可溶物含量的算术平均值为卷材的可溶物含量。

2)拉力及断裂延伸率试验

(1)试验设备及仪器。拉力试验机:能同时测定拉力及延伸率,测量范围 0 ~ 2 000 N,最小分度值为不大于 5 N,伸长率范围能使夹具 180 mm 间距伸长一倍,夹具夹持宽度不小于 50 mm。

(2)试验步骤。将切取好的试件放置在试验温度下不少于 24 h;校准试验机(拉伸速度 50 mm/min)将试件夹持在夹具中心,不得歪扭,上下夹具间距为 180 mm;开动试验机,拉伸至试件拉断为止。记录拉力及最大拉力时的延伸率。

(3)最大拉力及最大拉力时的延伸率的计算。分别计算纵向及横向各 5 个试件最大拉力的算术平均值,作为卷材纵向和横向的拉力(N/(50 mm))。最大拉力时的延伸率按下式计算:

$$E = \frac{(L_1 - L_0)}{L} \times 100\% \tag{20-2}$$

式中 E——最大拉力时的延伸率(%);

L_1——试件拉断时夹具的间距,mm;

L_0——试件拉伸前夹具的间距,mm;

L——上下夹具间的距离,180 mm。

分别计算纵向及横向各 5 个试件最大拉力时的延伸率值的算术平均值,作为卷材纵向及横向的最大拉力时的延伸率。

3)不透水性试验

(1)试验仪器。油毡不透水仪:具有三个透水盘(底盘内径为 92 mm),金属压盖上有 7 个均匀分布的直径 25 mm 的透水孔;压力表示值范围 0 ~ 0.6 MPa,精度为 2.5 级。

(2)试验步骤。在规定压力、规定时间内,试件表面无透水现象为合格。卷材的上表面为迎水面;上表面为砂面、矿物粒料时,下表面作为迎水面;下表面为细砂时,在细砂面沿密封圈的一圈除去表面浮砂,然后涂一圈 60 ~ 100 号的热沥青,涂平、冷却 1 h 后进行试验。

4)耐热度试验

(1)试验仪器。主要设备有电热恒温箱。

(2)试验步骤。将 50 mm × 100 mm 的试件垂直悬挂在预先加热至规定温度的电热恒温箱内,加热 2 h 后取出,观察涂盖层有无滑动、流淌、滴落,任一端涂盖层不应与胎基发生位移,试件下端应与胎基平齐,无流挂、滴落。

5)低温柔度试验

(1)试验仪器及用具。低温制冷仪(控温范围 0 ~ 30 ℃,精度为 ±2 ℃);半导体温度计(量程 30 ~ 40 ℃,精度为 5 ℃);柔度棒或柔度弯板(半径为 15 mm 和 25 mm 两种),如图 20-7 所示;冷冻液(不与卷材发生反应)等。

(2)试验步骤。

A 法(仲裁法):在不小于 10 L 的容器内放入冷冻液(6 L 以上),将容器放入低温制冷仪中,冷却至标准规定的温度。然后将试件与柔度棒(板)同时放在液体中,待温度达到标准规定的温度时，至少保持0.5 h，将试件置于液体中，在3 s内匀速绕柔度棒或弯板弯曲180°。

B法：将试件和柔度棒（板）同时放入冷却至标准规定的低温制冷仪内的液体中，待温度达到标准规定的温度后，保持时间不少于2 h，在低温制冷仪中，将试件在3 s内匀速绕柔度棒或弯板弯曲180°。

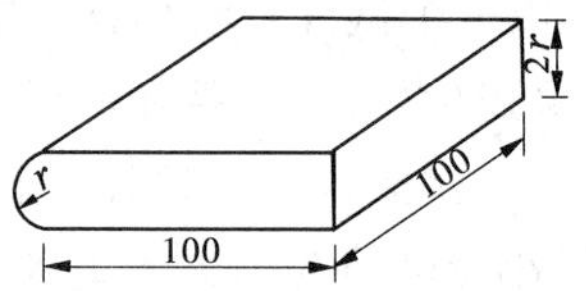

图20-7　柔度弯板示意
（单位：mm）

柔度棒（板）的直径根据卷材的标准规定选取，6块试件中，3块试件上表面、另3块试件下表面与柔度棒（板）接触，取出试件后用目测，观察试件涂盖层有无裂缝。

6）撕裂强度试验

（1）试验仪器。拉力试验机（上下夹具间距为180 mm）、试验温度计（(23 ±2)℃）。

（2）试验步骤。将切好的试件用切刀或模具裁成如图20-8所示的形状，然后在试验温度下放置不少于24 h；校准试验机（拉伸速度50 mm/min）将试件夹持在夹具中心，不得歪扭，上下夹具间距为130 mm；开动试验机，进行拉伸直至试件拉断为止，记录拉力。

（3）结果计算。分别计算纵向及横向各5个试件的最大拉力的算术平均值作为卷材纵向或横向撕裂强度，单位为N。

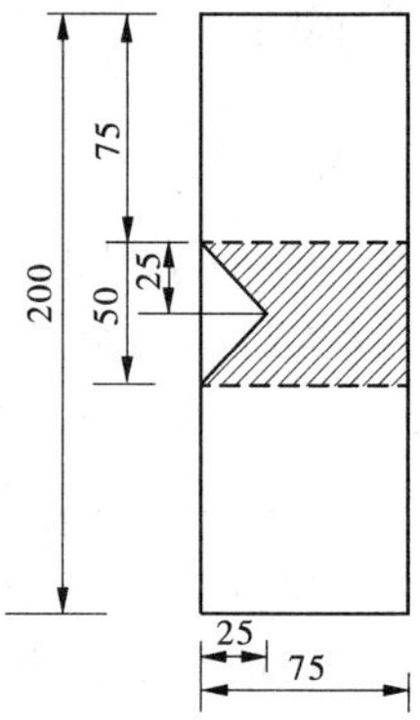

图20-8　撕裂试件
（单位：mm）

4.物理性能评定

（1）可溶物含量、拉力及拉伸强度、低温柔性、最大拉力时延伸率等各项结果的平均值达到规定时，判定为该项指标合格。

（2）不透水性、耐热度每组3个试件分别达到标准规定时，判定为指标合格。

（3）低温柔度6个试件中至少5个试件达到标准规定时，判定为该项指标合格。

参 考 文 献

[1] 张丕和．建筑材料[M]．北京:水利电力出版社,1995.

[2] 陈雅副．土木工程材料[M]．广州:华南理工大学出版社,2001.

[3] 张海梅．建筑材料[M]．北京:科学出版社,2001.

[4] 崔长江．建筑材料[M]．郑州:黄河水利出版社,2001.

[5] 李亚杰,方坤河. 建筑材料[M].5 版．北京:水利电力出版社,2007.

[6] 韩冰玉,尹红莲. 道路建筑材料[M]. 郑州:黄河水利出版社,2008.

[7] 高琼英．建筑材料[M]．武汉:武汉理工大学出版社,2006.

普通高等教育"十一五"国家级规划教材

（高职高专）

建筑材料习题集

（第3版）

主　编　崔长江
副主编　尹红莲　程　斌
　　　　张思梅　贺月英
主　审　金文良　陆克芬

黄河水利出版社
·郑州·

目　录

第一单元　建筑材料的基本性质

一、单项选择题(在每小题的四个备选答案中,选出一个正确答案,并将其代码填在题干后的括号内)

1. 保温效果好的材料,其(　　　)。

A. 热传导性要小,热容量要小　　B. 热传导性要大,热容量要小

C. 热传导性要小,热容量要大　　D. 热传导性要大,热容量要大

2. 含水率为10%的湿砂220 g,其中水的质量为(　　　)。

A. 19.8 g　　B. 22 g　　C. 20 g　　D. 20.2 g

3. 憎水性材料的润湿角为(　　　)。

A. $0° \leqslant \theta \leqslant 90°$　B. $90° \leqslant \theta \leqslant 180°$　C. $45° \leqslant \theta \leqslant 180°$　D. $0° \leqslant \theta \leqslant 60°$

4. 下列材料中,属于韧性材料的是(　　　)。

A. 黏土砖　　B. 石材　　C. 木材　　D. 陶瓷

5. 下列最能体现材料是否经久耐用的指标是(　　　)

A. 抗渗性　　B. 抗冻性　　C. 抗蚀性　　D. 耐水性

6. 材料的孔隙率增大时,其性质保持不变的是(　　　)。

A. 密度　　B. 表观密度　　C. 堆积密度　　D. 强度

7. 下列材料属于无机材料的是(　　　)。

A. 建筑石油沥青　B. 建筑塑料　C. 烧结黏土砖　D. 木材胶合板

二、多项选择题(在每小题的五个备选答案中,选出二至五个正确答案,并将其代码填在题干后的括号内)

1. 材料吸水率的大小决定于材料的(　　　　　)。

A. 孔隙率大小　B. 孔隙构造特征　C. 形状尺寸　D. 密度　E. 表面粗糙程度

2. 同种类的几种材料进行比较时,表观密度大者,其(　　　　　)。

A. 强度低　B. 强度高　C. 比较密实　D. 孔隙率大　E. 保温隔热效果好

3. 下列材料中,属于复合材料的是(　　　　　)。

A. 钢筋混凝土　　　　B. 沥青混凝土　　　　C. 建筑石油沥青

D. 建筑塑料　　　　E. 有机纤维石膏板

4. 下列性质属于力学性质的是(　　　　　)。

A. 强度　　B. 硬度　　C. 弹性　　D. 脆性　　E. 比强度

三、判断题(你认为正确的,在题干后画"✓",反之画"×")

1. 材料的抗冻性与材料的孔隙特征有关,而与材料的吸水饱和程度无关。(　　)

2. 材料的软化系数越大,材料的耐水性越好。(　　)

3. 材料的渗透系数越大,其抗渗性能越好。(　　)

4. 当材料的孔隙率增大时,其密度会变小。(　　)

四、名词解释

1. 徐变

2. 材料的耐久性

3. 憎水性

4. 材料的强度

5. 材料的冲击韧性

6. 材料的孔隙率

五、简答题

1. 你认为建筑材料的发展趋势如何？

2. 材料的密度、表观密度、堆积密度有何区别？写出其表达式。

3. 材料的吸水性与吸湿性有何不同？

4. 材料受冻破坏的原因是什么？抗冻性大小如何表示？

六、计算题

1. 已知普通黏土砖的密度为 2.5 g/cm^3，表观密度为 1 800 kg/m^3，计算该砖的孔隙率。

2. 已知卵石的表观密度为 2.6 g/cm^3，把它装入一个 2 m^3 的车厢内，装平时共用 3 500 kg，求该卵石的空隙率。若用堆积密度为 1 500 kg/m^3 的砂子，填充上述车内卵石的全部空隙，共需砂子多少千克？

3. 收到含水率 5% 的砂子 500 t，实为干砂多少吨？若需干砂 500 t，应进含水率 5% 的砂子多少吨？

4. 某岩石的抗压强度为 20 MPa，浸水饱和后的抗压强度为 19 MPa。该岩石能否用于潮湿环境中？

第二单元　无机胶凝材料

一、单项选择题(在每小题的四个备选答案中,选出一个正确答案,并将其代码填在题干后的括号内)

1. 水泥浆在混凝土材料中,硬化前和硬化后是起(　　　)作用。

A. 胶结　B. 润滑和胶结　C. 填充　D. 润滑和填充

2. 浆体在凝结硬化过程中,其体积发生微小膨胀的是(　　　)材料。

A. 石灰　B. 石膏　C. 普通水泥　D. 黏土

3. 石灰是在(　　　)中硬化的。

A. 干燥空气　B. 水蒸气　C. 水　D. 与空气隔绝的环境

4. 水泥安定性是指水泥在凝结硬化过程中(　　　)的性质。

A. 体积变小　B. 不软化　C. 体积变大　D. 体积均匀变化

5. 粉煤灰硅酸盐水泥中,粉煤灰的掺量应控制在(　　　)。

A. 5% ~20%　B. 20% ~40%　C. 20% ~50%　D. 50% ~70%

6. 通用硅酸盐水泥熟料中,早期强度最高的矿物成分是(　　　)。

A. C_3S　B. C_2S　C. C_3A　D. C_4AF

7. 国家标准规定,复合硅酸盐水泥的细度在 80 μm 方孔筛上的筛余量不得超过(　　　)。

A. 8%　B. 10%　C. 12%　D. 15%

8. 石灰膏在贮灰坑中陈伏的主要目的是(　　　)。

A. 充分熟化　B. 增加产浆量　C. 减少收缩　D. 降低发热量

9. 下列水泥中,干缩性最大的是(　　　)。

A. 普通水泥　B. 矿渣水泥　C. 火山灰水泥　D. 粉煤灰水泥

10. 测得某水泥 28 d 龄期的抗压强度分别为:43.0 MPa、42.0 MPa、40.8 MPa、43.0 MPa、40.0 MPa、41.4 MPa,其抗压强度取定值是(　　　)MPa。

A. 41.7　B. 41.8　C. 41.4　D. 40.0

二、多项选择题(在每小题的五个备选答案中,选出二至五个正确答案,并将其代码填在题干后的括号内)

1. 作为水泥混合材料的激发剂,主要是指(　　　　　)。

A. $Ca(OH)_2$　B. $CaCl_2$　C. $CaCO_3$　D. MgO　E. $CaSO_4$

2. 硅酸盐水泥的初凝时间不得早于(　　　　　),终凝时间不得迟于(　　　　　)。

A. 30 min　B. 45 min　C. 390 min　D. 600 min　E. 660 min

3. 造成水泥安定性不良的原因是熟料中含有过量的(　　　　　)。

A. 氧化钙　B. 氧化镁　C. 氧化铝　D. 氧化硅　E. 氧化铁

4. 高温车间混凝土宜选用下列水泥中的(　　　　　)。

A. 普通硅酸盐水泥　B. 矿渣水泥　C. 火山灰水泥　D. 快硬水泥　E. 高铝水泥

5. 石灰浆体在空气中硬化是由于(　　　　　　)。

A. 熟化作用　B. 水化作用　C. 溶解作用　D. 碳化作用　E. 结晶作用

6. 通用硅酸盐水泥熟料中的主要矿物成分有(　　　　　　)。

A. 铁铝酸四钙　B. 氢氧化钙　C. 硅酸三钙　D. 硅酸二钙　E. 铝酸三钙

7. 硅酸盐水泥侵蚀的基本原因是(　　　　　　)。

A. 水泥石本身不密实　B. 水泥石中存在氢氧化钙　C. 水泥中存在水化铝酸钙

D. 水泥中存在水化硅酸钙　E. 腐蚀与通道的联合作用

8. 下列材料中,属于水硬性胶凝材料的是(　　　　　　)。

A. 硅酸盐水泥　B. 水玻璃　C. 高铝水泥　D. 矿渣水泥　E. 石油沥青

9. 生产通用硅酸盐水泥时,掺加混合材料的目的是(　　　　　　)。

A. 调节性能　B. 增加产量　C. 降低成本　D. 提高等级　E. 废物利用

三、判断题(你认为正确的,在题干后画“✓”,反之画“×”)

1. 硅酸盐水泥细度越大,其标准稠度用水量越大。(　　)

2. 生石灰中氧化钙含量大于5%时,称为钙质石灰,小于5%时,称为镁质石灰。(　　)

3. 体积安定性不好的水泥,可降低强度等级使用。(　　)

4. 水泥为水硬性胶凝材料,在运输及存放时不怕受潮。(　　)

5. 石膏具有良好的抗火性,故可用于高温环境。(　　)

6. 建筑石膏的吸湿性很强,故可用于潮湿环境。(　　)

四、名词解释

1. 石灰的熟化

2. 通用硅酸盐水泥

3. 水硬性胶凝材料

4. 水泥的初凝时间

5. 水化热

6. 水泥的体积安定性

7. 水泥的细度

五、简答题

1. 石灰与石膏是气硬性胶凝材料，为什么石灰不宜单独使用，而石膏却可以单独使用？

2. 生产水泥时，为什么要掺入适量的石膏？

3. 如何评价水泥水化热的利弊？

4. 生石灰到工程现场为何不宜放置过久？

5. 使用石灰膏时，为何要陈伏后才能使用？

6. 使用水玻璃作胶结料，为何必须加入促硬剂？

7. 建筑石膏及制品为何多用于室内装饰？

8. 通用硅酸盐水泥有哪些主要熟料矿物成分？这些熟料矿物成分单独与水作用时，有何特性？

9. 通用硅酸盐水泥的技术要求有哪几项？提出这些技术要求的意义是什么？

10. 通用硅酸盐水泥的侵蚀有哪些类型？内因是什么？

11. 混合材料有哪些？掺入水泥后的作用是什么？为何要发展掺混合材料的水泥？

12. 矿渣水泥、粉煤灰水泥、火山灰水泥有哪些共性与特性？

13. 水泥保管中，为何要严防受潮、过期和品种混乱？有哪些措施？

14. 膨胀水泥、铝酸盐水泥、白色水泥、快硬水泥有何特性？

水泥试验

(一)检验报告

报告编号： 检验单位(公章)：

<table>
<tr><td colspan="3">工程名称</td><td></td><td>工程部位</td><td></td></tr>
<tr><td colspan="3">委托单位</td><td></td><td>试验编号</td><td></td></tr>
<tr><td colspan="3">收样日期</td><td></td><td>检验日期</td><td></td></tr>
<tr><td colspan="3">报告日期</td><td></td><td>品种
商品等级</td><td></td></tr>
<tr><td colspan="3">检验性质</td><td></td><td>生产厂家</td><td></td></tr>
<tr><td colspan="3">代表批量</td><td colspan="3"></td></tr>
<tr><td colspan="3">试验项目</td><td>标准要求</td><td>实测值</td><td>单项结论</td></tr>
<tr><td colspan="3">标准稠度用水量</td><td></td><td></td><td></td></tr>
<tr><td rowspan="2">细度</td><td colspan="2">比表面积</td><td></td><td></td><td></td></tr>
<tr><td colspan="2">筛余百分率</td><td></td><td></td><td></td></tr>
<tr><td rowspan="2">凝结时间</td><td colspan="2">初凝</td><td></td><td></td><td></td></tr>
<tr><td colspan="2">终凝</td><td></td><td></td><td></td></tr>
<tr><td rowspan="2">体积安定性</td><td colspan="2">雷氏法</td><td></td><td></td><td></td></tr>
<tr><td colspan="2">试饼法</td><td></td><td></td><td></td></tr>
<tr><td rowspan="6">胶砂强度</td><td rowspan="3">抗折强度
(MPa)</td><td>3 d</td><td></td><td></td><td></td></tr>
<tr><td>7 d</td><td></td><td></td><td></td></tr>
<tr><td>28 d</td><td></td><td></td><td></td></tr>
<tr><td rowspan="3">抗压强度
(MPa)</td><td>3 d</td><td></td><td></td><td></td></tr>
<tr><td>7 d</td><td></td><td></td><td></td></tr>
<tr><td>28 d</td><td></td><td></td><td></td></tr>
<tr><td>结论</td><td colspan="5"></td></tr>
<tr><td>说明</td><td colspan="5"></td></tr>
</table>

检验人(签字)： 审核人(签字)： 负责人(签字)：

(二)思考题

1. 水泥试验对实验室环境条件有何要求?

2. 水泥细度试验的筛析法、比表面积法及负压筛法有何不同?

3. 水泥标准稠度用水量测定的意义是什么？调整水量法与固定水量法有何区别?

4. 水泥胶砂强度试验为什么采用标准砂?

5. 水泥胶砂抗压强度试验时,抗压夹具有何作用?

第三单元　水泥混凝土

一、单项选择题(在每小题的四个备选答案中,选出一个正确答案,并将其代码填在题干后的括号内)

1. 选择混凝土集料时,应使其(　　)。

A. 总表面积大,空隙率大　B. 总表面积大,空隙率小

C. 总表面积小,空隙率大　D. 总表面积小,空隙率小

2. 混凝土的抗冻等级表示为(　　)。

A. D25　B. F25　C. D_M　D. P8

3. 同配比的混凝土用不同尺寸的试件测得的强度结果是(　　)。

A. 大试件强度大,小试件强度小　B. 大试件强度小,小试件强度大

C. 强度相同　D. 试件尺寸与所测强度之间无必然联系

4. 混凝土配合比设计中,W/C 的值是根据混凝土的(　　)要求来确定的。

A. 强度及耐久性　B. 强度　C. 和易性及强度　D. 耐久性

5. 在原材料质量不变的情况下,决定混凝土强度的主要因素是(　　)。

A. 水泥用量　B. 砂率　C. 单位用水量　D. 水灰比

6. 防止混凝土中钢筋锈蚀的主要措施有(　　)。

A. 提高混凝土的密实度　B. 钢筋表面用碱处理

C. 钢筋表面刷油漆　D. 混凝土中加阻锈剂

7. 若混凝土拌和物坍落度偏小,调整时一般采用的办法是适当增加(　　)。

A. 水泥　B. 砂子　C. 水泥浆(W/C 不变)　D. 水

8. 厚大体积混凝土工程宜选用(　　)。

A. 高铝水泥　B. 硅酸盐水泥　C. 普通硅酸盐水泥　D. 矿渣水泥

9. 普通混凝土立方体强度测试,采用 100 mm × 100 mm × 100 mm 的试件,其强度换算系数为(　　)。

A. 0.90　B. 0.95　C. 1.00　D. 1.05

10. 不可恢复的混凝土变形是(　　)。

A. 弹塑性变形　B. 化学收缩　C. 干湿变形　D. 温度变形

11. 混凝土何种强度最大(　　)。

A. 抗拉强度　B. 抗压强度　C. 抗弯强度　D. 抗剪强度

12. 加气混凝土属于(　　)。

A. 层状结构　B. 多孔结构　C. 微孔结构　D. 纤维结构

13. 混凝土属于(　　)。

A. 完全弹性体　B. 完全塑性体　C. 弹塑性体　D. 无法确定

14. 三乙醇胺属于(　　)外加剂。

A. 防水型　B. 加气型　C. 早强型　D. 速凝型

15. 混凝土施工质量验收规范规定，粗集料的最大粒径不得大于钢筋间最小净距的(　　)。

A. 1/2　B. 1/3　C. 1/4　D. 3/4

16. 混凝土轴心抗压强度与立方体抗压强度的关系是(　　)。

A. 轴心抗压强度大于立方体抗压强度

B. 轴心抗压强度等于立方体抗压强度

C. 轴心抗压强度小于立方体抗压强度

D. 轴心抗压强度与立方体抗压强度无关系

17. 测得混凝土 28 d 龄期的抗压强度分别为:22.5 MPa、25.0 MPa、29.0 MPa，其强度代表值为(　　)MPa。

A. 22.5　B. 25.0　C. 25.5　D. 25.6

18. 施工所需要的混凝土拌和物的坍落度的大小主要由(　　)来选取。

A. 水灰比和砂率　B. 水灰比和捣实方式

C. 集料的性质、最大粒径和级配　D. 构件的截面尺寸大小、钢筋疏密、捣实方式

19. 若砂子的筛分曲线落在规定的三个级配区中的任一个区，则(　　)。

A. 颗粒级配及细度模数都合格，可用于配制混凝土

B. 颗粒级配合格，但可能是特细砂或特粗砂

C. 颗粒级配不合格，细度模数是否合适不确定

D. 颗粒级配不合格，但是细度模数符合要求

20. 维勃稠度法测定混凝土拌和物流动性时，其值越大表示混凝土的(　　)。

A. 流动性越大　B. 流动性越小　C. 黏聚性越好　D. 保水性越差

二、多项选择题(在每小题的五个备选答案中，选出二至五个正确答案，并将其代码填在题干后的括号内)

1. 混凝土的配制强度比混凝土的设计强度等级有所提高，提高的幅度取决于(　　)。

A. 和易性要求　B. 强度要求　C. 耐久性要求

D. 强度保证率要求　E. 施工控制水平

2. 测定混凝土强度所用的标准试件规格是(　　)，测定砂浆强度所用的标准试件的规格是(　　)。

A. 200 mm×200 mm×200 mm　B. 100 mm×100 mm×100 mm

C. 150 mm×150 mm×150 mm　D. 70.7 mm×70.7 mm×70.7 mm

E. 40 mm×40 mm×160 mm

3. 在混凝土中加入引气剂，主要是为了提高混凝土的(　　)。

A. 抗冻性　B. 抗碳化性　C. 耐水性　D. 抗渗性　E. 抗化学侵蚀性

4. 混凝土用砂，尽量选用(　　)及(　　)。

A. 含轻物质较多的砂　B. 细砂　C. 中粗砂

D. 级配良好的砂　E. 粒径比较均匀的砂

5. 对粗集料强度有严格要求或对质量有争议时，宜用(　　)做试验，对经

常性的生产控制则用(　　　　)值检验。

A. 压碎指标　　B. 抗冲击试验

C. 硫酸盐溶液法　　D. 岩石立方体强度

E. 直接用集料配制混凝土,做混凝土的抗压强度试验

6. 混凝土选择水泥品种是根据(　　　　)。

A. 设计强度等级　　B. 施工要求的和易性　　C. 粗集料的种类

D. 工程的特点　　E. 工程所处的环境

7. 混凝土配合比设计中,砂石的基准状态一般以(　　　　)为基准,而一些大型水利工程常以(　　　　)为基准。

A. 任意含水状态　B. 气干状态　C. 润湿状态　D. 饱和面干状态　E. 干燥状态

8. 为保证混凝土的耐久性,在配合比设计时,要控制(　　　　)。

A. 砂率　B. 粗集料用量　C. 最大水灰比　D. 细集料用量　E. 最小水泥用量

9. 混凝土的和易性包括的内容有(　　　　)。

A. 流动性　B. 黏聚性　C. 黏滞性　D. 黏结性　E. 保水性

10. 常用混凝土构件的养护方法是(　　　　)。

A. 自然养护　B. 标准养护　C. 蒸汽养护　D. 蒸压养护　E. 同条件养护

11. 混凝土配合比设计时应满足的基本要求是(　　　　)。

A. 强度　B. 和易性　C. 保温隔热性　D. 耐久性　E. 经济性

12. 大体积混凝土常用的外加剂是(　　　　)。

A. 早强剂　B. 缓凝剂　C. 速凝剂　D. 引气剂　E. 缓凝减水剂

13. 影响混凝土和易性的主要因素是(　　　　)。

A. 水泥强度等级　B. 水泥浆数量　C. 集料的种类及性质　D. 砂率　E. 水灰比

14. 下列材料中,活性混合材料为(　　　　)。

A. 石灰石　B. 石英砂　C. 粉煤灰　D. 粒化高炉矿渣　E. 烧黏土

15. 轻集料混凝土与普通混凝土比较,具有的特点是(　　　　)。

A. 表观密度小　　B. 强度高　　C. 耐久性好

D. 收缩和徐变大　　E. 隔热保温效果好

16. 用数理统计方法综合评定混凝土的质量,所需参数有(　　　　)。

A. 强度保证率　B. 变异系数　C. 强度平均值　D. 标准差　E. 正态分布曲线

17. 混凝土配合比设计的三个重要参数为(　　　　)。

A. 水灰比　B. 单位用水量　C. 砂率　D. 配制强度　E. 标准差

18. 下列混凝土的变形,哪些属于混凝土在荷载作用下的变形(　　　　)。

A. 化学收缩　B. 干湿变形　C. 弹塑性变形　D. 徐变　E. 温度变形

19. 下列混凝土外加剂,属于早强剂的是(　　　　)。

A. 木质素磺酸钙　B. 氯化钙　C. 硫酸钠　D. 松香皂　E. 三乙醇胺

三、判断题(你认为正确的,在题干后画"✓",反之画"×")

1. 当采用合理砂率时,能使混凝土获得所要求的流动性,良好的黏聚性与保水性,而水泥用量最大。(　　)

2. 混凝土抗压强度试验时，试件受压面涂上润滑剂后，混凝土抗压强度提高。（　　）

3. 用高强度等级水泥配制普通混凝土时，混凝土的强度能得到保证，但混凝土的和易性不好。（　　）

4. 轻集料混凝土的抗震性能比普通混凝土好。（　　）

5. 混凝土的施工配合比和实验室配合比比较，水灰比无变化。（　　）

6. 砂的细度模数越大，砂的空隙率越小。（　　）

7. 混凝土中掺加引气剂后，会引起强度降低。（　　）

8. 混凝土强度随水灰比的增大而降低，呈直线关系。（　　）

9. 砂的细度模数越大，质量越好。（　　）

10. 混凝土强度试验，试件尺寸越大，强度越高。（　　）

11. 混凝土是弹塑性体。（　　）

12. 变异系数越小，混凝土的质量水平越高。（　　）

13. 级配好的集料空隙率小，其总表面积也小。（　　）

四、名词解释

1. 混凝土的强度等级

2. 混凝土拌和物的黏聚性

3. 砂的颗粒级配

4. 砂率

5. 混合材料

6. 混凝土拌和物的和易性

7. 混凝土的“碳化”

五、简答题

1. 普通混凝土由哪些材料组成？它们在混凝土中各起什么作用？

2. 试述水泥强度等级和水灰比对混凝土强度的影响，并写出强度经验公式及公式中符号的含义。

3. 影响混凝土强度的主要因素有哪些？

4. 混凝土拌和物的和易性有哪些?

5. 混凝土对粗集料有哪几个方面的要求?

6. 配制混凝土应满足哪四项基本要求?通过哪些技术指标满足其要求?

7. 什么是混凝土的立方体抗压强度?何为立方体抗压强度的标准值?混凝土的强度等级如何划分?

8. 试述混凝土耐久性的含义。耐久性要求的项目有哪些？提高耐久性有哪些措施？

9. 在对砂、石的质量要求中，应限制哪些有害物质的含量？为什么要限制？

10. 何谓集料的级配？级配好坏对混凝土性能有何影响？

11. 规范规定石子的最大粒径有何意义？如何确定石子的最大粒径？如何确定石子的级配？

12. 下列工程特点的混凝土宜掺用哪些外加剂？

(1)早期强度要求高的钢筋混凝土；

(2)炎热条件下施工且混凝土运距过远；

(3)抗渗要求高的混凝土；

(4)大坍落度的混凝土。

六、计算题

1. 一组边长100 mm的混凝土试块，经标准养护28 d，送实验室检测，抗压破坏荷重分别为：110 kN、100 kN、80 kN。计算这组试件的立方体抗压强度。

2. 某混凝土坝，所在地区最冷月月平均气温为-12 ℃，河水无侵蚀性，一年内冻融循环总次数低于50次，对坝上游面水位涨落区以上的外部混凝土，坍落度为50～70 mm设计强度等级为C25，混凝土采用机械捣实。原材料的性能为：水泥：强度等级42.5级的普通水泥，密度为3.1 g/cm^3，其他性能合格；当地河砂：细度模数为2.9，级配良好，表观密度为2 620 kg/m^3；卵石：最大粒径为80 mm，级配良好，表观密度为2 650 kg/m^3。试进行初步配合比设计。

3. 对某工地的用砂试样进行筛分析试验,筛孔尺寸由大到小的分计筛余量分别为:20 g、70 g、80 g、100 g、150 g、60 g,筛底为20 g,求此砂样的细度模数并判断级配情况。

4. 已知某混凝土配合比为:$C:S:G:W=300:630:1\ 320:180$,若工地砂、石含水率分别为5%、3%。求该混凝土的施工配合比(用每立方米混凝土各材料用量表示)。

5. 某房屋的混凝土柱,其尺寸为:300 mm×300 mm×3 600 mm,采用$C:S:G=1:2:3.72$,$W/C=0.57$的配合比。试计算制作此柱四种材料的用量(混凝土的表观密度按2 400 kg/m^3计算)。

砂子试验

（一）检验报告

报告编号：　　　　　　　　　　　　　　　　　　　　检验单位（公章）：

委托单位		检验编号	
工程名称		送样日期	
样品产地		检验日期	
检验性质		代表批量	
报告日期		检验依据	
检验项目	检验结果	检验项目	检验结果
表观密度（g/cm^3）		有机物含量	
堆积密度（kg/m^3）		云母含量（%）	
含泥量（%）		轻物质含量（%）	
泥块含量（%）		坚固性指标（%）	
含水率（%）		硫化物及硫酸盐含量（%）	
吸水率（%）		碱活性	

筛分析试验

筛孔尺寸（mm）		10.0	5. 00	2. 50	1. 25	0. 630	0. 315	0. 160	检验结果
结果	Ⅰ区								细度模数： 级配：
	Ⅱ区								
	Ⅲ区								
实际累计筛余百分率（%）									
结论									
说明									

检验人（签字）：　　　　　　　审核人（签字）：　　　　　　　负责人（签字）：

（二）思考题

1. 测定砂的干表观密度、饱和面干表观密度的目的是什么?

2. 砂子试验时,取样及缩分有何规定?

3. 砂的筛分析试验与水泥的筛分析试验有何不同?

4. 测定砂的含水率及表面含水率的目的是什么?

石子试验

（一）检验报告

报告编号：　　　　　　　　　　　　　　　　　　检验单位(公章)

委托单位		检验编号	
工程名称		送样日期	
样品产地		检验日期	
检验性质		代表批量	
报告日期		检验依据	
检验项目	检验结果	检验项目	检验结果
表观密度 (g/cm^3)		有机物含量	
堆积密度 (kg/m^3)		压碎指标 (%)	
含泥量 (%)		坚固性指标 (%)	
泥块含量 (%)		硫化物及硫酸盐含量(%)	
含水率 (%)		碱活性	
针片状颗粒含量(%)			

筛分析试验

筛孔尺寸 (mm)	颗粒级配范围	实际累计筛余百分率 (%)	检验结果
2.5			
5.0			
10.0			
16.0			
20.0			
25.0			
31.5			
40.0			
50.0			
63.0			
80.0			
100.0			
结论			
说明			

检验人(签字)：　　　　　审核人(签字)：　　　　　负责人(签字)：

(二)思考题

1. 砂、石筛分析试验有何不同?

2. 砂、石表观密度测定的原理是什么?

3. 在进行堆积密度试验时,为何要控制装料高度?

混凝土抗压强度试验

(一)检验报告

报告编号：　　　　　　　　　　　　　　　　　　检验单位：

工程名称							
工程部位							
报告日期							
试件编号	强度等级	试件规格	成型日期	龄期(d)	破坏荷载(N)	抗压强度(MPa)	代表值(MPa)
1							
2							
3							
4							
5							
6							
说明							

检验人(签字)：　　　　　　审核人(签字)：　　　　　　负责人(签字)：

(二)简答题

1. 塑性混凝土和干硬性混凝土拌和物和易性的测定有何区别?

2. 塑性混凝土拌和物和易性测定时,在何种情况下可以判定拌和物砂率偏小?

3. 在何种情况下可以判定拌和物保水性较差？

4. 在何种情况下可以判定拌和物黏聚性较差，甚至不合格？

5. 混凝土抗压强度试验时，为何要控制加荷速度？

6. 混凝土试件的尺寸有几种？计算抗压强度时，如何考虑试件尺寸的影响？

7. 万能试验机上、下压板是否涂油对混凝土试件的破坏形态有何影响？

8. 简述混凝土抗压强度试验的步骤。

第四单元　砂　浆

一、多项选择题(在每小题的五个备选答案中,选出二至五个正确答案,并将其代码填在题干后的括号内)

1. 用于砖砌体的砂浆强度主要决定于(　　　　　　)。

A. 水泥用量　B. 砂子用量　C. 混合材料用量　D. 水灰比　E. 水泥强度

2. 为了改善砌筑砂浆的和易性和节约水泥,在工程中常掺入(　　　　　　)。

A. 石灰膏　B. 麻刀　C. 纸筋　D. 石膏　E. 黏土膏

3. 用于石砌体的砂浆强度主要决定于(　　　　　　)。

A. 水泥强度等级　B. 水泥用量　C. 砂子用量　D. 混合材料用量　E. 水灰比

4. 新拌砂浆应具备的技术性质是(　　　　　　)。

A. 黏结力　B. 流动性　C. 保水性　D. 变形性　E. 强度

二、判断题(你认为正确的,在题干后画"✓",反之画"×")

1. 保水性较好的水泥,分层度较小。(　　)

2. 砂浆和易性的内容与混凝土相同。(　　)

三、简答题

1. 何谓砂浆？砂浆与混凝土有哪些异同？砂浆的分类及用途？

2. 对砂浆的组成材料有哪些要求？

3. 砂浆的技术性质有哪些？

4. 影响砂浆强度的因素与混凝土有哪些异同？

5. 砌筑砂浆配合比设计有哪些主要步骤？

四、计算题

某工程采用 M5 的水泥石灰混合砂浆，沉入度要求 80～100 mm，现有 32.5 级的矿渣水泥，砂为中砂，堆积密度为 1 460 kg/m^3，含水率为 2.5%，石灰膏稠度为 120 mm，施工水平一般。计算该砂浆的质量配合比和体积配合比。

砂浆试验

(一)检验报告

报告日期：　　　　　　　　　　　　　　　　　　　　　　　　检验单位：

工程名称		砂浆种类		
强度等级		和易性要求		
检验结果				
和易性		抗压强度		
沉入度(mm)	分层度(mm)	7 d	14 d	28 d
结论				

检验人(签字)：　　　　　　审核人(签字)：　　　　　　负责人(签字)：

(二)简答题

1. 砂浆和易性测定与混凝土和易性测定有何不同？

2. 砂浆强度试件与混凝土强度试件有何不同？

第五单元　砌筑块材与屋面瓦

一、多项选择题（在每小题的五个备选答案中，选出二至五个正确答案，并将其代码填在题干后的括号内）

1. 过火砖和欠火砖的区别是(　　　　　　)。

A. 砖的颜色深红或浅红　　B. 砖的尺寸规格　　C. 敲击的声音哑或清脆

D. 生产工艺不同　　E. 砖的颜色青或红

2. 普通黏土砖，既具有一定的(　　　　　　)，又因其多孔，且具有一定的(　　　　　　)性能，因此适宜于做围护材料。

A. 硬度　　B. 抗冻性　　C. 保温隔热性　　D. 强度　　E. 抗渗性

3. 烧结普通砖评定强度等级的依据是(　　　　　　)。

A. 抗压强度平均值和标准值　　B. 抗压强度平均值和最小值　　C. 外观质量

D. 抗压强度单块最小值　　E. 抗风化性能

二、简答题

1. 工程中常用的岩石有哪几种？性质和用途各有哪些？

2. 毛石和料石有哪些用途？与其他材料相比有何优势（从经济、工程与自然的关系三方面分析）？

3. 天然石材的强度等级是如何划分的？举例说明。

4. 岩石按成因划分主要有哪几类？

5. 评价普通黏土砖的使用特性及应用。墙体材料的发展趋势如何？

6. 烧结普通砖、烧结多孔砖和烧结空心砖各自的强度等级、质量等级是如何划分的？各自的规格尺寸是多少？主要适用范围如何？

7. 什么是蒸压灰砂砖、蒸压粉煤灰砖？它们的主要用途是什么？

8. 什么是粉煤灰砌块？其强度等级有哪些？用途有哪些？

9. 加气混凝土砌块的规格、等级各有哪些？用途有哪些？

10. 什么是普通混凝土小型空心砌块？什么是轻集料混凝土小型砌块？它们各有什么用途？

三、计算题

已测得 10 块砖的抗压强度如下，试确定该组砖的强度等级。抗压强度分别为 23.5 MPa、18.5 MPa、17.5 MPa、19.4 MPa、16.4 MPa、19.6 MPa、20.2 MPa、14.8 MPa、18.8 MPa、19.0 MPa。

砖材试验

(一)检验报告

报告编号：　　　　　　　　　　　　　　　　　　　　检验单位：

<table>
<tr><td>工程名称</td><td colspan="5"></td><td colspan="2">工程部位</td><td colspan="5"></td></tr>
<tr><td>代表批量</td><td colspan="5"></td><td colspan="2">强度等级</td><td colspan="5"></td></tr>
<tr><td rowspan="7">检验结果（MPa）</td><td rowspan="3">抗折强度</td><td>单块抗折强度</td><td></td><td></td><td></td><td></td><td></td><td></td><td></td><td></td><td></td><td></td></tr>
<tr><td>抗折强度平均值</td><td colspan="10"></td></tr>
<tr><td>单块最小值</td><td colspan="10"></td></tr>
<tr><td rowspan="4">抗压强度</td><td>单块抗压强度</td><td></td><td></td><td></td><td></td><td></td><td></td><td></td><td></td><td></td><td></td></tr>
<tr><td>抗压强度平均值</td><td colspan="10"></td></tr>
<tr><td>单块最小值</td><td colspan="10"></td></tr>
<tr><td>强度标准值</td><td colspan="10"></td></tr>
<tr><td>结论</td><td colspan="12"></td></tr>
</table>

检验人(签字)：　　　　　　　　审核人(签字)：　　　　　　　　负责人(签字)：

(二)思考题

1. 砖材试验如何取样才有代表性?

2. 对砖的外观质量检查有何意义?

3. 不同砖材的抗压强度试件制备有何不同?

第六单元　建筑钢材

一、单项选择题(在每小题的四个备选答案中,选出一个正确答案,并将其代码填在题干后的括号内)

1. 建筑钢筋按其机械性能划分级别,随级别增大,表示钢材(　　　)。

　A. 强度增高,伸长率减小　　B. 强度增高,伸长率增大

　C. 强度降低,伸长率减小　　D. 强度降低,伸长率增大

2. 普通碳素结构钢随钢号的增加,钢材的(　　　)。

　A. 强度增加、塑性增加　　B. 强度增加、塑性降低

　C. 强度降低、塑性增加　　D. 强度降低、塑性降低

3. 在低碳钢的应力应变图中,有线性关系的是(　　　)阶段。

　A. 弹性阶段　B. 屈服阶段　C. 强化阶段　D. 破坏阶段

4. 伸长率是衡量钢材(　　　)的指标。

　A. 弹性　B. 塑性　C. 脆性　D. 韧性

二、多项选择题(在每小题的五个备选答案中,选出二至五个正确答案,并将其代码填在题干后的括号内)

1. 钢材的冷弯性能指标用试件在常温下能承受的弯曲程度表示,区分弯曲程度的指标是(　　　　　)。

　A. 试件被弯曲的角度　B. 弯心直径　C. 试件厚度

　D. 试件直径　E. 弯心直径与试件厚度或直径的比值

2. 下列元素在钢材中哪些是有害成分(　　　　　)。

　A. 氧　B. 锰　C. 磷　D. 硫　E. 硅

3. 钢材随含碳量的(　　　　　)而强度提高,其韧性及延性(　　　　　)。

　A. 减少　B. 增加　C. 提高　D. 降低　E. 无变化

4. 引起钢材热脆性的元素是(　　　　　)。

　A. 锰　B. 磷　C. 硫　D. 氧　E. 氢

三、简答题

1. 钢结构设计时,是以钢材的什么强度作为设计依据的?

2. 钢材的屈强比的大小与钢材的可靠性及结构安全性有何关系?

3. 何谓钢材的冷加工强化?

钢筋试验

(一)检验报告

报告编号：　　　　　　　　　　　　　　　　　　　　检验单位(公章)：

工程名称			工程部位		
代表批量			试验日期		
报告日期			上岗证号		
规格	直径 (mm)	屈服强度 (MPa)	极限强度 (MPa)	伸长率 (%)	冷弯性能
结论					

检验人(签字)：　　　　　　审核人(签字)：　　　　　　负责人(签字)：

(二)简答题

1. 钢筋的屈服强度与极限强度有何意义?

2. 标准试件与未经车削的试件在试验中有何不同?

3. 伸长率测定时,直测法与位移法有何不同?

4. 如何取样及对钢材进行合格性判断?

第七单元　合成高分子材料

一、名词解释

1. 热塑性树脂

2. 热固性树脂

3. 聚合物胶结混凝土

4. 聚合物水泥混凝土

5. 聚合物浸渍混凝土

二、简答题

1. 三大合成材料指的是什么？各有何特点？

2. 塑料的主要组成及作用如何？

3. 环氧树脂的主要特性有哪些？水工中常用的环氧砂浆和环氧混凝土常用在建筑物的何种部位？

4. 常用的化学灌浆材料有哪些？各有什么特点？适用于哪些场合？

第八单元　土工合成材料

简答题

1. 土工合成材料有什么优越性？

2. 土工合成材料有哪些种类？各有什么特点？

3. 土工合成材料有哪些功能？

4. 土工合成材料的物理性能指标有哪些？各怎样测定？

5. 土工合成材料的力学性能指标有哪些？各怎样测定？

6. 土工合成材料的水力性能有哪些？各怎样计算？

7. 防止土工合成材料老化的措施有哪些？

8. 在下列工程中，各选用何种土工合成材料？

(1)堤坝黏土斜墙和黏土心墙的反滤层；

(2)土堤下游坡的排水层；

(3)堤坝排水体与坝体的隔离层；

(4)透水地基上堤坝的水平防渗铺盖和垂直防渗墙；

(5)水闸护底；

(6)堤坝边坡加筋。

第九单元　沥青、防水材料及沥青混合料

一、单项选择题（在每小题的四个备选答案中，选出一个正确答案，并将其代码填在题干后的括号内）

1. 石油沥青的组分（油分、树脂及地沥青质）长期在大气中将会转化，其转化顺序是（　　）。

A. 按油分→树脂→地沥青质的顺序递变

B. 按地沥青质→树脂→油分的顺序递变

C. 固定不变　　D. 不断减少

2. 石油沥青油纸、油毡的标号按（　　）确定。

A. 耐热度　　B. 抗拉强度　　C. 质量　　D. 原纸的质量

3. 软化点较高的沥青，其（　　）较小。

A. 黏性　　B. 温度敏感性　　C. 塑性　　D. 大气稳定性

4. 油分、树脂及地沥青质是石油沥青的三大组分，它们长期在大气中是（　　）的。

A. 固定不变　　B. 按油分→树脂→地沥青质的顺序递变

C. 按地沥青质→树脂→油分的顺序递变　　D. 互相转化

5. 石油沥青材料属于（　　）。

A. 散粒材料　　B. 纤维结构　　C. 层状结构　　D. 胶体结构

二、多项选择题（在每小题的五个备选答案中，选出二至五个正确答案，并将其代码填在题干后的括号内）

1. 选用的沥青软化越愈高，沥青胶的（　　　　）越高，夏季受热时不易流淌；选用的沥青延度大，沥青胶的（　　　　）较好，不易开裂。

A. 黏滞性　　B. 耐热性　　C. 大气稳定性　　D. 防水性　　E. 柔韧性

2. 乳化沥青是将沥青（　　　　），为使其稳定必须加入（　　　　）。

A. 稀释剂　　B. 溶解于水中　　C. 催化剂　　D. 乳化剂　　E. 分散于水中

3. 根据用途不同，沥青分为（　　　　）。

A. 道路石油沥青　　B. 建筑石油沥青　　C. 普通石油沥青

D. 天然沥青　　E. 焦油沥青

4. 常用做沥青矿物填充料的物质有（　　　　）。

A. 滑石粉　　B. 石灰石粉　　C. 磨细砂　　D. 水泥　　E. 石棉粉

三、简答题

1. 石油沥青由哪些主要组分组成？有哪几种胶体结构？

2. 石油沥青的三大技术性质是什么？各用什么指标表示？

3. 如何划分石油沥青的牌号？石油沥青牌号的大小与沥青性质关系如何？

4. 什么是改性沥青？为什么要对沥青进行改性？改性沥青的种类及特点是什么？

5. 试举例说明可用哪些材料来改性沥青，使之获得更好的使用性能？

6. 各举一例说明高分子改性沥青卷材、涂料、密封材料的性能和应用。

7. 如何区分石油沥青与煤沥青？

8. 合成高分子防水卷材的特点及其适用范围如何？

9. 什么是沥青胶？沥青胶的性能取决于哪几方面因素？

10. 防水涂料的常用品种及组成如何？

11. 水工沥青混合料具有哪些主要技术性质？

四、计算题

已知某屋面工程需使用软化点为 80 ℃的石油沥青，现有 10 号、60 号两种石油沥青，试计算这两种沥青的掺配比例。

沥青试验

石油沥青检验报告

报告日期：　　　　　　　　　　　　　　检验单位(公章)：

工程名称		工程部位	
牌号		代表批量	

检验项目	针入度 (1/10 mm)	软化点 (℃)	延伸度 (mm)
检验结果			
结论			

检验人(签字)：　　　　　　审核人(签字)：　　　　　　负责人(签字)：

第十单元　木　材

一、单项选择题(在每小题的四个备选答案中,选出一个正确答案,并将其代码填在题干后的括号内)

1. 相同树种木材强度中,强度最大的是(　　　)。

A. 抗弯强度　B. 顺纹抗压强度　C. 顺纹抗拉强度　D. 顺纹抗剪强度

2. 木材的含水率中,引起木材物理力学性质变化的含水率转折点是(　　　)。

A. 平衡含水率　　B. 标准含水率　　C. 风干含水率　　D. 纤维饱和点

3. 影响木材性质的最主要因素是(　　　)。

A. 含水率　　B. 温度　　C. 表观密度　　D. 内部结构

二、多项选择题(在每小题的五个备选答案中,选出二至五个正确答案,并将其代码填在题干后的括号内)

1. 木材不易腐朽的环境是(　　　　　　)。

A. 干燥环境中　　B. 完全浸入水中　　C. 潮湿空气中

D. 深埋于地下　　E. 干湿交替的环境中

2. 木材的(　　　　　　)最大,(　　　　　　)最小。

A. 顺纹抗剪强度　　B. 横纹切断强度　　C. 抗弯强度

D. 顺纹抗拉强度　　E. 横纹抗拉强度

3. 在木材受(　　　　　　)和(　　　　　　)时,木节反而增加其强度。

A. 顺纹抗拉　　B. 抗弯　　C. 横纹抗压　　D. 横纹抗拉　　E. 剪切

4. 相同树种,年轮越密,材质(　　　　　　);夏材部分(　　　　　　),木材强度越高。

A. 越稀　　B. 越少　　C. 越差　　D. 越好　　E. 越多

三、名词解释

1. 木材的顺纹抗压强度

2. 木材的各向异性

3. 木材的纤维饱和点

4. 木材的持久强度

5. 木材平衡含水率

第十一单元　绝热、吸声及装饰材料

一、判断题(你认为正确的,在题干后画“√”,反之画“×”)

1. 保温性能好的材料,其隔热性能一定良好。(　　)

2. 绝热材料是用于减少结构物与环境热交换的一种功能材料,是保温材料和隔热材料的总称。(　　)

3. 吸声性能好的材料,也可以作为隔声材料来使用。(　　)

4. 对于多孔吸声材料来说,孔隙越多越细小,吸声效果越差。反之,孔隙越多越粗大,吸声效果越好。(　　)

二、简答题

1. 什么是吸声材料？工程中有哪些常用的吸声材料？影响多孔性吸声材料吸声效果的因素有哪些？

2. 保温材料与吸声材料最主要的区别是什么？

3. 什么是绝热材料？建筑物使用绝热材料有何意义？常用的绝热材料有哪些？

4. 对装饰材料有哪些基本要求？

第十二单元　综合试验

一、基本资料

某工程为水电站工程，其机墩混凝土设计强度采用 C25，钢筋最小净距为 200 mm，机墩厚度为 1 m。机械搅拌，振捣器振捣。确定实验室配合比。

原材料选择及性能检验结果：

1. 水泥：

2. 细集料：

3. 粗集料：

4. 水：

5. 外加剂：

6. 掺合料：

二、确定混凝土初步配合比

1. 混凝土的配制强度：

2. 水灰比：

3. 单位用水量：

4. 水泥用量：

5. 砂率：

6. 粗、细集料用量：

7. 外加剂用量：

8. 掺合料用量：

9. 初步配合比结果：

三、试拌、调整，确定满足和易性要求的配合比——基准配合比

编号	坍落度（mm）	黏聚性	保水性	表观密度（kg/m^3）	配合比

四、成型、养护和破型，确定既满足和易性又满足强度及耐久性的配合比——实验室配合比

试件编号	强度等级	试件规格	成型日期	龄期（d）	破坏荷载（N）	抗压强度（MPa）	代表值（MPa）
1							
2							
3							
4							
5							
6							
说明							

U0806020